通信网理论基础

牛志升 周盛 著

清華大學出版社
北京

内 容 简 介

本书以概率论、随机过程、排队论和通信话务理论为基础，着重讲授通信网性能分析与优化设计中的基础理论与基本方法。主要内容包括通信业务源的概率描述、通信网络的排队模型、通信话务理论及排队论的基本概念与基本定理、基于生灭过程的性能分析法、基于嵌入马尔可夫链的性能分析法、基于准生灭过程的矩阵几何解析法、通信网络的独立分解定理、通信网络的近似解析法等。

本书可作为电子、计算机、通信、信息及管理专业研究生学位课程或高年级本科生选修课教材，也可作为电类和经济管理类等专业技术人员的参考书。

图书在版编目（CIP）数据

通信网理论基础/牛志升，周盛著. —北京：清华大学出版社，2023.1 (2024.12重印)
ISBN 978-7-302-61468-5

Ⅰ. ①通… Ⅱ. ①牛… ②周… Ⅲ. ①通信网 Ⅳ. ①TN915

中国版本图书馆 CIP 数据核字(2022)第 135304 号

责任编辑：王 芳 李 晔
封面设计：刘 键
责任校对：韩天竹
责任印制：刘海龙

出版发行：清华大学出版社
网　　址：https://www.tup.com.cn, https://www.wqxuetang.com
地　　址：北京清华大学学研大厦 A 座　　**邮　　编**：100084
社 总 机：010-83470000　　**邮　　购**：010-62786544
投稿与读者服务：010-62776969，c-service@tup.tsinghua.edu.cn
质 量 反 馈：010-62772015，zhiliang@tup.tsinghua.edu.cn
课 件 下 载：https://www.tup.com.cn，010-83470236
印 装 者：三河市君旺印务有限公司
经　　销：全国新华书店
开　　本：185mm×260mm　　**印　张**：20.5　　**字　　数**：464 千字
版　　次：2023 年 2 月第 1 版　　**印　　次**：2024 年12月第 2 次印刷
印　　次：1501 ~ 1900
定　　价：69.00 元

产品编号：073471-01

著者简介

AUTHOR PROFILE

牛志升：清华大学电子工程系教授，博士生导师。1985 年毕业于北方交通大学通信与控制系（现北京交通大学电子信息工程学院），1986 年国家公派赴日留学，1989 年和 1992 年分别获日本丰桥技术科学大学（Toyohashi University of Technology）工学硕士学位和工学博士学位。1992—1994 年就职于日本富士通（Fujitsu）研究所，1994 年回到清华大学电子工程系任教至今。

牛志升教授的主要研究方向包括通信话务理论、排队论、通信网络的流量控制与性能分析、无线网络的资源分配及跨层优化、通信与广播融合网络、绿色通信与网络等，曾获清华大学青年教师教学优秀奖（1999)、学术新人奖（2002)、研究生课优秀教师（2006)，教育部优秀青年教师资助计划（2000)，宝钢教育基金会优秀教师奖（2000)，国家自然科学基金委员会杰出青年基金（2009)，日本 Okawa Foundation Research Grant（2012)，IEEE 通信学会亚太区 2013 年度最佳论文奖，第 13 届（2007)、第 15 届（2009）和第 19 届（2013）亚太通信会议（APCC）最佳论文奖，第 25 届世界通信流量大会（ITC25）最佳学生论文奖（2013)，第五届无线通信与信号处理国际会议（WCSP）最佳论文奖（2013)，IEEE 通信学会绿色通信与计算专业委员会 2018 年度杰出技术成就奖，IEEE 通信学会 Harold Sobol Award for Exemplary Service to Meetings and Conferences（2019)、中国通信学会科学技术奖一等奖（2019）等奖项，担任国家重点基础研究发展计划（“973 计划”）项目“能效与资源优化的超蜂窝移动通信系统基础研究”首席科学家（2012—2016）以及 IEEE Transactions on Green Communications and Networking 期刊主编 (Editor-in-Chief) 等职务（2020—2022)。他同时是 IEICE Fellow 和 IEEE Fellow，并被遴选为 IEEE 通信学会杰出演讲人（2012—2015）和 IEEE 车载技术学会杰出演讲人（2014—2018)。

周盛：清华大学电子工程系长聘副教授，博士生导师。分别于 2005 年和 2011 年在清华大学电子工程系获得学士学位和博士学位。自 2013 年在清华大学电子系任教至今。主要研究方向包括绿色无线通信、车联网、移动云计算等。获得中国通信学会科学技术奖一等奖、IEEE 通信学会亚太区杰出青年学者（2017)、IEEE 通信学会无线通信技术委员会杰出青年学者（2020）等奖励。获国家自然科学基金优秀青年科学基金项目资助（2020)。

前 言

PREFACE

自一百多年前电报和电话相继问世以来，以语音通信为主的电气通信技术得到了突飞猛进的发展，并形成了一个巨大的产业。尤其是近半个世纪发展起来的互联网和移动通信技术，大大丰富了通信网络的内涵，实现了人们在任何时候（anytime）、任何地点（anywhere）、与任何人（anybody）、以任何方式（any-media）进行通信的梦想，将人类带入了移动多媒体信息的时代。与此同时，通信网络的广泛普及带动了全行业的应用，从简单的信息通信逐步扩展到了智能交通、智能电网、网上购物、智慧物流、智能建筑、智慧医疗、精准农业等领域，可以说今天的通信网络已经是无处不在、无所不能，从根本上改变了人们的生活和整个社会。

面向未来，随着通信网络在高度智能化社会中扮演越来越重要的角色，网络容量与信息传输实时性与可靠性保障将面临新的挑战，尤其是在热点区域、建筑内部以及超高速移动过程中的服务性能保障变得越来越重要。为此，未来的通信网络不仅需要高效地处理语音、数据和图像等多媒体业务，同时要针对不同业务提供不同等级的服务质量与可靠性保障。这对传统的以单一业务为基础的通信网络理论提出了新的挑战，同时也对通信网络的性能分析、资源分配与流量控制等提出了新的要求。与此同时，通信的多样化和大规模化也要求对网络进行周密的预测、有效的控制以及合理的优化，而且随着硬件技术的不断成熟，网络管理和性能优化已经成为决定网络运行商成败的关键因素。

造成网络性能下降甚至网络拥塞的原因有很多，但已有大量事实表明：业务与网络的随机性才是造成网络拥塞的最主要原因。由于业务需求（呼叫、分组等）的发生是随机的，所需的服务时间（通话时间、分组传送时间等）也是随机的，而且有时链路的传送能力（如无线链路）和网络的拓扑（如移动自组织网络）也是随机变化的，这就决定了通信网的性能分析需要概率模型以及对概率模型和随机过程进行分析的理论。正是这些随机性，导致排队现象不可避免，因此人们习惯上称这类服务系统为随机服务系统，或简称为排队系统，相应的理论称为随机服务理论或排队论（queueing theory）。

本书主要讲授如何应用概率论、随机过程以及排队论的理论与方法解决通信网中的性能分析、资源分配与流量控制问题。通过本书，读者将学会用随机的思想看待通信网以及用数学的语言描述通信网，掌握通信网性能分析的理论与方法，并能运用这些方法解决电信网络、计算机网络、移动通信网络、光通信网络等的资源分配、流量控制与优化设计问题，从而加深对实际通信网工作原理的理解。

本书的对象定位在信息与通信工程专业的研究生、该领域的工程技术人员或同等水平的人员。要求先修课程包括概率论、数理统计、随机过程以及通信网络等。

本书是牛志升在清华大学电子工程系二十多年来为电子与计算机类研究生讲授同名课程讲义的整理与提高。作为研究生专业基础课，该课程于 1999 年正式开设，2001 年入选清华大学研究生示范课程，2002 年入选“清华大学研究生精品课”首批建设项目，2008 年获评“清华大学研究生精品课”，并于 2011 年和 2016 年再次被评为“清华大学研究生精品课”。该课程的开设以及教材的出版得到了电子工程系各届领导董在望、朱雪龙、龚克、汪惠、林孝康等的大力支持和帮助，对此表示衷心的感谢！同时还要感谢曾经选修过本课程的同学们，特别是曾担任过本课程助教的同学们以及孙宇璇博士、孙径舟、黄秀峰、贾宇宽、毛瑞清同学，他们帮忙修改了讲义中的多处笔误。另外，清华大学出版社的王仁康编辑和王芳编辑为本书的顺利出版倾注了大量的心血，在此一并表示感谢。

本书前 7 章由牛志升编写，第 8 章由周盛编写。为了方便相关院校基于本教材开设相应的课程，作者将与本教材同步发行并不断更新配套使用的 PowerPoint 文档。由于笔者水平所限，书中难免会有不当之处，欢迎指正。

最后，本书起草于 2000 年，但完成于 2022 年举国抗击新型冠状病毒的时期，谨以此献给那些为抗击疫情做出卓越贡献的人们，特别是医务工作者们。

牛志升　周　盛

2022 年 9 月于清华园

目录
CONTENTS

第 1 章 通信网络与通信网理论概述

1.1 通信网络发展概述

在经过了一百多年的发展之后，通信网络已经演变成为当今社会最主要的基础设施之一，并形成了一个巨大的产业，将人类带入了信息化社会的时代。与此同时，互联网的普及带动了全行业的应用，从简单的信息通信逐步扩展到了智能交通、智能电网、网上购物、智慧物流、智能建筑、精准农业等领域。可以说今天的通信网络已经是无处不在、无所不能，正在从根本上改变着人们的生活和整个社会。

随着物联网和人工智能的兴起，人类社会的信息化进程明显加快。21 世纪的通信网络无疑将是一个融合了各种垂直行业应用的超宽带（用户接入速率大于 100Mbps）、超低延时（端到端延时小于 10ms）、超高可靠性（传输可靠性大于 99.999%）的移动多媒体网络，它不仅需要高效地处理语音、数据和视频等多媒体业务，还要能够针对不同业务提供不同等级的服务质量（Quality-of-Services，QoS）保证，即业务的差分化（QoS differentiation）。这对传统的以单一媒体为基础的通信网络理论提出了新的挑战，同时也对通信网络的性能分析、资源分配与流量控制等提出了新的要求。实际上，随着硬件技术的不断成熟和竞争的不断加剧，网络运营商之间的竞争主体已从硬件设备性能逐渐转向网络整体的性能保障能力和运营成本。通信网的规模越大、业务越复杂，越是要求对网络进行周密的预测、有效的控制以及合理的优化。

纵观通信网发展的历史，最早出现且长期主宰了全球通信市场的网络是以电话业务为主的电信网络（telecommunication network）。它的历史可以追溯到贝尔发明电话的 1876 年，但大规模组网直到 20 世纪初自动拨号技术、自动交换技术以及长距离传输技术成熟之后才兴起。一百多年后的今天，电信网络仍然是承载固定语音业务的主体。由于电话业务对延时特别敏感，因此它采用了电路交换（circuit-switching）的方式，即在通话前提前预约链路，并在通话过程中一直占用该链路。可见，其主要性能指标为呼叫成功率（一般要求大于 99%）和链路的建立延时（一般要求小于 1s）。

无线电传输理论与原理虽然早在电话发明之前即被提出，但真正大规模组网却是在 20

世纪 70 年代蜂窝通信（cellular communication）概念[FREN 70] 被商用化之后①。由于当时移动通信业务的主体仍然是语音业务，因此它的网络部分也采用了电路交换技术，其接入部分则采用了模拟通信的频分多址（Frequency Division Multiple Access，FDMA）技术，即俗称的第一代（1G）移动通信。此后，伴随着数字通信和集成电路等技术的成熟，移动通信经历了快速的发展：20 世纪 90 年代实现了从模拟通信到数字通信的转变，多址接入技术也从频分多址演进为时分多址（Time Division Multiple Access，TDMA），即俗称的 2G GSM（Global System for Mobile）系统；21 世纪 00 年代升级为以宽带码分多址（Wideband Code Division Multiple Access，WCDMA）技术为核心的 3G 系统；21 世纪 10 年代升级为以正交频分多址（Orthogonal Frequency Division Multiple Access，OFDMA）技术为核心的 4G LTE（Long-Term Evolution）系统；21 世纪 20 年代又进一步升级为以大规模多天线（massive Multi-Input Multi-Output，mMIMO）技术为核心的 5G NR（New Radio）系统。在此过程中，网络的核心技术也经历了从电路交换向分组交换（packet-switching）的演进，全面支撑了从移动电话网向移动互联网的转变。

相反，20 世纪 60 年代之后发展起来的互联网（Internet）最初就定位于服务具有突发（bursty）特性的数据业务（data traffic），因此采用了分组交换技术和 TCP/IP 网络协议，其主要关注的性能指标为网络吞吐量（throughput）和业务的端到端延时（end-to-end delay）。20 世纪 80 年代后，伴随着光纤通信技术的发展，逐步演进出了以帧中继（frame-relay）和信元交换（cell-switching）技术为核心的快速分组交换（fast packet-switching），TCP/IP 也开始了从 IPv4 向 IPv6 的过渡，大大提高了网络吞吐量，并进一步降低了网络延时，有效支撑了互联网今天的繁荣。目前，随着各种传感技术和终端应用技术的发展，互联网正在向支撑万物互联的物联网（Internet of Things，IoT）方向演进。有预测显示，到 2025 年物联网终端的规模将可能达到 500 亿左右。

与此同时，卫星通信网也得到了长足的发展。静止轨道卫星由于其超强的覆盖能力，在 20 世纪 60 年代到 80 年代主宰了全球远程通信的市场。但由于其距离地球遥远，天然的往返延迟限制了它在地面移动通信上的应用。为此，20 世纪 90 年代人们提出了以低轨道卫星组网的方式支撑地面移动通信的想法（如美国的铱星计划），但由于其昂贵的发射和运营成本以及地面移动通信技术的飞速发展，最终以失败告终。如今，随着火箭回收技术的成熟和星上信号处理技术的进步，基于中低轨卫星组网的移动通信技术又焕发了青春，相信在不久的将来一个空天地一体化的移动通信网络将会走进我们的生活。

综上所述，通信网络的类型是多种多样的，且在逐渐地走向融合。网络的规模也在急剧膨胀，且在不断地催生出新的业务形态和应用。因此，未来的通信网络将会越来越关注网络的可靠性、可扩展性及差分化服务能力。这对以单一业务为基础的传统通信网络理论提出了新的挑战，同时也对通信网络的性能分析、资源分配与流量控制等提出了新的要求。

① 实际上，蜂窝通信的概念早在 1947 年就由美国贝尔实验室的 D. H. Ring 博士提出了。

1.2　通信网性能分析与通信网理论

通常来讲，无论是在通信网络的设计与建设阶段，还是在通信网络的运营与优化阶段，均需要对网络的性能和用户的服务质量进行分析与预测。所谓网络性能分析，指在给定系统资源容量与业务流量条件下预测用户的服务质量；所谓网络优化设计，则指在给定业务流量和所需服务质量条件下设计网络的拓扑与资源配置；所谓网络流量控制，则指在给定系统资源容量和服务质量要求条件下调控业务的流量。可见三者是相辅相成、循环演进的，如图 1.1 所示。

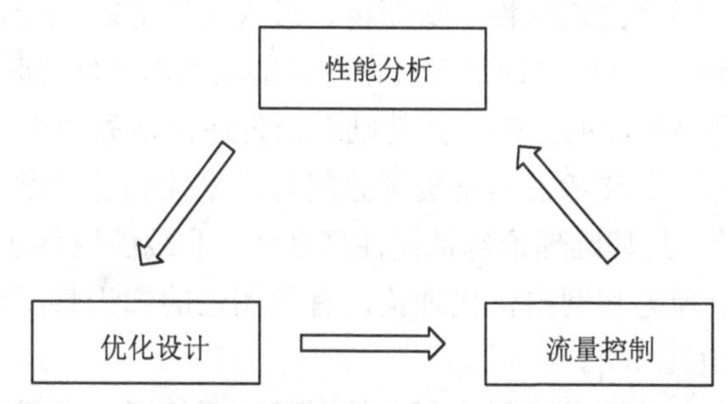

图 1.1　通信网络的性能分析、优化设计、流量控制

进行网络性能分析的方法主要有三种，即现场实验、计算机仿真以及理论分析，三者之间互相依赖，又互为补充。一般来讲，现场实验是最能反映真实网络性能的手段，因此也最受网络运营商的青睐。但它不仅花销大、时间长（一般需要运行数月才能见到效果），而且业务多样性和网络规模等因素的影响难以呈现出来，推广实验结果时也需要特别慎重。计算机仿真则可以在很短的时间内模拟出各种因素的影响，其结果的呈现也可以借助计算机强大的计算能力形象地展示出来，但它毕竟是针对网络模型的仿真，并非针对实际运行网络的模拟，而且仿真过程中会遇到很多稀疏事件（如高可靠通信业务往往要求信息丢失率或是链接的失效率低于 10^{-8}），因此也存在仿真结论难以进行一般性推广的问题。相比之下，基于数学模型的理论分析很容易抓住网络核心要素对网络性能的影响，如果能够解析成功，那么其结论的适用范围和可推广性也非常强。当然，它最大的问题是数学模型可能变得非常复杂，为了获得解析解，往往需要进行很多简化或是增加更多假设，这会在一定程度上限制它的应用范围和一般性。

但无论采取哪种手段，都需要事先对业务的特征及其 QoS 需求有所了解，并通过简单的模型对网络整体的性能做出一定的预估；否则，实验网络的搭建和计算机仿真模型的建立都难免会有一定的盲目性。可见，通信业务与通信网络的建模与性能分析是必不可少的。

造成网络性能下降，甚至是网络拥塞的原因有很多，包括网络的拓扑结构、资源配置、路由与流量控制算法、业务量等。但一般来讲，网络的设计（平均）容量永远大于（平均）需求，即如果业务需求和服务能力都是确定性的，那么网络不会发生拥塞。换句话说，业务与网络的随机性才是造成网络拥塞的最主要原因。由于业务需求（呼叫、分组等）的发生是随机的，所需的服务时间（通话时间、分组传送时间等）也是随机的，而且有时链路的传送能力（如无线链路）和网络的拓扑（如移动自组织网络）也是随机变化的，这就决定了通信网的性能分析需要概率模型以及对概率模型和随机过程进行分析的理论。正是由于这些随机性，才不可避免地导致了排队现象，因此人们习惯上称这类服务系统为随机服务系统，或简称为排队系统，相应的理论方法称为随机服务理论或排队论（queueing theory）①。

实际上，通信网的理论应包括：

（1）网络拓扑学或称图论；

（2）网络性能分析理论；

（3）网络优化理论。

其中网络图论主要讨论网络的连通性、最短树、最大流等静态理论，一般不考虑网络实际流量的随机特性。网络性能分析理论主要讨论网络的阻塞率、延迟时间、通过率等，即主要考虑业务的随机性对网络性能的影响，其基础理论为通信话务理论（teletraffic theory）和排队论。网络优化理论则主要考虑网络资源分配与流量控制等问题，是建立在网络性能分析理论之上的优化理论，其基础理论包括线性规划法、非线性规划法、整数规划法等。本书着重讨论网络性能分析理论和网络优化理论，有关图论的知识将不属于本书的范畴，感兴趣者可以参阅文献 [ZHOU 91]。

在随机服务过程中，当要求服务的顾客数多于可用的服务者或服务器数时，就会产生排队现象，部分顾客因无法忍受过长的等待可能离开服务系统，给服务机构造成经济上的损失。为了减少排队现象，人们自然会想到增加服务者或服务器，但这不仅需要增加服务资源的投入，而且服务者过多也会造成服务资源的空闲与浪费。因此，在顾客的等待和服务者数量（或服务能力）之间需要取得一个合理的平衡。从整个社会效益考虑，在设计、运营随机服务系统时，应兼顾顾客和服务机构双方的利益，使整个服务过程达到最优，从而使社会效益得到最大化。

本书主要讲授如何应用概率论、随机过程以及排队论的方法解决多媒体通信网中的资源分配与流量控制问题。通过学习，应学会用随机的思想看待通信网以及用数学的语言描述通信网，掌握通信网性能分析的理论与方法，并能运用这些方法解决电信网络、计算机网络、移动通信网络、光通信网络等的资源分配、流量控制与优化设计问题，从而加深对实际通信网工作原理的理解。

排队论是研究系统由于资源不足或是随机因素的干扰而出现排队（或拥塞）现象规律的学科，它适用于一切服务系统，包括通信与计算机服务系统、交通与运输服务系统、生产与社会服务系统等。它是现代运筹学（operations research）中发展最早的一个学科分支，应用概率论、数理统计和随机过程等理论成功地解决了许多现实生活和网络中的优化设计问题。它的起源可以追溯到 1909 年丹麦科学家 A. K. Erlang 的论文“The Theory of Probabilities and Telephone Conversations”[ERLA 09]，首次应用泊松过程描述了电话呼叫的随机特性。之后，Erlang 又于 1917 年发表了“Solution of Some Problems in the Theory of Probabilities of Significance in Automatic Telephone Exchanges”[ERLA 17]，给出了著名的 Erlang-B 公

① 尽管 queuing 和 queueing 两种拼法可以通用，但在学术界一般使用 queueing。

式，即在给定系统容量和平均业务量条件下计算电话阻塞率的公式，指导了电话交换机容量的设计，且一直沿用至今[①]。由此可见，排队论问题最初是从通信网络的优化设计中提炼出来的，而且通信始终是排队论发展的重要推进力量之一，因此人们也经常称之为“通信话务理论（teletraffic theory）”。但严格地讲两者并没有明显的界限，尽管传统上，通信话务理论主要讨论无队列的损失系统，其主要应用背景为电话网络的性能分析问题；而排队论则主要讨论有队列的等待系统，它的应用要比通信话务理论广泛。在某种意义上可以说，通信话务理论是排队论在电信网上的应用。本书将不区分地同时使用这两个名词，但主要使用排队论一词。

大体来讲，排队论的发展经历了三个阶段：1940 年以前的排队论偏重于研究电话和远程通信系统，主要研究没有队列的损失系统，代表性人物包括 Agner Krarup Erlang（丹麦，1878—1929 年）、Tore Olaus Engset（挪威，1865—1943 年）、Conny Palm （瑞典，1907—1951 年）、Felix Pollaczek （奥地利，1892—1981 年）、Andrey Kolmogorov （俄罗斯，1903—1987 年）、Alexander Khinchin （俄罗斯，1894—1959 年）；1940 年以后到 60 年代初，人们把排队论广泛用于解决军事、运输、维修、生产、服务、库存、医疗卫生、教育、水库、水利灌溉之类的系统设计问题，加快了理论和应用两方面的研究步伐，代表性人物包括 David G. Kendall （英国，1918—2007 年）、James R. Jackson（美国，1924—2012 年）、John Little （美国，1928—）、John Frank Charles Kingman（英国，1939—）；20 世纪 60 年代以后，系统工程学、计算机科学、信息科学和控制论的蓬勃发展，给予了排队论新的生命力，研究出了很多新的方法和手段，代表性人物包括 Leonard Kleinrock （美国，1934—）、Marcel F. Neuts （美国，1935—2014 年）、Ronald W. Wolff （美国，1934—）、Ward Whitt（美国，1942—）、Frank P. Kelly （英国，1950—）。

近 20 年来，通信网络发展异常迅速，它与互联网的结合对排队论提出了许多新的课题，吸引了通信、计算机和应用数学三方面学者的共同参与。这些课题的研究反过来又促进了通信与计算机网络的发展。在宽带综合业务数字网中，异步传输模式、统计复用和随机多址接入中都涉及许多排队论问题，而且有一些问题至今尚未完全解决。有关排队论的学术论文数以万计，它们主要发表在诸如 *Queueing Systems: Theory and Applications*、*Stochastic Models*、*Journal of Applied Probability*、*Advanced Applied Probability*、*Bell Systems Technical Journal*、*Performance Evaluation*、*J. of Operation Research Society of America*、*Operation Research Letters* 等期刊，以及 International Teletraffic Congress（ITC）、International Federation of Operation Research Societies（IFORS）World Congress、Queueing Theory and Network Applications（QTNA）等专业性学术会议上。有关排队论更详细的信息，可参阅 Myron Hlynka Queueing Theory Page（http://web2.uwindsor.ca/math/hlynka/queue.html）。

---

① 1995 年，丹麦科学家 V. Iversen 发现了挪威科学家 T. Engset 于 1915 年撰写的未发表报告（“*On the calculation of switches in an automatic telephone system*”），该论文在 1918 年被翻译成了德文，但直到 1998 年才被翻译成英文发表，可见 Engset 也是排队论的先驱之一。

第 2 章 通信网建模理论

通信网性能分析的第一步就是网络建模，即将通信业务源的业务特性（traffic characteristics）、服务器的服务特性（service characteristics）、通信网络的拓扑（topology）结构以及路由（routing）策略等用数学的语言描述出来。由于我们关注的主要是通信业务源以及网络本身的随机特性对网络性能的影响，因此本章主要考虑通信网络的随机特性建模，包括通信业务源的概率模型和通信网络的排队模型。

实际上，事件的随机性（stochastics 或称 randomness）是物理世界中普遍存在的现象，比如掷骰子、交通拥塞、电子元件的热噪声等，它天然具有不可预测性（不能从过去的结果准确推测出未来事件的结果）和不可重现性（即使以同样的初始条件也难以完全重现前序的结果）。概率模型和随机过程一般可用来描述这样的随机事件，并对理解网络特性提供有效的指导，但值得注意的是，它只是对随机事件的一种近似，并非准确的描述。这也是为什么英国统计学家 George E. P. Box 指出...all models are wrong，but some are useful... 的原因所在。

严格来讲，随机事件有“伪随机”（psudo-random）和“真随机”（real random）之分。所谓“伪随机”，有时也称“混沌”（fuzzy），指的是事件之间有确定的因果关联，但无法通过数学方法进行精准计算和预测的现象，例如医学、经济学、社会学、大气科学、社会人际行为等。它实际上属于确定性事件，只是由于初始值敏感或是模型复杂等原因导致不可精准预测与控制。而“真随机”则指事件之间无确定性因果关联，因此无法通过观测到的结果准确地推测出其发生原因的现象。本书针对这两种随机性均有涉及。

2.1 通信网业务分类及其建模准则

如第 1 章所述，通信网络的业务种类是非常丰富的，且在不断地演进。从网络建模的角度来看，大体上可按照以下几种不同的准则予以分类：

（1）按照信息**内容**可分为语音业务、文本业务、图像业务、视频业务以及物联网业务；

（2）按照信息**速率**可分为固定比特率（Constant Bit Rate，CBR）业务和可变比特率（Variable Bit Rate，VBR）业务；

（3）按照信息**延时容忍度**可分为实时（realtime）业务和非实时（non-realtime）业务；

（4）按照信息**交互方式**可分为交互式（interactive）业务和存储转发式（store-and-forward）业务；

（5）按照信息**传输方式**可分为面向连接（connection-oriented）业务和无连接（connectionless）业务。

这些分类方法不是相互隔离的，而是相互交叉的，比如视频点播业务，它既是视频业务，同时又是有实时性要求的业务。此外，按照上述某一准则的分类也不是绝对的，比如，对于传统的数字语音业务，它应属于固定速率业务，但经过可变速率压缩编码后的语音则会变成可变速率业务。

业务特性对网络服务质量的保障有直接的影响。一般来说，用户需要先向网络声明业务特性的信息以及相应的服务质量要求，网络则根据这些信息对系统性能进行评估和预测，并根据需要进行必要的服务控制，以在满足用户服务质量要求的同时高效利用网络资源。业务特性和服务质量需求的差异越大，网络越需要进行精细化的性能评估和服务控制。举例来讲，在未来网络中，高清视频和虚拟现实（Virtual Reality，VR）等宽带业务将占主导地位，这些业务的业务特性，与传统的语音业务相比，具有非常不同的统计特性，包括

（1）**信息速率高**：高清视频业务的传输速率一般为几兆到几百兆比特每秒，虚拟现实类业务则会达到几千兆比特每秒；

（2）**业务突发性强**：高清视频业务的峰值速率与平均速率之比一般大于 10，而虚拟现实类业务的这一比值则可达 100 以上；

（3）**服务时间随机性强**：一些业务（如网页浏览）所需的服务时间变化范围非常大，短则几毫秒，长则可以达到几分钟；

（4）**具有自相似（self-similar）特性**：业务特性在经过较大的延迟后仍然有很强的相关性，即业务的随机特性在不同观测时间内呈现相似的概率特征。换句话说，业务的突发性并不随观测区间长度的加大而减弱，因此有时也称**长时相关性**（long-range dependent）。

业务的这些特性对于业务建模和性能分析有着非常大的影响，其中业务的突发性和长时相关性更是造成业务服务质量恶化的最主要原因，因此如何对业务的突发性和长时相关性进行精细化的数学建模至关重要。

一般来讲，不仅局限于业务建模，任何实际系统的数学建模均应遵循以下准则：

（1）**真实性**。数学模型所能模拟的业务特性应尽量接近实际系统的业务特性，特别是几个关键的统计特征量（如均值、方差、相关系数等）应该尽量相近；

（2）**通用性**。数学模型应该有明确的物理意义，且对类型相近的不同业务有广泛的适用性，尽量避免“一事一议”；

（3）**简单性**。数学模型应包含尽量少的参数，且能较容易地从实际系统中拟合出来。同时，所建立的数学模型应该易于理论求解；

（4）**保守性**。数学模型应适当“过度”反映实际系统的统计特性，使得基于所建立的数学模型预测得到的系统性能不至于过于乐观，造成实际系统的服务质量无法满足业务需求的现象。换言之，数学建模应尽量反映实际系统“最坏”（worst-case）的情况，并由此给出

较保守的性能评估。当然，如果过于保守的话，则会大大增加系统运行的成本，因此两者之间应该取得一个良好的平衡。

如果一个数学模型能够同时满足上述准则，那么它将是一个完美的数学模型。遗憾的是，这四点是很难同时得到满足的。一般来说，数学模型的参数越多，模型就越精确，其真实性也就越好，但同时模型也越复杂，理论分析和计算机仿真均会遇到困难。因此，在实际建模中往往需要对业务模型的精确性和复杂度进行一定的折中。

2.2 通信业务源的概率模型化

由于无论是业务的到达时间，还是业务在通信网络中所需要的服务时间都是随机过程，因此，本节首先介绍随机事件的一般表征方法及几种典型的概率分布和随机过程。需要说明的是，这里讲的“事件”与概率论中的“事件”不同。在概率论中，事件或随机事件对应概率空间的子集；而这里讲的事件本身没有概率意义，但围绕这些事件可以定义概率。例如，在一定时间内有 n 个事件发生的概率，或相邻两个事件发生间隔时间小于某一个值的概率。

2.2.1 随机事件的概率特征及其描述方法

如前所述，在实际通信网络中，无论是业务（以下必要时抽象地称为“事件”）的到达间隔，还是其所需的服务时间均为随机变量。因此，随机过程在通信网建模中占据着非常重要且基础的地位。

一般地，随机事件的发生既可以用点过程（point process）或计数过程（counting process），即一定时间内随机事件发生次数的概率分布来描述，也可以用相邻事件发生间隔的概率分布来描述。如果用 X_n 表示相邻事件的发生间隔，用 $N(t)$ 表示该随机过程在任一时间段 $[0,t)$ 内事件发生的次数，则两者的等价性体现在

$$P\{N(t) \geqslant n\} = P\left\{\sum_{i=1}^{n} X_i \leqslant t\right\} \tag{2.2.1}$$

两者的意义虽然都是一样的，但有时前者较后者简洁一些，有时后者比前者更直观一些。所以，在实际系统中两者都有应用，下面分别予以介绍。

1. 相邻事件发生时间间隔的概率分布描述法

考虑一个典型的随机过程（见图 2.1），并用随机序列 $\{\tau_n; n=0,1,2,\cdots\}$ 表示事件发生的时刻。假设事件的发生是相互独立的，则相邻事件的发生间隔 $\{X_n; n=1,2,\cdots\}$，其中 $X_n = \tau_n - \tau_{n-1}$，可以完全描述该随机过程。

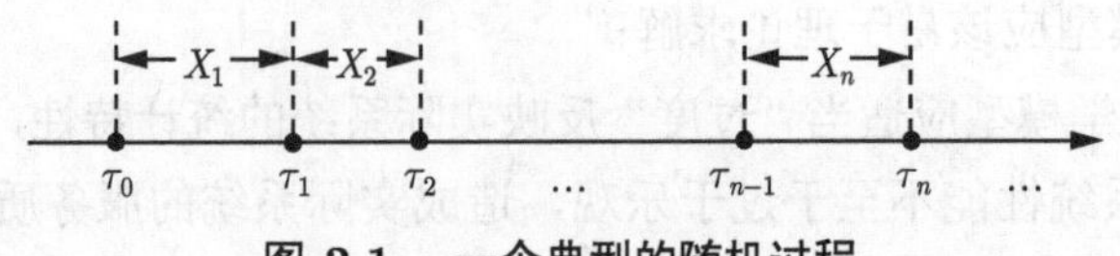

图 2.1 一个典型的随机过程

假设随机序列 $\{X_n; n = 1, 2, \cdots\}$ 相互独立且服从同一概率分布 $F(x)$，其均值、方差、三阶中心矩分别为 m、σ^2、μ_3。为了更直观地描述该随机序列，进一步定义以下概率特征量。

（1）事件密度（density）：$\lambda = \dfrac{1}{m}$

（2）方差系数（squared coefficient of variation）：$C^2 = \dfrac{\sigma^2}{m^2}$

（3）偏度系数（skewness）：$S_{\mathrm{k}} = \dfrac{\mu_3}{\sigma^3}$

（4）自相关系数（auto-correlation coefficient）：$r(k) = \dfrac{\lim\limits_{n\to\infty} \mathrm{Cov}(X_n, X_{n+k})}{\sigma^2}$，其中 $\mathrm{Cov}(X_n, X_{n+k})$ 为 X_n 与 X_{n+k} 之间的协方差（covariance）。由于 $r(k)$ 一般随 k 的增加快速下降，因此一般取 $k = 1$ 时的 $\theta = r(1)$ 表示自相关系数。

基于以上定义，可知各概率特征量的物理意义如下。

（1）事件密度是衡量随机事件发生频度的物理量，λ 越大，表明该事件给网络所加的负载越大。

（2）方差系数描述了随机事件偏离平均值的程度，是衡量随机过程随机性的一个重要参数。$C^2 = 1$ 意味着该随机过程是一个纯随机（pure random）的随机过程，即事件的发生完全不可预测，见图 2.2（b）。$C^2 < 1$ 则意味着该随机过程较为规则（regular）或平滑（smooth），见图 2.2（c），尤其是当 $C^2 = 0$ 时意味着该随机过程退化为一个确定性过程，见图 2.2（a），不再有随机性；$C^2 > 1$ 则意味着该随机过程较不规则（irregular）或称有突发性（bursty），见图 2.2（d）。可见，随着方差系数的增加，随机事件的突发性会加剧。

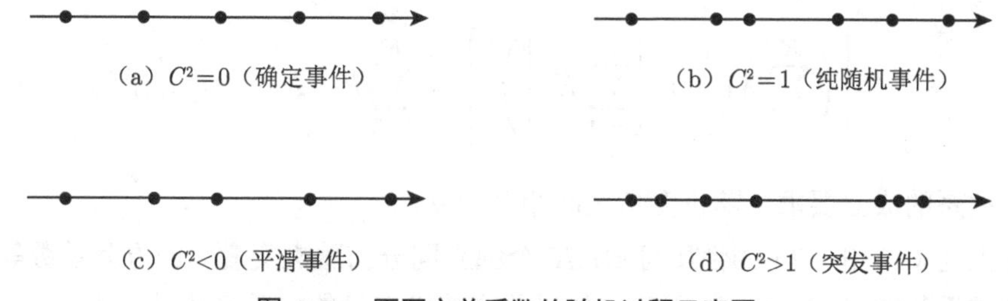

图 2.2　不同方差系数的随机过程示意图

（3）偏度系数描述了随机事件在平均值左右的分布情况，是衡量随机过程对称性的一个重要参数。$S_{\mathrm{k}} = 0$ 意味着该随机过程的概率密度函数在平均值两侧对称地分布；$S_{\mathrm{k}} < 0$ 意味着随机事件概率密度的峰值（peak）偏向平均值右侧，因此概率密度函数的尾部变短，即间隔较大的事件发生概率变小；反之，$S_{\mathrm{k}} > 0$ 意味着随机事件概率密度的峰值偏向平均值左侧，因此概率密度函数的尾部变长，即间隔较大的事件发生概率变大。可见，随着偏度系数的增加，随机过程的尾分布变大，因此随机过程的突发性也会加剧。

（4）自相关系数 $\theta = r(1)$ 描述了随机事件相邻两个事件之间的关联程度，是衡量随机事件相关性的一个重要参数①。$\theta = 0$ 意味着相邻两个事件相互独立地发生，两者之间无任

① 此处所讨论的是随机事件之间的线性相关。

何关联，见图 2.3（b）；$\theta < 0$ 意味着相邻两个事件之间存在相反或相斥的概率关系，即某一事件的发生与另一事件发生的倾向相反。举例来说，如果 X_n 小于平均时间间隔，则 X_{n+1} 大于平均时间间隔的概率较大，即事件的发生有疏密相间的倾向，见图 2.3（a）。反之，$\theta > 0$ 意味着相邻两个事件之间存在着相同或相吸的概率关系，即某一事件的发生与另一事件发生的概率倾向相同。同样的例子，如果 X_n 小于平均时间间隔，则 X_{n+1} 也小于平均时间间隔的概率较大，即事件的发生有疏密相聚集的倾向，见图 2.3（c）。可见，随着自相关系数的增加，随机事件的突发性也会加剧，这一点与前述的方差系数很相似，换言之，自相关系数表述的也是随机变量的二阶特性。

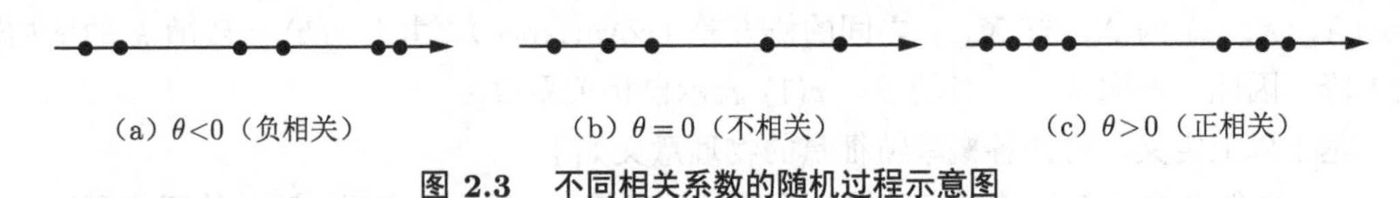

图 2.3　不同相关系数的随机过程示意图

在有多个随机变量同时存在时，下面的关系成立：

（1）K 个随机变量和的均值等于 K 个随机变量均值的和，即

$$E\left[\sum_{k=1}^{K} X_k\right] = \sum_{k=1}^{K} E\left[X_k\right]$$

注意：该关系的成立并不要求各随机变量之间相互独立。

（2）K 个独立随机变量和的方差等于 K 个独立随机变量方差的和，即

$$E\left[\left(\sum_{k=1}^{K} X_k - E\left[\sum_{k=1}^{K} X_k\right]\right)^2\right] = \sum_{k=1}^{K} E\left[(X_k - E[X_k])^2\right]$$

注意：该关系的成立要求各随机变量之间相互独立。

结合上述（1）和（2）的性质可知：K 个独立同分布随机变量和的方差系数等于单个随机变量方差系数的 K 分之一。因此，如果单个随机变量的方差系数是有界的，当 $K \to \infty$ 时，无穷多个独立同分布随机变量和的方差系数趋于 0，即随机性会消失。这实际上就是大数定律的原理。

（3）K 个独立随机变量和的三阶中心矩等于 K 个独立随机变量三阶中心矩的和，即

$$E\left[\left(\sum_{k=1}^{K} X_k - E\left[\sum_{k=1}^{K} X_k\right]\right)^3\right] = \sum_{k=1}^{K} E\left[(X_k - E[X_k])^3\right]$$

注意：该关系的成立要求各随机变量之间相互独立。

结合上述（1）、（2）和（3）的性质可知：K 个独立同分布随机变量和的偏度系数等于单个随机变量偏度系数的 $\sqrt{K}$ 分之一。因此，如果单个随机变量的偏度系数是有界的，当 $K \to \infty$ 时，无穷多个独立同分布随机变量和的偏度系数也会趋于 0，即不对称性会消失。

2. 随机事件计数过程的概率分布描述法

对于同样的随机过程（见图 2.1），还可以用事件发生的计数过程（counting process）来描述。计数过程描述的是某一随机过程在一个特定的时间段内事件发生的次数。对于图 2.1 的随机过程，设 $N(t)$ 为任一时间段 $[0,t)$ 内事件发生的次数（图 2.1 中点的个数），则称 $\{N(t);t\geqslant 0\}$ 为该随机过程的计数过程。

对于计数过程 $\{N(t);t\geqslant 0\}$，定义其平均 $m(t)$、方差 $\sigma^2(t)$ 和三阶中心矩 $\mu_3(t)$ 分别为

$$m(t)\triangleq\sum_{i=0}^{\infty}iP\{N(t)=i\} \tag{2.2.2}$$

$$\sigma^2(t)\triangleq\sum_{i=0}^{\infty}[N(t)-m(t)]^2P\{N(t)=i\} \tag{2.2.3}$$

$$\mu_3(t)\triangleq\sum_{i=0}^{\infty}[N(t)-m(t)]^3P\{N(t)=i\} \tag{2.2.4}$$

显而易见，$m(t)$、$\sigma^2(t)$ 和 $\mu_3(t)$ 均为时间 t 的函数。为了更好地理解它们的物理意义，下面引入两个相对的指标，即分散指数（index of dispersion）$I(t)$ 和偏度指数（index of skewness）$S(t)$

$$I(t)\triangleq\frac{\sigma^2(t)}{m(t)} \tag{2.2.5}$$

$$S(t)\triangleq\frac{\mu_3(t)}{m(t)} \tag{2.2.6}$$

从定义中可以看出，$I(t)$ 反映了计数过程在平均值左右的分布情况。具体地讲，$I(t)<1$ 表示该计数过程比较平滑（smooth 或称 underdispersed）；$I(t)>1$ 意味着该随机过程较为不规则或突发（bursty 或称 overdispersed）；$I(t)=1$ 意味着该随机过程是一个纯随机（pure random）的泊松过程，事件的发生具有无记忆性（相关示意图参见图 2.2）。实际上，对泊松过程而言，无论计数区间 t 如何选取，$I(t)$ 恒等于 1，即泊松过程的分散指数不随计数区间而改变。

既然上述两种描述方法描述的是同一个随机事件，那么两者之间必然存在某种等价关系。令 $F^*(\theta)$ 表示事件间隔的累积分布函数 $F(x)$ 的 LST（Laplace-Stieltjes Transform），$M_i^*(\theta)$ 表示计数过程 $N(t)$ 的 i 阶原点矩 $m_i(t)$ 的 LST，则有

$$M_1^*(\theta)=\frac{\lambda}{\theta^2} \tag{2.2.7}$$

$$M_2^*(\theta)=\frac{\lambda}{\theta^2}\cdot\frac{1+F^*(\theta)}{1-F^*(\theta)} \tag{2.2.8}$$

$$M_3^*(\theta)=\frac{\lambda}{\theta^2}\cdot\frac{1+4F^*(\theta)+[F^*(\theta)]^2}{[1-F^*(\theta)]^2} \tag{2.2.9}$$

利用拉普拉斯变换的极限值定理以及 L'Hospital 微分定理，并将式 (2.2.8) 代入，可得

$$\begin{aligned}\lim_{t\to\infty} I(t) &= \lim_{t\to\infty}\frac{\sigma^2(t)}{\lambda t}\\ &= \lim_{t\to\infty}\frac{(\sigma^2(t))'}{\lambda}\\ &= \lim_{\theta\to 0}\frac{\theta\lambda[1+F^*(\theta)]-2\lambda^2[1-F^*(\theta)]}{\lambda\theta[1-F^*(\theta)]}\\ &= \lim_{\theta\to 0}\frac{2(F^*(\theta))'+(F^*(\theta))''(\theta+2\lambda)}{-2(F^*(\theta))'-\theta(F^*(\theta))''}\end{aligned} \tag{2.2.10}$$

由 $-(F^*(\theta))'|_{\theta=0}=m$，$(F^*(\theta))''|_{\theta=0}=m_2$ 以及 $\sigma^2=m_2-m^2$，可得

$$\lim_{t\to\infty} I(t) = C^2 \tag{2.2.11}$$

其中，m_2 表示随机序列 $\{X_n;n=1,2,\cdots\}$ 的二阶原点矩。可见，计数过程在无穷长区间内的分散指数就等于该随机过程的方差系数。注意，该结论只针对更新过程成立，非更新过程不一定成立。有关更新过程的讨论将在 2.2.4 节中给出。

用同样的方法可求得

$$\lim_{t\to\infty} S(t) = 3C^4 - S_k C^3 \tag{2.2.12}$$

用类似的方法（即利用拉普拉斯变换的初始值定理以及 L'Hospital 微分定理）还可以求得 $I(0)=1$ 以及 $S(0)=1$，即计数过程分散指数与偏度指数的初始值均为 1。

由此可见，利用点过程的描述方法 $\{m(t), I(t), S(t)\}$ 相比于利用间隔分布的描述方法更具一般性，它可以通过调节时间参数 t 得到随机过程在不同时间窗口内的行为，而利用间隔分布的描述办法只相当于 $t\to\infty$ 情形下的无穷多样本的统计值，无法得知有限样本的统计值。换句话说，$\{m(t), I(t), S(t)\}$ 的表述相比 $\{\lambda，C^2，S_{\mathrm{k}}\}$ 包含更多的统计信息。

进一步考虑 $N(0,t)$ 与 $N(t,2t)$ 的协方差，简单推导可得

$$\mathrm{Cov}(t,2t) = \frac{\sigma^2(2t)}{2} - \sigma^2(t) \tag{2.2.13}$$

可见，计数过程的自相关函数可由该计数过程的方差函数（variance-time function）完全决定。换言之，计数过程的方差函数包含了所有的自相关信息。

在实际网络建模中，顾客的到达或离去不可能精确地吻合某一概率分布，只能是近似为某一概率模型。一般来讲，顾客到达过程和服务过程的均值、方差系数或分散指数越大，网络的性能（阻塞率、等待时间等）就越差；同样，顾客到达过程和服务过程的自相关系数越大，网络的性能也越差。因此，可以用方差系数和自相关系数较大的随机过程来近似方差系数和自相关系数较小的随机过程，以保证所估计的网络性能不比实际性能差（即前述的保守近似原则）。当然，这样付出的代价是资源的浪费。反之，如果用方差系数和自相关系数较小的随机过程来近似方差系数和自相关系数较大的随机过程，所估计出来的网络性能将比实际性能好，属于危险近似，这在实际网络设计中是不允许的。

2.2.2 几种常用的概率分布

下面简要介绍几种网络建模中经常用到的典型概率分布，详细描述见 [KOBA 12] 或其他概率论和随机过程的参考书。

1. 连续型概率分布

1）定长分布（deterministic distribution）

若顾客到达间隔或服务时间为常量，即等间隔到达或定长服务，则称该到达间隔或服务时间为定长分布。

定义 2.1　若随机变量 X 的概率分布函数满足

$$F(t) \triangleq \begin{cases} 0 & (t < 1/\lambda) \\ 1 & (t \geqslant 1/\lambda) \end{cases} \tag{2.2.14}$$

则称其为定长分布，其均值和方差分别为 $E[X] = 1/\lambda$，$\mathrm{Var}[X] = 0$。

由定义可知，方差值为零是定长分布的重要特征，它广泛应用于事件发生或持续时间为周期事件（无随机特性）的场合，如飞机的定期航班，ATM（Asynchronous Transfer Mode，异步转移模式）网络中一个信元的传送时间等。

2）均匀分布（uniform distribution）

定义 2.2　若随机变量 X 的概率分布函数满足

$$F(t) \triangleq \begin{cases} 0 & (t < a) \\ \dfrac{t-a}{b-a} & (a \leqslant t \leqslant b) \\ 1 & (t > b) \end{cases} \tag{2.2.15}$$

则称其为 $[a,b]$ 区间内的均匀分布，其均值 $E[X] = \dfrac{a+b}{2}$，方差 $\mathrm{Var}[X] = \dfrac{(b-a)^2}{12}$。

3）指数分布（exponential distribution）[①]

定义 2.3　若随机变量 X 的概率分布函数满足

$$F(t) \triangleq \begin{cases} 1 - \mathrm{e}^{-\lambda t} & (t \geqslant 0) \\ 0 & (t < 0) \end{cases} \tag{2.2.16}$$

则称其为参数为 λ 的指数分布，其均值为 $E[X] = 1/\lambda$，k 阶矩 $E[X^k] = k!/\lambda^k$，方差为 $\mathrm{Var}[X] = 1/\lambda^2$。

由此可见，指数分布是一个非常简单的概率分布，只包含一个参数 λ，因此它在通信网性能分析中得到了广泛的应用。它的另外一个特征是方差系数 $C^2 = 1$，因此它通常会被用来描述完全随机或是平滑的业务。更重要的是，指数分布还是在连续时间概率分布中唯一具有无记忆性的概率分布，这实际上才是指数分布在排队论中得到广泛应用的关键原因所在。具体地，如果到达间隔和服务时间都是指数分布，则无论实际排队过程已经经过了多长时间，要研究从某个时刻之后的队列状况，就好像排队过程刚刚开始一样，只要知道当前

① 严格来讲，应称为“负指数分布”，但为了简便起见，本书称之为“指数分布”。

系统所处的状态就足够了，在此之前的经历可以不考虑。这种无记忆性，有时也称无后效性或马尔可夫性，使得有可能借助马尔可夫过程的理论研究这类排队系统。

指数分布的数值例如图 2.4 所示。

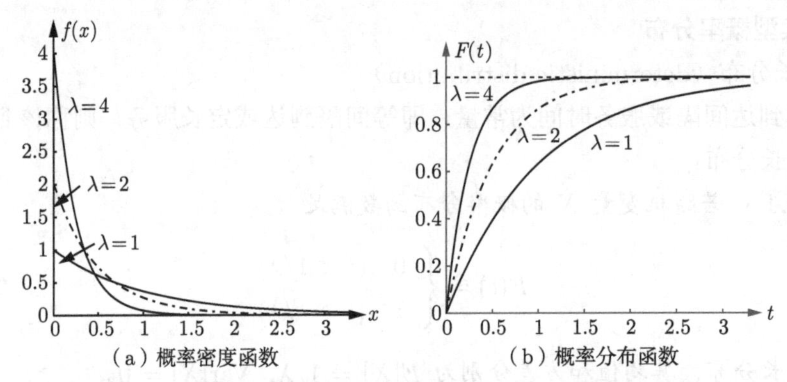

图 2.4　指数分布概率密度函数与概率分布函数的数值例

下面对指数分布的无记忆性予以证明。设某一随机事件的持续时间 X 服从指数分布，其均值为 λ^{-1}，则该随机事件经过 t 时间后仍在持续的概率为

$$P\{X \geqslant t\} = \mathrm{e}^{-\lambda t} \tag{2.2.17}$$

已知持续 t 时间后再经过 x 时间，即该状态开始 $t+x$ 时间后仍在持续的条件概率为

$$\begin{aligned} P\{X \geqslant t+x | X \geqslant t\} &= \frac{P\{X \geqslant t+x\}}{P\{X \geqslant t\}} \\ &= \frac{\mathrm{e}^{-\lambda(t+x)}}{\mathrm{e}^{-\lambda t}} \\ &= \mathrm{e}^{-\lambda x} \\ &= P\{X \geqslant x\} \end{aligned} \tag{2.2.18}$$

可见时刻 t 之后的持续时间与时刻 t 无关。

4）爱尔朗分布（Erlang distribution）

定义 2.4　r 个相互独立且具有相同参数的指数分布随机变量的和，即 $X = X_1 + X_2 + \cdots + X_r$，其中 X_i 服从均值为 $1/(r\lambda)$ 的指数分布（见图 2.5），定义为 r 阶爱尔朗分布（以下用 E_r 表示），其概率分布函数为

$$F(t) \triangleq 1 - \sum_{j=0}^{r-1} \frac{(r\lambda t)^j}{j!}\mathrm{e}^{-r\lambda t} \quad (t \geqslant 0) \tag{2.2.19}$$

通过简单推导可知，E_r 的均值和方差分别为 $E[X] = 1/\lambda$ 和 $\mathrm{Var}[X] = \dfrac{1}{r\lambda^2}$，由此得 $C^2 = 1/r$。由于 r 为大于 1 的整数，可知 $C^2 < 1$。由此可见，r 阶爱尔朗分布有两个参数 λ 和 r，通过调节这两个参数可以描述不同平滑特性的随机过程。当 $r = 1$ 时，E_r 退化为

指数分布；当 $r \to \infty$ 时，E_r 退化为定长分布；当 r 取一个足够大的值时，由中心极限定理可知，$X = X_1 + X_2 + \cdots + X_r$ 趋近于均值和方差分别为 $\dfrac{1}{\lambda}$ 和 $\dfrac{1}{r\lambda^2}$ 的正态分布，可见，爱尔朗分布也可以近似表示正态分布的随机变量。

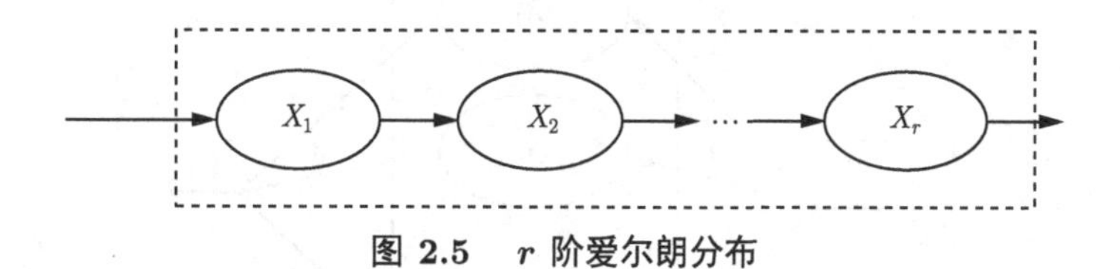

图 2.5　r 阶爱尔朗分布

r 阶爱尔朗分布一个数值例如图 2.6 所示。

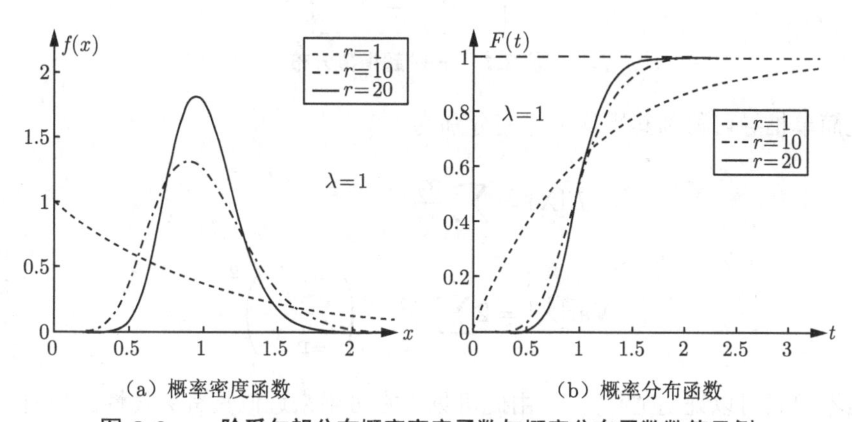

（a）概率密度函数　（b）概率分布函数

图 2.6　r 阶爱尔朗分布概率密度函数与概率分布函数数值示例

实际上，r 阶爱尔朗分布相当于伽马（Gamma）分布中形状（shape）参数 α 取整数时的情形。如果 r 个指数随机变量的参数 λ_i 各不相同，则称 X 为一般化爱尔朗分布，此时，$E[X] = \sum\limits_{i=1}^{r} \lambda_i^{-1}$，$\mathrm{Var}[X] = \sum\limits_{i=1}^{r} \lambda_i^{-2}$。基于 Schwartz 不等式可知，$\sum\limits_{i=1}^{r} \lambda_i^{-2} \leqslant \left(\sum\limits_{i=1}^{r} \lambda_i^{-1}\right)^2$，可见，一般化爱尔朗分布的方差系数也是小于 1 的。不过，此时模型的参数过多，实际建模时经常使用只有两个参数的爱尔朗分布。

在排队系统中，若顾客到达间隔服从指数分布，且顾客到达相互独立，则到达 r 个顾客的时间分布为 r 阶爱尔朗分布。若顾客的服务时间为指数分布，则连续服务 r 个顾客的时间也是爱尔朗分布。此外，在实际网络的建模中，可以根据实际业务源的方差系数来确定爱尔朗分布的阶数 r，然后再根据实际业务源的均值来确定 λ。举例来讲，若实际业务源的方差系数 $C^2 = 0.25$，则可选择四阶爱尔朗分布来近似。

5）超指数分布（Hyper-exponential distribution）

定义 2.5　r 个相互独立的指数分布随机变量 X_i 的概率（加权）和记作 X，其中 X_i 服从均值为 $1/\lambda_i$ 的指数分布（见图 2.7），加权概率 $\alpha_i \geqslant 0$，则 X 定义为 r 阶超指数分布（以下用 H_r 表示），其概率分布函数为

$$F(t) \triangleq 1-\sum_{j=1}^{r} \alpha_j \mathrm{e}^{-\lambda_j t} \quad (t \geqslant 0) \tag{2.2.20}$$

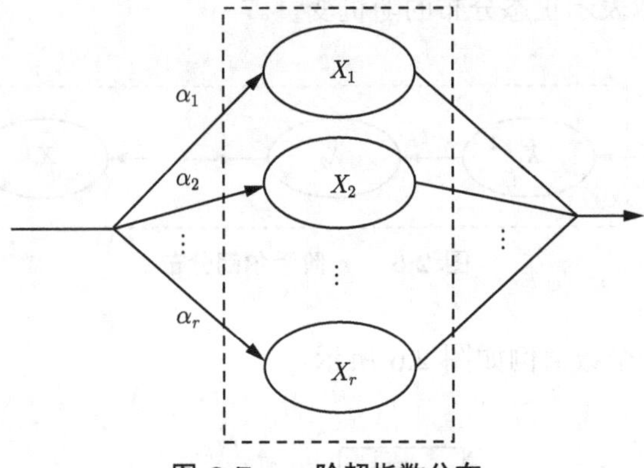

图 2.7　r 阶超指数分布

通过简单推导可得到其平均和方差分别为

$$E[X]=\sum_{j=1}^{r} \frac{\alpha_j}{\lambda_j} \tag{2.2.21}$$

$$\operatorname{Var}[X]=2 \sum_{j=1}^{r} \frac{\alpha_j}{\lambda_j^2}-\left(\sum_{j=1}^{r} \frac{\alpha_j}{\lambda_j}\right)^2 \tag{2.2.22}$$

利用柯西不等式可以证明 $C^2 \geqslant 1$。由此可见，它可用来近似具有突发性的随机过程，在排队论中有着广泛的应用。

r 阶超指数分布的一个数值例如图 2.8 所示。

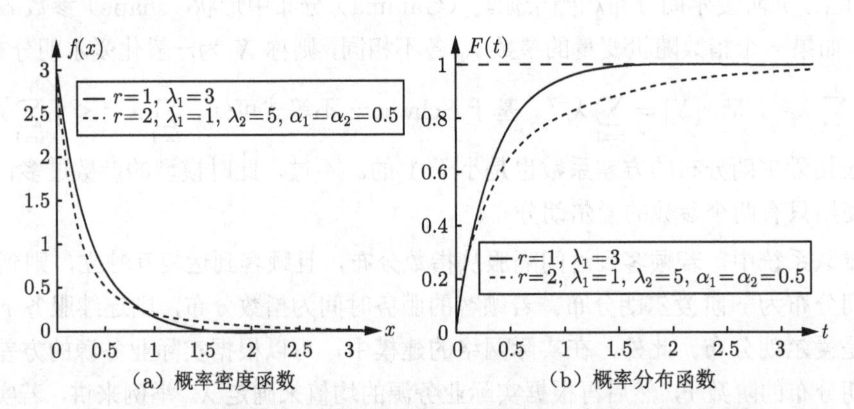

图 2.8　r 阶超指数分布概率密度函数和概率分布函数的数值示例

从上述定义可以看出，H_r 包含 $2r$ 个参数，模型较为复杂。实际上，遵循数学建模中的简单性原则，一般会选取 $r=2$。但即使这样，待确定参数仍然有三个 $(\alpha_1, \lambda_1, \lambda_2)$。为了进一步减少待确定的参数，在实际建模过程中可任意选取 α_1 或是任意设定 λ_1 和 λ_2 之间的数值关系，例如 $\lambda_1=3\lambda_2$，这样 H_2 就只剩两个待确定的参数了。

如果 $\lambda_1=\lambda_2=\cdots=\lambda_r$，或是任意一个 $\alpha_i=1$，则 H_r 退化为指数分布。

在排队系统中，若有 r 个服务台，第 i 个服务台的服务时间服从参数为 λ_i 的指数分布，且到达的顾客以概率 α_i 选择第 i 个服务台接受服务，则由这 r 个服务台组成的并联服务系统的服务时间服从 r 阶超指数分布。

6）Coxian 分布

如前所述，爱尔朗分布相当于指数随机变量算数和的分布，而超指数分布相当于指数随机变量概率和的分布，它们可分别用于近似方差系数小于 1 和大于 1 的平滑业务和突发业务。Coxian 分布则可以认为是两者的结合，相当于 $1\sim r$ 阶爱尔朗分布以概率形式加权的结果，或是将超指数分布中的指数成分换成不同阶数的爱尔朗分布的结果（见图 2.9），其数学表示形式见定义 2.6。

定义 2.6　设随机变量 $X_i=\sum\limits_{j=1}^{i}X_{ij}$ 服从 i 阶爱尔朗分布，其中 X_{ij} 表示参数为 λ_{ij} 的指数变量，且 $X_1,X_2,\cdots,X_r$ 之间相互独立，则随机变量 $X=\sum\limits_{i=1}^{r}\alpha_iX_i$ 服从 Coxian 分布，即

$$F(t)\triangleq 1-\sum_{i=1}^{r}\alpha_i\left[1-\sum_{j=1}^{i}\frac{(\lambda_{ij}t)^{j-1}}{(j-1)!}\mathrm{e}^{-\lambda_{ij}t}\right]\quad(t\geqslant 0)\tag{2.2.23}$$

其中，$\alpha_i\geqslant 0$，且 $\sum\limits_{i=1}^{r}\alpha_i=1$。

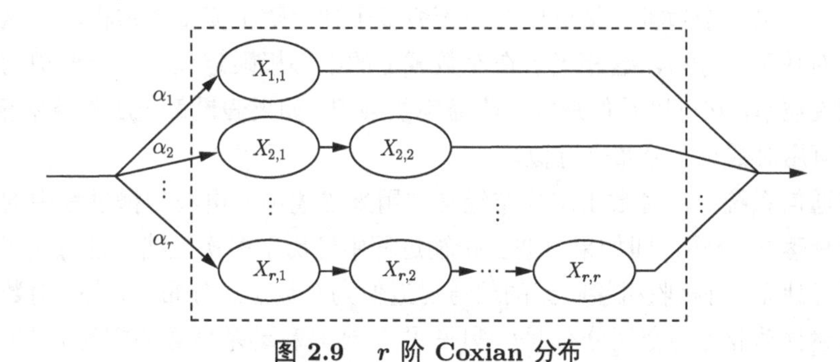

图 2.9　r 阶 Coxian 分布

可以证明：该分布是一个非常通用的概率分布，可以表述方差系数为任意值的概率分布，前述的指数分布、爱尔朗分布以及超指数分布均可视为它的特例。它同时还可以被视为一种通用的相位型（phase-type）概率分布，并被证明可以通过调整阶数 r 和每个相位的参数 λ_{ij} 表述任意一个概率分布。详细描述参见第 7 章。

7）瑞利分布（Rayleigh distribution）

定义 2.7　如果随机变量 X 和 Y 相互独立、且均服从均值为零、方差为 σ^2 的正态分布，则 $\sqrt{X^2+Y^2}$ 服从瑞利分布，其概率分布函数为

$$F(t)\triangleq 1-\mathrm{e}^{-\frac{t^2}{2\sigma^2}}\quad(t\geqslant 0)\tag{2.2.24}$$

通过简单推导可知，瑞利分布的均值和方差分别为 $\sigma\sqrt{\pi/2}$ 和 $(2-\pi/2)\sigma^2$，因此有 $C^2 \approx 0.27$，属于较平滑的概率分布。

在无线通信系统中，瑞利分布经常被用来描述由于电波传播的多径效应所造成的信道衰落现象[RAPA 02]，即如果在散射体众多的城市环境中发射机和接收机之间不存在直射波（line-of-sight signal），则接收机接收到的信号可近似为来自不同反射或折射径信号的叠加。根据中心极限定理可知，众多反射或折射径信号的叠加可近似为均值为零、相位分布在 $(0, 2\pi)$ 的正态分布，其包络（envelope）服从瑞利分布。

8）对数正态分布（Log-normal distribution）

定义 2.8 如果随机变量 X 服从均值为 μ、方差为 σ^2 的正态分布，则 $Y=\mathrm{e}^X$ 服从对数正态分布，其概率密度函数为

$$f(t) \triangleq \frac{1}{t\sigma\sqrt{2\pi}}\mathrm{e}^{-\frac{(\ln(t)-\mu)^2}{2\sigma^2}} \quad (t \geqslant 0) \tag{2.2.25}$$

相反，如果随机变量 Y 服从对数正态分布，则 $\ln(Y)$ 服从正态分布。

通过简单推导可知，对数正态分布的均值和方差分别为

$$E[Y] = \mathrm{e}^{\mu+\frac{\sigma^2}{2}} \tag{2.2.26}$$

$$\mathrm{Var}[Y] = (\mathrm{e}^{\sigma^2}-1)\mathrm{e}^{2\mu+\sigma^2} \tag{2.2.27}$$

由此可得方差系数 $C^2=\mathrm{e}^{\sigma^2}-1$，可见，一般来讲对数正态分布的方差系数很大，当 $\sigma\to\infty$ 时，$C^2\to\infty$。

实际上，如果一个随机变量可以看作无穷多个独立随机变量的乘积，则这个随机变量可以近似为对数正态分布，这相当于在对数域上的中心极限定理。一个典型的例子是股票投资的长期收益率，它可以看作是每天收益率的乘积，如果假设每天的收益率相互独立，则总的收益率可用对数正态分布来近似。

在无线通信系统中，对数正态分布经常被用来描述由于电波传播过程中的阻挡所造成的信道阴影衰落[RAPA 02]，即如果电波在传输过程中经历了多次阻挡、且每次阻挡所造成的衰落之间相互独立，则接收机接收到的信号可近似为对数正态分布。另外，对数正态分布还常常用来描述移动业务的空间分布[LEE 14] [ZHOU 15] 或是移动基站数的空间分布[WANG 15]，一般来讲，这些分布都是非均匀的（non-uniform），即在空间上呈现热点区域和非热点区域之别。

9）帕累托分布（Pareto distribution）

定义 2.9 一个连续型随机变量 X，它的概率分布函数满足

$$F(t) \triangleq \begin{cases} 1-\left(\dfrac{t_m}{t}\right)^{\alpha} & (t \geqslant t_m) \\ 0 & (t \leqslant t_m) \end{cases} \tag{2.2.28}$$

其中，t_m 是 X 所能取得的最小值（需要大于 0），α 是任意正实数，则称 X 服从帕累托分布。

通过简单推导可知，帕累托分布的均值和方差分别为

$$E[X]=\begin{cases}\infty & (\alpha\leqslant 1)\\ \dfrac{\alpha t_m}{\alpha-1} & (\alpha>1)\end{cases} \tag{2.2.29}$$

$$\mathrm{Var}[X]=\begin{cases}\infty & (\alpha\leqslant 2)\\ \left(\dfrac{t_m}{\alpha-1}\right)^2\dfrac{\alpha}{\alpha-2} & (\alpha>2)\end{cases} \tag{2.2.30}$$

由此可求得方差系数为 $\dfrac{1}{\alpha(\alpha-2)}$ $(\alpha>2)$。

由此可见，帕累托分布只在 $t\geqslant t_m$ 且 $\alpha>1$ 时有合理的定义；否则，其均值和方差均不存在或为无穷大。其中，当 $1<\alpha\leqslant 2$ 时，帕累托分布的均值为有限值但方差为无穷大，意味着该随机变量的取值完全偏离平均值，要么远远小于平均值，要么远远大于平均值，即所谓的“两极分化”现象。这样的现象在自然界和人类社会经济生活中大量存在，典型的例子是资本社会中的财富分布，早在 19 世纪末意大利经济学家维弗雷多 • 帕雷托就指出：大概 20% 的富人掌握了 80% 的财富，即所谓的“80-20 现象”，这也是该分布名称的由来。

实际上，上述的对数正态分布也有类似的概率特征，因此有时会与帕累托分布一起统称为幂律（Power-Law）分布或是重尾（Heavy-Tailed）分布。

2. 离散型概率分布

离散时间概率分布在通信业务与网络建模中也有着广泛的应用，它可用来描述某个时间段内顾客到达或退去数目的分布，或是某个时刻观察到的网络内等待顾客数目的分布等。下面介绍几种常用的离散型概率分布。

1）几何分布（Geometric distribution）

定义 2.10　伯努利（Bernoulli）试验中，第一次试验成功之前所经历的试验次数 X 服从几何分布，其概率分布函数为

$$\mathrm{P}\{X=r\}=(1-p)p^{r-1} \qquad (r=1,2,\cdots) \tag{2.2.31}$$

其中，$0<p<1$ 为伯努利试验中试验失败的概率。

经简单计算可知，几何分布的均值和方差分别为

$$E[X]=\frac{1}{1-p},\qquad \mathrm{Var}[X]=\frac{p}{(1-p)^2} \tag{2.2.32}$$

进一步地，对于任何 $n\leqslant 1$ 和 $m=1,2,\cdots$，有

$$\begin{aligned}P\{X=n+m|X>n\}&=\frac{P\{X=n+m,X>n\}}{P\{X>n\}}=\frac{P\{X=n+m\}}{P\{X>n\}}\\&=\frac{(1-p)p^{n+m-1}}{\sum\limits_{k=n+1}^{\infty}(1-p)p^{k-1}}=(1-p)p^{m-1}\end{aligned}$$

$$= P\{X = m\} \tag{2.2.33}$$

可见，几何分布也具有无记忆性。

实际上，几何分布可以看作是指数分布离散化的结果（见图 2.10），即两次相邻成功试验之间的时间间隔服从指数分布，因此不难想象几何分布也具有无记忆性，同时它也是离散型概率分布中唯一具有这一特性的概率分布[MENG 89]。

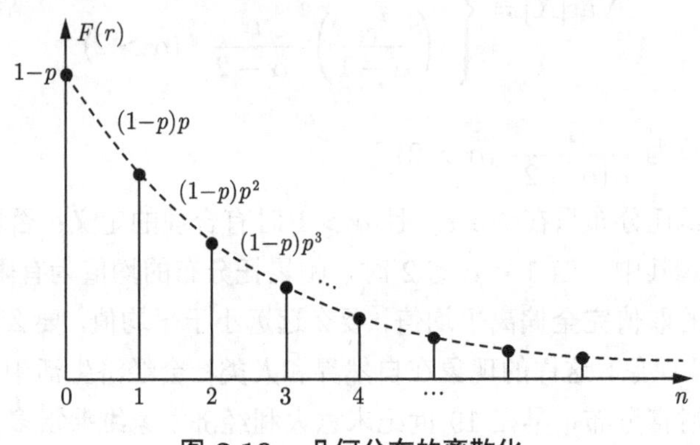

图 2.10 几何分布的离散化

几何分布可以用来描述离散事件系统下某一顾客的到达间隔或服务持续时间。以服务时间为例，每单位时间执行一次伯努利试验，“失败”则令服务继续，“成功”则令服务完成。这样一来，首次“成功”之前需要持续的时间就可以看成是相应的服务持续时间。

如果定义随机变量 Y 为伯努利试验第一次成功之前所经历的失败次数，则有 $Y = X - 1$，其在 $(0,1,\cdots)$ 取值范围内的概率分布函数为

$$P\{Y = r\} = (1-p)p^r \qquad (r = 0,1,\cdots)$$

该分布是几何分布的另外一种形式，为了与 X 区分，通常被称作偏移（shifted）几何分布。简单计算后可知其均值、方差和方差系数分别为

$$E[Y] = \frac{p}{1-p}, \qquad \mathrm{Var}[Y] = \frac{p}{(1-p)^2}$$

进一步地，对于任何 $n \geqslant 1$ 和 $m = 1,2,\cdots$，有

$$\begin{aligned} P\{Y = n+m | Y \geqslant n\} &= \frac{P\{Y = n+m, Y \geqslant n\}}{P\{Y \geqslant n\}} = \frac{P\{Y = n+m\}}{P\{Y \geqslant n\}} \\ &= \frac{(1-p)p^{n+m}}{\sum\limits_{k=n}^{\infty}(1-p)p^k} = (1-p)p^m \\ &= P\{Y = m\} \end{aligned}$$

可见，偏移几何分布也具有无记忆性。注意，由于 $Y = X - 1$，此处的初始条件由 $X > n$ 改为了 $Y \geqslant n$。

2）泊松分布（Poisson distribution）

定义 2.11 在伯努利试验中，时间段 $(0, t)$ 内试验成功的次数 X_t 服从泊松分布，其概率分布函数为

$$\mathrm{P}\{X_t = r\} = \frac{(\lambda t)^r}{r!}\mathrm{e}^{-\lambda t} \tag{2.2.34}$$

其中，λ 为大于 0 的任意实数，表示单位时间内试验成功次数的期望，即 $\lambda = \dfrac{1}{1-p}$。

经计算可知，泊松分布的均值和方差分别为

$$E[X_t] = \lambda t, \qquad \mathrm{Var}[X_t] = \lambda t \tag{2.2.35}$$

可见，泊松分布的分散指数等于 1。因此可以说，泊松分布与指数分布有着密切的关系，即如果随机事件发生间隔的时间相互独立且服从指数分布，则该随机事件在某一固定时间段内的发生次数服从泊松分布。

泊松分布的一个数值例如图 2.11 所示。

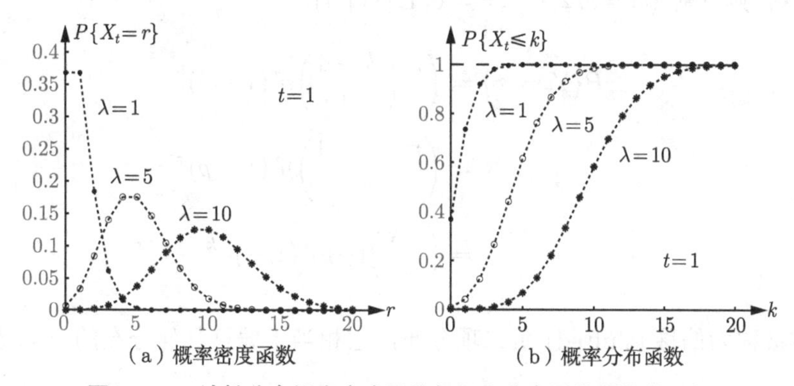

（a）概率密度函数 （b）概率分布函数

图 2.11 泊松分布概率密度函数与概率分布函数的数值示例

3）负二项分布（negative binomial distribution）

定义 2.12 伯努利试验中，第 k 次试验成功之前失败的试验次数 X_k 服从负二项分布，其概率分布函数为

$$P\{X_k = r\} = \binom{r-1}{k-1}p^{r-k}(1-p)^k \quad (k = 1, 2, \cdots; r \geqslant k) \tag{2.2.36}$$

其中，$0 < p < 1$ 为伯努利试验中试验失败的概率。

上式的物理意义可解释为：第 k 次试验成功之前所经历的试验次数 X_k 如果等于 r，则在前 $r-1$ 次试验中应包含 $k-1$ 次成功，且第 k 次成功正好发生在第 r 次试验。注意到 $\binom{r-1}{k-1} = \binom{r-1}{r-k}$，因此负二项分布也可以写成 $P\{X_k = r\} = \binom{r-1}{r-k}p^{r-k}(1-p)^k \quad (k = 1, 2, \cdots; r \geqslant k)$，其中 $r-k$ 表示的是在第 k 次试验成功之前的失败次数。

还应注意，$\binom{-k}{r} = (-1)^r\binom{k+r-1}{r}$，因此有

$$P\{X_k = r\} = \binom{-k}{r-k}(-1)^{r-k}p^{r-k}(1-p)^k = \binom{-k}{r-k}(-p)^{r-k}(1-p)^k$$

这正是该分布通常被称为负二项分布的由来。实际上，二项分布表示的是 r 次试验中包含 k 次成功试验的概率，而负二项分布表示的是第 k 次试验成功之前总的实验次数 r 的概率，可见两者是相反的。

负二项分布有时也称作帕斯卡 (Pascal) 分布，它的均值和方差分别为

$$E[X] = \frac{k}{1-p}, \qquad \mathrm{Var}[X] = \frac{kp}{(1-p)^2}$$

同时可以证明[MENG 89]，k 个相互独立且具有相同几何分布的随机变量和的分布即为负二项分布，这种关系与连续时间概率分布中爱尔朗分布与指数分布的关系相似。

尽管负二项分布本身不具备无记忆性，但它与几何分布的上述特殊关系决定了它在排队分析中会有广泛的应用。

另外，如果定义随机变量 Y_k 为伯努利试验第 k 次成功之前所经历的失败次数，即 $Y_k = X_k - k$，则针对 $(k = 1, 2, \cdots; r = 0, 1, \cdots)$ 有

$$\begin{aligned} P\{Y_k = r\} &= \binom{r+k-1}{k-1} p^r (1-p)^k \\ &= \binom{r+k-1}{r} p^r (1-p)^k \\ &= \binom{-k}{r} (-p)^r (1-p)^k \end{aligned}$$

该分布通常被称为偏移 (shifted) 负二项分布，它相当于偏移几何分布的 k 阶卷积。

2.2.3 几种常用的随机点过程

2.2.1 节指出了一个随机过程还可以用计数过程 $N(t)$ 来描述。显然，$\{N(t); t \in [0, \infty)\}$ 是一个连续时间离散状态的随机点过程。下面就介绍几种在通信网性能分析中常用的随机点过程。

1）泊松过程（Poisson process）

如果随机事件在 $[0,t)$ 内的发生次数 $N(t)$ 服从泊松分布，则该随机过程定义为泊松过程。泊松过程在排队论中起着非常重要的作用，在通信网性能分析中也得到了广泛的应用，这主要是因为通信网络中的随机事件一般满足如下假设：

（1）**平稳性**。以任意时间 t_0 为起点，$[t_0, t_0 + t)$ 时间间隔内事件（顾客到达或退去）发生的次数只与该时间间隔的长度 t 有关，而与时间的起点 t_0 无关。

（2）**无记忆性**。在 $[t_0, t_0 + t)$ 时间间隔内事件（顾客到达或离去）发生的概率与 t_0 之前的事件发生历史无关，即不相交时间区间内事件的发生相互独立。该性质有时也称做“独立增量”特性。

（3）**稀疏性**。在充分小的时间间隔 Δt 内，两个以上事件同时发生的概率为高阶无穷小，且在有限时间区间内事件发生的次数是有限的。

可以证明，如果一个随机过程满足上述三个特性，则该随机过程为泊松过程。证明如下：

令 X 为事件发生的时间间隔，并将其分为 N 等份，每份长度为 $\Delta = X/N$。假设事件发生的平均速率为 λ，则根据无记忆性和稀疏性可得，X 的概率密度函数 $f(x)$ 满足

$$f(x)\Delta = (1-\lambda\Delta)^{N-1}\lambda\Delta = \left(1-\frac{\lambda}{N}x\right)^{N-1}\lambda\Delta \tag{2.2.37}$$

上式为几何分布，其中 $\lambda\Delta$ 为 Δ 区间内事件发生的概率。两边除以 Δ，并令 $N\to\infty$ 得

$$f(x) = \lambda \mathrm{e}^{-\lambda x} \tag{2.2.38}$$

即时间间隔 t 的概率分布服从指数分布。

再考虑 $[0,t)$ 期间内 k 个事件发生的概率分布 $P_k(t)$。同样，将 t 分为 N 等份，每份间隔为 $\Delta = t/N$。由于 k 个事件的发生分散在任意 k 个 Δ 中，则有

$$P_k(t) = \binom{N}{k}(\lambda\Delta)^k(1-\lambda\Delta)^{N-k} \tag{2.2.39}$$

上式为二项分布。令 $N\to\infty$，得

$$P_k(t) = \lim_{N\to\infty}\binom{N}{k}\left(\frac{\lambda t}{N}\right)^k\left(1-\frac{\lambda t}{N}\right)^{N-k} \tag{2.2.40}$$

$$= \frac{(\lambda t)^k}{k!}\mathrm{e}^{-\lambda t} \tag{2.2.41}$$

由此可知，$N(t)$ 服从泊松分布，故该随机过程为泊松过程。又从式 (2.2.37) 得知，该过程的间隔分布为指数分布。实际上，严密的理论可以证明，泊松过程与指数分布是一一对应的，如果随机事件的间隔时间相互独立且服从参数为 λ 的指数分布，则该随机过程即为泊松过程，其平均到达率为 λ；反之，泊松过程的间隔相互独立，且服从参数为 λ 的指数分布。

对于一个泊松过程，如果已知某个时间区间内事件发生的次数，则随机事件在该区间内将是均匀（uniformly）发生的，或称完全随机地发生的。这个特性针对空间泊松过程（spatial Poisson process）也是成立的，它是泊松过程能够得以广泛应用的最主要原因之一。

泊松过程的另外一个重要特征是它的叠加特性和分解特性（见图 2.12）。

定理 2.1　设 $N_1(t), N_2(t), \cdots, N_k(t)$ 分别为参数为 $\lambda_1, \lambda_2, \cdots, \lambda_k$ 的泊松过程，且相互独立，则 $\sum\limits_{j=1}^{k} N_j(t)$ 是一个参数为 $\lambda = \sum\limits_{j=1}^{k}\lambda_j$ 的泊松过程。

证明：参见文献 [MENG 89]。

定理 2.2　设 $N(t)$ 是参数为 λ 的泊松过程，每一发生的事件以概率 $\alpha_i\ (i=1,2,\cdots,k)$ 独立地分流到第 i 个子流，且 $\sum\limits_{i=1}^{k}\alpha_i = 1$，则分流后的第 i 个子流是参数为 $\alpha_i\lambda$ 的泊松过程。

证明：参阅文献 [MENG 89]。

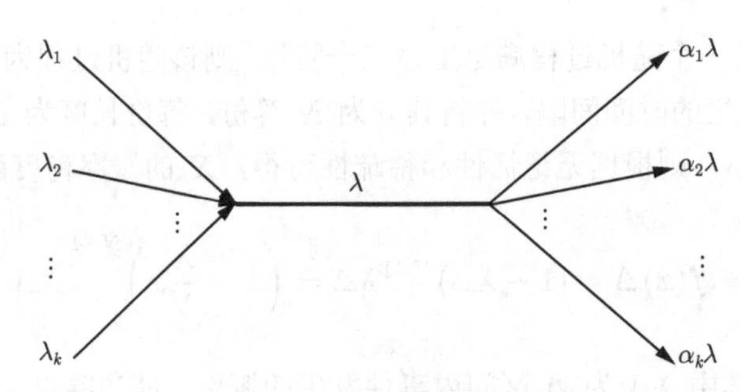

图 2.12　泊松过程的分解与重叠

定理 2.1 说明若干个泊松流经过一个合成器得到的流仍为泊松流。定理 2.2 说明泊松流经过一个随机过滤器（以概率 α_i 过滤）后得到的子流仍是泊松过程，被过滤掉的子流也是泊松过程。例如，如果把一个十字路口看成一个随机过滤器与合成器，把各方向到达的车流看成是泊松流，则十字路口对一个方向到达的车辆有过滤作用，而对不同方向而言，它又起着过滤后的合成作用。由于过滤后的分流是泊松流，合成后又是泊松流，从而经过十字路口后的各方向的车流仍保持泊松流的特性。这对通信网的建模是至关重要的，因为通信网中信号经常会被复用（叠加）或解复用（分流）。

泊松流在现实世界中经常遇到，如市内交通事故、稳定情形下的电话呼叫次数、到车站等车的乘客数、到银行去提款或存款的人数、上下班高峰过后通过路口的自行车流、人流、汽车流等都是或近似是泊松流。一般地，如果每一个事件流在总事件流中起的作用很小，而且相互独立，则总的合成流可以近似为泊松流。泊松流在计数过程中所起的作用与正态分布在独立随机变量和中起的作用相似。

2）间歇泊松过程（Interrupted Poisson Process，IPP）

在实际通信网络中，诸如电话呼叫的溢出（overflow）过程或是带有静（talkspurt）默（silence）检测功能的分组语音（packetized voice）到达过程那样，业务的产生呈现间歇模式的情况较为普遍，即业务的产生在某个时间段内比较集中，而在另外一段时间内很少或是没有发生的现象。显然，这是典型的突发性（bursty）业务，无法再用泊松过程来描述。

针对这样的间歇式突发业务，一个常用的随机过程为 IPP。如图 2.13 所示，IPP 可以认为是泊松过程通过一个二状态随机开关后得到的随机过程。该随机开关的开启（ON）状态与关闭（OFF）状态交替出现，在每个状态停留的时间分别服从参数为 r_1 和 r_2 的指数分布。在开启（ON）过程中事件按强度为 λ 的泊松过程发生，而在关闭（OFF）过程中没有事件发生。为方便起见，用“ON 区间”来表示开启期间，用“OFF 区间”来表示关闭期间。IPP 的生成如图 2.14 所示。

不难想象，IPP 具有突发性，其方差系数 C^2 和分散指数 $I(t)$ 大于 1。实际上，可以证明 IPP 的时间间隔服从二阶超指数分布。

定理 2.3　参数为 (λ, r_1, r_2) 的 IPP 的时间间隔服从参数为 (p, μ_1, μ_2) 的二阶超指数分布，其中

$$\mu_1 = \frac{1}{2}\left(\lambda + r_1 + r_2 + \sqrt{(\lambda + r_1 + r_2)^2 - 4\lambda r_2}\right) \tag{2.2.42}$$

$$\mu_2 = \frac{1}{2}\left(\lambda + r_1 + r_2 - \sqrt{(\lambda + r_1 + r_2)^2 - 4\lambda r_2}\right) \tag{2.2.43}$$

$$p = \frac{\lambda - \mu_2}{\mu_1 - \mu_2} \tag{2.2.44}$$

反之也成立，即如果事件的发生相互独立，且其间隔服从参数为 (p, μ_1, μ_2) 的二阶超指数分布，则该随机过程为参数为 (λ, r_1, r_2) 的间歇泊松过程，其中

$$\lambda = p\mu_1 + (1-p)\mu_2 \tag{2.2.45}$$

$$r_1 = \frac{p(1-p)(\mu_1 - \mu_2)^2}{\lambda} \tag{2.2.46}$$

$$r_2 = \frac{\mu_1\mu_2}{\lambda} \tag{2.2.47}$$

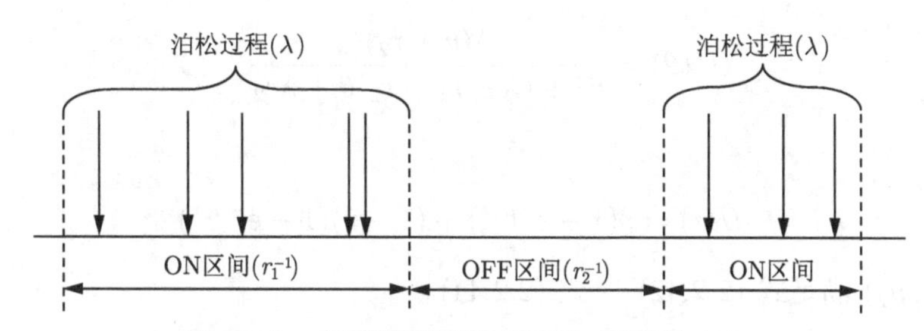

图 2.13　间歇泊松过程（IPP）示意图（1）

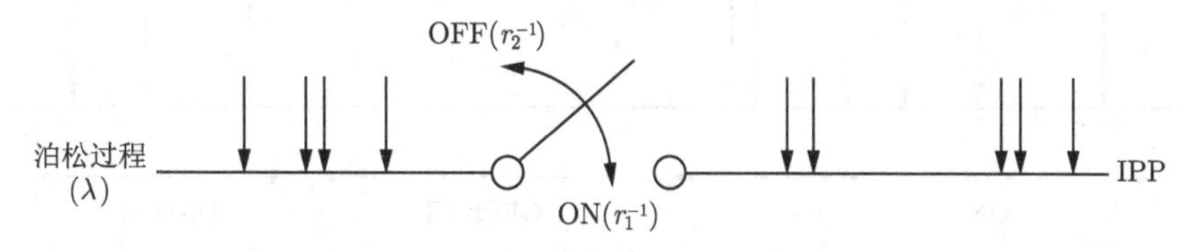

图 2.14　间歇泊松过程（IPP）的生成

证明：设 $t=0$ 为 ON 区间内的任意一点（见图 2.15）。因为 ON 区间，OFF 区间以及在 ON 区间内事件发生的时间间隔均为无记忆的指数分布，因此下一个事件的发生与 $t=0$ 是在 ON 区间内，还是在 OFF 区间内无关。也就是说，从开关在 ON 状态下的任意一点 $t=0$ 开始至下一个事件发生的时间间隔分布函数等于所求解的 IPP 的间隔分布函数 $U(t)$。如图 2.15 所示，下一个事件的发生有两种可能性。

（1）下一个事件发生在同一 ON 区间内的某一时刻 t，其概率为

$$\mathrm{d}U_1(t) = \lambda \mathrm{e}^{-\lambda t}\mathrm{e}^{-r_1 t}\mathrm{d}t \tag{2.2.48}$$

（2）该 ON 状态和紧接着的 OFF 状态分别在时刻 y 和 z 结束，下一个事件发生在下一个 ON 状态开始之后的某个时刻 t（不必一定在紧接着的下一个 ON 区间之内）。由于从时刻 z 至下一个事件发生的时刻 t 的时间分布应为 $U(t-z)$，对应的概率密度函数为 $u(t-z)$，

因此有

$$\mathrm{d}U_1(t)=\left(\int_0^t\int_0^z r_1\mathrm{e}^{-(\lambda+r_1)y}r_2\mathrm{e}^{-r_2(z-y)}u(t-z)\mathrm{d}y\mathrm{d}z\right)\mathrm{d}t \tag{2.2.49}$$

综合以上两种情况，利用全概率公式，可以得到概率密度函数的递推公式

$$u(t)=\lambda\mathrm{e}^{-(\lambda+r_1)t}+\int_0^t\int_0^z r_1\mathrm{e}^{-(\lambda+r_1)y}r_2\mathrm{e}^{-r_2(z-y)}u(t-z)\mathrm{d}y\mathrm{d}z \tag{2.2.50}$$

令 $U^*(\theta)$ 表示 $U(t)$ 的 LST，得

$$U^*(\theta)=\frac{\lambda}{\theta+\lambda+r_1}+\frac{r_1}{\theta+\lambda+r_1}\cdot\frac{r_2}{\theta+r_2}U^*(\theta) \tag{2.2.51}$$

因此得

$$U^*(\theta)=\frac{\lambda(\theta+r_2)}{\theta^2+(\lambda+r_1+r_2)\theta+\lambda r_2} \tag{2.2.52}$$

逆变换后得

$$U(t)=p(1-\mathrm{e}^{-\mu_1 t})+(1-p)(1-\mathrm{e}^{-\mu_2 t}) \tag{2.2.53}$$

其中，(p,μ_1,μ_2) 满足式 (2.2.42) ~ 式 (2.2.44)。 ■

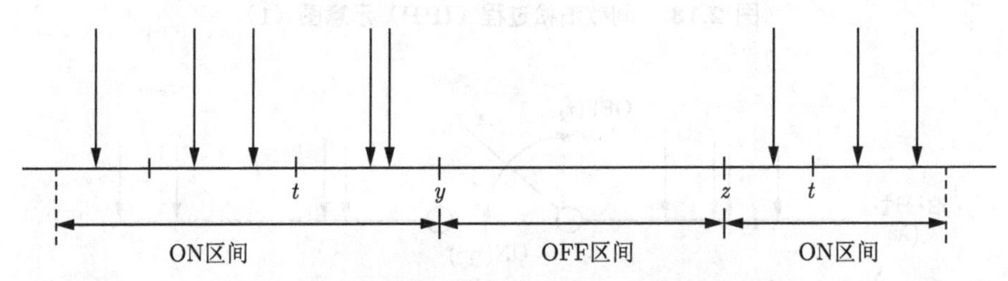

图 2.15 间歇泊松过程（IPP）示意图（2）

针对参数为 (p,μ_1,μ_2) 的二阶超指数分布，可通过对其 LST 微分并置 $\theta=0$ 求得其一阶、二阶和三阶原点矩分别为

$$m_1=\frac{(1-p)\mu_1+p\mu_2}{\mu_1\mu_2} \tag{2.2.54}$$

$$m_2=2\frac{(1-p)\mu_1^2+p\mu_2^2}{(\mu_1\mu_2)^2} \tag{2.2.55}$$

$$m_3=6\frac{(1-p)\mu_1^3+p\mu_2^3}{(\mu_1\mu_2)^3} \tag{2.2.56}$$

由此可求得其均值、方差系数和偏度系数分别为

$$\lambda^{-1}=m_1 \tag{2.2.57}$$

$$C^2=\frac{m_2-m_1^2}{m_1^2}=\frac{2((1-p)\mu_1^2+p\mu_2^2)}{[(1-p)\mu_1+p\mu_2]^2}-1 \tag{2.2.58}$$

$$S_k=\frac{m_3-3m_1m_2+2m_1^3}{(m_2-m_1^2)^{3/2}} \tag{2.2.59}$$

IPP 最早是由 Kaczuca[KUCZ 73] 在研究电话网的迂回路由算法时提出，它被用于对溢出（overflow）的呼叫（即需要进行迂回处理的呼叫）进行建模（见图 2.16）。

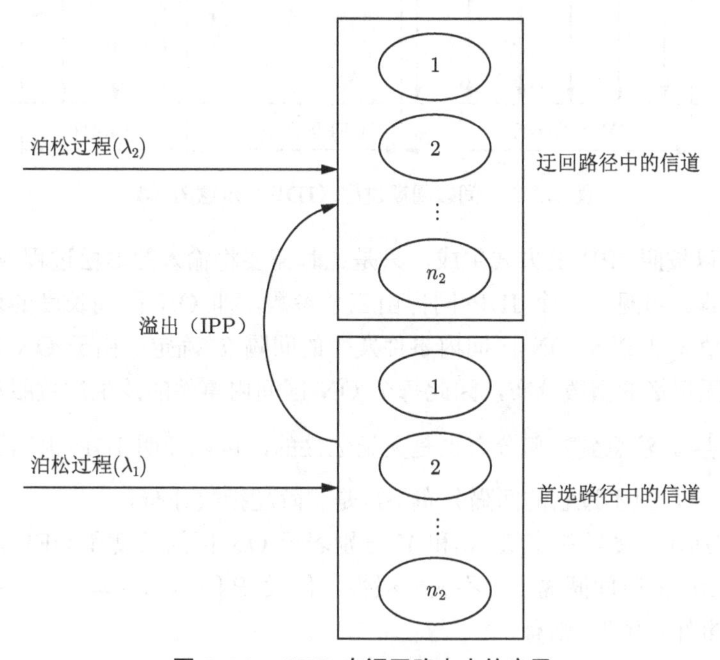

图 2.16　IPP 在迂回路由中的应用

如前所述，由于该过程既能很好地描述溢出过程的发生，又仍然保留了更新过程的特性（便于数学分析），因此在电信网络的优化设计中得到了广泛的应用。实际上，分组交换网中的数据分组到达过程以及采用了差分编码方式的分组视频业务的到达过程都可以用 IPP 来近似。后来，Machihara 博士又对其进行了深入的研究[MACH 89]，发现只要 ON 区间和 OFF 区间内事件发生的间隔分布具有无记忆性，即使 OFF 区间为一般概率分布，所得到的随机点过程仍然是一个更新过程，只是它的间隔分布不再是二阶的超指数分布而已。更进一步地，他还对 ON 区间和 OFF 区间均不是指数分布的情况进行了研究（该过程简称为 G-IPP）[MACH 89]，得到了 G-IPP 间隔分布的 LST。

3）间歇周期过程（Interrupted Deterministic Process，IDP）

在实际网络中，还会经常遇到另外一类间歇式突发业务，即在 ON 期间业务的发生是等间隔（周期性）的，而不是如 IPP 那样在 ON 区间业务的发生是完全随机的。一个典型的例子就是语音或是视频业务的差分编码，即数据包的编码仅在语音或是视频内容发生变化时才进行，否则将静默一段时间。由于所编码的语音或视频数据包通常是固定长度的，因此在 ON 区间内数据包的产生将会是周期性的。另外一个典型例子是 ATM 网中的信元产生过程，在有信息传送时信元周期性产生，而在无信息传送时将不会有信元被送出。如果假设信元周期产生的区间和无信元产生的区间均为指数分布，则信元的发生呈 ON-OFF 模式。但与分组交换网中的分组不同的是，ATM 信元是固定长度的，因此在 ON 区间内信元是周期性产生的，称这样的间歇过程为 IDP 过程（见图 2.17）。

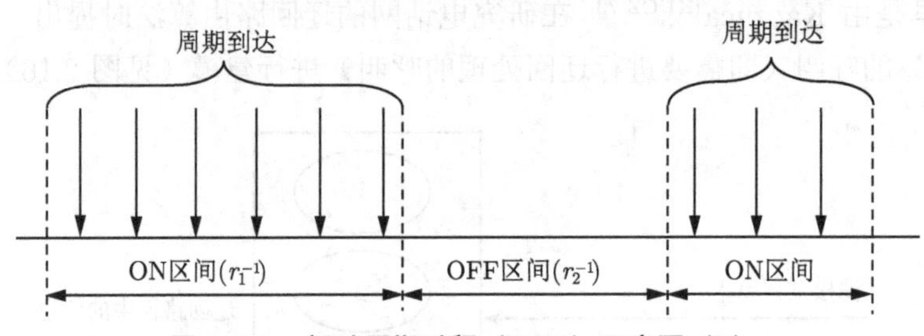

图 2.17　间歇周期过程（IDP）示意图（3）

IDP 也可以按照 IPP 的方式生成，只是此时需要将输入的泊松过程改成周期为 T 的等间隔到达过程。可见，一个 IDP 同样由三个参数，即 ON 区间长度的均值 r_1^{-1}、OFF 区间长度的均值 r_2^{-1} 以及 ON 区间内事件发生的间隔 T 确定。由于 ON 区间和 OFF 区间的长度均为无记忆的指数分布，因此每个 ON 区间内事件的发生次数服从几何分布，其均值为 $m=\dfrac{r_1^{-1}}{T}$。注意到几何分布也是无记忆性的，可以证明 IDP 也属于更新过程的范畴[SRIR 86] [HEFF 86]，只不过它的间隔分布不再是二阶超指数分布。

如图 2.17 所示，令随机变量 X 和 Y 分别表示 ON 区间长度和 OFF 区间长度，随机变量 Z 表示 IDP 的时间间隔。为不失一般性，假设 $P\{X<T\}=0$，即 ON 区间内至少会有一个随机事件发生①，则有

$$Z=\begin{cases} T & \text{（如果连续两个事件发生在同一个 ON 区间内）} \\ Y+T & \text{（如果连续两个事件发生在两个不同的 ON 区间内）} \end{cases} \tag{2.2.60}$$

对于第一种情况，基于 ON 区间内事件发生次数服从几何分布的事实，可知其概率为 $p=\dfrac{m-1}{m}=1-r_1T$，第二种情况的概率为 $q=1-p=\dfrac{1}{m}=r_1T$。考虑到 $P\{Z<T\}=0$，于是有

$$\begin{aligned} U(t)&=P\{Z\leqslant t|t\geqslant T\} \\ &=P\{Z\leqslant t|t\geqslant T,Z=T\}P\{Z=T\}+P\{Z\leqslant t|t\geqslant T,Z=Y+T\}P\{Z=Y+T\} \\ &=(p+qP\{Y\leqslant t-T\})\varGamma(t-T) \\ &=[(1-r_1T)+r_1T(1-\mathrm{e}^{-r_2(t-T)})]\varGamma(t-T) \end{aligned} \tag{2.2.61}$$

① 实际上，如果某个 ON 区间长度小于 T，则下一个事件将发生在再下一个 ON 区间内。由于 ON 区间、OFF 区间以及在 ON 区间内事件发生的次数均为无记忆的概率分布，因此下一个事件的发生与上一个事件发生在哪个 ON 区间内无关。

这里 $\Gamma(t)$ 是阶跃函数。由此可求得 $U(t)$ 的 LST 为

$$U^*(\theta)=\left(1-r_1T+\frac{r_1r_2T}{\theta+r_2}\right)\mathrm{e}^{-\theta T} \tag{2.2.62}$$

微分置 $\theta=0$ 后可求得 IDP 时间间隔的均值、方差系数以及偏度系数分别为

$$\lambda^{-1}=\frac{(r_1+r_2)T}{r_2} \tag{2.2.63}$$

$$C^2=\frac{1-(1-r_1T)^2}{[(r_1+r_2)T]^2} \tag{2.2.64}$$

$$S_\mathrm{k}=\frac{2r_1T(r_1^2T^2-3r_1T+3)}{[r_1T(2-r_1T)]^{3/2}} \tag{2.2.65}$$

由于 IDP 模型中 ON 期间的到达过程为没有任何突发性的等间隔到达过程，因此 IDP 模型的突发性（C^2）小于相同参数下 IPP 模型的突发性，即用 IPP 模型来近似 IDP 模型属于保守近似。

上述 IDP 模型最早在文献 [SRIR 83] 中被提出，并在文献 [SRIR 86] [HEFF 86] 中成功应用到了分组语音业务的建模与分析。将在 2.3.2 节中再予以详细讨论。

2.2.4　更新过程

由 2.2.3 节的讨论可知，如果某随机过程同时具有独立性和无记忆性，则该过程即构成了一个泊松过程，它的独立叠加与独立分解均会保留泊松过程的特性，为后续排队系统的分析带来了极大的便利。但在有些场合下这两个条件很难同时满足，尤其是在日益复杂的通信网中，即使可以假设顾客的到达或服务相互独立，但其时间间隔分布一般不具备无记忆性。一个典型的例子就是 ATM 网络。由于信元长度是固定的，因此信元的服务（传送、处理等）时间不能再用指数分布近似，而应采用定长分布。同样，大量测试表明，信元的到达也不再是泊松过程，而是具有极大突发性的过程[HEFF 86] [SRIR 86]。诸如此类，事件发生的间隔分布仍然相互独立（或至少可以近似为独立)、且服从同一概率分布，但其分布函数不再是无记忆的指数分布的随机过程，称其为更新过程（renewal process）。

针对图 2.1 中的随机过程，假设时间间隔之间相互独立（independent）、且服从同一概率分布（identically distributed)，则称其为“更新过程”或简称为 i.i.d.（independently and identically distributed)。这在通信网络中是非常常见的，无论是业务的到达间隔，还是业务的服务时间，由于它们往往来自大量的、相互独立的用户终端，在网络中的路由路径也往往可以近似看作是相互独立的，因此一般都可以用更新过程来表述或是近似。它既包含了最常用的泊松过程（时间间隔相互独立、且服从无记忆的指数分布)，也涵盖了大量的平滑或是突发随机过程。

下面给出关于更新过程的一些基本理论。考虑一个典型的平稳随机点过程（见图 2.18)。令 τ_n 表示任意区间段 $[0,t)$ 内第 n 个事件的发生时刻，$X_n=\tau_n-\tau_{n-1}$ 为第 n 个事件与

第 $n-1$ 个事件之间的间隔，并令 $\tau_0=0$。若 $\{X_n;n=1,2,\cdots\}$ 相互独立且服从同一概率分布

$$F(x)\triangleq P\{X_n\leqslant x\}\qquad(n=1,2,\cdots)\tag{2.2.66}$$

则该随机过程定义为更新过程。

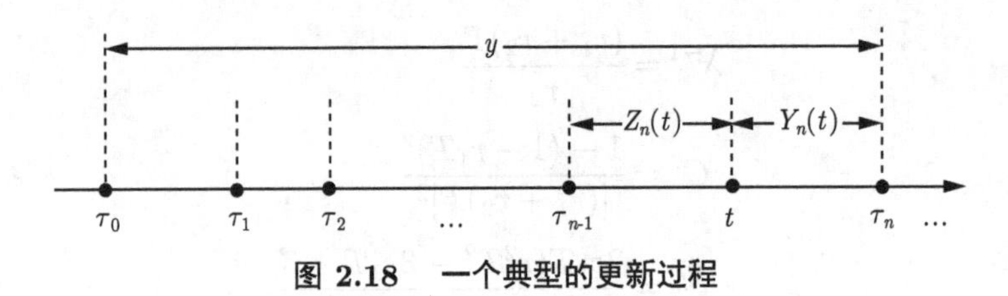

图 2.18　一个典型的更新过程

针对一般更新过程，下面求解它的前向递归时间（forward recurrence time）和后向递归时间（backward recurrence time）。如图 2.18 所示，当 $t\in[\tau_{n-1},\tau_n]$ 时，定义 $Y_n(t)=\tau_n-t$ 为前向递归时间（有时简称为“剩余寿命”），$Z_n(t)=t-\tau_{n-1}$ 为后向递归时间（有时简称为“寿命”），则以下定理成立。

定理 2.4　时间间隔分布为 $F(x)$，平均时间间隔为 λ^{-1} 的更新过程，其前向递归时间概率分布 $H_{\mathrm{f}}(x)$ 和后向递归时间概率分布 $H_{\mathrm{b}}(x)$ 相等，且有

$$H_{\mathrm{f}}(x)=H_{\mathrm{b}}(x)=\lambda\int_0^x(1-F(y))\mathrm{d}y\tag{2.2.67}$$

证明：首先考虑前向递归时间。

$$\begin{aligned}H_{\mathrm{f}}(x)&=\lim_{t\to\infty}\sum_{n=1}^{\infty}P\{Y_n(t)\leqslant x\}\\&=\lim_{t\to\infty}\sum_{n=1}^{\infty}P\{\tau_{n-1}\leqslant t\leqslant\tau_n\leqslant t+x\}\\&=\lim_{t\to\infty}\sum_{n=1}^{\infty}\int_t^{t+x}P\{\tau_n-\tau_{n-1}\geqslant y-t\}\,\mathrm{d}P\{\tau_n\leqslant y\}\\&=\lim_{t\to\infty}\int_t^{t+x}(1-F(y-t))\mathrm{d}\left(\sum_{n=1}^{\infty}P\{\tau_n\leqslant y\}\right)\end{aligned}\tag{2.2.68}$$

又因为

$$P\{\tau_n\leqslant t\}=P\{N(t)\geqslant n\}$$

故

$$\sum_{n=1}^{\infty}P\{\tau_n\leqslant t\}=\sum_{n=1}^{\infty}P\{N(t)\geqslant n\}$$

$$
\begin{aligned}
&=\sum_{n=1}^{\infty}\sum_{j=n}^{\infty}P\{N(t)=j\}\\
&=\sum_{j=1}^{\infty}\sum_{n=1}^{j}P\{N(t)=j\}\\
&=\sum_{j=1}^{\infty}jP\{N(t)=j\}\\
&=E[N(t)]=m(t)
\end{aligned}
\tag{2.2.69}
$$

因此，得

$$
\begin{aligned}
H_{\mathrm{f}}(x)&=\lim_{t\to\infty}\int_{t}^{t+x}(1-F(y-t))\mathrm{d}m(y)\\
&=\lim_{t\to\infty}\int_{0}^{x}(1-F(y'))\mathrm{d}m(y')
\end{aligned}
$$

其中 $y'=y-t$。由更新过程的平稳性可知，$m(t)=\lambda t$，因此有

$$
H_{\mathrm{f}}(x)=\lambda\int_{0}^{x}(1-F(y))\mathrm{d}y
$$

同样的推导也适用于后向递归时间的求解，即

$$
H_{\mathrm{b}}(x)=\lambda\int_{0}^{x}(1-F(y))\mathrm{d}y
$$

则定理成立。 ■

值得注意的是，上述定理虽然指出了更新过程的前向递归时间和后向递归时间的概率分布相等，但一般来说，两者并不独立。只有对泊松过程来说两者才独立，且有

$$
H_{\mathrm{f}}(x)=H_{\mathrm{b}}(x)=1-\mathrm{e}^{-\lambda x}
$$

即泊松过程的前向递归时间和后向递归时间仍然服从指数分布，而且其参数与该泊松过程的参数一致。这也从另一个侧面说明了指数分布的无记忆性。

对于 r 阶超指数分布，其间隔分布函数为 $F(x)=1-\sum\limits_{j=1}^{r}\alpha_j\mathrm{e}^{-\lambda_j x}$, 其中 $\sum\limits_{j=1}^{r}\alpha_j=1$，平均值 $\lambda^{-1}=\sum\limits_{j=1}^{r}\dfrac{\alpha_j}{\lambda_j}$。将其代入式 (2.2.67)，则有

$$
\begin{aligned}
H_{\mathrm{f}}(x)=H_{\mathrm{b}}(x)&=\lambda\sum_{j=1}^{r}\frac{\alpha_j}{\lambda_j}(1-\mathrm{e}^{-\lambda_j x})\\
&=1-\sum_{j=1}^{r}\hat{\alpha}_j\mathrm{e}^{-\lambda_j x}
\end{aligned}
\tag{2.2.70}
$$

其中，$\hat{\alpha}_j = \alpha_j \dfrac{\lambda}{\lambda_j}$。由于 $\sum\limits_{j=1}^{r} \hat{\alpha}_j = 1$，可见 r 阶超指数分布的前向或后向递归时间仍然是 r 阶超指数分布，但其加权概率与原始的 r 阶超指数分布中的加权概率有所不同。

下面推导前向递归时间和后向递归时间的平均值 h_{f} 和 h_{b}。用 $H^*(\theta)$ 表示 $H_{\mathrm{f}}(x)$ 和 $H_{\mathrm{b}}(x)$ 的 LST，可知前向递归时间和后向递归时间概率分布的 LST $H^*(\theta)$ 满足

$$
\begin{aligned}
H^*(\theta) &= \int_0^{\infty} \mathrm{e}^{-\theta x} \mathrm{d}\left(\lambda \int_0^{x} (1 - F(y))\mathrm{d}y\right) \\
&= \int_0^{\infty} \mathrm{e}^{-\theta x} \lambda (1 - F(x))\mathrm{d}x \\
&= \lambda \frac{1 - F^*(\theta)}{\theta}
\end{aligned}
\tag{2.2.71}
$$

再利用 L'Hopital 定理，得

$$
\begin{aligned}
h_{\mathrm{f}} = h_{\mathrm{b}} &= -\lim_{\theta \to 0} \frac{\mathrm{d}H^*(\theta)}{\mathrm{d}\theta} \\
&= \frac{\lambda}{2} \lim_{\theta \to 0} \frac{\mathrm{d}^2 F^*(\theta)}{\mathrm{d}\theta^2} \\
&= \frac{\lambda}{2}(\sigma^2 + \lambda^{-2}) \\
&= \frac{\lambda^{-1}}{2}(1 + C^2)
\end{aligned}
\tag{2.2.72}
$$

其中，σ^2 是 $F(x)$ 的方差，$C^2 = \sigma^2/\lambda^{-2}$ 为 $F(x)$ 的方差系数。

由式 (2.2.72) 可看出，更新过程的前向递归时间和后向递归时间的均值不仅与该更新过程的均值有关，还与它的方差系数（二阶矩）有关。也就是说，时间间隔均值相等的两个更新过程，如果它们的二阶矩不同，则它们的前向递归时间和后向递归时间的均值也会不同。由于 $C^2 \geqslant 0$，因此前向递归时间和后向递归时间的均值永远不会小于更新间隔均值的一半（当 $C^2 = 0$ 时正好为一半）；对于 $C^2 < 1$ 的平滑过程，h_{f}（或 h_{b}）小于 λ^{-1}；对于 $C^2 = 1$ 的泊松过程，h_{f}（或 h_{b}）等于 λ^{-1}，这些都与我们的直觉吻合。

但是，对于 $C^2 > 1$ 的突发过程，h_{f}（或 h_{b}）大于 λ^{-1}，即前向递归时间或是后向递归时间的均值比更新过程本身的平均时间间隔还要长，这点与我们的直觉就不是那么吻合了，因此有人称之为"Renewal-Theory Paradox"或是"Length-biasing Effect"[TAKA 62]。如果 $C^2 \to \infty$，则 h_{f}（或 h_{b}）也将趋于无穷，尽管原更新过程的平均时间间隔是有限的。这实际上体现了业务随机性对网络性能的巨大影响，也是为什么我们在第 1 章中指出"业务随机性是造成网络性能恶化的最主要原因"的依据所在。

理解上述悖论实际上并不难，因为所谓的前向（或后向）递归时间指的是某个与该更新过程完全独立的随机顾客"落在"某个更新间隔时所观测到的距离下一个（或上一个）更新点的时间，由于随机顾客"落在"某个更新间隔的概率与该更新间隔的时间长度成正比，

因此由这些随机顾客观测到的更新间隔以较大的概率会是那些区间较长的更新间隔，而且原更新过程的抖动越大，其更新间隔的时间长度越是两极分化（长的更长、短的更短），由随机顾客所观测到的更新间隔也就越趋于那些区间特别长的，因此其平均值可能会远远大于原更新过程的平均值。

另外一个更令人惊奇的结论是：增加原更新过程的平均间隔 λ^{-1}，并不一定会导致平均前向（或后向）递归时间的增加！这点可从下面的分析中看出。假设原更新过程的时间间隔 X_n 增加一个非负固定值 D，且该增加值与 X_n 相互独立，则新的更新过程 $X'_n = X_n + D$ 的方差与原更新过程 X_n 的方差相等，因此可知 X'_n 的平均前向（后向）递归时间为

$$h'_{\mathrm{f}} = h'_{\mathrm{b}} = \frac{\lambda^{-1} + D}{2}\left[1 + \frac{\sigma^2}{(\lambda^{-1} + D)^2}\right] \tag{2.2.73}$$

显然，该式是变量 D 的凸函数，当 $D = D^* = \max(0, \sigma - \lambda^{-1})$ 时取得最小值。换言之，当 D 从 0 增加至 D^* 时，h'_{f} 和 h'_{b} 是下降的！这实际上也不难理解，因为更新间隔在增加一个固定值时，其方差保持不变，因此在该增加值 D 未超过 $\sigma - \lambda^{-1}$ 时，其方差系数的下降量大于平均值的增加量，从而导致平均前向（后向）递归时间下降。相反，如果该增加值 D 超过 $\sigma - \lambda^{-1}$ 时，平均前向（后向）递归时间会相应上升。这相当于“Renewal-Theory Paradox”的一个变形[COOP 98]。

基于上述分析可以看出：当原更新过程的方差系数大于 1 ($\sigma > \lambda^{-1}$) 时，如果间隔分布的方差无法再降低，可通过将该更新过程的平均间隔从 λ^{-1} 增加至 $\lambda_{\mathrm{opt}}^{-1} = \lambda^{-1} + \sigma - \lambda^{-1} = \sigma$ 的手段，使得平均前向（后向）递归时间达到最小值。显然，调整后的更新过程为泊松过程，即 $C_{\mathrm{opt}}^2 = 1$，换言之，在更新过程的方差给定的前提下，应让平均时间间隔等于该时间间隔的标准差，此时该更新过程的前向（后向）递归时间取得最小值。

当然，理论上来讲，如果原更新过程的方差系数小于 1 ($\sigma < \lambda^{-1}$)，也可以通过将该更新过程的平均间隔从 λ^{-1} 减少至 $\lambda_{\mathrm{opt}}^{-1} = \lambda^{-1} + \sigma - \lambda^{-1} = \sigma$ 的手段，使得平均前向（后向）递归时间达到最小值。但由于此时可能会出现随机变量 X_n 的取值为负数的情况，或是为了保证 $X_n + D$（此时 D 为负数）永远大于或等于 0，调整后的时间间隔分布的方差有可能发生改变，因此上述结论可能不再成立。换言之，上述结论只针对那些缩短平均间隔后不会使 $X_n + D$(此时 D 为负数）出现负数的更新过程 X_n 成立，例如 X_n 服从均匀分布、且区间起点大于 D 的情形。

以公交车调度为例说明上述结论对实际系统的指导意义。从式 (2.2.72) 可知，无论顾客到达车站等车的行为有多么随机，为了使顾客的平均等车时间最短，可采取两种措施：

（1）令车辆经过该车站的时间间隔保持恒定，此时 $C^2 = 0$，平均等车时间（相当于平均前向递归时间）等于车辆经过该车站时间间隔的一半；

（2）如果由于道路交通等随机因素的影响使得车辆经过该车站的时间间隔无法保持恒定，则应该将车辆经过该车站的平均时间间隔调整至车辆经过该车站时间间隔的标准差。具体来说，如果标准差大于平均间隔，则应相应增加发车间隔；反之，则应该相应地减少发车间隔。

上述结论可以推广到更一般的情况，即当更新间隔的增加量 D 是一个独立的随机变量时上述结论也成立。

通过对式 (2.2.71) 针对 θ 进行 i 次微分，并置 $\theta=0$，可进一步求得前向或后向递归时间的 i 阶原点矩如下：

$$E[Y^i]=E[Z^i]=\frac{E[X^{i+1}]}{(i+1)E[X]}\quad(i\geqslant 1)\tag{2.2.74}$$

其中，$E[X^{i+1}]$ 为变量 X 的 $r+1$ 阶原点矩。

关于业务随机性对网络性能的影响，将在第 6 章进一步予以详细的论述。

2.2.5 叠加过程的概率描述

在通信网络中，每个通信节点处的网络资源都是由许多用户共享的，也就是说，每个通信节点处的实际到达过程为多个业务源的叠加（superposition）过程。如果假设每个业务源的到达过程为独立同分布的更新过程（例如，泊松过程、IPP 或是 IDP 等），则需要考虑这些更新过程的叠加过程。

注意，这里所说的“叠加”不同于 2.2.1 节中所讨论的几个随机变量的求和过程。具体地，如果随机变量 $N_k(t)$ 表述的是第 k 个业务源的计数过程，则 K 个业务源叠加后的 $N^{(K)}(t)$ 等同于 K 个随机变量的直接求和，即 $N^{(K)}(t)=\sum\limits_{k=1}^{K}N_k(t)$。但如果 X_k 表述的是第 k 个业务源事件发生的时间间隔，则 K 个业务源叠加后的时间间隔 $X^{(K)}$ 并不等于 $\sum\limits_{k=1}^{K}X_k$，而是等于 $\min(\hat{X}_1,\hat{X}_2,\cdots,\hat{X}_K)$，其中 $\hat{X}_k$ 表示第 k 个业务源事件发生时间间隔的前向递归时间。可见，相比于基于时间间隔的表述，基于计数过程的表述更适宜于描述叠加过程的性质。这还可以从下面的定理得到验证。

定理 2.5 *K 个相互独立且具有相同分散指数 $I(t)$ 和偏度指数 $S(t)$ 的更新过程，其叠加后的分散指数 $I_K(t)$ 和偏度指数 $S_K(t)$ 保持不变，即*

$$I_K(t)=\frac{K\sigma^2(t)}{Km(t)}=I(t),\qquad S_K(t)=\frac{K\mu_3(t)}{Km(t)}=S(t)\tag{2.2.75}$$

证明：参见文献 [COX 65] [COX 80]。

一般来讲，即使假设各更新过程之间相互独立、且服从相同的概率分布，多个更新过程叠加之后都不再是更新过程，即叠加后的过程将存在某种程度的相关，而且往往是正的相关，因此无法再用更新过程来近似，需要引入非更新过程的理论，这将在 2.2.6 节中讨论。唯一的特例是，如果每个业务源的到达过程为泊松过程，且相互独立，其到达率分别为 $\lambda_1,\lambda_2,\cdots,\lambda_K$，则它们的叠加过程仍将是泊松过程，其到达率为 $\lambda_1+\lambda_2+\cdots+\lambda_K$。这实际上源于泊松过程（或是指数分布）的无记忆性。

当然，作为一个特殊情况，当参与叠加的更新过程数目很大（$K\to\infty$）时，基于中心极限定理可知，叠加后的计数过程 $N(t)=N_1(t)+N_2(t)+\cdots+N_K(t)$ 将趋于正态分布。具体地，令 $\{X_n; n=1,2,\cdots\}$，其中 $X_n=\tau_n-\tau_{n-1}$，表述相邻事件的发生间隔，则下面的等价关系成立

$$P\{N(t)\leqslant n\}=P\{\tau_{n+1}\geqslant t\} \tag{2.2.76}$$

再令 $r_t=\lambda t+y_t\sigma\sqrt{\lambda^3 t}$, 则有

$$P\{N(t)\leqslant r_t\}=P\{\tau_{r_t}\geqslant t\}=P\left\{\frac{\tau_{r_t}-r_t/\lambda}{\sigma\sqrt{r_t}}\geqslant -y_t\left(1+\frac{y_t\sigma}{\sqrt{t/\lambda}}\right)^{-\frac{1}{2}}\right\}$$

令 $y_t=y$ 以及 $t\to\infty$，则有

$$\lim_{t\to\infty}P\{N(t)\leqslant r_t\}=\lim_{t\to\infty}\mathrm{P}\left\{\frac{\tau_{r_t}-r_t/\lambda}{\sigma\sqrt{r_t}}\geqslant -y\right\}=\Phi(y)$$

显然，$\Phi(y)$ 为标准的正态分布，因此可知 $N(t)$ 在 $n\to\infty$ 时趋于均值为 λt、方差为 $\lambda^3\sigma^2 t$ 的正态分布。

但是，如果令叠加过程的平均到达率保持为恒定的有限值，即在叠加的过程中令单个业务源的平均到达率随叠加业务源的个数 K 相应地进行稀疏化，则当 $K\to\infty$ 时，叠加后的随机过程将趋于泊松过程。这就引出了下面的定理。

定理 2.6 大量稀疏更新过程叠加的泊松过程近似 假设 $\{N_1(t),N_2(t),\cdots,N_K(t)\}$ 表示 K 个独立同分布更新过程的计数过程，则当 $K\to\infty$ 时，$N^{(K)}(t/K)=N_1(t/K)+\cdots+N_K(t/K)$ 趋于泊松过程。

证明：下面给出一个简易证明，严格证明请参见文献 [COX 65] [COX 80]。

令 $F(x)$ 表示其中任意一个更新过程事件发生时间间隔的概率分布函数，λ^{-1} 和 σ^2 分别表示该时间间隔的均值与方差。则由定理 2.4 可知，该更新过程前向递归时间的概率密度函数为 $h_f(x)=\lambda(1-F(x))$。

为了使叠加后计数过程的均值保持不变，所有更新过程在叠加的过程中均需相应缩小观测区间，即取观测区间为 $(0,t/K]$，则 K 个独立同分布更新过程叠加后的计数过程 $N^{(K)}(t/K)=N_1(t/K)+\cdots+N_K(t/K)$ 的前向递归时间等于 K 个更新过程前向递归时间的最小值，由此可求得叠加后随机过程的前向递归时间的概率分布函数为

$$H_{\mathrm{f}}^{(K)}(t/K)=1-\left[1-\lambda\int_0^{t/K}(1-F(x))\mathrm{d}x\right]^K$$

针对给定的 t 和 λ，当 $K\to\infty$ 时，可知 $H_{\mathrm{f}}^{(K)}(t/K)$ 趋于参数为 λ 的指数分布。 ■

注意：由于均值为 λ、方差也为 λ 的正态分布，如果在叠加的过程中不进行稀疏化，即在 λ 足够大时可近似为参数 λ 的泊松过程，因此上述结论与中心极限定理并不矛盾。换言之，如果仅仅关注叠加后随机过程在一个足够小区间内的随机特性，则可用泊松过程来近似。

2.2.6 马尔可夫更新过程与半马尔可夫过程

虽然 IPP 和 IDP 都能很好地近似有突发性的随机事件，但它们都属于更新过程的范畴，也就是说，它们只能用来近似自相关系数小于和等于零的随机过程，而不能用于近似事件之间存在正相关的随机过程（违背“安全近似”的原则）。但在实际通信网络中，存在正相关的随机过程并不少见，一个典型的例子是多条 ATM 链路的叠加。在 ATM 网络中，为了节省网络资源（缓冲器和带宽）经常需要将多条 ATM 虚拟链路（Switched Virtual Circuit，SVC）叠加或复用在一起传输。如果每条链路的信元发生过程用 IPP 或 IDP 过程近似，那么对于 ATM 服务系统来讲，信元的到达将是多个 IPP 或 IDP 的叠加过程。许多研究表明[HEFF 86] [SRIR 86]，叠加后的随机过程不再属于更新过程的范畴，而是一个信元到达之间存在正相关的非常复杂的过程。因此，不能再用零相关的更新过程来近似（会导致危险近似），而必须找到一个本身也具有正相关的非更新过程来近似。

一般来讲，非更新过程是很难用数学公式进行描述的，而且即使可以描述也往往难以将它应用到排队系统分析中。但有一种非更新过程，虽然它的时间间隔分布不再是仅与当前状态有关（即不再是独立同分布），但也不是与所有历史状态都相关，而是仅与当前状态和下一次要访问的状态有关，这样的过程称为马尔可夫更新过程（Markov Renewal Process，MRP），具体定义见定义 2.13。

定义 2.13 马尔可夫更新过程 当随机过程 $\{(X_n, T_n); n \in N\}$ 满足以下条件时，称这个过程为具有状态空间 E 的马尔可夫更新过程，即对于所有的 $n \in N$，$j \in E$ 和 $t \in \mathbf{R}_+$ 有

$$\begin{aligned} &\mathrm{P}\{X_{n+1} = j, T_{n+1} - T_n \leqslant t | X_0, X_1, \cdots, X_n; T_0, T_1, \cdots, T_n\} \\ &= \mathrm{P}\{X_{n+1} = j, T_{n+1} - T_n \leqslant t | X_n\} \end{aligned} \tag{2.2.77}$$

这里 T_n 表示状态的变化时刻，X_n 表示与之相对应的状态。

可见，马尔可夫更新过程相当于将连续时间马尔可夫过程中状态发生变化的间隔由无记忆的指数分布推广到了一般更新过程的独立同分布（i.i.d.），即状态按照一般更新过程进行更新。换言之，未来的状态 X_{n+1} 以及达到该状态的时间间隔 $T_{n+1} - T_n$ 不再独立，但仅依赖于当前状态 X_n，与历史状态 $X_0, X_1, \cdots, X_{n-1}$ 以及历史时刻 $T_0, T_1, \cdots, T_n$ 无关。

作为两种特殊情况，如果状态转换的时间间隔相互独立且服从指数分布（与下一个要访问的状态无关），则 MRP 退化为马尔可夫过程。如果状态数只有一个，则进一步退化为一般更新过程。

另一个与马尔可夫更新过程紧密相关的是半马尔可夫（semi-Markov）过程，具体定义见定义 2.14。

定义 2.14 如果一个随机过程在时间点序列 $\{T_n; n = 0, 1, 2, \cdots\}$ 上的状态 $\{X_n; n \geqslant 0\}$ 构成一个马尔可夫过程，则随机过程 $\{Y(t) = X_n; t \in [T_n, T_{n+1})\}$ 称为半马尔可夫过程。

可见，与在时间和状态两个维度上定义的马尔可夫更新过程不同，半马尔可夫过程只从状态的维度定义，它在任意时刻 $\{X(t) : t \geqslant 0\}$ 并不具有马尔可夫性，但如果只关注状态

的转移时刻 $\{T_n, n=0,1,2,\cdots\}$，则 $\{X_n : n=0,1,\cdots\}$ 构成了一个马尔可夫过程，这也正是名称半马尔可夫（semi-Markov）的寓意。

关于马尔可夫更新过程和半马尔可夫过程的详细讨论，参见文献 [MEDH 82] [ROSS 99] [KOBA 12] [MEDH 82] [ROSS 99] [KOBA 12]。在第 7 章中也会以矩阵的形式予以讨论。

马尔可夫调制泊松过程（MMPP）

作为马尔可夫更新过程或是半马尔可夫过程的一个代表性例子，马尔可夫调制泊松过程已经被广泛地应用到各种突发性业务建模中。考虑一个泊松过程和一个相互独立的 r 状态马尔可夫过程。如果该泊松过程的强度或称事件发生率 λ（单位时间内事件发生的次数）不是一个恒定量，而是随马尔可夫过程状态的转移而变化，即当马尔可夫过程转移到状态 j 时，$\lambda=\lambda_j$ $(j=1,2,\cdots,r)$。这相当于泊松过程的强度受另外一个 r 状态马尔可夫过程调制，因此称该泊松过程为 r 状态马尔可夫调制泊松过程（Markov Modulated Poisson Process，MMPP），简称 MMPP_r。可见，MMPP_r 是一个双随机过程，底层是一个 r 状态的马尔可夫链，从状态 i 到状态 j 的转移强度（率）为 r_{ij}，而在状态 j 下事件按参数 λ_j 的泊松过程发生。

理论研究表明[HEFF 86]，MMPP 一般情况下不再是更新过程，而是一个具有正相关的马尔可夫更新过程。只有当 $\lambda_1=\lambda_2=\cdots=\lambda_r$ 或 $\{\lambda_1,\lambda_2,\cdots,\lambda_r\}$ 中只有一个不为零时，MMPP 才退化为更新过程。前者退化为泊松过程，后者退化为间歇更新过程（IPP）。

很明显，MMPP_r 有 $2r$ 个独立的参数：$\{\lambda_1,\lambda_2,\cdots,\lambda_r\}$ 和 $\{r_1,r_2,\cdots,r_r\}$，其中 r_j^{-1} 为马尔可夫过程在状态 j 滞留时间的均值。因此，用 MMPP_r 近似某一个实际业务流时，需要在 MMPP_r 和实际业务流之间建立 $2r$ 个独立的方程式来确定 MMPP_r 中的 $2r$ 个参数。这在实际系统中是很难做到的。因此，通常采用最简单的 MMPP_2，这时只需确定 4 个参数就可以了。在实际应用中，根据不同的应用背景已经开发出了多种参数确定法，具体可参见文献 [HEFF 86] [BAIO 92] [AKIM 94]。

当 $r=2$ 时，MMPP_2 相当于交互泊松过程（Switched Poisson Process，SPP）（见图 2.19），即两个强度不同的泊松过程交互地出现，每一个泊松过程的持续时间服从均值不同的指数分布。van Hoorn 的研究表明[HOOR 83]，SPP 时间间隔存在正相关，其概率分布函数为

$$F(t)=1-u_1\mathrm{e}^{-\omega_1 t}-u_2\mathrm{e}^{-\omega_2 t} \tag{2.2.78}$$

其中，

$$\omega_1=\frac{1}{2}\left[\lambda_1+r_1+\lambda_2+r_2+\sqrt{(\lambda_1+r_1+\lambda_2+r_2)^2-4[(\lambda_1+r_1)(\lambda_2+r_2)-r_1r_2]}\right] \tag{2.2.79}$$

$$\omega_2=\frac{1}{2}\left[\lambda_1+r_1+\lambda_2+r_2-\sqrt{(\lambda_1+r_1+\lambda_2+r_2)^2-4[(\lambda_1+r_1)(\lambda_2+r_2)-r_1r_2]}\right] \tag{2.2.80}$$

$$u_1 = \frac{\omega_2(\lambda_1 r_2 + \lambda_2 r_1) - (\lambda_1^2 r_2 + \lambda_2^2 r_1)}{(\lambda_1 r_2 + \lambda_2 r_1)(\omega_2 - \omega_1)} \tag{2.2.81}$$

$$u_2 = 1 - u_1 \tag{2.2.82}$$

需要注意的是，由于加权概率 u_1 和 u_2 与指数分布随机变量的参数 ω_1 和 ω_2 直接相关，即两个指数随机变量并非相互独立地加权，因此 SPP 的间隔分布并不是一个 2 阶超指数分布，只是形式相似而已。

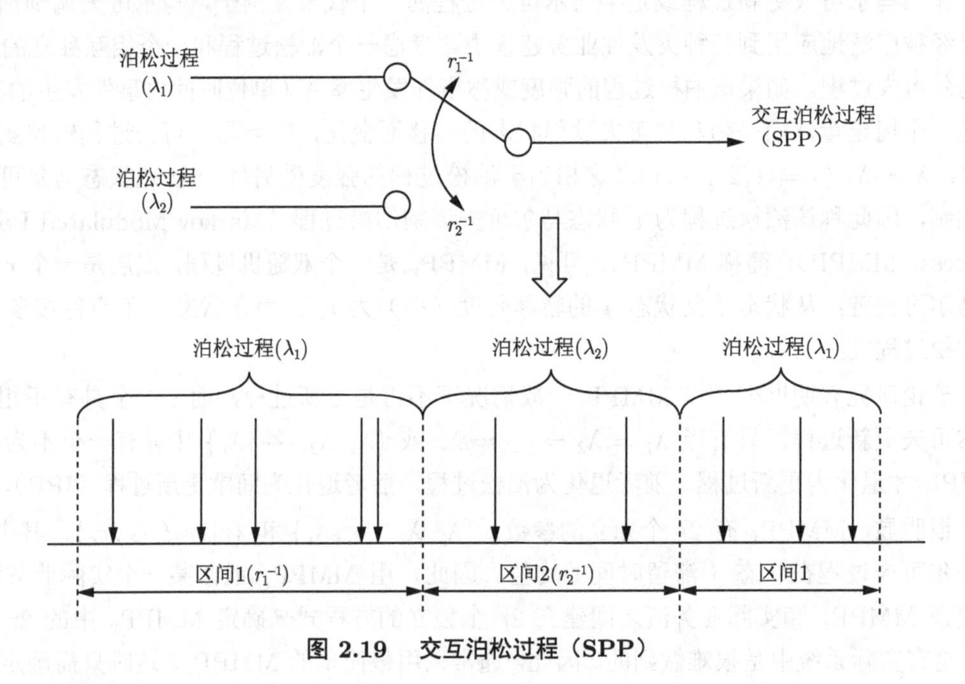

图 2.19 交互泊松过程（SPP）

由上述结果不难求出 MMPP_2 间隔分布的均值、方差系数以及自相关系数：

$$m = \frac{u_1}{\omega_1} + \frac{u_2}{\omega_2} = \frac{r_1 + r_2}{\lambda_1 r_2 + \lambda_2 r_1} \tag{2.2.83}$$

$$C^2 = 1 + \frac{2r_1 r_2(\lambda_1 - \lambda_2)^2}{(\lambda_1\lambda_2 + \lambda_1 r_2 + \lambda_2 r_1)(r_1 + r_2)^2} \tag{2.2.84}$$

$$\theta = \frac{\lambda_1\lambda_2}{\lambda_1\lambda_2 + \lambda_1 r_2 + \lambda_2 r_1} \cdot \frac{C^2 - 1}{2C^2} \tag{2.2.85}$$

可见，MMPP_2 成为更新过程（即 $\theta=0$）的充分条件是 $\lambda_1 = \lambda_2$（此时，$C^2 = 1$，即 MMPP_2 退化成泊松过程）或 $\lambda_1\lambda_2 = 0$（此时 MMPP_2 退化成 IPP)。

MMPP 模型能够在网络建模中得到广泛应用的另一个主要原因是它的闭合特性，即多个 MMPP 的独立叠加仍然是一个 MMPP，且其参数比较容易获得。具体将在第 7 章中详细讨论。

2.3　通信网络的排队模型化

在给出了通信业务源的概率模型化之后，本节讨论对通信网络的建模过程。

一般来讲，如图 2.20 所示，通信网络是由多个信息处理单元（如复用器、交换机或路由器）按照某种连接关系组成，其中每个信息处理单元的服务资源由多个用户共享，因此会产生等待和处理延时，可以近似地用一个排队节点（queueing node）模型（见图 2.21）来描述。这样，任意一个通信网络就可以近似分解为许多排队节点的组合。由第 5 章排队网络的讨论中可以知道，如果上述排队节点之间的状态转移服从一定的规律，则整个通信网络的联合状态概率可以表述为每个排队节点状态概率的积（即 Jackson 定理）。因此，只要能求得每个排队节点的状态概率，即可得知整个通信网络的性能。

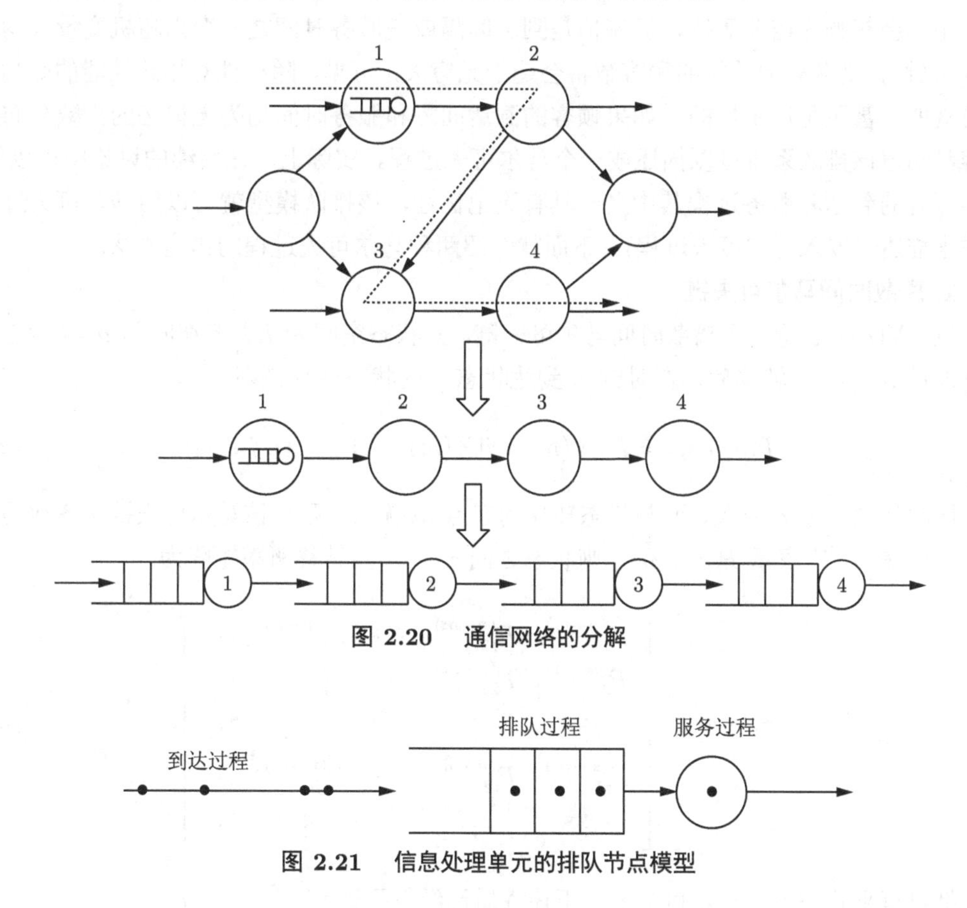

图 2.20　通信网络的分解

图 2.21　信息处理单元的排队节点模型

2.3.1　排队节点模型及其马尔可夫过程描述

通信网络是由许许多多通信节点按照一定的规律连接起来的，这里通信节点既可以是传统的复用器（multiplexer）、交换机（switch）、路由器（router），也可以是各种控制器（controller）或是服务器（server）。但从排队建模的角度来讲，它们都可以建模为一个排队节点（queueing node）。

一个典型的排队节点一般都可以分为三个组成部分：顾客到达过程、排队规则和服务过程（见图 2.21）。**到达过程**主要描述各类顾客是按什么样的规律抵达服务系统的，包括顾客的总体数是有限的还是无限的，顾客的到达方式是单个到达还是成批到达，以及顾客到达的概率特性等。**排队规则**主要描述服务机构是否允许顾客排队，顾客对排队长度、时间的容忍程度，以及在队列中等待服务的顺序。**服务过程**则描述服务者数目以及每个服务者服务时间的概率分布。在许多服务系统中，顾客到达时刻并不能预先精确确定，许多随机因素导致了顾客的到达过程是随机过程。同样，服务完一个顾客的服务时间，受许多因素影响，一般也是随机的，因此任意时刻排队系统的状态（如队列长度）也是一个随机过程。同时，也正是由于这种随机性才不可避免地导致了排队现象。举例来讲，如果顾客以固定间隔 3 分钟周期性到达，所需要的服务时间也是固定的 3 分钟，则在单一队列单一服务者队列中不会有顾客需要等待，但哪怕是到达间隔或是服务时间之一变为随机变量（均值仍为 3 分钟），则队列中等待的顾客数将会趋于无穷大，可见，随机性对排队性能的影响是非常可观的，甚至是决定性的。如果顾客的到达间隔和服务时间均为无记忆的指数分布，则很容易知道该排队系统可以描述成一个马尔可夫过程。实际上，在后续的讨论中可以知道，只要顾客的到达和服务过程其中之一具有无记忆性，该排队模型就可以用马尔可夫过程的办法来描述（嵌入马尔可夫过程）。下面就介绍两种马尔可夫过程的描述方法。

1. 离散时间马尔可夫链

设 $\{X(n)\}$ 表示一个离散时间马尔可夫链，其状态空间为 E。若在时刻 m 从状态 i 出发，经过 $n-m$ 步转移后，在时刻 n 到达状态 j 的状态转移概率

$$P_{ij}(m,n)=P\{X(n)=j|X(m)=i\} \qquad (i,j\in E) \tag{2.3.1}$$

只与区间长度 $n-m$ 有关，而与状态转移的起点 m 无关，则称该马尔可夫链为齐次马尔可夫链。用 $P_{ij}^{(n-m)}$ 表示 $P_{ij}(m,n)$，则状态之间 $n-m$ 步转移概率矩阵为

$$\boldsymbol{P}^{(n-m)}=\begin{bmatrix} P_{11}^{(n-m)} & P_{12}^{(n-m)} & \cdots & P_{1j}^{(n-m)} & \cdots \\ P_{21}^{(n-m)} & P_{22}^{(n-m)} & \cdots & P_{2j}^{(n-m)} & \cdots \\ \vdots & \vdots & \ddots & \vdots & \ddots \\ P_{i1}^{(n-m)} & P_{i2}^{(n-m)} & \cdots & P_{ij}^{(n-m)} & \cdots \\ \vdots & \vdots & \ddots & \vdots & \ddots \end{bmatrix} \tag{2.3.2}$$

针对有限状态齐次马尔可夫链，下述性质已经得到证明。

（1）若 $n\leqslant m$，则 $\boldsymbol{P}^{(n)}=\boldsymbol{P}^{(m)}\boldsymbol{P}^{(n-m)}$。因此，若用 $\boldsymbol{P}$ 表示一步转移概率矩阵，则有 $\boldsymbol{P}^{(n)}=\boldsymbol{P}^{n}$。可见，只要知道一步转移概率即可求得任意步转移概率。

（2）非周期不可约的有限状态齐次马尔可夫链，其平稳状态概率分布 $\boldsymbol{\pi}$ 存在，且满足

$$\boldsymbol{\pi P}=\boldsymbol{\pi} \tag{2.3.3}$$

$$\boldsymbol{\pi e}=1 \tag{2.3.4}$$

其中，e 为所有元素均为 1 的单位列向量。

（3）离散时间的齐次马尔可夫链，在状态 j 连续滞留 k 个单位时间的概率为 $P_{jj}^{k}(1-P_{jj})$，即连续在同一个状态的滞留时间服从（偏移）几何分布。

2. 连续时间马尔可夫过程

设 $\{X(t)\}$ 表示一个连续时间马尔可夫过程，其状态空间为 E。若

$$P_{ij}(t,u)=P\{X(t)=j|X(u)=i\} \qquad (i,j\in E) \tag{2.3.5}$$

只与区间长度 $t-u$ 有关，而与时间起点 u 无关，则称该马尔可夫过程为齐次马尔可夫过程。若用 $P_{ij}(t)$ 表示 $(0,t)$ 之间的状态转移概率，则状态转移概率矩阵为

$$\boldsymbol{P}(t)=\begin{bmatrix} P_{11}(t) & P_{12}(t) & \cdots & P_{1j}(t) & \cdots \\ P_{21}(t) & P_{22}(t) & \cdots & P_{2j}(t) & \cdots \\ \vdots & \vdots & \ddots & \vdots & \ddots \\ P_{i1}(t) & P_{i2}(t) & \cdots & P_{ij}(t) & \cdots \\ \vdots & \vdots & \ddots & \vdots & \ddots \end{bmatrix} \tag{2.3.6}$$

在用马尔可夫过程描述通信网络时，经常需要知道该马尔可夫过程在微小时间间隔内的状态转移概率，即 $\boldsymbol{P}(\Delta t)$。为此定义该齐次马尔可夫过程的状态转移率（transition rate）为

$$q_{ii}=\lim_{\Delta t\to 0}\frac{P_{ii}(\Delta t)-1}{\Delta t} \tag{2.3.7}$$

$$q_{ij}=\lim_{\Delta t\to 0}\frac{P_{ij}(\Delta t)}{\Delta t} \qquad (i\neq j) \tag{2.3.8}$$

用矩阵形式描述，可以得到无穷小生成矩阵（infinitesimal generator，或 $\boldsymbol{Q}$ 矩阵）如下：

$$\boldsymbol{Q}=\lim_{\Delta t\to 0}\frac{\boldsymbol{P}(\Delta t)-\boldsymbol{I}}{\Delta t} \tag{2.3.9}$$

可见，$\boldsymbol{Q}$ 矩阵是一个对角线元素为负、非对角线元素为非负的方阵。这里，对角线元素 q_{ii} 为负值表示该马尔可夫过程在状态 i 停留的概率是趋于减小的，其停留概率的减小率为 $-q_{ii}$；而非对角线元素 q_{ij} 为非负的值则表示该马尔可夫过程状态在状态 i 停留一段时间之后趋向于转移到其他状态，其转移到状态 j 概率的增加率（或称“转移率”）为 q_{ij}。

实际上，转移概率矩阵 $\boldsymbol{P}(t)$ 与转移率矩阵 $\boldsymbol{Q}$ 之间满足下面的微分方程式

$$\frac{\mathrm{d}\boldsymbol{P}(t)}{\mathrm{d}t}=\boldsymbol{P}(t)\boldsymbol{Q}$$

由于 $\boldsymbol{P}(0)=\boldsymbol{I}$，可求得

$$\boldsymbol{P}(t)=\exp(\boldsymbol{Q}t)=\sum_{n=0}^{\infty}\frac{(\boldsymbol{Q}t)^n}{n!} \tag{2.3.10}$$

如果选取一个有界的、且不小于 $\boldsymbol{Q}$ 矩阵中对角线元素中最大绝对值的正实数 ν，即 $\sup_i\{-q_{ii}\} \leqslant \nu < \infty$，则可以基于 $\boldsymbol{Q}$ 矩阵构造出一个所有元素均为非负、且行和（row sum）为 1 的概率矩阵（stochastic matrix，或称“随机矩阵”）$\boldsymbol{P}$

$$\boldsymbol{P} = \boldsymbol{I} + \frac{1}{\nu}\boldsymbol{Q}$$

基于该概率矩阵可以构建一个离散时间马尔可夫链，即由一个连续时间马尔可夫过程可以构建出任意参数的离散时间马尔可夫链，这个过程称为均一化（uniformization）。反之，如果给定一个离散时间马尔可夫链，其状态转移概率矩阵为 $\boldsymbol{P}$，则从

$$\exp(\boldsymbol{Q}t) = \exp(\nu(\boldsymbol{P}-\boldsymbol{I})t) = \sum_{n=0}^{\infty}\frac{(\nu t)^n}{n!}\mathrm{e}^{\nu t}\boldsymbol{P}^n \tag{2.3.11}$$

可以看出，由一个离散时间马尔可夫链也可以构建出任意参数的连续时间马尔可夫过程，这个过程称为随机化（randomization）。

同样，对于有限状态马尔可夫过程，下述性质已经得到证明。

（1）正常返（positive recurrence）且不可约（irreducuble）的连续时间有限状态马尔可夫过程，其平稳状态概率分布 $\boldsymbol{\pi}$ 存在，且满足

$$\boldsymbol{\pi}\boldsymbol{Q}=\boldsymbol{0} \tag{2.3.12}$$

$$\boldsymbol{\pi}\boldsymbol{e}=1 \tag{2.3.13}$$

（2）连续时间的齐次马尔可夫过程，在任意状态 i 连续滞留的时间服从参数为 $-q_{ii}$ 的指数分布，然后以概率 $q_{ij}/(-q_{ii})$ 转移到状态 j。

3. 一个典型的马尔可夫过程——生灭过程

下面介绍一种在网络性能分析中经常用到的特殊类型的马尔可夫过程——生灭过程（birth-and-death process）。该过程的突出特点是所有的状态转移只发生在相邻状态之间，即

$$P_{ij} = 0 \quad (|i-j|>1) \tag{2.3.14}$$

具体地讲，对于离散时间的生灭过程，定义 $b_i = P_{i,i+1}$ 和 $d_i = P_{i,i-1}$ 分别为在状态 i 的出生（birth）和死灭（death）概率，则该生灭过程的状态转移概率矩阵呈现下列三对角（tri-diagonal）形式

$$\boldsymbol{P} = \begin{bmatrix} 1-b_0 & b_0 & & & & 0 \\ d_1 & 1-b_1-d_1 & b_1 & & & \\ & \ddots & \ddots & \ddots & & \\ & & d_i & 1-b_i-d_i & b_i & \\ & & & d_{i+1} & 1-b_{i+1}-d_{i+1} & b_{i+1} \\ & & & & \ddots & \ddots \quad \ddots \\ & 0 & & & & \ddots \quad \ddots \end{bmatrix} \tag{2.3.15}$$

同样地，对于连续时间的生灭过程，可以用该过程在微小区间内相邻状态之间的转移率来描述。定义 $\lambda_i = \lim_{\Delta t \to 0} P_{i,i+1}(\Delta t)$ 和 $\mu_i = \lim_{\Delta t \to 0} P_{i,i-1}(\Delta t)$ 分别为该生灭过程处于状态 i 时事件的出生率和死灭率，则该生灭过程的状态转移率矩阵同样呈现下列三对角（tri-diagonal）形式

$$
\boldsymbol{Q} = \begin{bmatrix}
-\lambda_0 & \lambda_0 & & & & & & 0 \\
\mu_1 & -\lambda_1-\mu_1 & \lambda_1 & & & & & \\
 & \mu_2 & -\lambda_2-\mu_2 & \lambda_2 & & & & \\
 & & \ddots & \ddots & \ddots & & & \\
 & & & \mu_i & -\lambda_i-\mu_i & \lambda_i & & \\
 & & & & \mu_{i+1} & -\lambda_{i+1}-\mu_{i+1} & \lambda_{i+1} & \\
 & & & & & \ddots & \ddots & \ddots \\
 & 0 & & & & & \ddots & \ddots
\end{bmatrix} \tag{2.3.16}
$$

假设平均出生率小于平均死灭率 ($\lambda/\mu < 1$)，则该生灭过程的稳态概率分布存在，可由式 (2.3.12) 和式 (2.3.13) 求得。

2.3.2 典型通信网络的排队建模

1. 电路交换（circuit-switching）网的排队建模

电路交换网是建立在时分复用（Time Division Multiplexing，TDM）原理之上的，它将物理链路按时隙（time slot）分成许多逻辑信道，不同的用户周期性地占用某个特定的时隙来进行通信。由于某个特定的时隙是固定分配给某个用户的，也就是说在通信过程中该逻辑信道是被该用户独占的，因此通信过程中的服务质量（信息丢失率、延迟等）是能够得到保证的。当然，如果网络资源有限，那么连接的建立有可能被拒绝，而且也会存在一定的链路建立延迟。因此，电路交换网多用于服务质量要求较高的实时业务通信，比如电话网等。

显而易见，电路交换网中的业务（顾客）是来自用户的呼叫请求，服务者为固定时隙的信道，服务时间则等效于呼叫的占线时间（holding time，因此后续经常使用符号 h 来表示平均服务时间）。由于一台电话交换机往往要处理来自成千上万个用户的呼叫请求，而且用户呼叫请求本身就是一个非常随机的事件，因此，根据定理 2.6，用户呼叫请求可以近似地用泊松过程来描述。同样，呼叫的占线时间一般也可以认为是一个纯随机事件，可用指数分布来近似。服务者（逻辑信道）一般有多个，所有信道均被占用时产生的呼叫请求则立即被拒绝，不允许等待，即电路交换网可以用一个泊松到达、指数服务时间、多个服务者、无队列的即时（realtime）型排队模型来描述（见图 2.22）。

但在实际电话系统中，考虑到由于各种突发性事件可能引起的话务量不均匀分布（即某些链路超负荷工作，同时某些链路却空闲着的现象），经常采用迂回路由的办法予以救济，即将一部分由于负载过重引起的溢出（overflow）呼叫迂回到其他空闲的路由中去。这时，

为了保证迂回的呼叫不对正常呼叫的服务质量造成严重影响，需要能够预测溢出发生的模式和溢出将要持续的时间等等。假设呼叫的溢出只在所有的信道均被占用的情况下才会发生，很明显，溢出呼叫的发生过程不再是泊松过程。Kuczura 在文献 [KUCZ 73] 中将溢出呼叫建模为 IPP，并给出了相应的参数。

另外，随着电话的大量普及和人类社会生活模式的变化，人们打电话的行为已经而且正在发生着变化，因此，已经沿用了近百年的电话排队模型也需要进行重新审视。比如说，传统上一般把人们通话的时间近似为均值为 3 分钟的指数分布，这是因为当时电话还未大量普及以及昂贵的电话费用，人们打电话主要是为了工作和紧急事件的联络。最近许多测试结果表明，随着电话资费的大幅度下调，打电话聊天的人越来越多，人们的通话时间在成倍地增长，通话时间的概率分布也有偏离指数分布的趋势。因此，即使对简单的电路交换网，图 2.22 的模型也不再适用，需要研究更加复杂的排队模型。

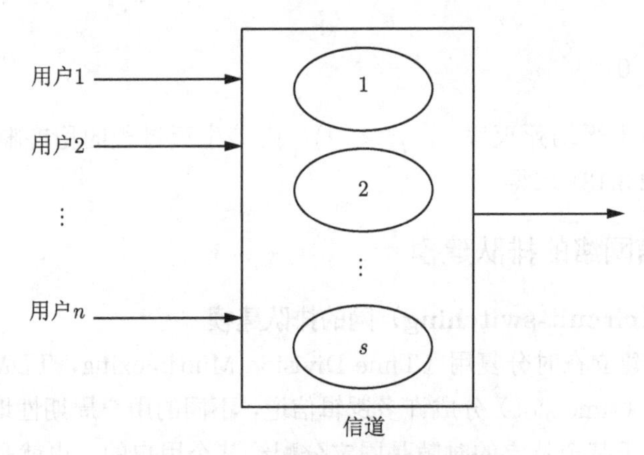

图 2.22 电路交换网的排队模型

2. 分组交换网的排队建模

与电路交换网正好相反，分组交换（packet-switching）网是为延迟等服务质量要求不高的非实时业务（如计算机局域网通信等）设计的，它不再把物理链路分成固定的时隙，而是将用户信息分成一个个长度不等的“分组”（packet，或称“包”），然后网络通过存储转发（store-and-forward）的方式将这些分组按照包头（packet header）上的地址发送到接收端。显然，分组交换网中的顾客是那些长度不等的分组，进行存储转发工作的机构（路由器或分组交换机）对应于它们的服务者，一个分组在该机构的停留时间（实际为分组的转发时间）则对应于用户的服务时间。

一般来讲，早期以数据报（datagram）传输方式为主的分组交换网中的分组到达，大多数情况下都可以近似为泊松过程，分组的服务时间也可以近似为指数分布。同时，由于数据业务一般是可以容忍较长时间延迟的，且不允许任何信息的丢失，因此，分组交换网中的队列（缓冲器）长度一般都配置得很大，可以近似视为无穷大，即分组交换网可以用一个泊松到达、指数服务时间、单一服务者、无穷大队列的等待型排队模型来描述（见图 2.23）。

但随着像 WWW（World Wide Web）和 P2P（Peer-to-Peer）这样的交互式（interactive）

数据通信业务的大量出现以及多媒体业务的蓬勃发展，数据业务对实时性的要求也越来越高，而且大量实测数据表明，无论是以太网中的数据包，还是互联网中的 IP 包都出现了不同程度的突发性，甚至是自相似特性（self-similarity，即长时相关特性），这给分组交换网的建模工作提出了许多新的挑战，需要引入更加精确和复杂的排队模型。

下面就以分组语音和分组视频业务为例详细讨论。

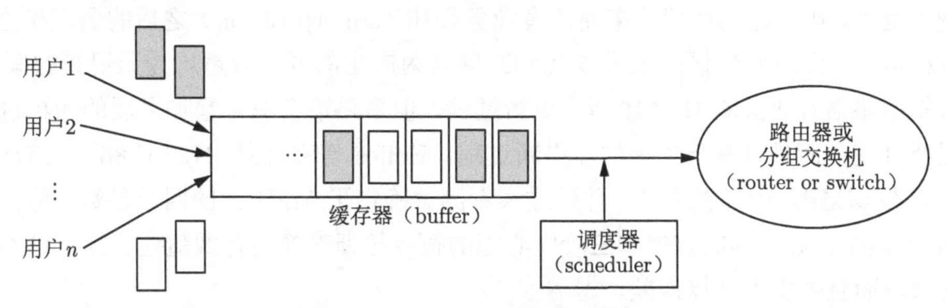

图 2.23　分组交换网的排队模型

1）分组语音业务的概率模型

传统上语音业务主要是由电路交换网（如固定电话网、1G/2G/3G 移动通信网）以电路（circuit）的形式传输的，但随着 VoIP（voice-over-IP）技术的逐渐成熟，语音业务越来越多地承载到了互联网（如 Skype、Zoom 等网络会议系统）和 4G 之后的移动通信网上（如 4G 移动通信网络中的 VoLTE 技术），即语音业务将被封装到多个分组在分组交换网中进行传输。由于语音业务对传输延时及其抖动非常敏感，因此承载语音业务的分组一般都不会太长，且长度往往是相对固定的（如在 ATM 网络中分组的长度固定在 53 字节）。而且为了提高网络资源的利用率，语音业务一般都会做静默检测（speech activity detection），只针对语音信号中高电平部分进行编码和打包，而在低电平的时间段内不进行编码。因此，在有音（talkspurt）区间，分组是每隔一定时间间隔而生成的；在无音（silence）区间则不生成任何分组。可见，如果假设有音区间和无音区间的长度均服从指数分布，则构成了一个典型的 IDP 过程（见图 2.24）。

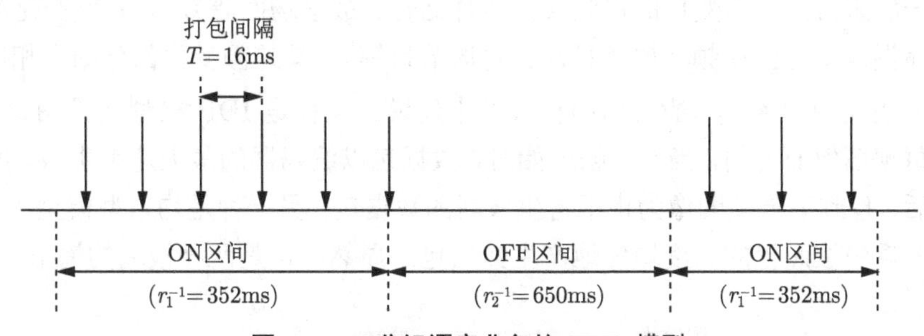

图 2.24　分组语音业务的 IDP 模型

在文献 [SRIR 86] [HEFF 86] 中，作者经过大量的数据测量和统计，给出了一组典型的分组语音 IDP 模型参数（见图 2.24），即有音区间和无音区间的长度均服从指数分布，其平均值分别为 r_1^{-1}=352ms 和 r_2^{-1}=650ms。假设语音分组的长度固定为 64 字节，使用

32kbit/s 的 ADPCM（Adaptive Differential Pulse-Code Modulation）方式进行编码打包，则每产生一个分组需要 T=16ms 的时间。因此，在 ON 区间生成的语音分组数量服从几何分布，其平均值为 352ms/16ms=22，由此可计算出分组语音业务的平均到达率 λ=22/s，方差系数 C^2=18.1，$S_k = 9.8379$，可见其突发性非常强。

在实际网络中，入口端的复用器（multiplexer）会将多路语音业务复用在一起传输，以节省网络资源，因此还需要建立多路语音业务叠加（superposition）之后的概率模型。由上述的分析可知，由于 ON 区间长度以及 ON 区间内产生的分组数量均为无记忆的概率分布，因此可知单路语音业务的 IDP 模型是更新过程。但多路语音业务叠加之后的随机过程将不再是更新过程，而是具有正相关的非更新过程。Heffes 等在文献 [HEFF 86] 中给出了一种基于两状态 MMPP 的建模方法，并通过大量测试确定了 MMPP 的四个参数。但该方法需要对 IDP 模型计数过程的方差和三阶中心矩的拉普拉斯变换进行数值逆变换，这不仅计算量非常大，而且会引入计算误差。

当然，如果 $n \to \infty$、且叠加之后的分组到达率为有限值时，即在增加分组语音业务连接数的同时相应地降低每路分组语音业务的平均到达率，则根据前述的叠加定理 2.6 可知，大量分组语音业务的叠加可以建模为泊松过程。

2）分组视频业务的概率模型

各种统计数据表明，视频业务已经成为各种通信网络（包括局域网、互联网、蜂窝移动网等）的主要流量，且基本上都是以分组的形式传输。但与分组语音业务不同的是，视频业务一般是分帧传输的，如标清电视业务一般将 1s 的时间分成 30 帧。另外，由于视频业务的数据率一般都很大，因此，在进行网络传输之前往往需要进行压缩编码。以常用的 MPEG（Moving Picture Experts Group）为例，它采用动量估计和动量补偿技术，在利用动量补偿的帧（图像）中，被编码的是经过动量补偿的参考帧与目前图像的差。由于一般视频内容都是背景变化小、主体变化大，MPEG 技术则利用了这个特点，以一幅影像为主图，其余影像格只记录参考资料及变化数据，更有效记录动态影像。可见，视频业务在每一帧中需要编码传输的只是与前一帧图像的差额变化部分，而且该差额变化部分针对不同的帧是有差别的。一般来讲，快速变化的视频（如体育比赛、战争场面等），其差额变化部分会相应地增加；而慢速变化的视频（如风景片、对谈节目等），其差额变化部分则会相应地减少。

针对上述视频业务，一般可用两种模型来建模。一种是 IDP 模型（见图 2.25），该过程是针对每帧图像而言的，当新一帧开始时，数据包以编码器的最大速率生成，所有的数据包生成之后，直到下一帧图像为止不再生成新的数据包；另一种是均匀型模型（见图 2.26），即在每帧图像中按照帧的长度均匀地产生数据包。显然，这是两种极端的情形。

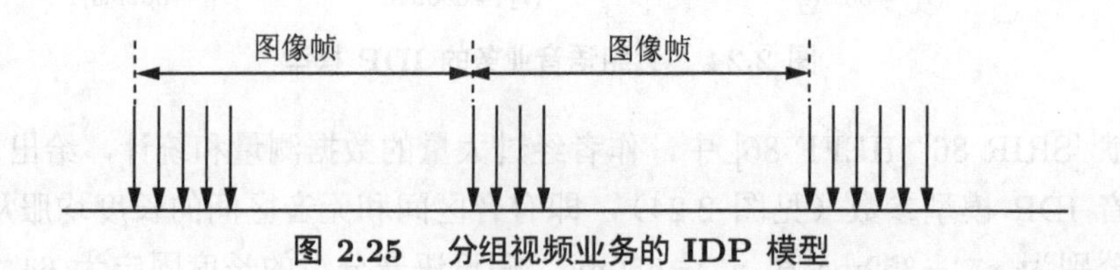

图 2.25　分组视频业务的 IDP 模型

针对第一种模型，其实它并非如图 2.17 所示的 IDP 过程，因为这里总的帧长是固定的，因此即使 ON 区间和 OFF 区间均为随机变量，但两者是强相关的，并不独立。尽管如此，遵循安全近似的原则，可以使用 IDP 过程来近似。针对第二种模型，由于每帧所需要传输的信息量是不同的，因此该模型可近似用 MMPP 模型来近似，即假设每帧内的数据包到达率按照某个马尔可夫过程发生变化。当然，这并非严格意义上的 MMPP，因为每帧的长度是固定的，并非指数分布。

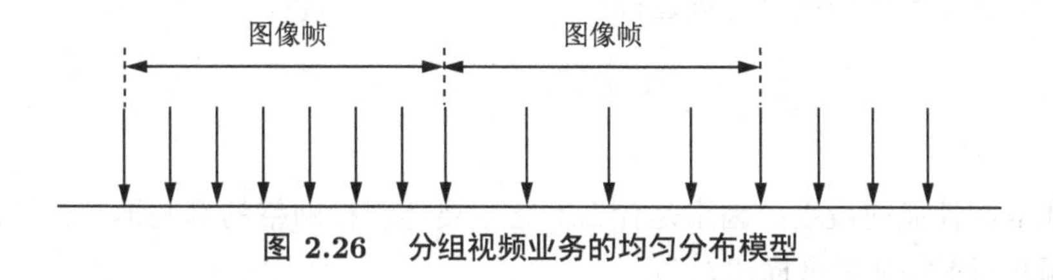

图 2.26　分组视频业务的均匀分布模型

3）多路混合业务的概率模型

以上给出了语音或是视频等业务进行分组传输时的单业务源模型，但在实际系统中经常是多路语音或是多路视频，甚至是多路语音和多路视频等业务混合在一起传输，因此还需要对叠加后的业务行为进行建模。由于 MMPP 模型是一个较通用的概率模型，无论是泊松过程、IPP，还是交互泊松过程等都可以视为其特例，同时它也可以近似 IDP，因此下面均假设单业务源用 MMPP 来近似。令业务源 i 的数据包发生过程为 MMPP_i，其马尔可夫链的无限小生成矩阵为 $\boldsymbol{Q}_i$，到达率矩阵为 $\boldsymbol{\Lambda}_i$，则业务源 $1,2\cdots,k$ 的叠加过程仍然是一个 MMPP，其无限小生成矩阵 $\bar{\boldsymbol{Q}}_k$ 和到达率矩阵 $\bar{\boldsymbol{\Lambda}}_k$ 由下式给出

$$\bar{\boldsymbol{Q}}_{k+1}=\bar{\boldsymbol{Q}}_k\otimes\boldsymbol{I}+\boldsymbol{I}\otimes\boldsymbol{Q}_k \tag{2.3.17}$$

$$\bar{\boldsymbol{\Lambda}}_{k+1}=\bar{\boldsymbol{\Lambda}}_k\otimes\boldsymbol{I}+\boldsymbol{I}\otimes\boldsymbol{\Lambda}_k \tag{2.3.18}$$

小结

通信业务源的随机特性可以通过概率论和随机过程的方法进行描述，它既可以通过随机事件之间的间隔概率分布来描述，也可以通过在某个固定时间段内的随机事件发生的次数分布来描述，两者各有特色，又有一定的等价关系。其中，均值、方差系数、分散指数和自相关系数是四个最重要的特征参数。

在实际建模过程中，可以根据事件发生的一阶矩、二阶矩和自相关系数的测定值来选择不同的随机过程来近似。具体地讲，纯随机事件可以用泊松过程来描述，其最重要的特征是源于指数分布的无记忆性，同时它只有一个参数（λ），能够非常容易地从实际模型中拟合出来。平滑事件可以通过 r 阶爱尔朗分布来描述，其方差系数小于 1, 选择适当的 r 可以拟合出任意平滑程度的随机事件。突发事件则可以通过间歇泊松过程（IPP）、间歇定长过程（IDP）交互泊松过程（SPP）或是更一般的马尔可夫调制泊松过程（MMPP）来描述，它们的方差系数均大于 1。

泊松过程以及与其相对应的指数分布在排队建模中起着非常关键的作用，也是应用最广的随机过程之一。这主要源于其无记忆性。IPP 和 IDP 模型能够很好地描述具有突发性但仍然满足独立同分布的业务源，两者均为三参数的随机过程。SPP 和 MMPP 不再是更新过程，而是一个马尔可夫更新过程，可以用来描述具有正相关的到达或服务过程，在分组语音、数据和图像业务建模中得到了广泛的应用。

通信网络可以分解为多个排队节点的组合，每个排队节点的排队过程可建模为一个马尔可夫过程，其中最常用的是生灭过程。

习题

2.1 影响通信网性能的最主要因素是什么？它主要体现在网络的哪些地方？性能分析时一般用哪些概率特征量来描述？

2.2 大量独立同分布随机事件的叠加可用什么随机过程来近似？其主要概率特征有哪些？

2.3 设 $X_1, X_2, \cdots, X_n$ 分别服从参数为 $\mu_1, \mu_2, \cdots, \mu_n$ 的指数分布，且相互独立。试求：

（1）$Y_n = \min(X_1, X_2, \cdots, X_n)$ 及 $Z_n = \max(X_1, X_2, \cdots, X_n)$ 的概率分布函数；

（2）事件 $X_1 = Y_n$ 的概率。

2.4 试用一个 k 阶爱尔朗分布 X_k 和一个 $(k-1)$ 阶爱尔朗分布 X_{k-1} 的混合分布 $pX_k + (1-p)X_{k-1}$ 拟合一个方差系数 $1/k \leqslant C_k^2 \leqslant 1/(k-1)$ 的概率分布。

2.5 试用一个间歇泊松过程（IPP）拟合一个 IDP，假设 IPP 的参数为（λ, r_1, r_2），IDP 的参数为（T, r_3, r_2）。试问：为了保持 IPP 和 IDP 的均值与方差系数均相等，则 λ 与 T 以及 r_1 与 r_3 之间应满足什么样的关系？其物理意义如何解释？

2.6 推导出参数为 $(p, \lambda_1, \lambda_2)$ 的二阶超指数分布的概率分布函数、均值与方差系数，并证明 IPP (λ, r_1, r_2) 的间隔分布属于二阶超指数分布，并给出两者参数之间的关系。同时，编写一段计算机程序仿真并可视化出一个间隔分布服从二阶超指数分布 $(p, \lambda_1, \lambda_2)$ 的顾客到达过程。

2.7 在 4G-LTE 移动网络中，语音已经完全 IP 化，按照 VoLTE（Voice over LTE）协议在 4G 网络中传输。假设语音可分为 talkspurt 和 silence 两种状态，其区间长度服从参数分别为 r_1 和 r_2 的指数分布，语音 IP 包只在 talkspurt 区间以参数为 λ 的泊松过程产生。试给出 VoLTE 业务的概率分布函数，并推导出其前向和后向递归时间的概率分布及其均值。

2.8 ATM 论坛对用户特性参数的申请作了如下规定：要求用户向网络申告顾客到达过程的峰值速率 (Peak Cell Rate, PCR)，平均速率 (Sustainable Cell Rate, SCR) 和平均突发长度 (Mean Busrt Size, MBS)。假设用户申告的参数为：PCR=64kbps，SCR=32kbps，MBS=20cells，信元长度为 53B。试求：

（1）假设用 IDP 模型来描述该输入过程，请给出 IDP 模型的参数。

（2）如果更进一步用 IPP 来近似 IDP 模型（假设 ON 区间平均值，OFF 区间平均值以及 ON 区间中平均到达率相等），请计算该 IPP 模型的均值与方差系数，并说明基于 IPP 的近似是安全近似，还是危险近似。

第 3 章

排队论的基本概念与基本定理

在进入具体排队模型性能分析之前，先给出排队论的一些基本概念，并将支撑排队模型性能分析的三个基本定理单独予以论述。这三个基本定理是排队论的理论基础，它们基本上不依赖于具体的排队模型，具有非常广泛的应用范围。

3.1 排队论的基本概念

3.1.1 排队模型和 Kendall 记号

由第 2 章的讨论可知，任意一个排队系统都是由顾客的到达过程、排队过程和服务过程所组成的，基本上可由下面四个基本参量表述，即 λ、μ、s 和 k。

首先，s 表示该排队系统的窗口数或服务者数目，它实际表征了系统的资源量，即系统中有多少服务设备可同时向顾客提供服务，例如超市中收银台的数目、通信系统中的链路数等。若 $s=1$，则称为单服务者排队系统；若 $s>1$，则称为多服务者排队系统。

参数 k 表示排队系统的最大允许等待空间，即在所有服务者均被占用的情况下系统所允许等待的最大顾客数，典型的例子有超市收银台前的队列、通信系统中的缓冲器容量等。若该等待空间不受任何限制，即 $k=\infty$，则称其为无限队列排队系统；反之，若系统中不允许任何顾客等待，即 $k=0$，则称其为零排队系统或损失型排队系统。

λ 是顾客平均到达率，表示单位时间内平均到达的顾客数。通常，排队系统中顾客的到达是随机的，即前后两个顾客到达的时间间隔 X 是一个随机变量。假设 X 的统计平均值为 $\overline{X}$，其倒数即为平均到达率 λ，即 $\lambda=1/\overline{X}$。若在观察时间 t 内有 $N(t)$ 个顾客到达，则在平稳状态下有

$$\lambda=\lim_{t\to\infty}\frac{N(t)}{t} \tag{3.1.1}$$

μ 是系统的平均服务率，表示服务者的服务能力，即在单位时间内服务者能够完成的服务数目。同顾客到达率的定义一样，如果顾客服务时间的统计平均值为 $\overline{Y}$，则其倒数即被定义为系统的平均服务率，即 $\mu=1/\overline{Y}$。

当然，上述四个参数只是描述排队系统的最基本参量，顾客到达时间间隔、服务时间的统计分布以及排队规则等对排队系统性能也有很大影响。因此，完整描述一个如图 3.1 所示

的排队系统还需要明确指出顾客到达时间间隔与服务时间的概率分布以及排队规则等。为此，Kendall 提出了一套非常简练实用的描述记号，即 Kendall 记号

$$A/B/s(k)\ \ Z$$

其中，A 表示顾客到达时间间隔的概率分布，B 表示顾客服务时间的概率分布，s 和 k 分别表示服务者数目和等待空间大小，Z 表示排队规则，字母符号之间用斜线“ / ”来分开。

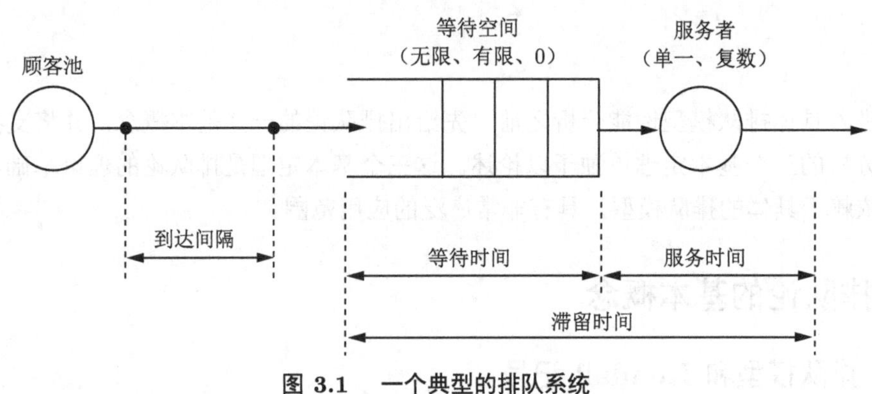

图 3.1　一个典型的排队系统

具体地讲，如果顾客到达时间间隔或服务时间服从指数分布，则用 M 表示，意为 Memoryless 或 Markovian；如果服从 k 阶爱尔朗分布，则用 E_k 表示；如果服从 k 阶超指数分布，则用 H_k 表示；如果服从定长分布，则用 D 表示。在离散排队模型中，Geo 表示其间隔分布服从几何分布。更一般地，用 G 表示顾客到达时间间隔或服务时间服从任意概率分布（General Distribution），如果需要明确指出顾客到达时间间隔或服务时间为独立同分布的更新过程，则用 GI（Generally Independent）表示。当然，有些随机过程的间隔分布还无法用已知的概率分布来描述，这时可用其通俗的名称来描述，如 SPP、MMPP 等。最后，记号 Z 描述排队过程的排队规律。具体来说，常用的排队规律有以下五种。

（1）**先入先服务**（First-Come-First-Serve，FCFS，或 First-In-First-Out，FIFO）。按顾客到达的先后顺序进行排队和服务，这在实际系统中是最常见的情况。当无其他说明时，默认按这种方式进行服务。此时，Z 通常予以省略。注意，严格来讲，FCFS 并不完全等同于 FIFO，例如当存在多个服务者时，FCFS 并不能完全保证 FIFO，因为先到达的顾客虽然能够先开始服务，但由于服务时间呈现为随机分布，其结束服务的时间完全可能在后到达顾客之后。由此可见，当存在多个服务者时系统是无法完全做到 FIFO 的，此时使用 FCFS 更加准确。只有在单一服务者队列中两者才等同。

（2）**后入先服务**（Last-Come-First-Serve，LCFS，或 Last-In-First-Out，LIFO）。这虽然不是常见的情况，但也可能出现。如仓库中同品种的货物，出库时常是后进先出。另外，计算机堆栈式内存提取也通常按此方式操作。近年来，随着分布式协作控制技术的发展，中央控制器在收集各协作者的状态信息（status information）时，也经常会采用 LCFS 的调度规则，优先调度最新更新的状态信息。同样，当服务者为复数时 LIFO 也是无法完全做

到的，使用 LCFS 更加准确。

（3）**随机服务**（Random Service，RAN）。这在计算机系统中会经常遇到，即服务者（中央处理器）随机地从缓冲器中取出一个用户（或称 transaction）进行服务，而与这些用户的到达时间无关。另外，在顾客组到达（或称批到达、集团到达等）排队系统中，对于同一组内的顾客通常采用随机服务的排队策略，即属于同一组内的顾客随机地在排队系统中排队。

（4）**服务器共享**（Generalized Processor Sharing，GPS）。这是通信与计算机系统中比较常见的服务形式，即服务者（中央处理器）将自己的服务能力均等地分给正在等待的顾客，所有顾客并行接受服务。当然，由于等待服务的业务量（如包长）和服务者的服务能力并非任意可拆分，因此 GPS 策略是一种理想化的服务策略，一般作为比较服务公平性的参考对象存在。实际系统中经常使用的是一种比例公平策略（Weighted Fair Queue，WFQ），即服务者的服务能力按照一定的权重（weight）分给相应的顾客。

（5）**优先制服务**（Priority，PRI）。事先对各类顾客分别赋予不同的优先级，在有顾客竞争服务时首先为高优先权的顾客提供服务。更进一步地，优先权可细分为两类：抢占式优先权（Preemptive Priority，PP）和非抢占式优先权（Non-Preemetive Priority，NPP）。这两类优先权在通信网中都会遇到，前者意味着高优先权的顾客到达时，可以强行中断正在接受服务的低优先权顾客的服务，开始高优先权业务的服务；后者则意味着低优先权的顾客一旦进入了服务状态就不会被中断，此时到达的高优先权顾客必须等到正在接受服务的低优先权顾客退去后才能进入服务状态。

当然，服务的优先权还可以根据顾客的服务属性来确定，比如说 SJF（Shortest Job First）或是 EDF（Earliest Deadline First）等。

举例来说，M/M/3(10) 描述了一个拥有 3 个服务者，10 个等待空间，顾客到达间隔时间和所需服务时间均服从指数分布，以及顾客按照先到先服务的原则进行服务的排队系统。M/G/1 描述的是顾客到达过程为泊松过程，服务时间服从一般概率分布，只有一个服务者，系统容量为无穷大的等待制排队系统。而 $M+H_2/G_1, G_2/1(0,\infty)$ 则描述了一个两种不同业务共同竞争一个服务者的单一队列排队系统，两种业务分别按照泊松过程和 IPP 到达排队系统，所需服务时间分别为参数不同的一般概率分布 G_1 和 G_2，泊松到达的顾客不允许等待，IPP 到达的顾客可以无限制地排队等待，顾客按照先到先服务的原则进行服务（见图 3.2）。

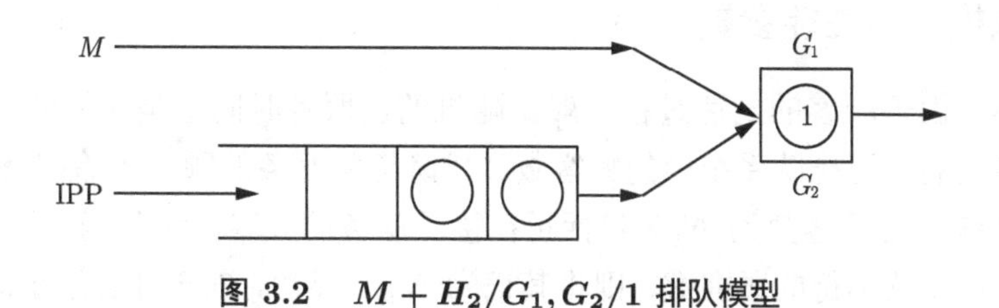

图 3.2　$M+H_2/G_1,G_2/1$ 排队模型

3.1.2 排队模型的特征参数

描述一个排队系统，除了上述几个有关到达过程、服务过程和排队规律的参数之外，表征排队系统所承载的业务量、业务强度和服务者利用率的三个参数也是非常重要的。

在时间 $(t, t+\tau)$ 期间内顾客带来的服务时间总和称为业务量（traffic volume）或者工作量（workload），用 $T(t,\tau)$ 来表示，其单位为时间。它描述了在一定时间内顾客带给排队系统工作量的总和。进一步地，定义微小期间内的业务量为业务强度，即

$$a(t) = \lim_{\tau \to 0} \frac{T(t,\tau)}{\tau} \tag{3.1.2}$$

表示该排队系统在时刻 t 的业务强度（traffic intensity），有时也简称为业务负载（traffic load）。显然，它是一个无量纲的量，通常用单位爱尔朗（erl）来表示（以此纪念该领域的创始者，丹麦数学家 A. K. Erlang），表征了排队系统在时刻 t 所承载的负载情况。由于本书中主要考虑平稳状态下的排队系统性能，因此，在后续的讨论中将省略时刻 t，直接用 a 表示业务强度。

例如，某个电话用户在上午 10 时至中午 12 时共计拨打电话 5 次，总通话时间为 30min，则该电话用户在 2h 内带给电话网的业务量为 30min，其业务强度 $a=30/(2\times 60)$=0.25erl。

业务强度 a 是描述排队系统的一个重要参数，它实际上描述了顾客的到达时间与服务时间之间的相对关系。具体地讲，如果顾客到达间隔的平均值为 λ^{-1}，所需服务时间的均值为 μ^{-1}，则 $a=\lambda/\mu$，即平均服务时间内到达的顾客数平均即等于业务强度。在上述例子中，$\lambda=5/(2\times 60)$min，μ=5/30min，则 $a=\lambda/\mu=30/(2\times 60)$=0.25erl。

从上述业务量和业务强度的定义中不难看出，它们实际上隐含地假设了排队系统中只存在一个服务者。如果排队系统中有多个服务者，这些业务量将由多个服务者平均分担，因此定义

$$\rho = a/s \tag{3.1.3}$$

为有 s 个服务者的排队系统中每个服务者平均所承载的业务负载，它相当于每个服务者平均被占用的时间比例，或被占用的概率，因此称之为服务者利用率（server utilization ratio）。显然，若要保证排队系统稳定工作，ρ 必须小于 1。

3.1.3 排队模型的性能参数

如前所述，由于顾客的到达过程一般是随机的，服务时间也是随机的，因此，整个排队过程也是随机的，即排队系统中的顾客数和排队等待服务的顾客数等都是随时间变化的。设 t 时刻在系统中的顾客数为 N_t，包括正在接受服务的顾客，称其为 t 时刻的队列长度。如果仅关注正在排队等待的顾客数，则将其记为 N_{qt}。显然，对于任意给定的 $t \geqslant 0$，N_t 和 N_{qt} 均为连续时间离散状态的随机变量。

在 4.2.4 节中将会看到，对于一般的随机服务系统，求解任意时刻 t 队列长度的概率分布是极其困难的。然而在许多情形下，该随机服务系统在运行了足够长的时间后会进入平稳（stationary）状态，此时，描述该随机服务系统的状态（如队列长度、等待时间等）概率分布不再随时间变化，其初始所处状态的影响也将消失，因而较易求得。这实际上也是实际网络分析所重点关注的，因此在后续的讨论中，除非特殊说明，仅讨论排队系统在平稳状态下的性能，并将任意时刻系统内的顾客总数（包括正在接受服务的顾客）和正在等待服务的顾客数分别简单记为 N 和 N_q。

在分析排队系统时，往往需要求解下列性能指标：

（1）**队列长度概率分布**。滞留在排队系统内顾客数或是正在等待接受服务顾客数的概率分布。显然，该概率分布与对排队系统所观察的时间点有关。如果观察点为随机选取的任意时刻 t，则在平稳状态下队列长度为 i 的概率记为

$$p_i = \lim_{t\to\infty} P\{N_t = i\} \tag{3.1.4}$$

如果观察点选取在第 n 个顾客到达时刻之前的瞬间 τ_n^-(the epoch right prior to the nth customer arrival)，则在平稳条件下队列长度为 i 的概率记为

$$p_i^- = \lim_{n\to\infty} P\left\{N_{\tau_n^-} = i\right\} \tag{3.1.5}$$

如果观察点选取在第 n 个顾客服务完毕离开排队系统之后的瞬间 τ_n^+（the epoch right after the nth customer departure)，则在平稳状态下队列长度为 i 的概率记为

$$p_i^+ = \lim_{n\to\infty} P\left\{N_{\tau_n^+} = i\right\} \tag{3.1.6}$$

很显然，由于顾客的到达或是退去过程相当复杂，且通常带有一定的记忆性，因此上述三个时刻的概率分布一般是不相等的，在进行系统性能分析时需要根据具体需求选择相应的概率分布。例如，求解任意时刻队列长度的均值时，应使用 p_i；求解顾客的阻塞率或顾客等待时间概率分布时，应使用 p_i^-。

（2）**等待时间 W_q 与滞留时间 $\boldsymbol{W}$**。这是自顾客到达时刻至开始被服务之间的排队时间(Waiting time)。显然，它是连续型随机变量，其统计平均值 $\overline{W}_q$ 称为平均等待时间，是排队系统非常重要的性能指标。许多通信系统的优化目标就是这个指标。在通信网中，W_q 是信息在网络中产生时延的主要部分，其他时延（如传播时延、处理时延等）一般均为常量，而且一般是较小的，不占主导地位。因此，后续重点关注排队时延。

与等待时间相关的另一个有关时间的性能指标是顾客在排队系统内的滞留时间(sojourn time)，它实际上是顾客的等待时间和服务时间的和，记为 W，其平均记为 $\overline{W}$。由于服务时间的概率分布一般是事先给定的，因此求出了顾客的等待时间也就相当于求出了顾客的滞留时间。

（3）**阻塞率 P_{B} 与吞吐量 a_{c}**。阻塞率（blocking probability）一般是针对等待空间有限的排队系统而言的。类似于队列长度概率分布，它也有两个不同的概念：一是时间阻塞率（time blocking probability），另一个是呼叫阻塞率（call blocking probability）。前者是指在任意一个时刻所有系统资源（服务者和等待空间）均被占用的概率，即在观察时间内排队系统处于阻塞状态的时间比率。它实际上相当于任意时刻队列长度等于 $s+k$ 的概率，即阻塞状态占整个排队系统持续时间比例的长时间平均。而后者则是指新到达的顾客无法进入排队系统而被拒绝的概率，它实际上相当于被拒绝的顾客数占总顾客数的比率，即顾客到达时刻排队系统正好处于阻塞状态的概率 p_{s+k}^{-}。传统上，有时将后者简单称为阻塞率（blocking probability）。一般来讲两者并不相等，它们之间的相对关系取决于顾客到达过程的概率行为。

吞吐量（throughput）定义为“排队系统在一定时间内所实际服务的业务量”，通常称为 carried load，用 a_{c} 表示。由于排队系统有可能出现拥塞或是顾客对排队延时等的承受能力有限，使得并非所有到达的顾客都能最终得到服务，因此一般来讲 $a_{\mathrm{c}} \leqslant a$，其中业务强度 $a=\lambda/\mu$ 通常称为 offered load。当然，也可以用 a_{c}/a 来定义排队系统所能服务业务量占业务总量的比值，通常称为吞吐率（throughput ratio）。显然，如果排队系统的阻塞率为 P_{B}，则其吞吐率等于 $1-P_{\mathrm{B}}$、吞吐量等于 $a_{\mathrm{c}}=a(1-P_{\mathrm{B}})$。

（4）**系统效率**或称**资源利用率**。它定义为服务者被占用的概率，也就是服务者处于服务状态的时间占整个系统持续时间的比率。对于任意一个服务者来讲，如果在平均服务时间内正好有一个顾客到达，则不难理解该服务系统的资源利用率为 1，即一直处于服务状态。可在实际系统中，如果排队系统的队列长度没有限制，考虑到顾客到达和服务的随机特性，这将导致等待顾客数的持续积累，即排队系统无法达到稳定状态。由此可见，在平均服务时间内到达顾客数的平均值即为服务者（资源）的利用率（utilization ratio），或称系统效率，一般用 ρ 表示。显然，为了使等待空间无限制的排队系统稳定，ρ 需要小于 1。当然，如果排队系统的等待空间是有限的，当队列被占满时新到达的顾客将无法再进入排队系统。此时，即使 $\rho \geqslant 1$，排队系统也会是稳定的。

3.1.4 排队系统的最优状态

衡量排队系统性能的一个重要指标是它的资源利用率，即服务者处于服务状态的概率。尽管顾客总是希望网络运营方能够提供更多的服务资源，使得他们能够随时地捕获到服务资源，保证低的阻塞率和短的等待时间。但是，网络运营商（服务的提供者）却希望能用最小的投资换来最大的利润，以此来降低成本。如果网络的服务资源（如传输带宽）大部分时间处于空闲状态，必然导致资源利用率的降低和运营成本的加大。如何解决这个供需矛盾正是排队系统分析与优化的中心问题所在。

为此，需要引入一种能够有效地在顾客服务质量需求和运营商资源投入量之间取得良好平衡的性能指标，并对其进行优化。一个较好的选择是资源有效利用率（effective utilization ratio），它实际上相当于将整个队列（包括等待过程与服务过程）视为一个黑盒子（blackbox）

或是一个等效服务器，将顾客在该黑盒子中的滞留时间（等待时间 + 服务时间）视为等效服务时间，即该等效服务器的服务率 μ' 为

$$\mu' = \frac{1}{\overline{W_q} + \frac{1}{\mu}} = \frac{\mu}{1 + \mu\overline{W_q}}$$

由此可得该等效服务器的有效利用率 ρ' 为

$$\rho' = \frac{\lambda}{\mu'} = \rho(1 + \mu\overline{W_q})$$

注意，这里的 ρ' 可能会大于 1。具体地，如果 $\rho' < 1$，则意味着此时队列中排队等待的顾客较少，顾客通过排队系统的时间较短，服务器的服务能力还有一定的余量；反之，如果 $\rho' > 1$，则意味着此时队列中排队等待的顾客开始增多，顾客通过排队系统的时间变长，服务器处于过度被占用（或称“拥塞”）的状态。因此，直观上讲，应该尽量使得排队系统工作在 $\rho' = 1$ 的状态，即等效服务器平均服务完一个顾客的时间内恰好平均只有一个顾客到达，这样才能在顾客平均等待时间得到满足的前提下使得服务器的利用率达到最高，此时 $\rho = 1 - \lambda\overline{W_q}$。

实际上，可以将一个排队系统类比为一个串联的电路系统，其中第一个阻抗元件为内阻，对应于排队系统的等待过程，其电压对应于平均等待时间 $\overline{W_q}$；第二个阻抗元件为有效负载，对应于排队系统中的服务过程，其电压对应于平均服务时间 μ^{-1}。显然，流过这两个电路的电流应该是相等的，它相当于顾客通过上述等效服务器的速度。假设顾客所带来的总负载量（相当于电路系统中的电荷）为 a，则顾客通过排队系统的平均速度 $v = a\mu'$。由此可得，该电路系统的内阻功率为 $v^*\overline{W_q}$，负载功率为 $v^*\mu^{-1}$。基于电路系统中的阻抗匹配理论可知，当内阻与负载阻抗相匹配时，即 $\overline{W_q} = \mu^{-1}$ 时，可使整个电路的负载功率达到最大。这与上述 $\rho' = 1$ 的结论是一致的。

3.2 排队论中的三个基本定理

排队论中的许多定理或公式都是针对特定的排队模型得出的特定结论，不同的排队模型需要套用不同的定理和公式。但排队论中有三个定理却是针对所有排队模型基本成立的，它们非常具有普遍意义，在实际网络性能分析中也确实发挥了重要作用。下面就讨论这三个基本定理。

3.2.1 Little 定理

如前所述，平稳状态下的队列长度与滞留时间分布是排队系统的两个重要的性能指标，它们对实际网络的设计与控制起着至关重要的作用。但从排队论的角度看，这两个统计量却有着本质的差别。

首先，平均队列长度是一个时间平均（time average）的概念，是队列长度在很长一段时间内的平均，即

$$\overline{N}=\lim_{t\to\infty}\frac{1}{t}\int_0^t N_x\mathrm{d}x \tag{3.2.1}$$

其中，N_x 是在时刻 x 排队系统的队列长度。

相反，顾客的平均滞留时间则是顾客平均（customer average）的概念，是许许多多个顾客滞留时间的平均，即

$$\overline{W}=\lim_{n\to\infty}\frac{1}{n}\sum_{i=1}^{n}W_i \tag{3.2.2}$$

其中，W_i 是第 i 个顾客的实际滞留时间。

可见，$\overline{N}$ 是系统在任意时刻观察到的队列长度平均，是评价排队系统性能的一个指标；而 $\overline{W}$ 则是实际到达的顾客所经历滞留时间的平均，是评价顾客服务质量的一个指标，两者的物理意义有很大差别。一般来讲，通过马尔可夫过程等理论求解任意时刻队列长度的概率分布较为容易，但难以求解到达时刻所观察到的滞留时间概率分布；相反，通过计算机仿真等手段比较容易统计出到达顾客所经历的滞留时间，但难以统计出任意时刻的队列长度。Little 定理巧妙地将这两个不同概念上的平均值联系在了一起。

定理 3.1 Little 定理 对于任意一个排队系统而言，在平稳状态下有

$$\overline{N}=\lambda\overline{W} \tag{3.2.3}$$

其中，λ 为顾客的平均到达率，$\overline{N}=\lim\limits_{t\to\infty}\frac{1}{t}\int_0^t N_x\mathrm{d}x$ 是系统的平均队列长度，$\overline{W}=\lim\limits_{n\to\infty}\frac{1}{n}\sum\limits_{i=1}^{n}W_i$ 是所有顾客滞留时间的平均。

证明：首先，注意到时刻 t 时的队列长度应等于时刻 t 之前到达的顾客总数减去时刻 t 之前退去的顾客总数。对于 $0\leqslant u<v\leqslant t$，定义 $A_t(u,v)$ 为区间 $(u,v]$ 内到达的顾客之中在时刻 t 仍然滞留于排队系统的顾客数，$\overline{N}_t(x)$ 为 $A_t(0,x)$ 的均值，则有

$$P\{A_t(0,v+\Delta v)=n\}=\sum_{i=0}^{n}P\{A_t(0,v)=n-i\}P\{A_t(v,v+\Delta v)=i\} \tag{3.2.4}$$

令式 (3.2.4) 两边同乘以 n，并将 n 从 $0\sim\infty$ 连加起来得

$$\begin{aligned}\overline{N}_t(v+\Delta v)=&\sum_{n=0}^{\infty}nP\{A_t(0,v+\Delta v)=n\}\\=&\sum_{i=0}^{\infty}\sum_{n=i}^{\infty}(n-i)P\{A_t(0,v)=n-i\}P\{A_t(v,v+\Delta v)=i\}\\&+\sum_{i=0}^{\infty}\sum_{n=i}^{\infty}iP\{A_t(0,v)=n-i\}P\{A_t(v,v+\Delta v)=i\}\end{aligned} \tag{3.2.5}$$

又由于

$$\sum_{n=i}^{\infty}(n-i)P\{A_t(0,v)=n-i\}=\overline{N}_t(v) \tag{3.2.6}$$

$$\sum_{i=0}^{\infty}P\{A_t(v,v+\Delta v)=i\}=1 \tag{3.2.7}$$

则进一步令 $m=n-i$，得

$$\begin{aligned}\overline{N}_t(v+\Delta v)&=\overline{N}_t(v)+\sum_{i=0}^{\infty}iP\{A_t(v,v+\Delta v)=i\}\sum_{m=0}^{\infty}P\{A_t(0,v)=m\}\\&=\overline{N}_t(v)+\sum_{i=0}^{\infty}iP\{A_t(v,v+\Delta v)=i\}\end{aligned} \tag{3.2.8}$$

这里，$\sum\limits_{i=0}^{\infty}iP\{A_t(v,v+\Delta v)=i\}$ 是在区间 Δv 内到达的顾客之中在时刻 t 仍然滞留于排队系统的顾客数的均值。显然，它应该等于区间 Δv 内到达的顾客数的均值 $\lambda\Delta v$ 乘以顾客在排队系统中滞留时间超过 $t-v$ 的概率。如果用 $W(t)$ 来表示顾客滞留时间的概率分布，则有

$$\sum_{i=0}^{\infty}iP\{A_t(v,v+\Delta v)=i\}=\lambda\Delta v[1-W(t-v)] \tag{3.2.9}$$

因此，

$$\frac{\overline{N}_t(v+\Delta v)-\overline{N}_t(v)}{\Delta v}=\lambda[1-W(t-v)] \tag{3.2.10}$$

由于 $N_t(0)=0$，可得

$$\overline{N}_t=\int_0^t\lambda[1-W(t-v)]\mathrm{d}v=\lambda t[1-W(t)]+\lambda\int_0^t u\mathrm{d}W(u) \tag{3.2.11}$$

再利用马尔可夫不等式[HARR 92]，即

$$P\{X\geqslant x\}\leqslant\frac{E[X]}{x} \tag{3.2.12}$$

可知

$$\lim_{t\to\infty}t[1-W(t)]\leqslant\lim_{t\to\infty}\int_t^{\infty}u\mathrm{d}W(u)=0 \tag{3.2.13}$$

于是得

$$\overline{N}=\lim_{t\to\infty}\overline{N}_t=\lambda\overline{W} \tag{3.2.14}$$

由此定理得证。■

上述定理的结果最早由 Cobham 在论文 [COBH 54] 中无证明地使用，后来由 Morse 在文献 [MORS 58] 中作为猜想正式提出，然后由 John Little 于 1961 年给出了严格证明[LITT 61]。

Little 定理的公式看起来非常简单，但其物理意义以及在排队系统中的应用却非常广泛。下面就对其特性予以说明。

（1）Little 公式的物理意义。从定义中可以看出，$\lambda\overline{W}$ 相当于在顾客的平均滞留时间内到达的顾客数的平均，显然，在平稳状态下它应该等于任意时刻的平均队列长度。换言之，在平稳状态下，某一个顾客结束服务时回头看到的平均队列长度应该等于该顾客在滞留过程中进入排队系统的顾客数的平均。

（2）Little 公式的普适性之一。Little 公式成立的条件只有一个，那就是排队系统要达到平稳状态，除此之外，它适用于任何排队系统。而且它关心的只是排队系统的三个统计平均量，对顾客到达时间和服务时间的概率分布以及排队规则不做任何要求。

（3）Little 公式的普适性之二。Little 公式的普适性还体现在它的三个统计平均量上。也就是说，只要这三个统计平均量是针对同一个顾客群定义的，它们之间就存在 Little 公式的关系。例如，将上述 $\overline{N}$ 和 $\overline{W}$ 分别定义为系统内等待服务顾客数的平均和顾客在排队系统内等待时间的平均，则 Little 公式仍然成立。另外，对于一个损失型排队系统而言，由于队列长度的平均与顾客滞留时间的平均都不考虑那些由于服务者被占用而被拒绝提供服务的顾客，因此顾客的平均到达率中也应该将这部分顾客排除在外，即上述 Little 公式应修改为

$$\overline{N} = \lambda(1 - P_{\mathrm{B}})\overline{W} \tag{3.2.15}$$

其中，P_{B} 为顾客的阻塞率。

（4）Little 公式的一个应用。若将 Little 公式应用于单一服务者的无损失型（允许等待空间数为 ∞）排队系统中的服务器，即只考虑该排队系统的服务过程，其顾客平均到达率为 λ，平均服务时间为 μ^{-1}，则由定义可知

$$\begin{aligned}\overline{N} &= 1 \cdot P\{N = 1\} + 0 \cdot P\{N = 0\}\\ &= 1 \cdot \rho + 0 \cdot (1 - \rho)\\ &= \rho \end{aligned} \tag{3.2.16}$$

$$\overline{W} = \mu^{-1} \tag{3.2.17}$$

由 Little 公式可知，$\rho = \lambda/\mu$。这从另一个角度说明了 ρ 的物理意义，即服务者忙的概率。

（5）Little 公式的扩展。Little 公式在一定条件下可扩展到高阶矩。当然，这需要其他一些附加条件。举例来讲，如果顾客的到达流为泊松过程，则在平稳状态之下有[BRUM 72]

$$E[N^k] = \lambda^k E[W^k]/k! \tag{3.2.18}$$

其中，$E[N^k]$ 是队列长度的 k 阶原点矩，λ 是顾客的平均到达率，$E[W^k]$ 为顾客滞留时间的 k 阶原点矩。如果写成 k 阶阶乘矩（kth factorial moment）的形式，则在形式上与 Little

公式更加相近

$$E[N^{(k)}] = \lambda^k E[W^k] \tag{3.2.19}$$

其中，$N^{(k)} = N(N-1)\cdots(N-k+1)$。

3.2.2 PASTA 定理

3.2.1 节的讨论提到，在一般情况下，排队系统在任意时刻的队列长度与顾客在到达时刻观察到的队列长度的概率分布是不相等的。举例来讲，如果顾客到达间隔在 [2, 4] 分钟内均匀分布，服务时间为固定长度的 1min，即 ρ=1/3。则此时顾客到达时队列为空的概率永远为 1，即 $p_0^- = 1$，$p_i^- = 0\ (i \geqslant 1)$。但如果在任意时刻观察队列，则有 $p_0 = 2/3$，$p_1 = 1/3$，$p_i = 0\ (i \geqslant 2)$，显然两者不相等。

但如果顾客的到达是按照泊松过程发生的，则两者相等，这就是 PASTA（Poisson Arrivals See Time Average）定理所要阐述的内容。

定理 3.2 PASTA 定理　对于任意一个排队系统，如果其输入流（到达过程）为泊松过程，且与服务过程相互独立，则有

$$p_i^-(t) = p_i(t) \tag{3.2.20}$$

其中，$p_i^-(t)$ 为顾客到达之前瞬间 (t^-) 排队系统内有 i 个顾客的概率，$p_i(t)$ 为在任意时刻 (t) 排队系统内有 i 个顾客的概率。

证明：定义 N_t 为任意时刻 t 排队系统的队列长度，$N(u,t)$ 为区间 $(u,t]$ $(t > u)$ 内顾客到达的个数。显然，区间 $(t-\Delta t, t]$ 内有顾客到达事件的发生等价于 $N(t-\Delta t, t) \geqslant 1$。根据泊松过程的无记忆性以及与服务过程的独立性假设，可知 $N(t-\Delta t, t) \geqslant 1$ 事件发生的概率与时刻 $t-\Delta t$ 之前的历史无关，即事件 $N_{t-\Delta t} = i$ 与事件 $N(t-\Delta t, t) \geqslant 1$ 相互独立，因此有

$$P\{N_{t-\Delta t} = i | N(t-\Delta t, t) \geqslant 1\} = P\{N_{t-\Delta t} = i\} \tag{3.2.21}$$

令 $\Delta t \to 0$，上式左侧逼近于在时刻 t 到达的顾客所观察到的队列长度的概率分布 $p_i^-(t)$，右侧则相当于任意时刻队列长度的概率分布 $p_i(t)$。

实际上，该定理还可以通过全概率定理得到验证。令 $E(t, t+\Delta t)$ 表示区间 $(t, t+\Delta t]$ 内发生顾客到达的事件。因此有

$$\begin{aligned} p_i^-(t) &= \lim_{\Delta t \to 0} P\{N_t = i | E(t, t+\Delta t)\} \\ &= \lim_{\Delta t \to 0} \frac{P\{E(t, t+\Delta t) | N_t = i\} P\{N_t = i\}}{P\{E(t, t+\Delta t)\}} \end{aligned} \tag{3.2.22}$$

如果顾客的到达流为泊松过程，则顾客的到达独立地发生，与排队系统的状态无关，因此有

$$P\{E(t, t+\Delta t) | N_t = i\} = P\{E(t, t+\Delta t)\} \tag{3.2.23}$$

定理得证。 ■

PASTA 定理是由 R. W. Wolff 在 1982 年首先证明并命名的[WOLF 82]，它的成立实际上利用了泊松流的无记忆性，即如果顾客的到达为泊松过程，其在时刻 t 之后的到达与时刻 t 之前的到达相互独立，也就与时刻 t 的队列长度无关，因此泊松到达顾客所观测到的队列状态与任意时刻一个随机观测者所观测到的队列状态相同。简单地说，$p_i^-(t)$ 属于条件概率，而 $p_i(t)$ 属于无条件概率，在顾客到达为泊松过程的情况下，两者相等。这对于理论分析和计算机仿真都至关重要，因为一般来讲，排队论的理论分析比较容易求得排队系统在任意时刻的状态概率及其所对应的的性能指标（如平均队列长度），却难以直接求解顾客在到达时刻所观测到的状态概率及其对应的性能指标（如等待时间）；相反，计算机仿真比较容易求得顾客在到达时刻所观测到的状态概率及其对应的性能指标，却难以直接求得顾客在到达时刻所观测到的状态概率及其对应的性能指标。PASTA 定理则将两者联系在了一起，可互为补充。实际上，Little 定理也有类似的作用。

从上述定理证明过程中可以看到，该定理的成立只要求顾客到达是泊松流，并未要求排队系统一定处于平稳状态。也就是说，PASTA 定理不仅仅适用于平稳状态，在暂态期间也成立。

实际上，泊松到达只是该定理成立的充分条件，而不是必要条件。即使顾客的到达流不是泊松过程（例如，MMPP），也有可能拥有 $p_i^-(t) = p_i(t)$ 的性质，有人称之为 Anti-PASTA 或 GASTA（General Arrivals See Time Average）[DOOR 88]。有兴趣的读者可参考文献 [WOLF 89]。

作为 PASTA 定理的一种推广，基于率守恒（rate conservation）定律[MIYA 85]，文献 [MIYA 06] 给出了一种更一般的判定准则，即如果到达过程满足 NBUE（New Better than Used in Expectation）条件，也就是说，到达间隔前向递归（剩余）时间的平均值小于该到达间隔的平均值（相当于 $C_a^2 < 1$），则到达时刻系统内顾客数的概率分布在概率意义上小于任意时刻系统内顾客数的概率分布。反之，如果到达过程满足 NWUE（New Worse than Used in Expectation）条件，也就是说，到达间隔前向递归（剩余）时间的平均值大于该到达间隔的平均值（相当于 $C_a^2 > 1$），则到达时刻系统内顾客数的概率分布在概率意义上大于任意时刻系统内顾客数的概率分布。由此也可以更好地理解：针对平滑业务（即 $C_a^2 < 1$），采用任意时刻队列长度状态概率来近似到达时刻队列长度的状态概率属于安全近似；反之，则属于危险近似。

3.2.3 Burke 定理

针对平稳状态下的任意排队系统，往往还需要关注顾客到达时刻与退去时刻状态概率之间的关系。比如说，在第 6 章中会针对非马尔可夫型排队系统引入嵌入马氏链分析方法，即 M/G/1 和 GI/M/1 队列在任意时刻的队列长度（状态变量）并不具有马尔可夫性，因此无法采用传统的马尔可夫过程理论直接求解出任意时刻的状态概率。但各种分析结果表明，它们分别在顾客的退去时刻和到达时刻具有马尔可夫性，因此可通过嵌入马尔可夫链的理论分别求解出在顾客退去时刻和到达时刻的状态概率。虽然 PASTA 定理给出了顾客到达时刻与任意时刻状态概率之间的关系，但为了求解平均队列长度等性能指标，仍需要知道顾客退去时刻与到达时刻状态概率之间的理论关系。这就引出了下面的定理。

定理 3.3 Burke 定理 对于任意一个平稳排队系统，如果任意微小期间内队列长度的变化不超过一个（即队列长度在微小期间内不发生大于一步的跳变，只在相邻状态之间转移），则有

$$p_i^- = p_i^+ \tag{3.2.24}$$

其中，p_i^- 为顾客到达之前瞬间排队系统内有 i 个顾客的概率；p_i^+ 为在顾客退去之后瞬间排队系统内有 i 个顾客的概率。

证明： 定义 τ_k^- $(k=1,2,\cdots)$ 为第 k 个顾客的到达时刻，τ_k^+ $(k=1,2,\cdots)$ 为第 k 个顾客的退去时刻，N_t 为时刻 t 的队列长度，并令 $N_0=m$。假设第 k 个顾客在时刻 τ_k^+ 退去时观察到的队列长度为 $N_{\tau_k^+}=i$，则在该顾客退去之前到达的顾客总数 $j=k+i-m$。也就是说，在第 k 个顾客退去之前最后到达的顾客为第 $k+i-m$ 个顾客。显然，这第 $k+i-m$ 个到达顾客也将观察到同样的队列长度，即

$$P\{N_{\tau_k^+}=i\}=P\{N_{\tau_{k+i-m}^-}=i\} \tag{3.2.25}$$

在平稳状态下，即 $k\to\infty$，显然有

$$\lim_{k\to\infty}P\{N_{\tau_{k+i-m}^-}=i\}=P_i^-,\ \lim_{k\to\infty}P\{N_{\tau_k^+}=i\}=p_i^+ \tag{3.2.26}$$

定理得证。 ■

该定理最早由 P. J. Burke 于 1958 年在一篇未发表的技术报告中给出，严格证明参见文献 [COOP 81] 或 [KLEI 75]。

该定理实际上叙述了这样一个事实：在平稳状态下，如果顾客的到达和退去都是单个进行的，则某一顾客到达时观察到的队列状态应与该顾客从排队系统中退出时回头观察到的队列状态相同。也就是说，只要排队系统已经到达了平稳状态，且顾客的到达和退去均是单独发生的，则顾客在其到达时刻和经过了一段等待时间后的退去时刻观察到的系统状态应该是一样的。否则，只能说明该排队系统还没有达到平稳状态，或顾客的到达或退去没有按照同一规律进行。

上述特性对第 6 章中非马尔可夫型排队系统的嵌入马氏链的分析起到了关键作用。

小结

排队模型的种类多种多样，不同的排队模型一般需要不同的方法来求解。但排队论中有三个基本定理是基本上不依赖于具体排队模型而成立的，具有非常广泛的应用范围。

（1）对于任意一个排队系统，在平稳状态下，其平均队列长度与顾客平均滞留时间之间满足 Little 公式，即 Little 定理。

（2）对于任意一个排队系统，在平稳状态下，如果队列长度在微小期间内只在相邻状态之间转移，则顾客到达时刻的状态概率等于顾客退去时刻的状态概率，即 Burke 定理。

（3）对于顾客到达服从泊松过程的排队系统，顾客到达时刻的状态概率与排队系统任意时刻的状态概率相等，即 PASTA 定理。

习题

3.1 考虑一个排队系统，假设顾客的平均到达间隔为 3min，平均服务时间为 2min，并经测试得知任意时刻等待队列长度的平均为 10，试求顾客的平均等待时间。

3.2 考虑一个 $M^{[X]}/G/1(30)$ 排队系统，其顾客群到达间隔的平均值为 3ms, 群的大小服从几何分布，其平均值为 4。顾客所需服务时间的分布函数为 $B(x)$, 平均值为 0.5ms。经测试得知任意时刻滞留于该排队系统内顾客数的平均为 $\overline{N}$, 顾客的阻塞率为 P_{B}，试求顾客的平均等待时间。

第 4 章

马尔可夫排队系统的性能分析

如果一个排队系统的状态变量（例如，任意时刻的队列长度）具有马尔可夫性，即给定当前时刻的状态概率即可求解出将来时刻的状态概率，或者说排队系统的状态变量本身是一个马尔可夫过程，则称该排队系统为马尔可夫排队系统。由于排队系统的随机特性主要来源于顾客的到达和所需的服务时间，不难想象，如果顾客的到达和服务时间均没有记忆性，则该排队系统的状态变量也必然没有记忆性，因此所有 M/M/型排队系统均为马尔可夫排队系统。具体地讲，如果顾客的到达和服务时间均没有记忆性，系统在任一时刻的队列长度，与现在正在服务中的顾客是什么时候进入服务状态的、将在什么时候结束服务、该时刻滞留在排队系统内的顾客是什么时候到达的，以及下一个顾客将在什么时候到达排队系统等均无关系。也就是说，该排队系统的状态变化完全可以通过任意时刻 t 的队列长度 $\{N_t\}$ 来描述。因此，只要针对该排队系统的当前队列长度建立起马尔可夫状态转移方程式，即可以求解出任意时刻队列长度的状态概率及相应的性能指标。

实际上，上述论述可以扩展到多维马尔可夫排队系统，即如果排队系统中存在 k 类相互独立的泊松流业务，且每类业务均要求相互独立的指数分布的服务时间，则各类业务队列长度的集合 $\{N_{1t}, N_{2t}, \cdots, N_{kt}\}$ 构成了一个 k 维马尔可夫过程，可通过马尔可夫过程理论求解相应的性能指标。

4.1 M/M/1 排队系统——最基本的排队模型

考虑一个最简单的单一服务者排队系统，顾客的到达是平均到达率为 λ 的泊松流，所需服务时间是均值为 μ^{-1} 的指数分布，并假设顾客的到达与服务相互独立，即两者同时发生的概率为高阶无穷小。基于随机过程理论可知，如果 $\lambda < \mu$，则该队列会达到稳态。选取任意时刻 t 排队系统内的顾客数（即队列长度）N_t 为系统的状态变量，则在平稳状态下 N_t 构成了一个齐次马尔可夫过程，其状态之间的转移概率为 $(i \geqslant 1)$

$$P\{N_{t+\Delta t} = i+1 | N_t = i\} = \lambda \Delta t + o(\Delta t) \tag{4.1.1}$$

$$P\{N_{t+\Delta t} = i-1 | N_t = i\} = \mu \Delta t + o(\Delta t) \tag{4.1.2}$$

$$P\{N_{t+\Delta t} = i | N_t = i\} = 1 - \lambda \Delta t - \mu \Delta t + o(\Delta t) \tag{4.1.3}$$

$$P\{N_{t+\Delta t}=i\pm k|N_t=i\}=o(\Delta t)\qquad (k\geqslant 2) \tag{4.1.4}$$

由此可见，排队系统的状态只在相邻状态之间转移，没有状态之间的跳变，这样的马尔可夫过程被称为生灭过程（birth and death process）。也就是说，M/M/1 排队系统的队列长度是一个生灭过程。图 4.1 给出了该生灭过程的状态转移图。

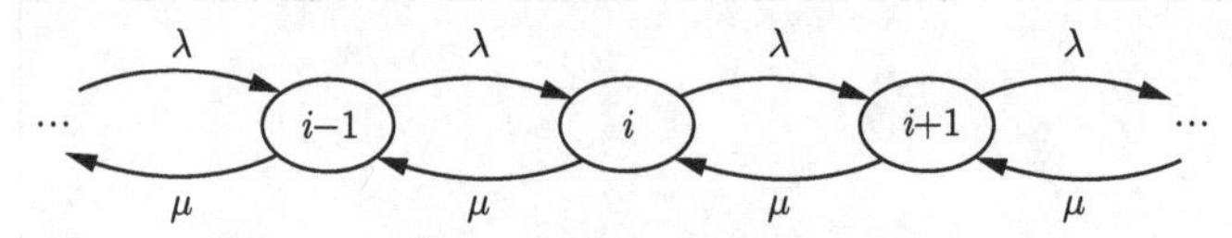

图 4.1　M/M/1 排队系统的状态转移图

如果着眼于队列长度在微小区间 Δt 内的变化率，则可得状态之间的转移率（$i\geqslant 1$）

$$Q_{i,i+1}=\lim_{\Delta t\to 0}\frac{P\{N_{t+\Delta t}=i+1|N_t=i\}}{\Delta t}=\lambda \tag{4.1.5}$$

$$Q_{i,i-1}=\lim_{\Delta t\to 0}\frac{P\{N_{t+\Delta t}=i-1|N_t=i\}}{\Delta t}=\mu \tag{4.1.6}$$

$$Q_{i,i}=\lim_{\Delta t\to 0}\frac{P\{N_{t+\Delta t}=i|N_t=i\}-1}{\Delta t}=-\lambda-\mu \tag{4.1.7}$$

$$Q_{i,i\pm k}=\lim_{\Delta t\to 0}\frac{P\{N_{t+\Delta t}=i\pm k|N_t=i\}}{\Delta t}=0\qquad (k\geqslant 2) \tag{4.1.8}$$

用矩阵形式表示为

$$\boldsymbol{Q}=\begin{bmatrix}-\lambda & \lambda & & 0\\ \mu & -\lambda-\mu & \lambda & \\ & \mu & -\lambda-\mu & \lambda\\ 0 & & \ddots & \ddots & \ddots\end{bmatrix} \tag{4.1.9}$$

定义

$$p_i=\lim_{t\to\infty}P\{N_t=i\} \tag{4.1.10}$$

为队列长度等于 i 的平稳状态概率，则平稳状态方程式满足

$$\lambda p_0=\mu p_1 \tag{4.1.11}$$

$$\lambda p_{i-1}+\mu p_{i+1}=(\lambda+\mu)p_i\qquad (i\geqslant 2) \tag{4.1.12}$$

逐次代入后得

$$\lambda p_{i-1}=\mu p_i\qquad (i\geqslant 1) \tag{4.1.13}$$

由状态转移图 4.1 可知，方程式 (4.1.13) 实际上反映了从状态 i 至状态 $i-1$ 的状态转移率等于从状态 $i-1$ 至状态 i 的状态转移率这一事实，即该排队过程的状态转移是可逆的（reversible），或称两个相邻状态之间的转移是平衡的。因此方程式 (4.1.13) 被称为局部平

衡方程式（local balance equation）。该关系式并不是对任意一个平稳排队系统都成立，只是在一些特定条件下才成立。与此相对应的方程式 (4.1.12) 反映了进入状态 i 和退出状态 i 的转移率相等的事实，这是对任何一个平稳状态下的马尔可夫过程均成立的关系式，一般称为全局平衡方程式（global balance equation）。

将上述局部平衡方程式逐次代入，并应用归一化条件得

$$p_i = (1-\rho)\rho^i \qquad (i \geqslant 0) \tag{4.1.14}$$

其中，$\rho = \lambda/\mu$，为该排队系统的业务强度。很明显，队列长度服从（偏移）几何分布，其均值和方差分别为

$$\overline{N} = \sum_{i=0}^{\infty} ip_i = \frac{\rho}{1-\rho} \tag{4.1.15}$$

$$\sigma_N^2 = \sum_{i=0}^{\infty}(i-\overline{N})^2 p_i = \frac{\rho}{(1-\rho)^2} \tag{4.1.16}$$

由此可得，队列长度的方差系数 $C_N^2 = 1/\rho$。可见，降低业务强度 ρ 虽然可以降低平均队列长度，但会增加队列长度的抖动，且该抖动永远大于 1。

考虑队列长度分布式 (4.1.14) 可知，队列长度的概率分布只与排队系统的业务强度 ρ 有关。换句话说，只要顾客的到达率与服务率之比一定，队列长度的概率分布就不随顾客到达率和服务率本身的变化而变化。更进一步地，队列长度的尾分布（tail distribution）$\lim\limits_{t\to\infty} P\{N_t \geqslant k\} = \rho^k$ 随 ρ 的增大而增大，即业务强度越大，队列长度超出某个阈值的概率就越大。而队列长度等于 0 的概率随 ρ 的增大而减小，即业务强度越大，服务者空闲的概率越小。

如果只关注正在等待的顾客数 N_q，则有

$$q_i = p\{N_q = i\} = \begin{cases} p_0 + p_1 = 1-\rho^2 & (i=0) \\ p_{i+1} = (1-\rho)\rho^{i+1} & (i \geqslant 1) \end{cases}$$

$$\overline{N_q} = \sum_{i=1}^{\infty}(i-1)p_i = \frac{\rho^2}{1-\rho} \tag{4.1.17}$$

$$\sigma_{N_q}^2 = \sum_{i=1}^{\infty}(i-1-\overline{N_q})^2 p_i = \frac{\rho^2(1+\rho-\rho^2)}{(1-\rho)^2} \tag{4.1.18}$$

由此可得，排队等待顾客数的方差系数 $C_{N_q}^2 = (1+\rho-\rho^2)(1-\rho)^2$。显然，$C_{N_q}^2$ 也永远大于 1。

图 4.2 给出了 M/M/1 队列的平均队长和队列长度的方差系数示例。

下面考虑顾客的等待时间。如果只关心顾客的平均等待时间，则可依据 Little 公式得出

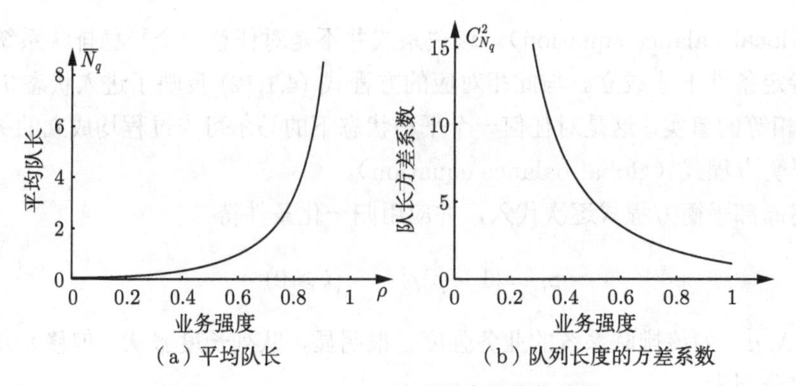

图 4.2 M/M/1 队列长度性能数值例

$$\overline{W_q} = \frac{\sum_{j=1}^{\infty}(j-1)p_j}{\lambda} = \frac{\rho h}{1-\rho} \tag{4.1.19}$$

其中，$h = \mu^{-1}$。由于顾客等待时间实际上相当于顾客在系统内的滞留时间与顾客服务时间的差，因此也可以按下列步骤推导出平均等待时间

$$\overline{W_q} = \frac{\overline{N}}{\lambda} - h = \frac{\rho h}{1-\rho} \tag{4.1.20}$$

相应地，顾客在排队系统内的平均滞留时间等于

$$\overline{W} = \frac{\overline{N}}{\lambda} = \frac{h}{1-\rho} = \frac{1}{\mu-\lambda} \tag{4.1.21}$$

观察式 (4.1.20) 可知，与平均队列长度不同的是，顾客的平均等待时间不仅与系统的业务强度有关，而且与顾客平均服务时间成正比。换句话说，业务强度相同的两个排队系统，尽管队列的平均长度保持不变，但平均服务时间长的排队系统其顾客的平均等待时间也较长，因此通过降低顾客的平均服务时间可以达到降低顾客等待时间的目的。这实际上反映了统计学中的大规模效应（large-scale effect）：在保持业务强度不变时缩短服务时间相当于更多的顾客更加密集地到达排队系统。这在一定程度上减弱了顾客到达的随机特性，因此降低了顾客等待时间。

另外一个值得注意的是，上述平均队列长度和平均等待时间的结果均无须对排队规则作任何假设，即它们适用于任何排队规则的排队系统。但顾客的等待时间分布将不再拥有此特性，它将随排队规则的变化而改变。

下面针对 FCFS 排队系统，求解顾客等待时间概率分布。注意到，在 FCFS 排队规则下，顾客到达排队系统时发现系统中已经有 k $(k \geqslant 1)$ 个顾客的条件下，该顾客的等待时间应等于正在接受服务顾客的剩余服务时间加上排在其前面的 $k-1$ 个顾客服务时间的总和。由于顾客的服务时间为无记忆性的指数分布，因此正在接受服务顾客的剩余服务时间仍将是均值为 μ^{-1} 的指数分布，排在其前面的 $k-1$ 个顾客服务时间的总和则是一个 $k-1$ 阶的爱尔朗分布。因此，在顾客到达排队系统时发现系统中已经有 k 个顾客的条件下，该顾客的等待时间将是一个 k 阶爱尔朗分布，即

$$\lim_{n\to\infty} P\left\{0 < W_q \leqslant x | N_{\tau_n^-} = k\right\} = \int_{0+}^{x} \frac{\mu(\mu y)^{k-1}}{(k-1)!}\mathrm{e}^{-\mu y}\mathrm{d}y \tag{4.1.22}$$

因此有

$$\begin{aligned} W_q(x) &= P\{W_q \leqslant x\} \\ &= P\{W_q = 0\} + P\{0 < W_q \leqslant x\} \\ &= 1 - \rho + \sum_{k=1}^{\infty} \lim_{n\to\infty} P\left\{N_{\tau_n^-} = k\right\} P\left\{0 < W_q \leqslant x | N_{\tau_n^-} = k\right\} \end{aligned} \tag{4.1.23}$$

再利用 PASTA 定理和任意时刻队列长度概率分布的结果可知：$p_k^- = p_k = (1-\rho)\rho^k$，于是得

$$\begin{aligned} W_q(x) &= 1 - \rho + \sum_{k=1}^{\infty}(1-\rho)\rho^k \int_{0+}^{x} \frac{\mu(\mu y)^{k-1}}{(k-1)!}\mathrm{e}^{-\mu y}\mathrm{d}y \\ &= 1 - \rho + (1-\rho)\rho\int_{0+}^{x} \mu\sum_{k=1}^{\infty}\frac{(\mu y\rho)^{k-1}}{(k-1)!}\mathrm{e}^{-\mu y}\mathrm{d}y \\ &= 1 - \rho + (1-\rho)\rho\int_{0+}^{x} \mu\mathrm{e}^{-\mu(1-\rho)y}\mathrm{d}y \\ &= 1 - \rho\mathrm{e}^{-\mu(1-\rho)x} \end{aligned} \tag{4.1.24}$$

由此可见，M/M/1 排队模型的等待时间分布是一种偏移（shifted）的指数分布或称一般化（generalized）指数分布[①]，其尾分布随业务强度 ρ 和平均服务率 μ 按指数规律下降。它相当于一个标准指数分布与另一个在零点处冲击函数的概率和

$$W_q(x) = \rho(1 - \mathrm{e}^{-\mu(1-\rho)x}) + (1-\rho)$$

即等待时间以概率 ρ 服从一个参数为 $\mu(1-\rho)$ 的指数分布、以概率 $1-\rho$ 等于零。

基于上述结果，可求得平均等待时间如式 (4.1.20) 所示，以及等待时间的方差

$$\sigma_{W_q}^2 = \frac{2\rho h^2}{(1-\rho)^2} - \frac{\rho^2 h^2}{(1-\rho)^2} = \frac{\rho h^2(2-\rho)}{(1-\rho)^2} \tag{4.1.25}$$

由此可知，等待时间的方差系数为 $C_{W_q}^2 = \dfrac{2-\rho}{\rho} > 1$，可见等待时间的抖动随 ρ 的减小而快速增大。换言之，重负载排队系统的等待时间趋近于无记忆的指数分布，而轻负载排队系统的等待时间存在很大的抖动，仅仅关注平均等待时间难以很好地衡量排队系统的性能。

① 注意：并非标准的指数分布，也不再具有无记忆性，因为此时很容易验证：$P\{W_q \geqslant x + t | W_q \geqslant x\} \neq P\{W_q \geqslant t\}$。

如果将顾客的服务时间一并考虑进去，则在顾客到达排队系统时发现系统中已经有 k 个顾客的条件下，该顾客的滞留（等待 + 服务）时间 W 将是一个 $k+1$ 阶爱尔朗分布，因此有

$$\begin{aligned}
W(x) &= P\{0 < W \leqslant x\} \\
&= \sum_{k=0}^{\infty} \lim_{n\to\infty} P\{N_{\tau_n^-} = k\} P\{0 < W \leqslant x | N_{\tau_n} = k\} \\
&= \sum_{k=0}^{\infty} (1-\rho)\rho^k \int_{0+}^{x} \frac{\mu(\mu y)^k}{k!} \mathrm{e}^{-\mu y} \mathrm{d}y \\
&= (1-\rho) \int_{0+}^{x} \mu \sum_{k=0}^{\infty} \frac{(\mu y \rho)^k}{k!} \mathrm{e}^{-\mu y} \mathrm{d}y \\
&= (1-\rho) \int_{0+}^{x} \mu \mathrm{e}^{-\mu(1-\rho)y} \mathrm{d}y \\
&= 1 - \mathrm{e}^{-\mu(1-\rho)x}
\end{aligned} \tag{4.1.26}$$

由此可见，M/M/1 排队模型的滞留时间是标准的指数分布，具有无记忆性 ($C_W^2 = 1$)，即顾客服务时间的随机性在一定程度上吸收了等待时间的抖动，使得滞留时间稳定在了指数分布。同时，其尾分布仍然随业务强度 ρ 和平均服务率 μ 按指数规律下降。

基于式 (4.1.26)，可求得滞留时间的均值与方差为

$$\overline{W} = \frac{h}{1-\rho}, \qquad \sigma_W^2 = \frac{h}{(1-\rho)^2}$$

图 4.3 和图 4.4 分别给出 M/M/1 队列的平均等待时间和等待时间的尾分布示例。

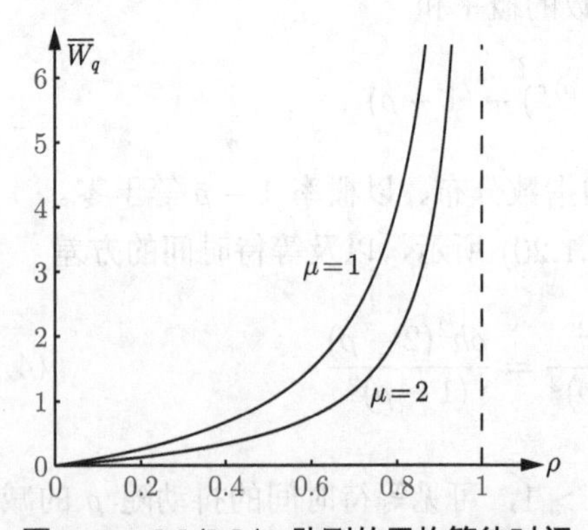

图 4.3 M/M/1 队列的平均等待时间

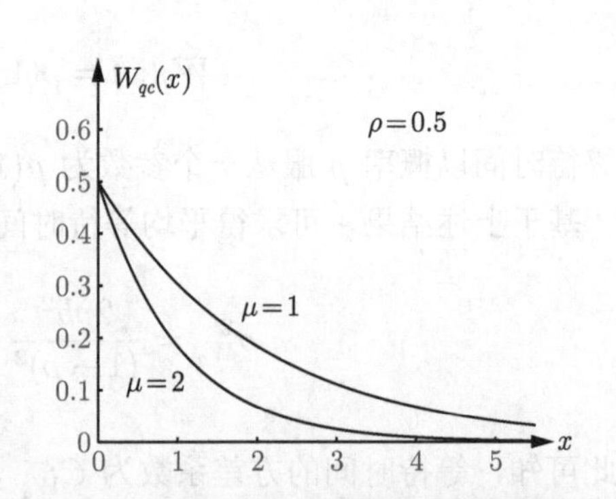

图 4.4 M/M/1 队列等待时间的尾分布

进一步观察可以看出，$P\{W \leqslant x\} = P\{W_q \leqslant x | W_q > 0\}$，即滞留时间的概率分布等于那些无法直接接受服务顾客的等待时间概率分布。这可以理解为，在平稳状态下，如果

新到达的顾客无法立即进入服务状态，则它的等待时间就等于排在它前面那位顾客在系统内的滞留时间（注意：这里利用了到达间隔的无记忆性）。

导出上述结果的另一个简便方法是直接求解等待时间和滞留时间概率分布的拉普拉斯变换。令 $X^*(\theta)=\dfrac{\mu}{\mu+\theta}$ 为服务时间的拉普拉斯变换，则滞留时间的拉普拉斯变换为

$$
\begin{aligned}
W^*(\theta)&=E\left[\mathrm{e}^{-\theta W}\right]=\sum_{k=0}^{\infty}(1-\rho)\rho^k[X^*(\theta)]^{k+1}\\
&=\frac{(1-\rho)X^*(\theta)}{1-\rho X^*(\theta)}=\frac{\mu-\lambda}{\mu-\lambda+\theta}
\end{aligned}
\tag{4.1.27}
$$

由此可见，顾客的滞留时间为指数分布，其参数为 $\mu-\lambda$。

由于 $W^*(\theta)=W_q^*(\theta)X^*(\theta)$，可求得

$$
W_q^*(\theta)=1-\rho+\frac{\lambda(1-\rho)}{\mu-\lambda+\theta}
\tag{4.1.28}
$$

由此可得

$$
W_q(x)=1-\rho+\rho[1-\mathrm{e}^{-(\mu-\lambda)x}]=1-\rho\mathrm{e}^{-\mu(1-\rho)x}
\tag{4.1.29}
$$

最后，作为比较给出 M/M/1 队列忙期①（busy period）分布的均值与方差[KLEI 75]

$$
\overline{B}=\frac{h}{1-\rho},\qquad \sigma_{\mathrm{B}}^2=\frac{(1+\rho)h^2}{(1-\rho)^3}
\tag{4.1.30}
$$

由此可得忙期的方差系数为

$$
C_{\mathrm{B}}^2=\frac{1+\rho}{1-\rho}
\tag{4.1.31}
$$

可见，$C_{\mathrm{B}}^2>1$，且 ρ 越大忙期的抖动越大。

4.2 M/M/1 排队模型的一般化

4.2.1 顾客到达率和服务率可变的 M/M/1 排队系统

在 4.1 节的 M/M/1 基本排队模型中，假设了顾客的到达率和服务率是一个恒定值，且 $\lambda<\mu$。但在实际通信系统中，经常会遇到顾客的到达率或服务率随系统的状态变化而改变的情形，如 TCP/IP 网络中基于窗口的流量控制机制。也就是说，该系统的顾客到达率会随网络拥塞程度的变化而变化。同样，在队列长度超过某个门限值时提高顾客的服务率（加大传输带宽或提高硬件处理能力）也是通信网中经常使用的控制策略。

① 忙期指排队系统从顾客到达空闲的队列开始服务到下次队列重新出现空闲所经历的时间。

假设在队列长度等于 j 时顾客的到达率和服务率分别为 λ_j 和 μ_j，并令 $\lambda=\sum\limits_{j=0}^{\infty}\lambda_j\rho_j$，$\mu=\sum\limits_{j=0}^{\infty}\mu_j\rho_j$，且假设 $\lambda<\mu$，则该排队系统的状态转移率矩阵 $\boldsymbol{Q}$ 和平稳状态方程式分别为

$$\boldsymbol{Q}=\begin{bmatrix} -\lambda_0 & \lambda_0 & & 0 \\ \mu_1 & -\lambda_1-\mu_1 & \lambda_1 & \\ & \mu_2 & -\lambda_2-\mu_2 & \lambda_2 \\ 0 & & \ddots & \ddots & \ddots \end{bmatrix} \tag{4.2.1}$$

$$\lambda_0 p_0=\mu_1 p_1 \tag{4.2.2}$$

$$\lambda_{i-1}p_{i-1}+\mu_{i+1}p_{i+1}=(\lambda_i+\mu_i)p_i \qquad (i\geqslant 2) \tag{4.2.3}$$

按照与 M/M/1 基本排队模型同样的分析过程得

$$\lambda_{i-1}p_{i-1}=\mu_i p_i \qquad (i\geqslant 1) \tag{4.2.4}$$

逐次代入后得

$$p_0=\left(1+\sum_{j=1}^{\infty}\frac{\lambda_0\lambda_1\cdots\lambda_{j-1}}{\mu_1\mu_2\cdots\mu_j}\right)^{-1} \tag{4.2.5}$$

$$p_j=\frac{\lambda_0\lambda_1\cdots\lambda_{j-1}}{\mu_1\mu_2\cdots\mu_j}p_0 \tag{4.2.6}$$

如果 $\lambda_j=\lambda$ 并且 $\mu_j=\mu$，则上述结果归结为式 (4.1.14)，即 M/M/1 基本排队模型。

在后续的章节中可以看到，实际上很多 M/M/ 型的排队系统都可以看作是顾客到达率和服务率可变的 M/M/1 排队系统的特例。

4.2.2 多个服务者的 M/M/s 排队系统

如果假设不同服务者的服务率均相同（homogenerous）[①]，多个服务者的 M/M/s 排队系统可以看作是服务率可变的 M/M/1 排队系统的一个特例，它相当于一个服务率随正在接受服务的顾客数变化而变化（服务器中有空闲时顾客的服务率为 $j\mu$；服务器全被占满时顾客的服务率为 $s\mu$）的 M/M/1 排队系统，即令 $\lambda_j=\lambda$，$\mu_j=j\mu$ $(1\leqslant j\leqslant s)$ 和 $\mu_j=s\mu$ $(j>s)$，则由同样的推导过程得

$$p_0=\left(\sum_{j=0}^{s-1}\frac{a^j}{j!}+\frac{a^s}{s!}\cdot\frac{s}{s-a}\right)^{-1} \tag{4.2.7}$$

① 如果假设不同服务者有不同的服务率，还需要额外约定新到达顾客选择空闲服务者的方式，如完全随机选择、优先选择服务率最高的或是按照某个约定顺序选择等，分析起来较为复杂，本书不再论述。

$$p_j = \frac{a^j}{j!}p_0 \qquad (1 \leqslant j \leqslant s) \tag{4.2.8}$$

$$p_j = p_s\rho^{j-s} = \frac{a^s}{s!}p_0\rho^{j-s} \qquad (j > s) \tag{4.2.9}$$

其中，$a = \lambda/\mu$。该排队系统的业务强度 $\rho = a/s$，从而该排队系统平稳状态存在的充分必要条件为 $a < s$。可见，M/M/s 排队系统在 $j \leqslant s$ 时其队列长度服从一个类似于泊松分布的分布，在 $j > s$ 时其队列长度服从几何分布。另外，当 $j \leqslant a$ 时，队列长度的概率分布 p_j 为 j 的单调增函数；当 $j > a$ 时，队列长度的概率分布 p_j 为 j 的单调减函数。

对于 M/M/s 系统，首先求解顾客的等待概率 $M(0) \triangleq P\{W_{\rm q} > 0\}$，即顾客到达时无法立即接受服务，而是需要先进入队列等待的概率。由于顾客到达为泊松过程，基于 PASTA 定理可知：该等待概率等于顾客到达时刻所有服务者均被占用的概率，因此有

$$\begin{aligned} M(0) &= \sum_{j=s}^{\infty} p_j = \frac{p_s}{1-\rho} \\ &= \frac{\dfrac{a^s}{s!(1-\rho)}}{\displaystyle\sum_{j=0}^{s-1}\frac{a^j}{j!} + \frac{a^s}{s!(1-\rho)}} \end{aligned} \tag{4.2.10}$$

该公式由爱尔朗（Erlang）在 1917 年给出，人们习惯地称其为 Erlang-C 公式或是 Erlang 第二公式，并用 $C_s(a)$ 表示。如果 $s = 1$，则 $M(0) = \rho$，即服务者被占用的概率。因此，从某种意义上讲，多服务者 M/M/s 排队系统中的 $M(0)$ 相当于所对应的单服务者 M/M/1 排队系统（即到达率为 λ，服务率为 $s\mu$）中的 ρ。这是因为当所有的服务者均被占用（即 $j \geqslant s$）时，M/M/s 队列就相当于一个服务率为 $s\mu$ 的 M/M/1 队列。

显然，如果 $s > 1$，则有 $M(0) < \rho$，因为 ρ 表示的是某一个服务者被占用的概率，而 $M(0)$ 则是所有 s 个服务者均被占用的概率。

图 4.5 给出了 M/M/s 队列等待概率的数值例。

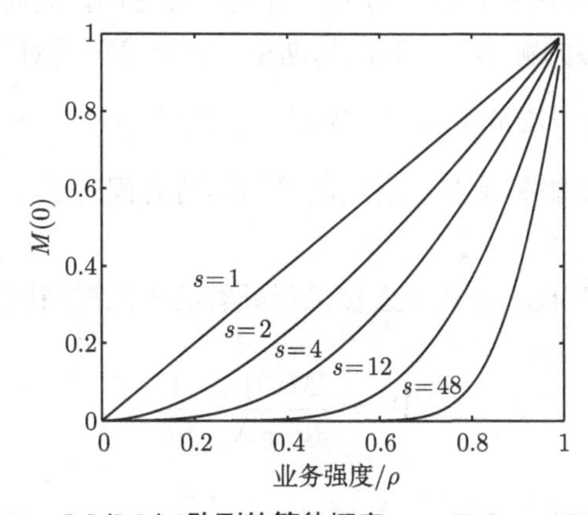

图 4.5　M/M/s 队列的等待概率——Erlang-C 公式

由于上式中既有 a^s 项、又有 $s!$ 项，因此当 a 和 s 较大时计算量会非常大。为此有人给出了下面的迭代计算公式[COOP 81]：

$$C_s(a)=\left[1+\frac{s-a}{a}\cdot\frac{s-1-aC_{s-1}(a)}{(s-1-a)C_{s-1}(a)}\right]^{-1} \tag{4.2.11}$$

但美中不足的是，由于 $C_{s-1}(a)$ 只针对 $s-1>a$ 有意义，该迭代公式仅针对 $s>a+1$ 或是 $\rho<1-1/s$ 的情形成立。

基于上述结果，可求得队列中正在等待服务的顾客数平均为

$$\overline{N_{\mathrm{q}}}=\sum_{j=s}^{\infty}(j-s)p_j=\frac{a^s}{s!}p_0\sum_{j=0}^{\infty}j\rho^j=M(0)\frac{\rho}{1-\rho} \tag{4.2.12}$$

如果将 $M(0)$ 移至方程式的左侧，则上式的物理意义可以理解为：到达时所有服务者均被占用、因此必须要先经过一个等待过程后才能进入到服务状态的顾客的期望 $(\overline{N_{\mathrm{q}}}/M(0))$，等于所对应的 M/M/1（到达率为 λ，服务率为 $s\mu$）队列的平均队长。这可以理解为，当所有的服务者均被占用（即 $j\geqslant s$）时，M/M/s 队列就相当于一个 M/M/1 队列，只是其服务率提升为 $s\mu$ 而已。

由于 M/M/s 队列中正在接受服务的顾客数平均就等于任意时刻被占用服务者数目的平均，即 $s\rho=a$，因此可得平均队列长度（包括正在接受服务的顾客）为

$$\overline{N}=M(0)\frac{\rho}{1-\rho}+s\rho \tag{4.2.13}$$

利用 Little 公式可求得平均等待时间为

$$\overline{W_{\mathrm{q}}}=\frac{\overline{N_{\mathrm{q}}}}{\lambda}=M(0)\frac{h/s}{1-\rho}=\frac{M(0)}{s\mu-\lambda} \tag{4.2.14}$$

同样，$\overline{W_{\mathrm{q}}}/M(0)$ 相当于那些到达时所有服务者均已被占用，因此必须要先经过一个等待过程后才能进入到服务状态的顾客等待时间的期望，它就等于所对应的 M/M/1（即到达率为 λ，服务率为 $s\mu$）队列的平均滞留时间。换言之，$E\left[W_{\mathrm{q}}|W_{\mathrm{q}}>0\right]=\dfrac{1}{s\mu-\lambda}$，即如果只关注那些到达时无法立即接受服务顾客，它们的平均等待时间等于所对应的 M/M/1 队列的平均滞留时间。

通过 $\overline{W}_{\mathrm{q}}$ 或是通过 Little 公式可直接求得顾客的平均滞留时间为

$$\overline{W}=\frac{M(0)}{s\mu-\lambda}+\frac{1}{\mu} \tag{4.2.15}$$

如果 $s=1$，则有 $M(0)=\lambda/\mu$，因此上式可简化为 $\overline{W}=\dfrac{1}{\mu-\lambda}$。

为了更好地理解增加服务者个数所能带来的性能提升，下面对比 M/M/s 和具有相同服务率 μ 的 M/M/1 队列的平均等待时间，有

$$\overline{W}_{\mathrm{q}}^{\mathrm{M/M}/s} = \frac{M(0)}{s\rho}\overline{W}_{\mathrm{q}}^{\mathrm{M/M/1}} \tag{4.2.16}$$

当 $s>1$ 时 $M(0)<\rho$，因此 $\dfrac{M(0)}{s\rho}<1/s$。可见，即使平均每个服务者的利用率 ρ 相同，增加服务者个数可以显著地降低顾客的平均等待时间，如图 4.6 所示。这主要是由于在相同利用率 (ρ) 的情况下，多个服务者同时被占用的概率大大缩小。这实际上相当于服务者的大规模效应（large-scale effect）或称统计复用增益（statistical multiplexing gain）。

对比 M/M/s 和 M/M/1 队列的平均滞留时间，可得

$$\overline{W}^{\mathrm{M/M/s}} = \frac{M(0)+s(1-\rho)}{s}\overline{W}^{\mathrm{M/M/1}} \tag{4.2.17}$$

当 $\rho\to 1$ 时，可知 $M(0)\to 1$，因此有 $\overline{W}^{\mathrm{M/M/s}} = \dfrac{1}{s}\overline{W}^{\mathrm{M/M/1}}$。该结论针对平均等待时间也成立。

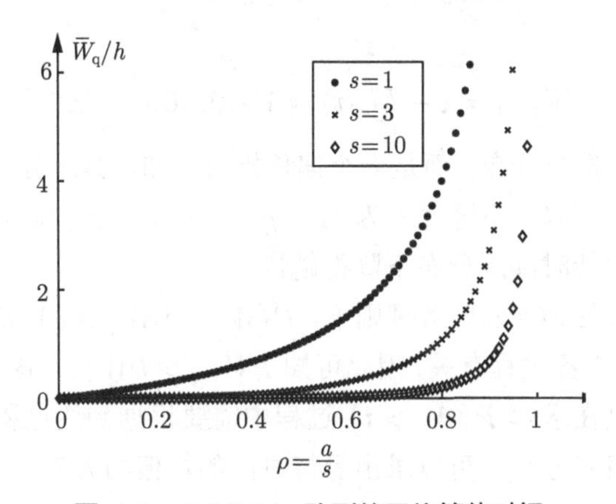

图 4.6　M/M/s 队列的平均等待时间

这里强调一下：上述 M/M/s 队列平均性能的求解虽然是在假设 FCFS 服务规则的情况下推导出来的，但它实际上适用于其他任何工作量守恒（work-conservative）的服务规则。但队列长度或是等待时间的概率分布等性能则与服务规则密切相关。

为求解等待时间概率分布，假设顾客的排队规则为 FCFS，并着眼于任意一个与排队系统没有任何关联的试验顾客。由于顾客的到达为泊松过程，则基于 PASTA 定理可知：顾客到达时刻的状态概率等于队列在任意时刻的状态概率。由此可知，在该试验顾客到达时所有服务者均被占用（因此该顾客不得不进入等待状态）的前提下，系统内正在等待的顾客数为 j 的条件概率为

$$q_j = \rho\{N_g = j\} = \frac{p_{s+j}}{M(0)} = (1-\rho)\rho^j \qquad (j=0,1,\cdots) \tag{4.2.18}$$

可见，q_j 服从偏移几何分布。在这种情况下，系统中正在被服务的顾客数肯定为 s，故 $(0,t)$ 中有 j 个顾客从系统中退去的概率服从平均值为 $s\mu t$ 的泊松分布。因此，该试验顾客的等待时间大于 t 的概率等于 $(0,t)$ 间退去的顾客数小于或等于 j 的概率，即

$$Q_j(t) = \mathrm{e}^{-s\mu t}\sum_{k=0}^{j}\frac{(s\mu t)^k}{k!} \qquad (j=0,1,\cdots) \tag{4.2.19}$$

由此得

$$\begin{aligned} M_q(t) &= P\{W_q > t\} = M(0)\sum_{j=0}^{\infty} q_j Q_j(t) \\ &= M(0)\mathrm{e}^{-s\mu t}\sum_{j=0}^{\infty}(1-\rho)\rho^j\sum_{k=0}^{j}\frac{(s\mu t)^k}{k!} \end{aligned} \tag{4.2.20}$$

再利用恒等式

$$\sum_{r=0}^{\infty}\sum_{k=0}^{r} f(r,k) = \sum_{r=0}^{\infty}\sum_{k=0}^{\infty} f(r+k,k) \tag{4.2.21}$$

最终得

$$W_{\mathrm{q}}(t) = 1 - M_{\mathrm{q}}(t) = 1 - M(0)\mathrm{e}^{-(1-\rho)s\mu t} \tag{4.2.22}$$

可见，等待时间不再是指数分布，而是一个偏移指数分布，其尾分布（tail distribution）随时间的加大按指数规律下降，下降速率为 $(1-\rho)s\mu = s\mu - \lambda$，即服务者越多、服务率越大或者到达率越小，其等待时间尾分布下降得越快。

另外，可以注意到在 FCFS 服务规则下，$P\{W_{\mathrm{q}} > t|W_{\mathrm{q}} > 0\}$ 实际上与后续的顾客到达过程无关，仅与顾客的服务过程有关，因此可知 $P\{W_{\mathrm{q}} > t|W_{\mathrm{q}} > 0\} = \mathrm{e}^{-(1-\rho)s\mu t}$ 对 GI/M/s 队列也是成立的，只是在求解 $P\{W_{\mathrm{q}} > t\}$ 过程中需要根据到达过程确定相应的 $M(0)$。

基于等待时间的概率分布，可以求出等待时间的均值与方差分别为

$$\overline{W_{\mathrm{q}}} = \frac{M(0)}{s\mu - \lambda} \tag{4.2.23}$$

$$\sigma_{W_{\mathrm{q}}}^2 = \frac{M(0)(2-M(0))}{(s\mu)^2(1-\rho)^2} \tag{4.2.24}$$

由此可得，$C_{W_q}^2 = \dfrac{2-M(0)}{M(0)} > 1$，即顾客等待时间的方差系数永远大于 1，且 ρ 越小，虽然平均等待时间会变小，但等待时间的方差系数却会变大。

如果将式 (4.2.20) 中的 $M(0)$ 移到左侧，则 $M_q(t)/M(0) = P\{W_q > t|W_q > 0\} = \mathrm{e}^{-(1-\rho)s\mu t}$ 表示必须等待的那些顾客中等待时间超过 t 的概率（即条件尾分布），可见它是服从指数分布的。这实际上也很好理解，因为对于那些无法立即接受服务的顾客来讲，在其等待的过程中 M/M/s 排队系统就相当于一个服务率恒定为 $s\mu$ 的 M/M/1 队列，其等待时

间等于 $k+1$ 阶爱尔朗分布的加权和，其权重为 $(1-\rho)\rho^k$ 服从几何分布。但与 M/M/1 队列不同的是，当存在多个服务者时，某个排队等待顾客的等待时间并不等于排在它前面那位顾客的滞留时间，因为该顾客可能会在排在它前面那位顾客还在接受服务的过程中进入其他的空闲服务器接受服务。因此，无法直接基于 $P\{W_q > t|W_q > 0\}$ 求解顾客滞留时间的概率分布。换言之，$M/M/s$ 队列的顾客滞留时间很有可能不再是指数分布。

下面求解顾客滞留时间的概率分布。显然，顾客滞留时间等于顾客等待时间与服务时间之和。由于顾客等待时间与服务时间相互独立，因此有

$$W^*(\theta) = W_q^*(\theta)\frac{\mu}{\theta+\mu}$$

其中，$W^*(\theta)$ 和 $W_q^*(\theta)$ 分别表示顾客滞留时间与顾客等待时间的拉普拉斯变换。基于式 (4.2.24) 可知

$$W_q^*(\theta) = 1 - M(0)\frac{\theta}{\theta+s\mu-\lambda} \tag{4.2.25}$$

由此可得

$$\begin{aligned} W^*(\theta) &= \frac{\mu}{\theta+\mu} - M(0)\frac{\theta}{\theta+s\mu-\lambda}\frac{\mu}{\theta+\mu} \\ &= \frac{\mu}{\theta+\mu} - \frac{M(0)}{a+1-s}\left[\frac{\theta}{\theta+s\mu-\lambda} - \frac{\theta}{\theta+\mu}\right] \quad (a \neq s-1) \end{aligned} \tag{4.2.26}$$

然后进行拉普拉斯逆变换，并假设 $a \neq s-1$，得

$$W(t) = 1 - \left[1 - \frac{M(0)}{a+1-s}\right]e^{-\mu t} - \frac{M(0)}{a+1-s}e^{-(s\mu-\lambda)t} \tag{4.2.27}$$

$$= 1 - \left[1 + M(0)\frac{1-e^{-\mu t(s-1-a)}}{s-1-a}\right]e^{-\mu t} \quad (a \neq s-1) \tag{4.2.28}$$

可见，$W(t)$ 服从二阶超指数分布，即顾客滞留时间以 $\left[1 - \dfrac{M(0)}{a+1-s}\right]$ 概率服从参数为 μ 的指数分布，以 $\dfrac{M(0)}{a+1-s}$ 的概率服从参数为 $s\mu-\lambda$ 的指数分布。同时，它也可以被视为一个偏移量随时间 t 变化的偏移指数分布。

如果 $a = s-1$（相当于相比于致使队列长度趋于无穷大的 $a = s$ 情形正好多出一台服务器），有 $s\mu - \lambda = \mu(s-a) = \mu$，则应用 L'Hospital 定理可得

$$W(t) = 1 - [1 + M(0)\mu t]e^{-\mu t} \quad (a = s-1) \tag{4.2.29}$$

可见，此时 $W(t)$ 服从参数为 μ 的偏移指数分布，其偏移量随时间 t 变化。

实际上，还可以直接利用卷积求解滞留时间的尾分布。

$$M(t) = P\{W_q + X > t\}$$

$$
\begin{aligned}
&= \int_0^{\infty} P\{W_{\mathrm{q}} + x > t | X = x\} \mu \mathrm{e}^{-\mu x} \mathrm{d}x \\
&= \int_0^t P\{W_{\mathrm{q}} > t - x\} \mu \mathrm{e}^{-\mu x} \mathrm{d}x + \int_t^{\infty} \mu \mathrm{e}^{-\mu x} \mathrm{d}x \\
&= \int_0^t M(0) \mathrm{e}^{-(s\mu - \lambda)(t-x)} \mu \mathrm{e}^{-\mu x} \mathrm{d}x + \mathrm{e}^{-\mu t} \\
&= M(0) \mu \mathrm{e}^{-(s-a)\mu t} \int_0^t \mathrm{e}^{-(s-1-a)\mu x} \mathrm{d}x + \mathrm{e}^{-\mu t}
\end{aligned}
$$

如果 $a \neq s-1$，则有

$$
\begin{aligned}
M(t) &= \frac{M(0)}{a+1-s} \left[\mathrm{e}^{-(s\mu-\lambda)t} - \mathrm{e}^{-\mu t}\right] + \mathrm{e}^{-\mu t} \\
&= \frac{M(0)}{a+1-s} \mathrm{e}^{-(s\mu-\lambda)t} + \left[1 - \frac{M(0)}{a+1-s}\right] \mathrm{e}^{-\mu t}
\end{aligned}
$$

如果 $a = s-1$，有

$$
\int_0^t \mathrm{e}^{-(s-1-a)\mu x} = t \tag{4.2.30}
$$

因此得

$$
M(t) = [1 + M(0)\mu t] \mathrm{e}^{-\mu t} \quad (a = s-1) \tag{4.2.31}
$$

如果 $s = 1$，由于 $M(0) = \rho$，因此有

$$
\begin{aligned}
W^{\mathrm{M/M/1}}(t) &= (1-\rho)(1-\mathrm{e}^{-\mu t}) - (1-\rho)(1-\mathrm{e}^{-\mu t}) + (1-\rho)\frac{1-\mathrm{e}^{-(\mu-\lambda)t}}{1-\rho} \\
&= 1 - \mathrm{e}^{-(\mu-\lambda)t}
\end{aligned} \tag{4.2.32}
$$

这与式 (4.1.28) 是吻合的。

由此可见，一般来讲，M/M/s 队列的滞留时间并不是指数分布，只有当 $s=1$ 时它才遵循指数分布。这主要是由于：顾客等待服务的过程相当于一个服务率恒定为 $s\mu$ 的 M/M/1 队列，但其服务时间则是服务率为 μ 的指数分布，因此其条件滞留时间不再是一个简单的 $k+1$ 阶爱尔朗分布。只有当 $s=1$ 时，其条件滞留时间才是一个 $k+1$ 阶爱尔朗分布，用概率 $(1-\rho)\rho^k$ 加权求和后才能得出指数分布的结论。

基于滞留时间的概率分布，可以求出滞留时间的均值与方差如下：

$$
\overline{W} = \frac{M(0)}{s\mu(1-\rho)} + \frac{1}{\mu} \tag{4.2.33}
$$

$$
\sigma_W^2 = \frac{2M(0)(s+1-a) - M^2(0)}{[s(1-\rho) + M(0)]^2} \tag{4.2.34}
$$

由此可得，$C_W^2 > 1$，即顾客滞留时间的方差系数永远大于 1，且 ρ 越小，虽然平均滞留时间会变小，但滞留时间的方差系数却会变大。

如果 $s=1$，则有 $\overline{W}=1/(\mu-\lambda)$,$\sigma_W^2=1/(\mu-\lambda)^2$，由此可得 $C_W^2=1$，这与 M/M/1 滞留时间的概率分布为指数分布的结论是一致的。

当然，需要再次强调的是，上述关于 M/M/s 队列等待时间和滞留时间概率分布的结果均只针对 FCFS 排队规则成立。其他排队规则下的结果可参见文献 [FUJI 80]。下面仅以平稳状态下排队等待顾客等待时间的方差为例，给出 FCFS、RAN，以及 LCFS 排队规则下等待时间方差之间的相对关系如下：

$$\sigma_{W_q,\text{FCFS}}^2:\sigma_{W_q,\text{RAN}}^2:\sigma_{W_q,\text{LCFS}}^2=1:\left(1+\frac{2\rho}{2-\rho}\right):\left(1+\frac{2\rho}{1-\rho}\right)$$

可见，在相同的负载下，FCFS 排队规则等待时间的方差最小，这也是为什么 FCFS 服务规则被广泛应用的原因之一。

例题 4.1 三种排队模型的比较

假设顾客的到达服从参数为 λ 的泊松过程，请比较如图 4.7 所示的三种排队方式的延迟特性，即

（a）**分散排队、分散服务**：服务资源被均匀地分割成 s 份，每个服务者的服务能力均服从参数为 μ 的指数分布；顾客被均匀地分流给 s 个服务者，在每个服务者前分别排队，队列无容量约束；

（b）**集中排队、分散服务**：服务资源被均匀地分割成 s 份，每个服务者的服务能力均服从参数为 μ 的指数分布；顾客集中在一起排队，按到达顺序选择任意一个空闲服务者接受服务；队列无容量约束；

（c）**集中排队、集成服务**：服务资源不进行分割，为顾客提供参数为 $s\mu$ 的高速服务（服务时间仍然遵循指数分布）；顾客集中在一起排队，按到达顺序接受服务；队列无容量约束。

首先，模型（a）为 s 个系统参数完全一样的 M/M/1 排队模型，其顾客的平均到达率为 λ/s，平均服务率为 μ。因此顾客的平均滞留时间为

$$\overline{W}_1=\frac{1/\mu}{1-\lambda/(s\mu)}=\frac{1}{\mu}+\frac{sQ_1}{s\mu-\lambda} \tag{4.2.35}$$

其中，$Q_1=\rho=\dfrac{\lambda}{s\mu}$ 为服务器的利用率，$\overline{W}_{q1}=\dfrac{sQ_1}{s\mu-\lambda}$ 为顾客的平均等待时间。

模型（b）相当于一个 M/M/s 排队模型，其顾客的平均到达率为 λ，平均服务率为 μ。因此顾客的平均滞留时间为

$$\overline{W}_2=\frac{1}{\mu}+\frac{Q_2}{s\mu-\lambda} \tag{4.2.36}$$

其中，$Q_2=\dfrac{p_0(s\rho)^s}{s!(1-\rho)}$ 为 s 个服务器均被占用的概率，$\overline{W}_{q2}=\dfrac{Q_2}{s\mu-\lambda}$ 为顾客的平均等待时间，$\rho=\dfrac{\lambda}{s\mu}$。

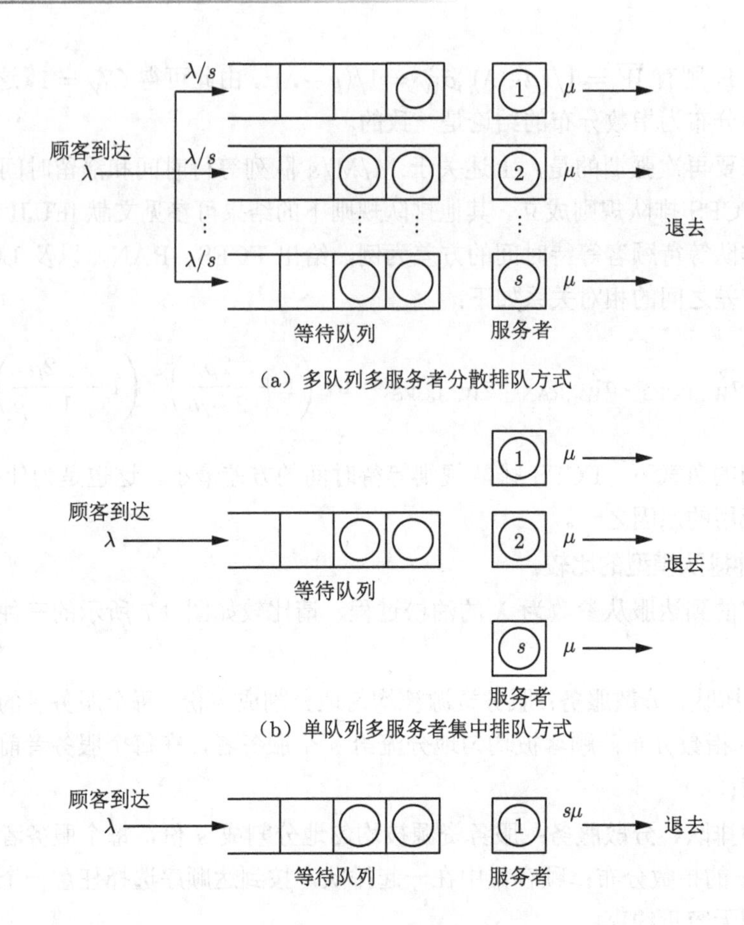

(a) 多队列多服务者分散排队方式

(b) 单队列多服务者集中排队方式

(c) 单队列单服务者集中排队方式

图 4.7　三种不同的排队模型

模型 (c) 相当于一个 M/M/1 排队模型，其顾客的平均到达率为 λ，平均服务率为 $s\mu$。因此顾客的平均滞留时间为

$$\overline{W}_3 = \frac{1}{s\mu} + \frac{Q_3}{s\mu - \lambda} \tag{4.2.37}$$

其中，$Q_3 = \rho = \dfrac{\lambda}{s\mu}$ 为服务器被占用的概率，$\overline{W}_{q3} = \dfrac{Q_3}{s\mu - \lambda}$ 为顾客的平均等待时间。

图 4.8 给出了三种排队模型的性能比较。对比模型 (a) 和 (b)，由于针对 $s > 1$ 有 $Q_2 < Q_1$，可见 $\overline{W}_{q2} < \overline{W}_{q1}/s$，即集中排队永远优于分散排队，且可以带来超过 s 倍的平均等待时间性能提升。当然，如果比较平均滞留时间，则性能也会提升，但提升程度会小于 s 倍。对比模型 (a) 和 (c)，结论也显而易见，即 $\overline{W}_3 = \overline{W}_1/s$ 以及 $\overline{W}_{q3} = \overline{W}_{q1}/s$，可见集中排队再加集中服务不仅可以将平均等待时间性能提升 s 倍，同时也能将平均滞留时间性能提高 s 倍。

对比模型 (b) 与模型 (c)，可见 $\overline{W}_3 \leqslant \overline{W}_2$，集成服务优于分散服务。具体地，当 $\rho << 1$ 时，顾客的等待概率和等待时间均很小，所以系统内滞留时间主要取决于服务时间，

因此，$\overline{W}_3 \approx \overline{W}_2/s$，即模型（c）的性能远远好于模型（b）。但当 $\rho \approx 1$ 时，有 $Q_2 \approx 1$，$Q_3 \approx 1$，以及 $1/\mu \ll 1/(s\mu - \lambda)$，因此，$\overline{W}_3 \approx \overline{W}_2$，即模型（b）与模型（c）的性能相差不大。但是，如果对比平均等待时间，则结论会相反，由于针对 $s > 1$ 有 $Q_2 < Q_3$，因此 $\overline{W}_{q2} < \overline{W}_{q3}$，即此时分散服务会优于集成服务。

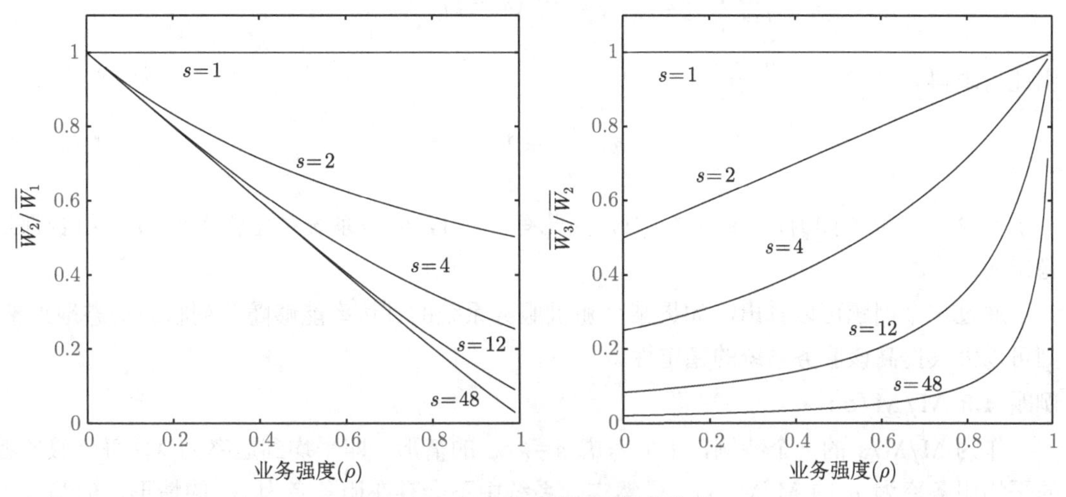

图 4.8　三种排队模型的性能比较

综上所述，如果是针对平均滞留时间进行比较的话，则有 $\overline{W}_3 \leqslant \overline{W}_2 \leqslant \overline{W}_1$，这实际上反映了系统集成或是统计复用的效果，是通信话务理论中大规模效应 (pooling gain 或称 multiplexing gain) 的一种体现。但是，如果比较对象改为平均等待时间，则会得出相反的结论，即模型（b）会优于模型（c）。同样，如果对比无等待的即时排队系统的阻塞率，也会得出模型（b）会优于模型（c）的结论。可见，在排队系统扩容时，需要根据所关注的性能指标的不同选取不同的扩容策略。

例题 4.2 带有输入控制的 M/M/1 队列

在实际网络中，为了尽量避免网络拥塞，保障系统运行的稳定性，往往需要对顾客的到达过程进行某种程度的控制，如 TCP/IP 中的窗口拥塞控制（window flow control），即当网络流量加剧时适当降低顾客的到达密度。这样的拥塞控制机制可建模为顾客的服务率保持不变，而顾客的到达率随系统状态变化的自适应流量控制队列。这样的队列也被称为 M/M/1 queue with discouraged customers[NATV 75] 或是 M/M/1 queue with impatient customers[COOP 81]。

一种简单的情况是假设 $\lambda_k = \dfrac{\lambda}{k+1}$，即顾客的到达率与顾客到达时的队列长度（某种程度上反映了网络的拥塞程度）成反比，则利用式 (4.2.5) 和式 (4.2.6)，可推出

$$p_0 = \mathrm{e}^{-a} \tag{4.2.38}$$

$$p_k = \frac{a^k}{k!}\mathrm{e}^{-a} \tag{4.2.39}$$

其中，$a=\lambda/\mu$。由此可见队列长度服从泊松分布，而不再是几何分布。但值得注意的是，此时的 a 并非排队系统的业务强度，因为 λ 并非实际的顾客平均到达率。实际上，λ 相当于 $k=0$ 时的到达率，即最大的到达率。实际的顾客平均到达率 $\overline{\lambda}$ 由下式给出

$$\overline{\lambda}=\sum_{k=0}^{\infty}\frac{\lambda}{k+1}p_k=\frac{\lambda}{a}\sum_{k=0}^{\infty}\frac{a^{k+1}}{(k+1)!}\mathrm{e}^{-a}=\mu(1-\mathrm{e}^{-a}) \tag{4.2.40}$$

由此可求得

$$\overline{a}=\frac{\overline{\lambda}}{\mu}=1-\mathrm{e}^{-a} \tag{4.2.41}$$

由于无论 a 的取值如何，$0\leqslant \mathrm{e}^{-a}\leqslant 1$，因此有 $\overline{a}<1$，即该系统对任意 λ 和 μ 的组合都是稳定的。

通过这个例题可以看出，如果某个随机服务系统的到达率能够随队列状态动态地调整，则可以大大提高该服务系统的稳定性。

例题 4.3 M/M/∞

作为 M/M/s 的一个特例，下面考虑 $s\to\infty$ 的情形，即平均到达率为 λ，每个服务者的平均服务率为 μ 的 M/M/∞。虽然实际系统中不会存在服务者为 ∞ 的情形，但却普遍存在 s 较大（如 $s=300$）的情形，如游乐园的停车场、商场的购物空间、学生食堂的座位等。该队列的一大特点是：所有顾客均无须等待，直接选择一个空闲服务器接受服务。此时，所谓的“队列长度”相当于正在接受服务的顾客数，或称活跃的服务者数，其概率分布为

$$p_i=\frac{a^i}{i!}\mathrm{e}^{-a} \tag{4.2.42}$$

可见它是泊松分布，其均值为 $a=\lambda/\mu$。与例题 4.2 相比较，两者的结论很相似，因此可以想象：即使自适应服务系统的服务者只有一个，只要顾客的到达率能够进行自适应调整，其服务性能可以近似等同于有无穷多个服务者的服务系统，由此可见自适应系统的威力。

在实际通信网络或是计算机处理系统中，服务器共享（Processor Sharing，PS）服务规则经常被使用，即服务器的处理能力在正在接受服务的用户（顾客）中平均分配，也就是说，若在任意时刻队列中有 k 个顾客正在接受服务，则服务器的服务能力被均分为 k 份，均等地分配给 k 个顾客，没有顾客需要等待。可见，这实际上等效于服务率随系统内顾客数线性递减的 M/M/∞ 队列。

另外，上述结果虽然是针对 M/M/∞ 模型推导出来的，但只要顾客的到达过程是泊松过程，即使服务时间不再是指数分布，即 M/G/∞，上述结论仍然成立 [NEWE 66]。这主要是由于系统有足够多的服务者，所以所有到达顾客都直接进入服务状态，互不影响，因此只要服务时间的平均保持不变，其服务时间概率分布的差异不会影响队列长度的概率分布。具体地，假设顾客到达服从参数为 λ 的泊松过程，则在区间 $[0,t)$ 内到达 n 个顾客的概率仅与区间长度 t 有关，由参数为 λt 的泊松分布给出。假设顾客的服务时间为一般概率分布

$B(x)$，则在区间 $[0,t)$ 内到达的 n 个顾客中，在时刻 t 仍有 i 个顾客滞留在队列中的概率为

$$p_{n,i}(t)=\binom{n}{i}q_t^i(1-q_t)^{n-i}\qquad(n\geqslant i)\tag{4.2.43}$$

其中，q_t 为在时刻 t 无法结束服务的概率，即

$$q_t=\int_0^t[1-B(t-x)]\mathrm{d}x/t=\frac{1}{t}\int_0^t[1-B(t-x)]\mathrm{d}x\tag{4.2.44}$$

因此有

$$\begin{aligned}p_i(t)&=\sum_{n=i}^{\infty}\binom{n}{i}q_t^i(1-q_t)^{n-i}\frac{(\lambda t)^n}{n!}\mathrm{e}^{-\lambda t}\\&=\frac{(q_t\lambda t)^i}{i!}\mathrm{e}^{-\lambda t}\sum_{n=i}^{\infty}\frac{[(1-q_t)\lambda t]^{n-i}}{(n-i)!}\\&=\frac{(q_t\lambda t)^i}{i!}\mathrm{e}^{-q_t\lambda t}\end{aligned}\tag{4.2.45}$$

再注意到

$$\lim_{t\to\infty}q_t\lambda t=\lim_{t\to\infty}\lambda\int_0^t[1-B(t-x)]\mathrm{d}x=a\tag{4.2.46}$$

可见，$p_i=\lim_{t\to\infty}p_i(t)=\dfrac{a^i}{i!}\mathrm{e}^{-a}$。

由于活跃顾客数动态变化，因此顾客的退去率也将随活跃顾客数动态变化。但如果只关注顾客从排队系统中退去的平均退去率，即

$$\mu'=\sum_{i=1}^{\infty}i\mu\frac{a^i}{i!}\mathrm{e}^{-a}=a\mu=\lambda\tag{4.2.47}$$

可见，M/G/∞ 及 M/G/1-PS 队列的平均退去率保持恒定，且等于平均到达率，与顾客的服务率无关！该结论对实际网络设计非常有指导意义，即增加服务率虽然能够带来平均响应时间的下降，但无法带来吞吐率的提高。更详尽的讨论参见第 5 章中的 Burke 输出定理。

4.2.3 有限等待空间 $M/M/s(k)$ 排队系统

有限等待空间 $M/M/s(k)$ 排队系统相当于状态空间在 $s+k$ 处被截断的 $M/M/s$ 排队系统，其状态转移图如图 4.9 所示。与 $M/M/s$ 排队系统同样的分析方法得

$$p_0=\left[\sum_{j=0}^{s-1}\frac{a^j}{j!}+\frac{a^s}{s!}\cdot\frac{1-\rho^{k+1}}{1-\rho}\right]^{-1}\tag{4.2.48}$$

$$p_j=\frac{a^j}{j!}p_0\qquad(1\leqslant j<s)\tag{4.2.49}$$

$$p_j = \frac{a^s}{s!}\rho^{j-s}p_0 \qquad (s \leqslant j \leqslant s+k) \tag{4.2.50}$$

与 M/M/s 排队系统的队列长度的式 (4.2.7) ~ 式 (4.2.9) 相比，p_j 的公式的形式是完全一样的，只是 p_0 的值不一样而已。

如果 $s=1$，则 M/M/1 (k) 队列长度的概率分布可简化为

$$p_j = \rho^j p_0, \qquad (1 \leqslant j \leqslant k+1) \tag{4.2.51}$$

其中，$\rho = a$，p_0 则分两种情况给出。如果 $\rho \neq 1$，则 $p_0 = \dfrac{1-\rho}{1-\rho^{k+2}}$；如果 $\rho = 1$，则 $p_0 = \dfrac{1}{k+2}$。

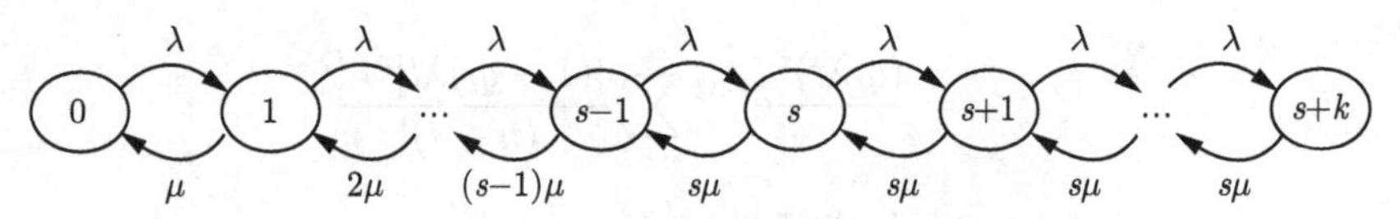

图 4.9　M/M/s(k) 排队系统的状态转移图

由于顾客的到达是泊松流，由 PASTA 的定理可知，顾客到达时刻的状态概率等于任意时刻的状态概率，因此可求得顾客阻塞率为

$$P_{\mathrm{B}} = p_{s+k} = \frac{a^s}{s!}\rho^k p_0 \tag{4.2.52}$$

顾客的等待概率为

$$M(0) = \sum_{j=s}^{s+k-1} p_j = \frac{a^s}{s!}\cdot\frac{1-\rho^k}{1-\rho}p_0 \tag{4.2.53}$$

平均等待队列长度为

$$\overline{N_q} = \sum_{j=s}^{s+k}(j-s)p_j = \left[\sum_{r=0}^{k} r\rho^r\right]\frac{a^s}{s!}p_0 \tag{4.2.54}$$

由 Little 公式得平均等待时间为

$$\overline{W}_q = \frac{\overline{N_q}}{\lambda(1-P_B)} \tag{4.2.55}$$

M/M/s(k) 队列的几种特例

（1）若 $s=1$, 则上述结果可简化为

$$P_{\mathrm{B}} = \frac{1-\rho}{1-\rho^{k+2}}\rho^{k+1} \tag{4.2.56}$$

$$\overline{N}_q = \frac{\rho(1-\rho)\sum\limits_{i=0}^{k} i\rho^i}{1-\rho^{k+1}} \tag{4.2.57}$$

（2）若 $k \to \infty$，则有 $\sum\limits_{r=0}^{\infty} r\rho^r = \dfrac{\rho}{(1-\rho)^2}$，可见上述结果归结为 M/M/$s$ 排队系统的结果。

（3）$k = 0$, 则 M/M/$s(k)$ 退化为 M/M/$s(0)$，即顾客完全无法等待的即时服务系统，此时有

$$p_j = \frac{\dfrac{a^j}{j!}}{\sum\limits_{i=0}^{s} \dfrac{a^i}{i!}}, \qquad (0 \leqslant j \leqslant s) \tag{4.2.58}$$

该分布属于被截断的泊松分布（truncated Poisson distribution），即泊松随机变量的一种条件概率分布 $\mathrm{P}\{N = j|0 \leqslant N \leqslant s\}$。换言之，该分布等同于 M/M/$\infty$ 队列中顾客数在不超过 s 条件下的队列长度条件概率分布。该分布由爱尔朗首次给出，因此有人也将其称为爱尔朗分布（Erlang distribution）。但由于第 2 章中已另行定义了爱尔朗分布，因此此处将其称为被截断的泊松分布。

很显然，p_s 就是所有服务者均被占用的时间阻塞率，由 PASTA 定理可知，它等于顾客到达队列时发现所有服务者均被占用的顾客阻塞率，即

$$P_{\mathrm{B}} = \frac{\dfrac{a^s}{s!}}{\sum\limits_{j=0}^{s} \dfrac{a^j}{j!}} \tag{4.2.59}$$

这就是著名的爱尔朗损失公式，或称 Erlang-B 公式，常用 $E_s(a)$ 表示。它是通信话务理论中最重要的公式之一，也是最早被发现的公式[ERLA 17]，已经被广泛地应用在电话网和数据网的业务量设计中。

观察 Erlang-B 公式可知：对于任意给定的实数 s，Erlang-B 公式都是关于 a 的凸函数，这使得基于 Erlang-B 公式的优化设计变得非常简单。但是，在服务者数 s 较大时该公式的计算量会变得很大。因此下列递推公式被广泛地应用在数值计算中，并将结果制成表格以便于实际工程应用。

$$\begin{aligned} E_0(a) &= 1 \\ E_{s+1}(a) &= \frac{aE_s(a)}{s+1+aE_s(a)} \qquad (s \geqslant 0) \end{aligned} \tag{4.2.60}$$

或是写成

$$\begin{aligned} E_0(a) &= 1 \\ E_s(a) &= \frac{\rho E_{s-1}(a)}{1+\rho E_{s-1}(a)} \qquad (s \geqslant 1) \end{aligned} \tag{4.2.61}$$

其中，$\rho = a/s$。

进一步对比 Erlang-C 公式 (4.2.10) 和 Erlang-B 公式 (4.2.59)，则有

$$M(0)=\frac{sE_s(a)}{s-a[1-E_s(a)]}=\frac{E_s(a)}{1-\rho+\rho E_s(a)}\qquad(s>a)\tag{4.2.62}$$

可见，$M(0)\geqslant E_s(a)$，即使用 Erlang-C 公式近似 Erlang-B 公式为保守近似。注意：由于 M/M/s 队列的 M(0) 仅针对 $s>a$ 有意义，因此上述结论也仅在 $s>a$ 情况下成立。

特别值得指出的是，虽然上述 Erlang-B 公式是从 $M/M/s(0)$ 排队系统中推导出来的，但理论上已经证明，它仍然适用于 $M/G/s(0)$ 排队系统。也就是说，Erlang-B 公式对服务时间的概率分布不敏感，只要到达过程是泊松流，不管顾客的服务时间遵循什么样的分布，均可以使用该公式求解呼叫阻塞率，这样的性质被称作 Erlang-B 公式的鲁棒性（robustness）①。这样的特性大大延长了 Erlang-B 公式的生命周期，使得该公式在经过了百年后的今天仍然能够用于电话网的设计。或者反过来讲，如果网络的业务负载 (a) 没有发生太大变化，百年前利用该公式设计的电话网络至今仍然能够正常运转。众所周知，随着传真功能与拨号上网业务的不断涌现与发展，广义上的“电话”呼叫的占线时间已经不再是指数分布，而是接近二阶超指数分布（详见第 2 章）。但正是由于 Erlang-B 公式的鲁棒性，使得可以忽略顾客服务时间概率分布的变化，只关注平均服务时间的变化即可。相对而言，互联网的发展就没这么幸运了，迄今为止仍然缺乏一个类似于 Internet Erlang Formula 的简约公式。

另外，$M/M/s(0)$ 排队系统顾客在 $N=j$（s 个服务者中有 j 个服务者被占用）状态的停留时间服从参数为 $\lambda+j\mu$ 的指数分布，因为无论是新顾客的到达、还是正在服务中的某个顾客结束服务都会使得排队系统离开 $N=j$ 状态。

$M/M/s(k)$ 队列的另一个特例是 $s=1$ 时的 $M/M/1(k)$，此时其队长概率分布简化为

$$p_0=\begin{cases}\dfrac{1-\rho}{1-\rho^{k+2}} & (\rho\neq 1)\\[2ex] \dfrac{1}{k+2} & (\rho=1)\end{cases}$$

$$p_i=\rho^i p_0=\begin{cases}\dfrac{(1-\rho)\rho^i}{1-\rho^{k+2}} & (\rho\neq 1;1\leqslant i\leqslant k+1)\\[2ex] \dfrac{1}{k+2} & (\rho=1;1\leqslant i\leqslant k+1)\end{cases}\tag{4.2.63}$$

可见，当 $\rho\neq 1$ 时，$M/M/1(k)$ 队列长度服从截断的几何 (truncated geometric) 分布；当 $\rho=1$ 时，$M/M/1(k)$ 队列长度服从均匀分布 (uniform) 分布。

基于上述结果，可求得 $M/M/1(k)$ 队列的平均队长和阻塞率分别为

$$\overline{N}=\begin{cases}\dfrac{\rho}{1-\rho}\cdot\dfrac{1-(k+2)\rho^{k+1}+(k+1)\rho^{k+2}}{1-\rho^{k+2}} & (\rho\neq 1)\\[2ex] \dfrac{k+1}{2} & (\rho=1)\end{cases}\tag{4.2.64}$$

① 这实际上与前述 $M/M/\infty$ 的道理一致，即所有顾客无须等待，直接进入服务状态，因此服务时间分布的差异不会互相影响。

$$P_B = \begin{cases} \dfrac{(1-\rho)\rho^{k+1}}{1-\rho^{k+2}} & (\rho \neq 1) \\ \dfrac{1}{k+2} & (\rho = 1) \end{cases} \tag{4.2.65}$$

例题 4.4 典型电话交换网络的设计

考虑一个由两台交换机组成的最简单电话网络，如图 4.10 所示，其中交换机 A 和交换机 B 各有 1000 条用户线接入，每条用户线的话务量均为 0.05 erl，且假设用户呼叫的产生间隔和占线时间均服从指数分布。为满足用户呼叫阻塞率不超过 1% 的概率，请问交换机 A 与 B 之间的中继线至少需要提供多少条逻辑信道？这里考虑两种情况：

（1）两条单向的中继线；

（2）一条双向链路。

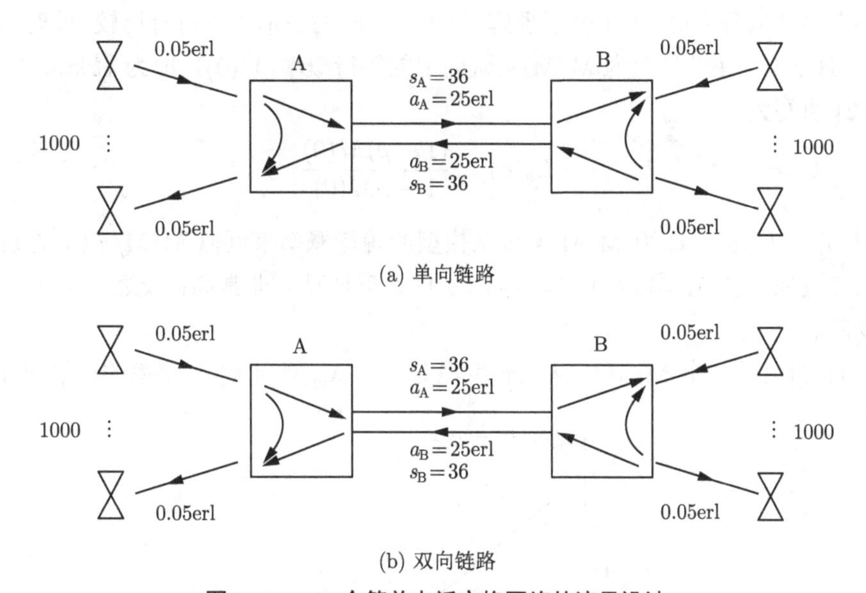

图 4.10　一个简单电话交换网络的流量设计

这可以用 M/M/s(0) 排队系统来分析，其中给定 $a = 1000 \times 0.05 = 50$erl，$P_B \leqslant 0.01$，求服务者数 s 的最小值。但这里需要注意，$a = 50$erl 是 A 或者交换机处产生的总话务量，其中只有约一半（严格地说，应为 1000/(1000 + 999)）是需要中继线传送的，其余的呼叫并不需要经过中继线，而是呼叫本地交换机 A 或者 B 的业务量，因此在应用 Erlang-B 公式设计单向中继线时，应套用话务量 $a_U = 50 \times \dfrac{1000}{1000+999}$；而在设计双向中继线时，则需要套用话务量 $a_B = 2 \times 50 \times \dfrac{1000}{1000+999}$。通过计算或查表，最终可以求得：如果两台交换机之间采用单向中继线，则需要在每条中继线上提供 36 个逻辑信道（上下行总计 72 个信道）；而如果两台交换机之间采用双向中继线，则只需要提供 64 个逻辑信道即可。这再次体现了统计复用的效果。

例题 4.5：$M/M/s(k)$ 的阻塞率与 $M/M/s$ 队列尾分布的关系

通过上面的理论分析可以看出，求解有限长度排队系统的性能要比无限长队列的性能分析复杂，而在实际系统设计中却经常需要求解有限长度排队系统的性能。因此如果能够用相应无限长队列的性能来近似有限长排队系统的性能，则非常具有实际意义。

对于单一服务者的 $M/M/1(k)$ 排队系统，可以应用前述的理论结果做如下比较：

$$P_{\mathrm{B}}^{\mathrm{M/M/1}(k)}=P\{N^{\mathrm{M/M/1}(k)}=k+1\}=\frac{1-\rho}{1-\rho^{k+2}}\rho^{k+1} \tag{4.2.66}$$

$$P_{k+1}^{\mathrm{M/M/1}}=P\left\{N^{\mathrm{M/M/1}}\geqslant k+1\right\}=\rho^{k+1} \tag{4.2.67}$$

可见，$P_{\mathrm{B}}^{\mathrm{M/M/1}(k)}\leqslant P_{k+1}^{\mathrm{M/M/1}}$，即用 $M/M/1$ 排队系统队列长度的尾分布来近似 $M/M/1(k)$ 的顾客阻塞率永远是保守近似。

当存在多个服务者时，为了便于理解，以 $k=0$ 时的情形为例进行比较。此时，$P_{\mathrm{B}}^{\mathrm{M/M/}s(0)}$ 为 Erlang-B 公式，$P_{k+1}^{\mathrm{M/M/}s}$ 为 $M/M/s$ 队列中的等待概率 $M(0)$，即为 Erlang-C 公式。将式 (4.2.62) 重写为

$$E_s(a)=\frac{(1-\rho)M(0)}{1-\rho M(0)} \tag{4.2.68}$$

可见，$M(0)\geqslant E_s(a)$，即用 $M/M/s$ 排队模型的等待概率来近似 $M/M/s(0)$ 的顾客阻塞率永远是保守近似。当 $M(0)\to 0$（即 $\rho\to 0$）时，近似精度非常高；反之，当 $\rho\to 1$ 时，近似精度变差。

图 4.11 给出了一个 $M/M/s$ 队列长度尾分布与 $M/M/s(k)$ 阻塞率的性能对比。

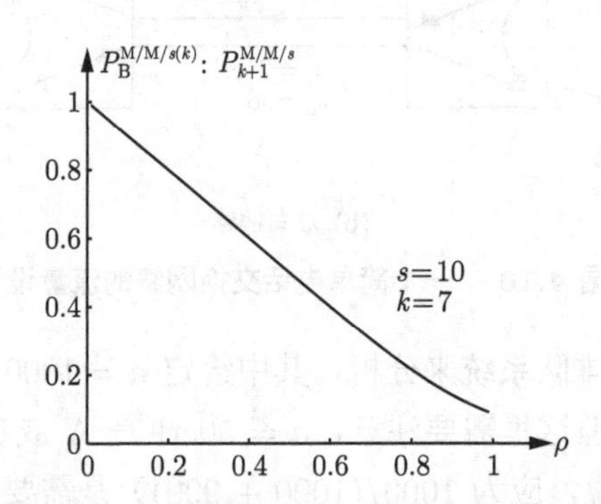

图 4.11　$M/M/s(k)$ 的阻塞率与 $M/M/s$ 队列长度尾分布的比较

但值得注意的是，上述结论并不具有一般性，尽管它对 M/M/型排队系统是永远成立的，但对其他类型的排队模型并不一定成立。相关研究见文献 [TIJM 92][SAKA 93]。

4.2.4 马尔可夫排队系统的暂态分析

虽然对排队系统的研究主要集中在稳态分析上，但有时为了了解通信网络达到平稳状态的过程和速度等，以便为通信系统的仿真提供依据，需要对排队系统的暂态过程（transient process）进行分析。但遗憾的是，排队系统的暂态分析一般均比较复杂，需要求解偏微分

方程式和进行拉普拉斯变换以及逆变换。即使对最基本的排队模型 M/M/1(k)，它的结果也是非常复杂的。具体地讲，定义 N_t 为时刻 t 在排队系统内的顾客数，以及 $p_{jr}(t) = P\{N_t = r|N_0 = j\}$，则在假设 $\rho < 1$ 的前提下，M/M/1(k) 的暂态解为[FUJI 80]

$$p_{jr}(t) = \frac{1-\rho}{1-\rho^{k+2}}\rho^r + \frac{2}{k+2}\rho^{\frac{r-j}{2}} \sum_{i=1}^{k+1} \frac{F_j(\beta_i)F_r(\beta_i)}{f(\beta_i)} \mathrm{e}^{-f(\beta_i)\mu t} \tag{4.2.69}$$

其中，

$$f(\beta_i) = 1 + \rho - 2\sqrt{\rho}\cos\beta_i \tag{4.2.70}$$

$$F_n(\beta_i) = \sin n\beta_i - \sqrt{\rho}\sin(n+1)\beta_i \tag{4.2.71}$$

$$\beta_i = \frac{\pi i}{k+2} \tag{4.2.72}$$

当 $k = 0$ 时，由于 j 和 r 只能取 0 或 1，因此有

$$p_{00}(t) = \frac{1}{1+\rho} + \frac{\rho}{1+\rho}\mathrm{e}^{-(1+\rho)\mu t} \tag{4.2.73}$$

$$p_{01}(t) = \frac{\rho}{1+\rho} - \frac{\rho}{1+\rho}\mathrm{e}^{-(1+\rho)\mu t} \tag{4.2.74}$$

$$p_{10}(t) = \frac{1}{1+\rho} - \frac{1}{1+\rho}\mathrm{e}^{-(1+\rho)\mu t} \tag{4.2.75}$$

$$p_{11}(t) = \frac{\rho}{1+\rho} + \frac{1}{1+\rho}\mathrm{e}^{-(1+\rho)\mu t} \tag{4.2.76}$$

可见，M/M/1(0) 排队系统由初始状态到平稳状态的过渡是以指数分布的速度进行的，其逼近平稳状态的速度为 $(1+\rho)\mu = \lambda + \mu$，即与顾客的平均到达率与平均服务率的和成正比。由此可见，该马尔可夫型排队系统快速逼近平稳状态，也就是说平稳状态性能分析还是非常有实用价值的。

由上述暂态解可以得出其平稳状态概率分布为

$$p_0 = \lim_{t\to\infty} p_{00}(t) = \lim_{t\to\infty} p_{10}(t) = \frac{1}{1+\rho} \tag{4.2.77}$$

$$p_1 = \lim_{t\to\infty} p_{01}(t) = \lim_{t\to\infty} p_{11}(t) = \frac{\rho}{1+\rho} \tag{4.2.78}$$

这个结果与 Erlang-B 公式吻合。

4.3 多元马尔可夫型排队系统的分析

前面主要叙述的是单一业务排队模型的性能分析。但在实际网络中，为了更好地利用网络资源，一般会引入各种复用（multiplexing）机制，如频分（frequency-division）复用、

时分（time-division）复用、码分（code-division）复用、波分（wavelength-division）复用、空分（space-division）复用等，即多个业务共享给定的网络资源。从排队论的角度来讲，这构成了多元混合排队系统。如果各类业务的到达相互独立且均可用泊松过程近似，服务时间也相互独立且可用指数分布近似，则该排队系统构成了一个多元马尔可夫排队系统，可利用多维马尔可夫过程理论进行求解。

根据各类业务的不同特性，多元马尔可夫排队系统又可分为三类。如果每类业务均无法忍受等待延时（如基于电路交换的语音类或实时视频类业务），则称之为即时式（realtime）多元马尔可夫排队系统；如果每类业务均可以忍受等待延时（如基于分组交换的数据类或非实时视频类业务），则称之为待时式（non-realtime）多元马尔可夫排队系统；如果某类业务无法容忍等待延时、而其他业务可以容忍等待延时，则称之为即时-待时混合式（mixed realtime and non-realtime）多元马尔可夫排队系统，综合业务数字网（Integrated Services Digital Network, ISDN）就是一个典型的例子。下面分别针对上述三种情况，阐述多元马尔可夫排队系统的解析方法。

4.3.1 即时式多元马尔可夫排队系统

如图 4.12 所示，考虑一个两类即时式业务共享 s 个服务者的二元马尔可夫排队系统 $\mathrm{M}_1+\mathrm{M}_2/\mathrm{M}_1, \mathrm{M}_2/s(0, 0)$，每类业务的到达均为泊松过程，所需服务时间为指数分布，其参数分别为 (λ_1, μ_1) 和 (λ_2, μ_2)。到达的顾客一旦发现所有的服务者都被占用，则立即离开排队系统。

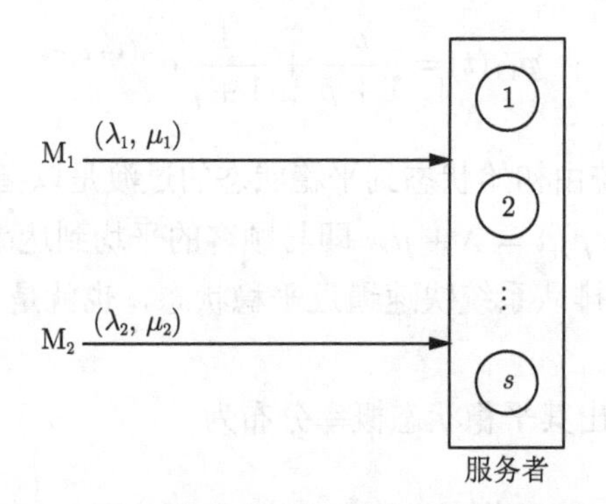

图 4.12 即时式二元马尔可夫排队模型

定义 N_1 和 N_2 分别是平稳状态下系统中正在接受服务的第一类业务和第二类业务的顾客数，同时定义联合状态概率分布 $p_{ij} = \mathrm{P}\{N_1 = i, N_2 = j\}$，则从如图 4.13 所示的状态转移图可以看出，该系统构成了一个二维生灭过程。

基于马尔可夫链的 Kolmogorov 判定准则[KELL 79]，该二维生灭过程是时间可逆的（time-reversible），因此局部平衡方程式成立。再结合该马尔可夫链的全局平衡方程式，可求得平稳状态下的联合状态概率分布为

$$p_{ij} = p_{00}\frac{a_1^i}{i!}\frac{a_2^j}{j!} \tag{4.3.1}$$

其中，p_{00} 可通过全概率的归一化条件求出，即

$$p_{00} = \left[\sum_{n=0}^{s} \frac{(a_1 + a_2)^n}{n!}\right]^{-1} \tag{4.3.2}$$

由此可求得顾客的阻塞率为

$$P_B = \mathrm{P}\{i + j = s\} = \frac{\dfrac{(a_1 + a_2)^s}{s!}}{\sum\limits_{n=0}^{s} \dfrac{(a_1 + a_2)^n}{n!}} \tag{4.3.3}$$

可见，这就相当于传统一维 Erlang-B 公式的扩展，可简单表示为 $E_s(a_1 + a_2)$。

同样的结果可以扩展到更多类业务的混合场景。

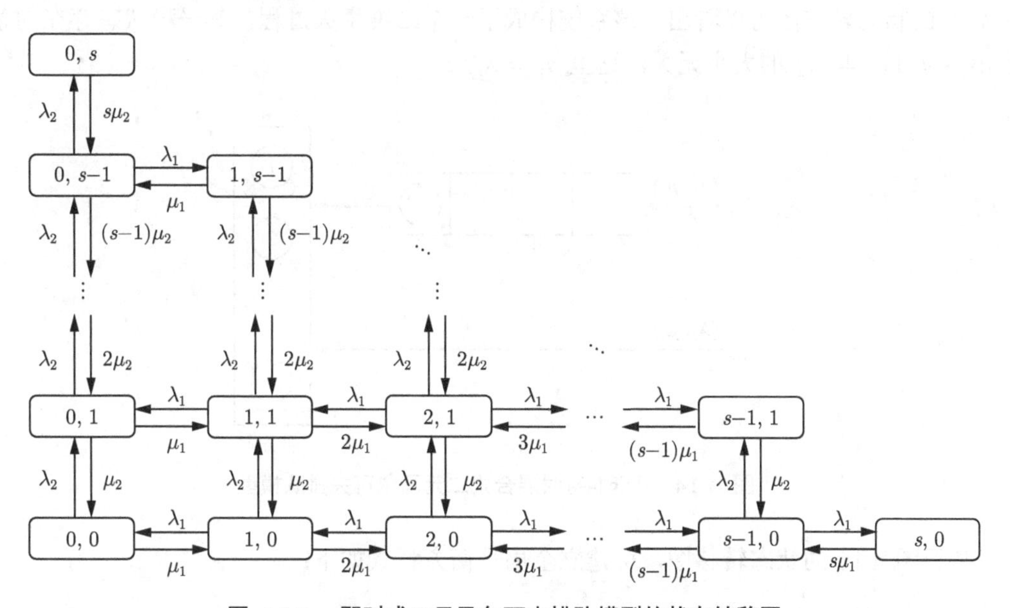

图 4.13　即时式二元马尔可夫排队模型的状态转移图

注意：多维 Erlang 公式针对服务时间概率分布仍然存在鲁棒性，即上述结果即使在服务时间不是指数分布情况下依然成立。这实际上也可以从下面的分析中看出。由于所有顾客在服务者未被全部占用时均可直接进入服务状态，只是服务时间不同而已，因此可将该队列视为到达过程服从到达率为 $\lambda_1 + \lambda_2$ 的泊松过程，其中，$\dfrac{\lambda_1}{\lambda_1 + \lambda_2}$ 的顾客接受服务率为 μ_1 的指数分布服务、$\dfrac{\lambda_2}{\lambda_1 + \lambda_2}$ 的顾客接受服务率为 μ_2 的指数分布服务，即服务时间等效为一个二阶的超指数分布，其平均服务时间为

$$\frac{1}{\mu} = \frac{\lambda_1}{\lambda_1 + \lambda_2}\frac{1}{\mu_1} + \frac{\lambda_2}{\lambda_1 + \lambda_2}\frac{1}{\mu_2} = \frac{a_1 + a_2}{\lambda_1 + \lambda_2} \tag{4.3.4}$$

基于 Erlang-B 公式对服务时间概率分布的鲁棒性，同样得出了 $P_{\mathrm{B}} = E_s(a_1 + a_2)$ 的结果。

4.3.2 即时-待时混合式多元马尔可夫排队系统

如图 4.14 所示的即时–待时混合式多元马尔可夫排队系统 $\mathrm{M}_1+\mathrm{M}_2/\mathrm{M}_1,\mathrm{M}_2/s(\infty,0)$，同样可以将其转化为一个二维生灭过程，其状态转移图如图 4.15 所示。由于此时只有第一类业务的状态有无穷多个，因此可引入条件概率生成函数（conditional probability generating function）来求解。

假设两类业务的到达均为泊松过程，所需服务时间为指数分布，其参数分别为 (λ_1,μ_1) 和 (λ_2,μ_2)。第一类业务到达时一旦发现所有的服务者都被占用，则进入相应的队列等待，并假设等待空间为无穷大。第二类业务则无法等待，若顾客到达时所有的服务者都被占用，则被丢弃。定义 N_1 和 N_2 分别是平稳状态下系统中第一类业务（包括正在服务和正在等待的顾客）和第二类业务的顾客总数，其联合状态概率分布 $p_{ij}=P\{N_1=i,N_2=j\}$，则从图 4.15 的状态转移图可以看出，该系统构成了一个二维生灭过程，其平稳状态存在的条件是 $a_1/s<1$，与 a_2 的大小无关，这里 $a_i=\lambda_i/\mu_i$。

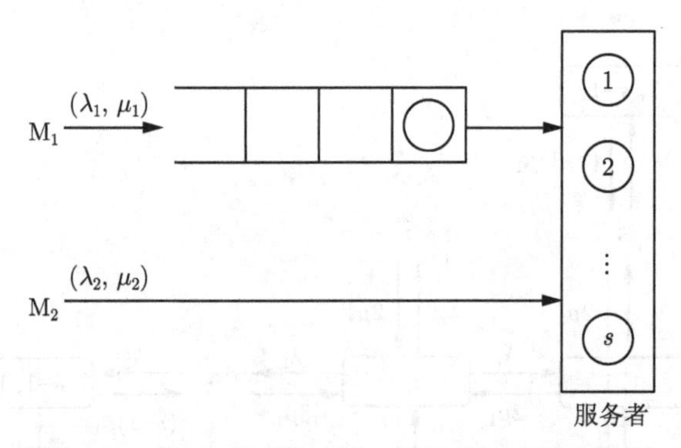

图 4.14 即时-待时混合式二元马尔可夫排队模型

基于图 4.15 的状态转移图，可建立全局平衡方程式如下：

$$
\begin{cases}
(\lambda+i\mu_1+j\mu_2)p_{i,j}=\lambda_1 p_{i-1,j}+\lambda_2 p_{i,j-1}+(i+1)\mu_1 p_{i+1,j}+(j+1)\mu_2 p_{i,j+1} \\
\qquad\qquad (i+j<s,\ 0\leqslant j\leqslant s-1) \\
(\lambda_1+i\mu_1+j\mu_2)p_{i,j}=\lambda_1 p_{i-1,j}+\lambda_2 p_{i,j-1}+(s-j)\mu_1 p_{i+1,j}+(j+1)\mu_2 p_{i,j+1} \\
\qquad\qquad (i+j=s,\ 0\leqslant j\leqslant s) \\
(\lambda_1+(s-j)\mu_1+j\mu_2)p_{i,j}=\lambda_1 p_{i-1,j}+(s-j)\mu_1 p_{i+1,j}+(j+1)\mu_2 p_{i,j+1} \\
\qquad\qquad (i+j>s,\ 0\leqslant j\leqslant s)
\end{cases}
\tag{4.3.5}
$$

其中，$\lambda=\lambda_1+\lambda_2$，且如果其中任意一个下标 i 或 j 为负数，则令 $p_{i,j}=0$。

为了求解方程 (4.3.5)，接下来引入条件概率生成函数，即在给定 $N_2(t)=j$ 的条件下，定义

$$
G_j(z)=\sum_{i=0}^{\infty} p_{i,j}z^i \qquad (j=0,1,\cdots,s) \tag{4.3.6}
$$

对式 (4.3.5) 作相应的变换，得到

$$\begin{cases} U_j(z)G_j(z) = (j+1)\mu_2 z G_{j+1}(z) + V_j(z) \qquad (j = 0, 1, \cdots, s-1) \\ U_s(z)G_s(z) = V_s(z) \end{cases} \tag{4.3.7}$$

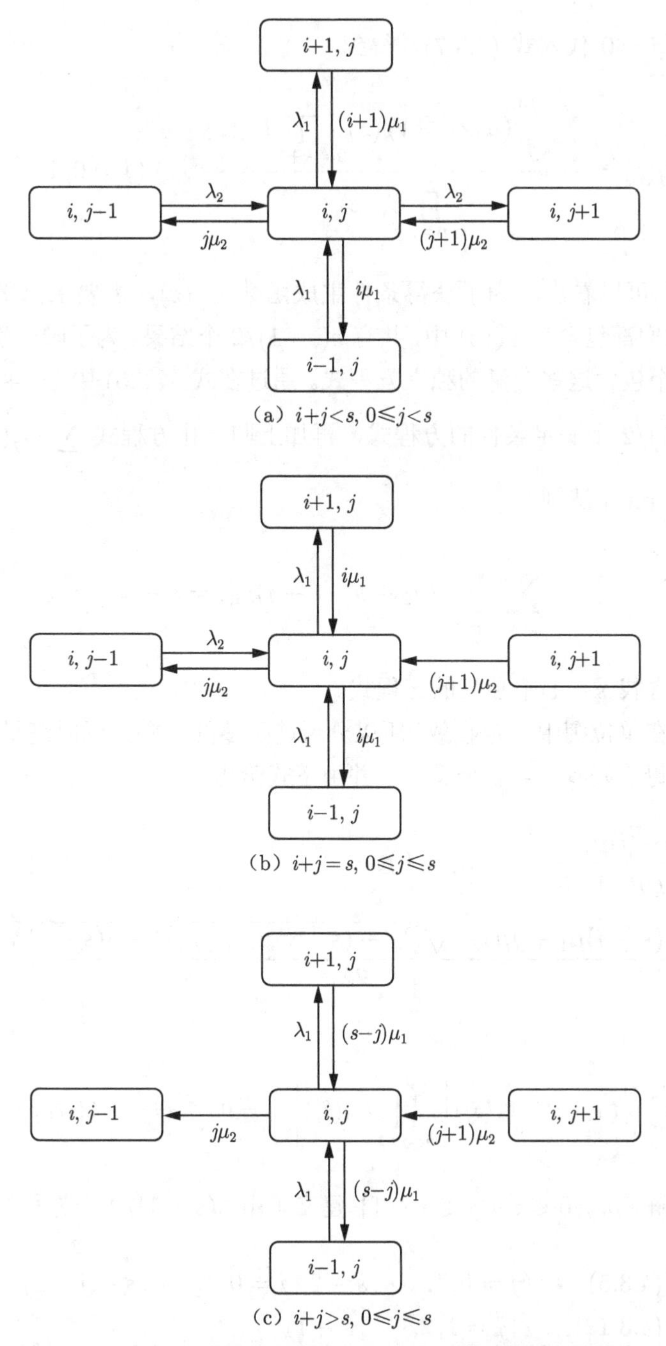

图 4.15　即时-待时混合式马尔可夫排队模型的状态转移图

其中，$U_j(z)$ 和 $V_j(z)$ 由下面的公式给出

$$\begin{cases} U_j(z) = -\lambda_1 z^2 + [\lambda_1 + (s-j)\mu_1 + j\mu_2]z - (s-j)\mu_1 \\ V_j(z) = (z-1)\mu_1 \sum\limits_{i=0}^{s-j-1} (s-i-j)p_{i,j}z^i + \lambda_2 \sum\limits_{i=0}^{s-j} p_{i,j-1}z^{i+1} - \lambda_2 \sum\limits_{i=0}^{s-j-1} p_{i,j}z^{i+1} \end{cases} \tag{4.3.8}$$

连续将 $j=s$ 到 $j=0$ 代入式 (4.3.7)，得到

$$G_j(z) = \frac{\sum\limits_{k=j}^{s} \dfrac{k!}{j!}(\mu_2 z)^{k-j} V_k(z) \prod\limits_{n=k+1}^{s} U_n(z)}{\prod\limits_{n=j}^{s} U_n(z)} \qquad (j=0,1,\cdots,s) \tag{4.3.9}$$

从式 (4.3.9) 可以看出，为了获得条件生成函数 $G_j(z)$，需要求出平稳概率 $\{p_{i,j}; 0 \leqslant i+j \leqslant s-1\}$。它们都包含在 $V_k(z)$ 中，共有 $s(s+1)/2$ 个结果。为了唯一确定这些未知变量，需要 $s(s+1)/2$ 个包含这些变量的独立方程式。通过在式 (4.3.5) 中令 $i+j=0,1,\cdots,s-2$ 可以得到 $s(s-1)/2$ 个满足条件的方程式，再加上归一化方程式 $\sum\limits_{j=0}^{s} G_j(1) = 1$，即（针对 $j=0$ 应用 L'Hospital 法则）

$$\sum_{i=0}^{s-1} \sum_{j=0}^{s-i-1} (a_2 + s - i - j)p_{i,j} = s - a_1 \tag{4.3.10}$$

然而，仍然需要寻找 $s-1$ 个独立的方程式。

由于 $G_j(z)$ 在单位圆中一定收敛，所以分母趋于零的点必须同时满足分子也趋于零。注意到 $U_j(z)$ 的分母恰好有 $s-1$ 个零点，并由下式给出

$$\begin{cases} \delta_j = \dfrac{(s-j)\mu_1}{(s-j)\mu_1 + j\mu_2} \qquad (\lambda_1 = 0) \\ \delta_j = \dfrac{\lambda_1 + (s-j)\mu_1 + j\mu_2 - \sqrt{[\lambda_1 + (s-j)\mu_1 + j\mu_2]^2 - 4(s-j)\lambda_1\mu_1}}{2\lambda_1} \qquad (\lambda_1 \neq 0) \end{cases} \tag{4.3.11}$$

因此有

$$\sum_{k=j}^{s} \frac{k!}{j!}(\mu_2 \delta_j)^{k-j} V_k(\delta_j) \left[\prod_{n=j+1}^{k} U_n(\delta_j)\right]^{-1} = 0 \qquad (j=1,2,\cdots,s-1) \tag{4.3.12}$$

综上，为求解 $\{p_{i,j}; 0 \leqslant i+j \leqslant s-1\}$ 建立了由 $s(s+1)/2$ 个方程组成的方程组

$$\begin{cases} \text{式 (4.3.5)} \qquad (j=0,1,\cdots,s-2,\ i=0,1,\cdots,s-j-2) \\ \text{式 (4.3.12)} \qquad (j=1,2,\cdots,s-1) \\ \text{式 (4.3.10)} \end{cases} \tag{4.3.13}$$

因此，$\{G_j(z); j=0,1,\cdots,s\}$ 可以通过求解上述方程组获得唯一的解。

接下来求解两个主要性能指标：一个是第二类业务的阻塞率，另一个是第一类业务的等待时间。因为式 (4.3.13) 已经给出了 $\{p_{i,j}; 0 \leqslant i+j \leqslant s-1\}$，则第二类业务的阻塞率即为

$$P_{\mathrm{B}} = 1 - \sum_{i=0}^{s-1}\sum_{j=0}^{s-i-1} p_{i,j} \tag{4.3.14}$$

实际上，此时第一类业务的等待概率 $M(0)$ 就等于第二类业务的阻塞率 P_{B}。

第一类业务的平均等待时间可以用 Little 公式求解，即

$$\overline{W} = \frac{1}{\lambda_1}\sum_{j=0}^{s} \left.\frac{\mathrm{d}G_j(z)}{\mathrm{d}z}\right|_{z=1} - \frac{1}{\mu_1} \tag{4.3.15}$$

通过对式 (4.3.7) 微分，并依次令 $j=s,s-1,\cdots,0$ 和 $z=1$，得到

$$\left.\frac{\mathrm{d}G_j(z)}{\mathrm{d}z}\right|_{z=1} = \frac{\sum\limits_{n=j}^{s}\dfrac{n!}{j!}\mu_2^{n-j}u_n\prod\limits_{k=n+1}^{s}U_k'(1)}{2\prod\limits_{n=j}^{s}U_n'(1)} \tag{4.3.16}$$

其中，$U_j'(1) = -\lambda_1 + (s-j)\mu_1 + j\mu_2$，

$$\begin{aligned} u_j = {} & \lambda_2\sum_{i=0}^{s-j} i(i+1)p_{i,j-1} - 2\mu_1\sum_{i=0}^{s-j-1} i^2 p_{i,j} - \lambda_2\sum_{i=0}^{s-j-1} i(i-1)p_{i,j} \\ & - 2[\lambda_2 - (s-j)\mu_1]\sum_{i=0}^{s-j-1} ip_{i,j} + 2\lambda_1 p_j \quad (j=0,1,\cdots,s) \end{aligned} \tag{4.3.17}$$

由此可求得边缘概率分布为

$$p_j = \sum_{i=0}^{\infty} p_{i,j} = \frac{a_2}{j}\sum_{i=0}^{s-j} p_{i,j-1} \qquad (j=0,1,\cdots,s) \tag{4.3.18}$$

其物理意义可解释为：从状态集 $\{(i,j-1);\ j=1,2,\cdots\}$ 到达状态集 $\{(i,j);\ j=0,1,\cdots\}$ 总流量等于从状态集 $\{(i,j);\ j=0,1,\cdots\}$ 到达状态集 $\{(i,j-1);\ i=1,2,\cdots\}$ 的总流量。因为第二类业务能够进入排队系统只会在 $i+j<s$ 情况下发生，因此有

$$\lambda_2\sum_{i=0}^{s-j} p_{i,j-1} = j\mu_2\sum_{i=0}^{\infty} p_{i,j}$$

综上所述，通过以上分析可以求得即时-待时混合排队系统的平稳状态概率及其性能指标。虽然一般情况下没有闭式解，但在两种特殊情况可以给出闭式解。

1. 两类业务服务率相同情形 ($\mu_1 = \mu_2$)

此时，由于在两类业务进入服务器之后无需进一步区分，所以可以将二维生灭过程转换为一个一维生灭过程来描述，因此可以通过逐次迭代求得显示解。

令 N 表示系统中两类业务用户数的和，并假设 $p_i = P\{N = i\}$。由此可得如下一维平稳方程式

$$\begin{cases} (\lambda_1 + \lambda_2 + i\mu)p_i = (\lambda_1 + \lambda_2)p_{i-1} + (i+1)\mu p_{i+1} & (1 \leqslant i < s) \\ (\lambda_1 + s\mu)p_s = (\lambda_1 + \lambda_2)p_{s-1} + s\mu p_{s+1} \\ (\lambda_1 + s\mu)p_i = \lambda_1 p_{i-1} + s\mu p_{i+1} & (i \geqslant s+1) \end{cases} \tag{4.3.19}$$

逐次迭代后得

$$\begin{cases} p_i = \dfrac{a^i}{i!}p_0 & (i \leqslant s) \\ p_i = \left(\dfrac{a_1}{s}\right)^{i-s} \dfrac{a^s}{s!}p_0 & (i > s) \end{cases} \tag{4.3.20}$$

其中，p_0 由归一化条件求得

$$p_0 = \left[\sum_{i=0}^{s-1} \frac{a^i}{i!} + \frac{a^s}{s!} \cdot \frac{s}{s - a_1}\right]^{-1} \tag{4.3.21}$$

这里，$a = a_1 + a_2$。此时，第一类业务的等待概率 $M(0)$ 与第二类业务的阻塞率 P_{B} 相等，由式 (4.3.22) 给出[BHAT 76]

$$P_{\mathrm{B}} = M(0) = \sum_{i=s}^{\infty} p_i = \frac{sE_s(a)}{s - a_1[1 - E_s(a)]} \tag{4.3.22}$$

如果令 $a_1 = 0$，则有 $P_{\mathrm{B}} = E_s(a_2)$，该结果与单一业务下的 Erlang-B 公式相同；相反，如果令 $a_2 = 0$，则有 $M(0) = \dfrac{sE_s(a_1)}{s - a_1[1 - E_s(a_1)]}$，该结果与单一业务下的 Erlang-C 公式结果一致。

假设所有业务均为第二类即时式业务，利用 Erlang-B 公式的迭代表达式

$$E_s(a) = \frac{aE_{s-1}(a)}{s + aE_{s-1}(a)} \tag{4.3.23}$$

可将式 (4.3.22) 重写为

$$P_{\mathrm{B}} = \frac{aE_{s-1}(a)}{s - a_1 + aE_{s-1}(a)} \tag{4.3.24}$$

通过对比式 (4.3.24) 和式 (4.3.23) 可以看出，由于第一类（待时式）业务的存在，即时–待时混合排队系统中第二类（即时式）业务的阻塞率会相应增加，其增加量与第一类业务的业务量占比成正比。

同样，通过对比式 (4.3.22) 和 Erlang-C 公式

$$M(0)=\frac{sE_s(a)}{s-a[1-E_s(a)]}$$

可以看出，由于第二类（即时式）业务的存在，即时–待时混合排队系统中第一类（待时式）业务的等待概率会相应减小，其减小量与第二类业务的业务量占比正相关。

进一步利用 PASTA 定理和 Little 公式，可求得第一类业务的平均等待队列长度和平均等待时间分别为

$$\overline{N}_q=\sum_{i=s}^{\infty}(i-s)p_i=M(0)\frac{a_1}{s-a_1} \tag{4.3.25}$$

$$\overline{W}_q=M(0)\frac{1}{s-a_1}\cdot\frac{1}{\mu} \tag{4.3.26}$$

由此可见，第二类（即时式）业务对第一类（待时式）业务性能的影响仅仅体现在 $M(0)$ 里面，总体影响不大，但第一类（待时式）业务对第二类（即时式）业务阻塞率的影响却是很直接的。这主要是由于，在没有任何控制机制的即时-待时混合排队系统中，在服务者全部被占用时到达的第二类（即时式）业务将无法进入排队系统而被丢弃，但第一类（待时式）业务则可以进入队列等待，直至服务者出现空闲时立刻接受服务（此时假设第二类业务不会到达，因为两个随机事件同时发生的概率为高阶无穷小）。这实际上意味着第一类业务相对于第二类业务处于更有利的地位，如果第一类业务的业务量占比较大，即 $a_1/s\to 1$，则第二类业务会完全被第一类业务挤出，基本上得不到服务。这正是即时–待时混合排队系统最本质的问题，即两类业务所能得到的服务是不均衡的。

因此，为了在两类业务的服务质量中达到某种平衡，必须在即时-待时混合排队系统中引入优先权控制机制。在综合了各种优先权机制的优缺点之后，文献 [NIU 92] 提出了一种部分抢占优先权（Partial Preemptive Priority，PPP）机制，可以通过限制第二类业务的抢占式优先权实现两类业务的平衡。

当两类业务的平均服务时间相等时，还可以求出第一类业务的等待时间概率分布。此时，当某个第一类顾客到达时发现系统中顾客数 $i\geqslant s$ 时，它的等待时间概率分布将服从 $i-s+1$ 阶的爱尔朗分布，其服务率为 $s\mu$，其互补累积概率分布函数为

$$W_i^{c}(t)\triangleq P\{W\geqslant t|N_{\tau^-}=i\}=\mathrm{e}^{-s\mu t}\sum_{k=0}^{i-s}\frac{(s\mu t)^k}{k!}\qquad (i\geqslant s) \tag{4.3.27}$$

此时，队列中正在等待的顾客数（全部为第一类业务）为 $i-s$ 的概率分布为 $M(0)(1-\rho_1)\rho_1^{i-s}$。基于全概率定理，并使用 PASTA 特性以及式 (4.2.21)，有

$$W(t)=1-\sum_{i=s}^{\infty}p_i^{-}W_i^{c}(t) \tag{4.3.28}$$

$$=1-\sum_{i=s}^{\infty}M(0)(1-\rho_1)\rho_1^{i-s}\mathrm{e}^{-s\mu t}\sum_{k=0}^{i-s}\frac{(s\mu t)^k}{k!} \tag{4.3.29}$$

$$=1-M(0)\mathrm{e}^{-s\mu(1-\rho_1)t} \tag{4.3.30}$$

其中 $M(0)$ 为第一类业务等待的概率，由式 (4.3.22) 给出。这个结果与单一业务 M/M/s 队列的等待时间概率分布式 (4.2.22) 非常相像。

2. 单一服务者情形 ($s=1$)

另外一个可求得闭式解的特殊情形是单一服务者 ($s=1$) 即时-待时混合排队系统。此时，平稳状态方程式比 $s>1$ 的一般情形简单很多，只有两组方程：一组是 $j=0$ 的情形，另一组是 $j=1$ 的情形。即

$$\begin{cases}(\lambda_1+\lambda_2)p_{0,0}=\mu_1 p_{1,0}+\mu_2 p_{0,1} \\ (\lambda_1+\mu_1)p_{i,0}=\lambda_1 p_{i-1,0}+\mu_2 p_{i,1}+\mu_1 p_{i+1,0} \quad (i\geqslant 1) \\ (\lambda_1+\mu_2)p_{0,1}=\lambda_2 p_{0,0} \\ (\lambda_1+\mu_2)p_{i,1}=\lambda_1 p_{i-1,1} \quad (i\geqslant 1)\end{cases} \tag{4.3.31}$$

借助生成函数和归一化条件的帮助可以依次求解式 (4.3.31)，结果详见文献 [COHE 56]。由此可求得第二类业务的阻塞率、第一类业务的系统内平均顾客数以及第一类业务的平均滞留时间分别为

$$P_{\mathrm{B}}=\frac{a_1+a_2}{1+a_2} \tag{4.3.32}$$

$$\overline{N}=\frac{a_1}{1-a_1}+\frac{\gamma a_1 a_2}{1+a_2} \tag{4.3.33}$$

$$\overline{W}=\frac{1/\mu_1}{1-a_1}+\frac{\gamma a_2}{1+a_2}\frac{1}{\mu_1} \tag{4.3.34}$$

其中，$\gamma=\mu_1/\mu_2$ 是第二类业务与第一类业务的平均服务时间之比。

通过上面的分析，可以发现：

（1）第二类业务的阻塞率 P_{B} 与服务时间比率 γ 无关；

（2）式 (4.3.33) 的第一项恰巧是 M/M/1 在 $a_2\to 0$ 情况下获得的结果，所以第二项代表的是第二类业务对第一类业务产生的影响；

（3）上述额外延时与 γ 有很强的相关性。

在实际系统中，如果第二类业务是语音呼叫，而第一类业务是数据包业务，则一般有 $\gamma\geqslant 1$（因为语音呼叫一般会持续若干分钟，而数据包传输时间一般为毫秒量级）。因此，第一类业务的平均等待时间将会以式 (4.3.34) 所示增长，即如果第二类业务的平均服务时间相对较长的话，会对第一类业务的平均等待时间造成较大影响。

最后说明一点，尽管理论分析（参见文献 [PRAT 70]）和数值分析（参见文献 [BHAT 76]）都指出第二类业务的阻塞率对于平均服务时间的比率 γ 不是十分敏感（实际上，在单服务器系统中完全没有影响，见式 (4.3.32)），因此在特殊情况 $\gamma=1$ ($\mu_1=\mu_2$) 下获得的

式 (4.3.22) 可以作为 γ 为任意值情况的一种有效近似，该近似值在 $\gamma < 1$ 时偏大，反之偏小。然而，第一类业务的平均等待时间并没有类似的特性，因此难以进行类似的近似。详细分析可参见文献 [BHAT 76]。

小结

（1）M/M/1 排队系统的队列长度服从几何分布，其等待时间服从偏移指数分布，滞留时间服从指数分布。

（2）Erlang-B 和 Erlang-C 公式是马尔可夫型排队系统中最重要的两个公式。

（3）混合到达或是分类服务系统可转化为多维马尔可夫过程求解。

习题

4.1 在实际系统中，服务器往往会根据系统状态动态调整服务率，以优化系统性能。现考虑如下服务率可变的 M/M/1 队列，当系统中的顾客总数（包括正在被服务的顾客）小于 k 时，服务器的服务率为 μ_1；当系统中的顾客总数大于等于 k 时，服务器的服务率变为 μ_2，且 $\mu_1 < \mu_2$，用户的到达过程为参数为 λ 的泊松过程。求：

（1）画出系统的状态转移图，并给出系统稳定的必要条件。

（2）求解该系统的队长稳态分布，并计算系统中的平均顾客数。

（3）计算所有顾客的平均滞留时间。

4.2 考虑一个 TCP/IP 数据通信系统中的边缘路由器，其中继线传输速率为 128Mbps。假设用户终端平均每 10ms 产生一个 IP 包，包的平均长度为 1280 比特。请问：

（1）假设 IP 包的到达间隔和包长均服从指数分布，请问 IP 包通过该路由器的平均延迟时间为多少？

（2）假设 IP 包的到达间隔和包长均服从指数分布，但中继线传输速率由 128Mbps 扩容到 384Mbps，请问 IP 包通过该路由器的平均延迟时间会缩短多少？

4.3 在蜂窝通信系统中，基站要处理两种不同来源的业务：一种来自本小区用户产生的本地业务；另一种来自邻近小区的越区切换业务。为保证用户移动过程中的通信体验，越区切换业务的优先级通常要高于本地业务，因此，基站一般会为越区切换业务预留部分专用信道。但如果预留过多，则会造成资源浪费。现假设两类业务的通话时长均服从指数分布，且平均时长均为 2min。所有业务到达均服从泊松过程，其中本地业务的到达率为 $\lambda_1 = 125$ 用户/小时，越区切换业务到达率为 $\lambda_2 = 50$ 用户/小时。小区共有 10 条信道，每次通话仅占用一条信道。问：

（1）若没有信道预留给越区切换业务，求越区切换业务的阻塞率以及平均信道占用数。

（2）若要求越区切换业务的阻塞率不超过 1%，则至少需要预留多少条信道给越区切换业务专用？此时本地业务的阻塞率为多少？

4.4 考虑有 3 个无线信道的微基站。假设用户泊松到达，到达率为 0.01 用户/秒。新到达用户会被接入空闲的无线信道，且假设接入后占用信道时间服从均值为 50s 的指数分布。没有空闲信道时，新到达用户会被阻塞，且假设被阻塞用户不会再发起通信请求。

(1) 求用户阻塞率，平均空闲信道数。

(2) 若增加一个等待位，重新计算用户阻塞率、平均空闲信道数，并对结果予以讨论。

(3) 在 (2) 的基础上考虑用户通信中的移动性：假设用户在该小区的滞留时间受限于一个均值为 200s 的指数分布，且用户移动到其他小区后会释放所占用信道。重新计算用户阻塞率、平均空闲信道数，并对结果予以讨论。

4.5 考虑一个虚拟机系统，其中包含两块服务能力不同的计算芯片和一个公共的服务请求队列（假设无限长）。业务以泊松过程到达该系统，到达率为 λ，两块计算芯片的处理能力分别为参数是 μ_1 和 μ_2 ($\mu_1 \geqslant \mu_2$) 的指数分布，排队方式为 FIFO。如果新业务到达时两块计算芯片均处于空闲状态，则该业务会被分配给计算速度较快的那个芯片。假设系统已经达到了稳态。

(1) 给出该系统中业务数量的分布（包含队列里的业务和正在服务的业务）。

(2) 计算业务的平均等待时间，并分析何种情况下关闭速度慢的芯片反而能缩短平均等待时间。

4.6 考虑一个具有“双门限”休眠控制策略的 M/M/1 排队系统，顾客到达率为 λ，服务率为 μ。当队列中的顾客数低于 k_1 时，服务者停止服务，进入休眠状态，直到队列中顾客数累积到 k_2 时才醒来，马上开启服务。服务者一旦开启服务，则一直服务到队列中顾客数低于 k_1 为止。试求队列长度的稳态概率分布，以及顾客在队列中的平均滞留时间。

4.7 互联网 IP 地址分配。大学某宿舍楼分配了 30 个 IP 地址，供 1000 名学生共享使用。假设在晚 7:00—11:00，平均每个学生上网 1 次，上网请求服从泊松过程，而每次上网时间服从均值为 60min 的指数分布。试求：

(1) 由于抢不到 IP 地址无法上网的概率是多少？

(2) 如果希望上网被拒绝的概率小于 1%，至少需要配备多少 IP 地址？

4.8 最佳路由策略选择。考虑一个简单的两点路由网络，即发送端 A 需要将信息经中继节点 B 或 C 发往接收端 D，其中发送端 A 处的业务到达遵循参数为 λ 的泊松过程。中继节点 B 和 C 处均只有一个服务者，其服务时间分别服从参数为 μ_1 和 μ_2 的指数分布，等待空间为无穷大。假设发送端以概率 p 选择中继节点 B、以概率 $1-p$ 选择中继节点 C，请问

(1) 假设 $\mu_1 > \mu_2$，如何选择 p 可使业务到达接收端 D 的平均延时最小？

(2) 假设 $\mu_1 > \mu_2$，如何选择 p 可使业务到达接收端 D 的延时抖动最小？

4.9 考虑一个有 $s = 10$ 台服务器的数据中心。假设业务到达服从参数为 $\lambda = 0.04/s$ 的泊松过程，服务时间服从参数为 $\mu = 0.005/s$ 的指数分布。

(1) 假设所有业务均为有一定实时性要求的业务，即要求平均等待时间不超过 10s，试计算所需缓存器的最大容量。此时业务的丢包率为多少？

（2）假设所有业务的实时性要求提高了一个数量级，即要求平均等待时间不超过 1s。假设缓存器容量为无限大，试计算需要增加多少台服务器、或是将现有服务器的服务性能同步提高多少倍？

4.10 考虑一个同时处理业务（job）和任务（task）的通信网络，其中一个业务由 2 个任务组成。假设业务按泊松过程到达，到达率为每小时 16 个业务请求。每个任务的处理时间服从均值为 1 分钟的指数分布，排队方式为 FIFO。试求网络中等待服务的任务数的平稳概率分布、平均值及其平均等待时间。

4.11 考虑由 2 个服务率分别为 μ_1 和 μ_2 的服务器组成的串行服务系统，服务时间服从指数分布。顾客以速率为 λ 的泊松过程从第 1 个服务器开始依次接受服务，试比较下列两种情况下的平均等待时间，并论述如果两个服务器调换顺序上述结论如何变化？不失一般性，假设 $\mu_1 > \mu_2$。

（1）两个服务器前分别配置队列、且队列容量无限制；

（2）两个服务器直连，仅在第一个服务器前配置队列，且队列容量无限制。

4.12 分别针对通信系统中的固定时分复用、异步时分复用、以及完全统计复用建立排队模型，并比较其平均滞留时间的差异。这里假设总的顾客流按照参数为 λ 的泊松过程到达，所需服务时间服从参数为 μ 的指数分布，时隙数为 k。

4.13 网络扩容一般会有两种选择：一种是另外增加一台同样功能的服务设备，另一种是更换成性能更优（假设服务速率提高了一倍）的新设备，请问一般来讲这两种方法哪个更有效？请针对实时服务系统和非实时服务系统分别论述之，并假设顾客到达和服务时间分别服从参数为 λ 和 μ 的指数分布。

第 5 章 马尔可夫排队网络的性能分析

本章讨论多个通信节点相互连接构成一个通信网络时的性能分析。如图 5.1 所示，一个通信网络往往由多个复用器（multiplexer）、交换机（switch）、路由器（router）、基站（base station）或是服务器（server）等（以下统称“服务者”）相互连接构成，业务按照某种交换和路由机制选择其中的部分服务者接受服务后离开网络。该交换和路由机制可以是事先约定好的静态路径选择，也可以是依照网络状态随机进行改变的动态路径选择。但无论是哪种路径选择，最终该业务端到端（end-to-end）的性能将由它所经过的每个服务者的性能决定，因此第 4 章中排队节点的性能分析是本章排队网络性能分析的基础。

由多个排队节点组成的排队网络，一般可分为开环（open）网络、闭环（closed）网络和混合（mixed）网络三大类。所谓的开环网络，是指从排队网络的外部有顾客到达，也会有顾客在接受完服务后退出排队网络，即滞留在排队网络内部的顾客数不是恒定的，而是一个随机变量。相反，闭环网络是指从排队网络外部没有到达，也没有顾客从排队网络退出，即在某个节点接受完服务的顾客重新回到排队网络中，使得排队网络内部的顾客数保持恒定。混合网络则是两者的结合，即排队网络内部的某些子网络是闭环网络，另一些子网络是开环网络，即排队网络整体来看是一个开环网络，但其中某些内部的子网络则是闭环网络。

其实，纯粹意义上的闭环网络是不存在的，系统不可能无止境地只为一部分顾客提供服务。但它可用于近似一些重负载系统或是网络资源严重受限的系统，此时系统基本上处于满负荷运转，只有在有顾客被服务完而退出该系统之后，才能有新的顾客进入系统开始接受服务，这实际上就相当于一个闭环网络。

无论是哪种类型的网络，如果各节点服务能力的配置或是交换与路由机制的选择不进行优化，那么网络中难免出现瓶颈（bottleneck）节点，即某些节点负载极高，而某些节点却相对空闲。因此，通信网络的最优资源配置与路由选择是提高业务端到端性能的关键所在。

因为网络中某个节点的输入过程是由其“前面”所有节点退去过程的叠加构成的，因此首先需要了解各通信节点的退去过程。这里，所谓的“前面”是一个相对的概念，即所有以本节点为后继通信节点的组合，理论上包括所有与其有连接关系的节点，也可能包括该节点本身，即从该节点退去后又返回到本节点的业务，具体由哪些节点构成则由网络的路由协议决定。针对一个给定的网络拓扑和确定的网络路由，网络中某条端对端链路的性能则完全由该路径上所有节点的性能来决定。

为了便于理论分析，这里假设通信网络中总计有 m 个通信节点，其中第 i 个节点处有 s_i 台服务者，且每台服务器的平均服务率相同，均为 $\mu_i, i \in \{1, 2, \cdots, m\}$。同时假设所有与外部相连节点的外部到达过程为参数 $\lambda_j, j \in \{1, 2, \cdots, m\}$ 的泊松过程。这样的排队网络称为“马尔可夫型排队网络”。实际上，迄今为止也只有马尔可夫型排队网络能够给出精确的理论分析，若业务到达或是服务时间不再具有无记忆性，就难以给出精确的理论分析。

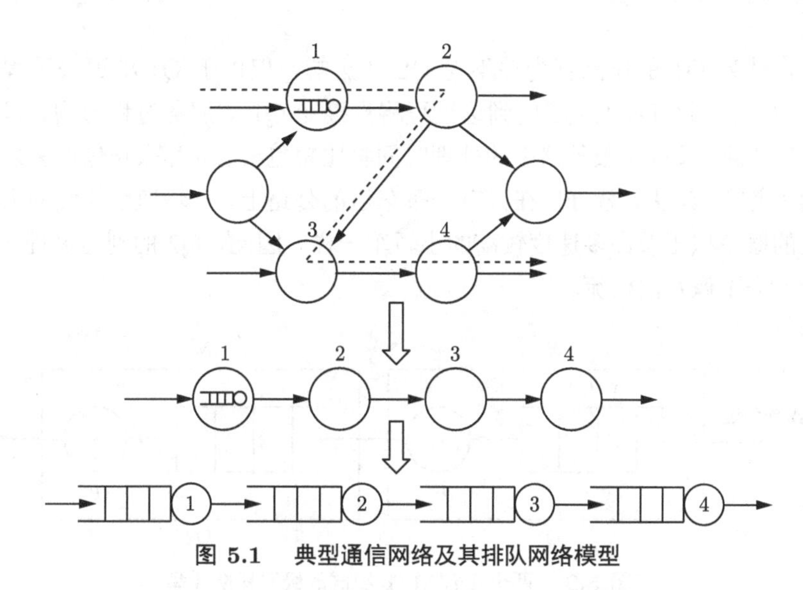

图 5.1　典型通信网络及其排队网络模型

5.1　M/M/s 排队系统的退去过程与 Burke 输出定理

一般来讲，排队节点的退去过程是其到达过程和服务过程相互作用的结果，即在队列不为空时顾客的退去过程与服务过程一致，而在队列为空时顾客的退去过程同时与顾客的到达间隔和服务时间有关。考虑到队列为空或不为空的概率实际上也是由到达过程和服务过程联合决定的，因此，总体来讲顾客的退去过程非常复杂。

为了更好地理解排队节点的退去过程，下面分三种情况来比较两个 M/M/1 排队系统（Q1 和 Q2）的退去过程。

场景 1： $\lambda_2 = \lambda_1$，但 $\mu_2 = 2\mu_1$，此时 Q2 的退去过程会是怎样的？是否会比 Q1 的退去过程快一倍呢？

场景 2： $\lambda_2 = 2\lambda_1$，但 $\mu_2 = \mu_1$，此时 Q2 的退去过程会是怎样的？是否会比 Q1 的退去过程快一倍呢？

场景 3： $\lambda_2 = 2\lambda_1$，且 $\mu_2 = 2\mu_1$，此时 Q2 的退去过程又会是怎样的？是否会比 Q1 的退去过程快一倍呢？

显然，场景 1 的答案是否定的，因为虽然 $\mu_2 = 2\mu_1$ 会缩短 Q2 顾客在服务器中的平均滞留时间，但由于 $\lambda_2 = \lambda_1$ 的限制，在统计平稳状态下并不会加快 Q2 的退去过程。相反，场景 2 和场景 3 是有可能的，因为 $\lambda_2 = 2\lambda_1$ 会增加 Q2 顾客的到达密度，在统计平稳的条件下可能会加快 Q2 的退去过程。

但是，以上三种场景下的退去过程究竟应该服从什么样的概率分布呢？为了回答这个问题，先考虑一个如图 5.2 所示的由两个 M/M/s 队列组成的级联排队网络（tandam queueing network)，顾客从第一个队列进入，接受完服务后再进入第二个队列接受服务。其中队列 Q1 有 s_1 个服务者，每个服务者的服务率为 μ_1；Q2 有 s_2 个服务者，每个服务者的服务率为 μ_2。

很显然，队列 Q1 的排队行为并不受 Q2 的影响，但由于 Q1 的退去过程构成了队列 Q2 的到达过程，因此直观上 Q2 的到达过程将直接受 Q1 的服务过程影响。以分组传输网络为例，一般来讲，长包在服务器中的处理时间将比短包要长，那么长包退去之后可能会有短包的连续（突发）退去，就好像在只有一条车道的公路上，一辆速度很慢的大卡车后面往往会以很大的概率积压着许多速度较高的小轿车一样。因此，Q2 的到达过程（即 Q1 的退去过程）看上去不像是泊松流。

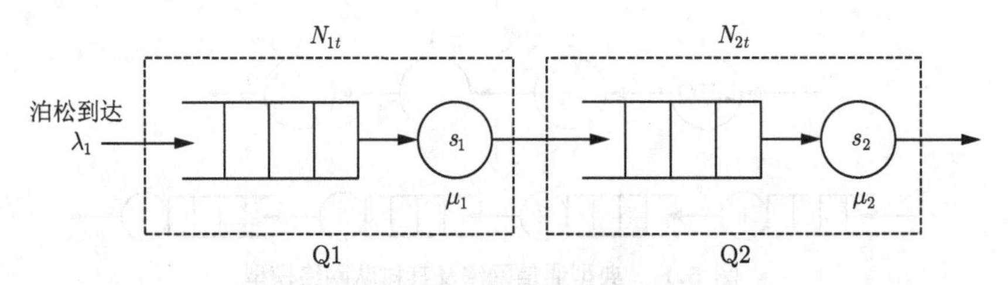

图 5.2　两个 M/M/1 组成的级联排队模型

但实际上，理论分析表明：Q1 的退去过程仍然是一个泊松过程，而且与 Q1 队列的服务率无关！这个与直观相反的结论就是 Burke 输出定理[BURK 56] 的核心。该定理最早由 O'Brien[OBRA 05] 和 Morse[MORS 55] 分别于 1954 年和 1955 年给出了猜想，但未给出证明。同时，为了与第 3 章中的 Burke 定理区分，此处称下面的定理为 Burke 输出定理。

定理 5.1　Burke 输出定理

（1）*在平稳状态下，M/M/s-FCFS 排队系统的退去过程为泊松过程，其平均退去率等于平均到达率。*

（2）*M/M/s 排队系统在任意时刻 t 时的状态与 t 时刻之前顾客的退去过程无关。*

证明：本定理的第 (2) 条证明需要用到马尔可夫过程时间准可逆性的概念，留在下节讨论。这里只给出第 (1) 条的证明。

令 $C_n(n = 1, 2, \cdots)$ 表示第 n 个退去的顾客，N_t 表示 M/M/s 队列在平稳状态下时刻 t 的队列长度，U_{n+1} 表示 C_n 与 C_{n+1} 之间的退去间隔，并定义

$$F_i(t) = P\left\{N_{t_n^+ + t} = i, U_{n+1} > t\right\} \quad (t > 0, i \geqslant 0) \tag{5.1.1}$$

考虑微小时间 dt 内所有可能的队列长度变化，则有

$$F_0(t + \mathrm{d}t) = F_0(t)(1 - \lambda \mathrm{d}t) \tag{5.1.2}$$

$$F_i(t+\mathrm{d}t)=F_i(t)(1-\lambda\mathrm{d}t-\min(i,s)\mu\mathrm{d}t)+F_{i-1}(t)\lambda\mathrm{d}t \quad (i\geqslant 1) \tag{5.1.3}$$

以微分的形式可表述为

$$F_0'(t)=-\lambda F_0(t) \tag{5.1.4}$$

$$F_i'(t)=\lambda F_{i-1}(t)-(\lambda+\min(i,s)\mu)F_i(t) \quad (i\geqslant 1) \tag{5.1.5}$$

由于顾客的到达为泊松过程，则有

$$F_i(0)=p_i=\begin{cases}\dfrac{a^i}{i!}p_0 & (0\leqslant i\leqslant s)\\[2ex] \dfrac{a^i}{s!s^{i-s}}p_0 & (i>s)\end{cases} \tag{5.1.6}$$

其中，$a=\lambda/\mu$，p_i 为 M/M/s 队列任意时刻队列长度等于 i 的概率分布（注意：此处利用了 $p_i^+=p_i^-=p_i$ 的关系式）。将此初始条件代入上述微分方程式中，可得

$$F_i(t)=p_i\mathrm{e}^{-\lambda t} \qquad (i\geqslant 0) \tag{5.1.7}$$

又由于在 t 时刻队列长度等于 $i+1$ 的条件下，$(t,\mathrm{d}t)$ 区间内有一个顾客从队列中退去的概率为 $\min(i+1,s)\mu\mathrm{d}t$，则有

$$\begin{aligned}P\left\{N_{t_{n+1}^+}=i,t\leqslant U_{n+1}<t+\mathrm{d}t\right\}&=F_{i+1}(t)\min(i+1,s)\mu\mathrm{d}t\\&=p_{i+1}\mathrm{e}^{-\lambda t}\min(i+1,s)\mu\mathrm{d}t\end{aligned} \tag{5.1.8}$$

将 $p_{i+1}=p_i\dfrac{\lambda}{\min(i+1,s)\mu}$ 代入上式，可得

$$P\left\{N_{t_{n+1}^+}=i,t\leqslant U_{n+1}<t+\mathrm{d}t\right\}=p_i\mathrm{e}^{-\lambda t}\mathrm{d}t \tag{5.1.9}$$

可见，$N_{t_{n+1}^+}$ 与 U_{n+1} 相互独立，且 U_{n+1} 服从参数为 λ 的指数分布。■

针对单服务者 $(s=1)$ 的 M/M/1 队列，还可以通过以下推导验证该定理。令 A_n 表示第 n 个到达顾客与第 $n-1$ 到达顾客之间的到达间隔，S_n 表示 C_n 的服务时间，U_{n+1} 表示 C_n 与 C_{n+1} 之间的退去间隔，则有

$$U_{n+1}=\begin{cases}\hat{S}_{n+1} & (\text{如果在 } C_n \text{ 退出时 } C_{n+1} \text{ 已经在队列中})\\ \hat{A}_{n+1}+S_{n+1} & (\text{如果在 } C_n \text{ 退出后队列变为空})\end{cases} \tag{5.1.10}$$

其中，$\hat{S}_{n+1}$ 表示 C_n 退出时观察到的 C_{n+1} 剩余服务时间，$\hat{A}_{n+1}$ 表示 C_n 退出时刻至 C_{n+1} 到达队列时刻的时间间隔[①]。基于指数分布的无记忆性，可知：$\hat{S}_{n+1}$ 与 S_{n+1} 的概率分布相

① 这里值得注意的是，如果服务者为多个 $(s\geqslant 1)$，当 C_n 退出后队列变为空时，接下来到达队列的顾客并不一定是 C_{n+1}，因为每个顾客的服务时间有差异，再后面到达的顾客完全有可能在该顾客之前结束服务而退出队列（当 $s=1$ 时这种情况不会发生）。这实际上正是在 3.1.1 节中所交代的“在多服务者排队系统中，FCFS 并不一定意味着 FIFO”的一个具体表现。

同，服从参数为 μ 的指数分布，$\hat{A}_{n+1}$ 与 A_{n+1} 的概率分布相同，服从参数为 λ 的指数分布。因此有

$$\begin{aligned}P\{U_{n+1} \leqslant u\} = &\rho_{n+1}\mathrm{P}\{S_{n+1} \leqslant u\} \\ &+(1-\rho_{n+1})\int_0^u P\{S_{n+1} \leqslant u-v\}\lambda \mathrm{e}^{-\lambda v}\mathrm{d}v\end{aligned} \tag{5.1.11}$$

其中，ρ_{n+1} 是在 C_n 退去之后瞬间排队系统仍然处于服务状态的概率。根据前述 PASTA 定理以及到达时刻与退去时刻状态概率之间的关系得知，在平稳状态下有 $\rho_{n+1}=\rho$。将 S_{n+1} 的概率分布代入上式得

$$\begin{aligned}P\{U_{n+1} \leqslant u\} &= \rho(1-\mathrm{e}^{-\mu u}) + (1-\rho)\left[1-\mathrm{e}^{-\lambda u} - \int_0^u \mathrm{e}^{-\mu(u-v)}\lambda \mathrm{e}^{-\lambda v}\mathrm{d}v\right] \\ &= 1-\rho \mathrm{e}^{-\mu u} - (1-\rho)\mathrm{e}^{-\lambda u} - \frac{(1-\rho)\lambda}{\mu-\lambda}\mathrm{e}^{-\mu u}\left[\mathrm{e}^{(\mu-\lambda)u}-1\right] \\ &= 1-\rho \mathrm{e}^{-\mu u} - (1-\rho)\mathrm{e}^{-\lambda u} - \rho\left[\mathrm{e}^{-\lambda u}-\mathrm{e}^{-\mu u}\right] \\ &= 1-\mathrm{e}^{-\lambda u}\end{aligned} \tag{5.1.12}$$

即顾客的退去过程是参数为 λ 的泊松过程，与顾客服务过程的参数无关。

一个更简单和直观的解释如下：当服务者处于服务状态时，顾客是按照速率为 μ 的泊松过程退去的；而当服务者处于空闲状态时，不会有顾客退去。由于服务者繁忙的概率为 ρ，空闲的概率为 $1-\rho$，因此在平稳状态下，顾客的退去过程应是速率为 μ 的泊松过程与速率为 0 的泊松过程的叠加，其叠加概率分别为 ρ 和 $1-\rho$。由于顾客的到达与服务均为泊松过程，因此 M/M/1 排队系统的队列长度应服从几何分布，即具有无记忆性。也就是说，上述速率为 μ 的泊松过程与速率为 0 的泊松过程相互独立，即 M/M/1 排队系统的退去过程是一个速率为 $\mu\rho+0(1-\rho)=\lambda$ 的泊松过程。这就是 Burke 输出定理的内容。

对于上述级联排队模型，人们在直观上很容易认为顾客在 Q1 中的滞留时间与在 Q2 中的滞留时间不独立，因为 Q1 中顾客数较多时，Q2 中一般也应积攒着许多顾客。但 Burke 输出定理给出了结论：某一个顾客在 Q1 中和 Q2 中的滞留时间相互独立。实际上，如果只考虑顾客在 Q1 中和 Q2 中的等待时间，则两者确实不独立，只是将顾客的服务时间加在一起考虑时两者才独立。进一步地，从直观上来讲，如果从 Q1 或 Q2 中连续有顾客退去，人们很容易联想到排队系统中一定积攒着许多的顾客在等待服务。但是，Burke 输出定理的内容（2）又否定了这个推测，即当前队列状态与之前的退去过程无关。也就是说，顾客的连续退去并不一定是由于排队系统内顾客数较多造成的，也有可能是由于顾客本身的连续到达造成的，这点可以从 M/M/s 型排队系统的无记忆性来理解。

实际上，Burke 输出定理叙述了这样一个事实：在平稳状态下，M/M/s 排队系统在顺时针方向的状态转移与在逆时针方向的状态转移遵循同一概率规律（统计上无法区分，即时间可逆排队系统），因此顺时针方向的退去过程就相当于逆时针方向的到达过程，即 M/M/s 排队系统的退去过程与到达过程相等。但这里特别值得注意的是，当说 M/M/s 排队系统

的退去过程与到达过程“相等”时指的是概率意义上的相等，即两者服从完全相同的概率分布，并不意味着两者的样本实现都是一致的。

上述特性只对等待空间为无穷大的 M/M/s 型级联排队网络成立，有限等待空间的级联排队网络不具有上述特性。例如，考虑 M/M/1(k) 队列，当队列长度达到 $k+1$（即等待空间全部被占满）时，此时即使有顾客到达事件发生队列状态也不会发生转移，而此时如果有顾客结束服务，队列状态则会转移回 k 状态，因此该马尔可夫链并非时间可逆。当然，如果到达过程或是服务过程其中之一不再是泊松过程，上述特性也不成立。举例来讲，假设分组数据包的长度是固定的，即服务时间恒定，则 Q1 构成了一个 M/D/s 排队模型。此时，到达 Q2 的分组间隔要么等于 μ^{-1}，要么大于 μ^{-1}，也就是说，队列 Q2 中不会有分组等待，因此 Q1 的退去过程不可能是泊松过程。

由此可以得出结论：可以将 M/M/s 排队模型的级联分解为多个独立 M/M/s 型排队模型，即 n 个 M/M/s 级联排队网络的平稳状态概率分布等于 n 个独立 M/M/s 排队模型状态概率分布的积，换句话说，该排队网络的平稳状态概率具有积形式（product-form）的解，这就引出了著名的 Jackson 定理（详见 5.3 节）。但在具体讨论 Jackson 定理之前，先引入排队网络的可逆性和准可逆性概念。

5.2 排队网络的可逆性与准可逆性

一般来讲，分析排队网络的困难在于某个排队模型的退去过程与该排队模型的服务时间有关，因此下一个排队模型的输入过程就必然和前一个排队模型的服务过程有关。但前述的 Burke 输出定理告诉我们，如果顾客的到达间隔与服务时间均服从指数分布，则排队模型的退去过程与顾客的服务时间无关，也就是说，前后两个排队模型的相关性被掩盖掉了。这对分析排队网络的性能是至关重要的。不难看出，这样的特性对任何一个时间可逆（time-reversible）的马尔可夫过程都是成立的。

但是如果将这些排队节点连成网络，由于顾客在排队节点之间的转移一般并不相互独立，因此该排队网络所构成的马尔可夫过程不再是时间可逆的，顾客从某一个排队节点的退去过程一般也不再是泊松过程。只有在某些特殊情况下，具体地讲，当排队网络所构成的马尔可夫过程具有时间准可逆性（quasi-reversible）时，顾客从某个排队节点退出排队网络的过程才是泊松过程。实际上，本章所要讨论的 Jackson 定理、Gordon-Newell 定理以及 BCMP 定理等都相当于 Burke 输出定理的推广。为此，首先讨论排队网络的时间可逆性和准可逆性。

定义 5.1　排队系统的时间可逆性

对于一个不可约、非周期离散时间马尔可夫链 $\{X_n; n=0,1,\cdots\}$，若对于所有的状态 i 和 j 存在 $P_{i,j}=P^*_{i,j}$，则称此马尔可夫链为时间可逆马尔可夫链。这里，$P_{i,j}=\mathrm{P}\{X_{m+1}=j|X_m=i\}$，$P^*_{i,j}=\mathrm{P}\{X_m=j|X_{m+1}=i\}$。

同样，对于一个连续时间随机过程 $(X_{t_1},X_{t_2},\cdots,X_{t_n})$ 和一个足够长的时间 T，如果其反向过程 $(X_{T-t_1},X_{T-t_2},\cdots,X_{T-t_n})$ 的概率分布与正向过程的概率分布一致，则称该随机过程为时间可逆的随机过程。

基于上述定义，时间可逆的马尔可夫过程具有如下特性。

推论 5.1 时间可逆排队系统的性质

对于一个时间可逆的马尔可夫链，局部平衡方程式成立。即

$$p_i P_{i,j} = p_j P_{j,i} \qquad \forall i, j \tag{5.2.1}$$

其中，$p_i = \lim_{n\to\infty} \mathrm{P}\{X_n = i\}$ 为该马尔可夫链的平稳状态概率；反之也成立，即若局部平衡方程式成立，则该马尔可夫过程时间可逆。

由此可见，随机过程的时间可逆性会给排队系统，特别是排队网络的性能分析带来巨大的便利。但在实际系统中如何判断某个随机过程是否是时间可逆的呢？这就引出了被广泛使用的 Kolmogorov 判定准则[KELL 79]。

定理 5.2 随机过程时间可逆性的 Kolmogorov 判定准则[KELL 75]

一个不可约、正常返、非周期的离散时间马尔可夫链或连续时间马尔可夫过程，其时间可逆性成立的充分必要条件为

$$p_{j_1 j_2} p_{j_2 j_3} \cdots p_{j_{n-1} j_n} p_{j_n j_1} = p_{j_1 j_n} p_{j_n j_{n-1}} \cdots p_{j_3 j_2} p_{j_2 j_1} \tag{5.2.2}$$

针对所有的有限状态子空间 $\{j_1, j_2, \cdots, j_n\}$ 均成立，其中 $p_{j_n j_{n-1}}$ 表示该马尔可夫链从状态 j_n 到状态 j_{n-1} 的转移概率。

由此可见，Kolmogorov 准则可以简单地表述为“Flow clockwise equals flow counter-clockwise”，它的物理意义是：如果马尔可夫过程状态转移图中针对所有的闭环环路的状态转移概率之积均相等（即不存在 net circulation），则该马尔可夫过程即为时间可逆的；反之亦然。

举例来讲，考虑一个由两个服务率不同的服务者构成的特殊 M/M/2 排队系统，顾客到达服从参数为 λ 的泊松过程，两个服务者的服务时间均为指数分布，服务率分别为 μ_1 和 μ_2。当队列为空时，新到达顾客以概率 α 选择服务器 1、以概率 $1-\alpha$ 选择服务者 2 接受服务。图 5.3 给出了该排队模型的平稳状态概率转移图。基于 Kolmogorov 的判定准则，可知该排队系统只有在 $\alpha = 1/2$ 时，其时间可逆性才成立，由此通过局部平衡方程式求得平稳状态概率，即

$$p_{1\mathrm{A}} = p_0 \frac{\lambda}{2\mu_1}, \qquad p_{1\mathrm{B}} = p_0 \frac{\lambda}{2\mu_2} \tag{5.2.3}$$

以及

$$p_n = p_0 \frac{\lambda^2}{2\mu_1\mu_2} \left(\frac{\lambda}{\mu_1+\mu_2}\right)^{n-2} \qquad (n = 2, 3, \cdots) \tag{5.2.4}$$

其中，$p_{1\mathrm{A}}$ 和 $p_{1\mathrm{B}}$ 分别表示只有一个顾客时，其处于服务者 1 还是服务者 2 的概率。最后，p_0 通过归一化条件给出。

但在 $\alpha \neq 1/2$ 时，即使此时 $\mu_1 = \mu_2$，其时间可逆性也不成立。

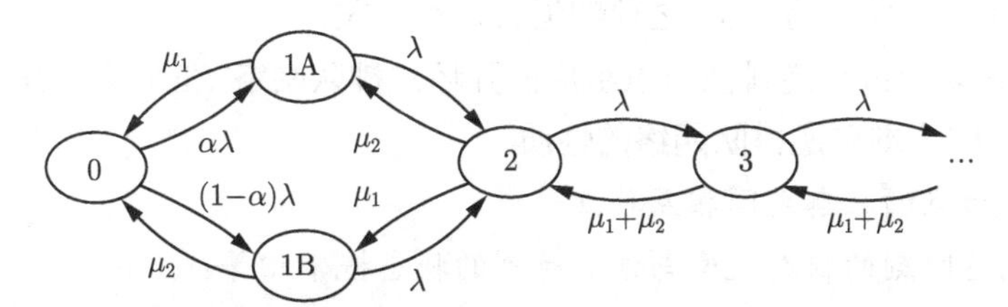

图 5.3 一个特定 M/M/2 排队系统的状态转移图

由上述例子还可以看出，如果一个稳态马尔可夫过程的无向状态转移图是树型（tree-like）的，则此过程为时间可逆的。显然，所有的生灭过程（包括多维的）都是时间可逆的。进一步地可以推测，如果某个马尔可夫过程是时间可逆的，则与其对应的截断（truncated）马尔可夫过程也将是时间可逆的，因为被截断的马尔可夫过程实际上相当于原始马尔可夫过程的一个子集。进一步地，已有文献证明：如果某个马尔可夫过程 $\{X_t\}$ 是时间可逆的，则它的任意函数 $\{f(X_t)\}$ 也将是时间可逆的[HARR 92]。

下面再介绍排队系统另外一个重要概念：时间准可逆性。

定义 5.2 排队系统的时间准可逆性

对于一个平稳状态下的排队系统，如果其状态变量 $X(t)$ 满足：对任意时刻 t_0，都有 $X(t_0)$ 与时刻 t_0 之后的顾客到达过程以及时刻 t_0 之前的顾客退去过程无关，则称该排队系统为时间准可逆排队系统。

由上述定义中可以看出，排队系统的时间准可逆性意味着该排队系统状态变量的马尔可夫性。因此，针对时间准可逆的排队系统，下面的推论成立。

推论 5.2 时间准可逆排队系统的性质 *如果一个排队系统是时间准可逆的，则下述事实成立：*

（1）排队系统的到达过程是与该队列状态独立的泊松过程；

（2）排队系统的退去过程是与该队列状态独立，且与到达过程参数一致的泊松过程；

（3）部分平衡方程式成立。

这里，所谓“部分平衡方程式”（partial balance equation）是指：平稳状态下的排队系统，由于顾客结束服务而从某个状态离开的速率，与由于有新顾客到达而进入该状态的速率相等。它与前述的局域平衡方程式 (5.2.1) 要求针对所有可能的状态 (i, j) 均成立不同，仅要求针对顾客的到达或是退去之后所能访问的状态之间的流（flow）保持平衡即可，因此简称为“部分”平衡方程式。

显然，如果排队系统的到达过程和退去过程均与该队列状态独立、且为参数相同的泊松过程，则部分平衡方程式一定成立。但反之不一定正确，即部分平衡方程式成立并非意味着到达过程或是退去过程一定为泊松过程。这点可从后面的 Jackson 定理看出。

另外，尽管从 Burke 输出定理可知：M/M/s 排队模型的时间可逆性同时也意味着它的时间准可逆性，但一般来讲，随机过程的时间可逆性和时间准可逆性是两个独立的概念，即一个时间可逆的排队系统并不一定是时间准可逆的。比如说，到达率和服务率均随排队系统状态的变化而变化的 M/M/1 排队系统是时间可逆的，但并不是时间准可逆的，因为排队系统在时刻 t_0 的状态将与 t_0 之前的退去过程有关。

进一步地，由多个准可逆排队节点组成的开环式排队网络，在平稳状态下下述事实成立。

推论 5.3　时间准可逆排队网络的性质

（1）各排队节点的状态之间相互独立；

（2）顾客到达时刻的状态概率与任意时刻的状态概率相等；

（3）整个排队网络也是时间准可逆的，且从某个排队节点的退去过程为泊松过程；

（4）排队网络的逆向过程也是时间准可逆的。

这里特别需要注意的是，上述第（2）条性质并不意味着顾客的到达过程一定为泊松过程（参考 Anti-PASTA [WOLF 89]），这个结论与排队节点的时间准可逆性一定对应于顾客的泊松到达或是退去有很大不同。换言之，将一个时间准可逆的排队节点插入到一个排队网络之后，该排队节点可能不再是时间准可逆的了。尽管如此，由性质（1）和性质（3）可知，各排队节点的状态之间仍然相互独立、且整个排队网络的确是时间准可逆的，由此可见，排队网络的行为要比一个排队节点的行为复杂得多。这就引出了 5.3 节的 Jackson 定理。

5.3　开环排队网络与 Jackson 定理

首先分析一个最简单的开环排队网络——两级级联排队网络。如图 5.4 所示，假设顾客按照参数为 λ 的泊松过程到达队列 Q1，两个队列分别有 s_1 和 s_2 个服务者，每个服务者的服务时间均为指数分布，服务率分别为 μ_1 和 μ_2。两个队列的等待空间均为无穷大。

设 N_{1t} 和 N_{2t} 分别表示队列 Q1 和 Q2 在平稳状态下任意时刻 t 的队列长度。很显然，$\{N_{1t}, N_{2t}\}$ 构成了一个二维马尔可夫过程，其状态转移图如图 5.5 所示。

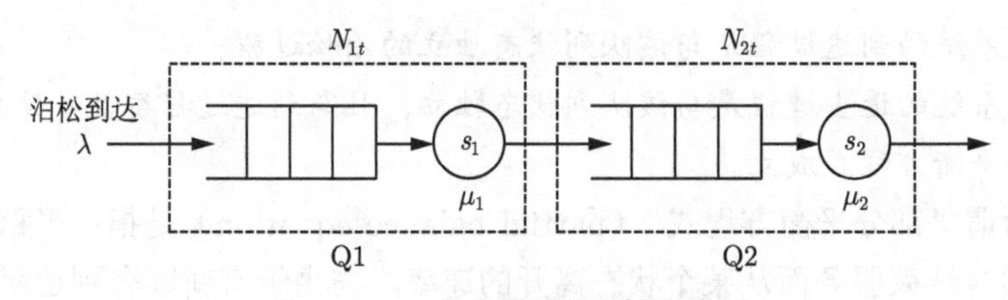

图 5.4　一个典型的级联排队模型

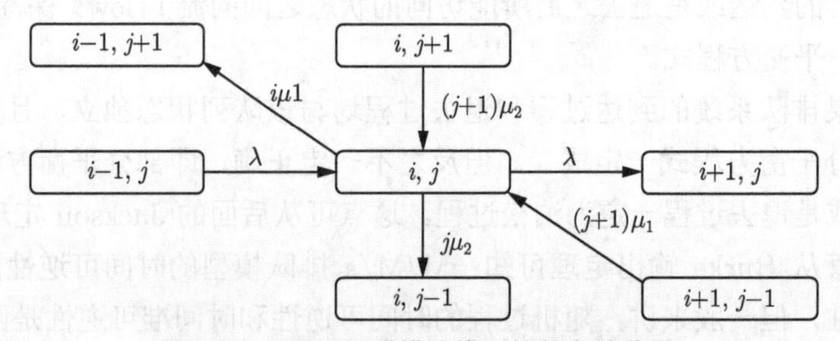

图 5.5　两级级联排队模型的状态转移图

为了表述方便，定义

$$\mu_n(m)=\begin{cases} m\mu_n & (m=1,2,\cdots,s_n) \\ s_n\mu_n & (m=s_n+1,s_n+2,\cdots) \end{cases} \qquad (n=1,2) \tag{5.3.1}$$

则平稳状态概率分布 $p_{i,j}=\lim\limits_{t\to\infty}P\{N_{1t}=i,N_{2t}=j\}$ 满足下列全局平衡方程式

$$[\lambda+\mu_1(i)+\mu_2(j)]p_{i,j}=\lambda p_{i-1,j}+\mu_1(i+1)p_{i+1,j-1}+\mu_2(j+1)p_{i,j+1} \tag{5.3.2}$$

再定义平稳状态概率分布的边缘分布为

$$p^{(1)}(i)=\lim_{t\to\infty}P\{N_{1t}=i\}=\sum_{j=0}^{\infty}p_{i,j} \tag{5.3.3}$$

$$p^{(2)}(j)=\lim_{t\to\infty}P\{N_{2t}=j\}=\sum_{i=0}^{\infty}p_{i,j} \tag{5.3.4}$$

由于 Q1 是一个 M/M/s_1 排队系统，因此有

$$p^{(1)}(i)=\begin{cases} C_1\dfrac{a_1^i}{i!} & (i=0,1,\cdots,s_1-1) \\ C_1\dfrac{a_1^{s_1}}{s_1!}\rho_1^{i-s_1} & (i=s_1,s_1+1,\cdots) \end{cases} \tag{5.3.5}$$

其中，$a_1=\lambda/\mu_1,p_1=a_1/s_1,C_1$ 为归一化常数。

为了求解 Q2 的平稳状态概率分布，首先假设平稳状态概率分布满足下述关系

$$p_{i,j}=p^{(1)}(i)p^{(2)}(j) \tag{5.3.6}$$

将上式代入全局平衡方程式 (5.3.2) 中，可得

$$[\lambda+\mu_2(j)]p^{(2)}(j)=\lambda p^{(2)}(j-1)+\mu_2(j+1)p^{(2)}(j+1) \tag{5.3.7}$$

由此可求得

$$p^{(2)}(j)=\begin{cases} C_2\dfrac{a_2^j}{j!} & (j=0,1,\cdots,s_2-1) \\ C_2\dfrac{a_2^{s_2}}{s_2!}\rho_2^{j-s_2} & (j=s_2,s_2+1,\cdots) \end{cases} \tag{5.3.8}$$

其中，$a_2=\lambda/\mu_2,p_2=a_2/s_2,C_2$ 为归一化常数。

最后利用归一化条件得

$$C_n=\left(\sum_{k=0}^{s_n-1}\frac{a_n^k}{k!}+\frac{a_n^{s_n}}{s_n!}\cdot\frac{s_n}{s_n-a_n}\right)^{-1} \qquad (n=1,2) \tag{5.3.9}$$

将式 (5.3.5)、式 (5.3.8) 和式 (5.3.9) 代入式 (5.3.6) 中，可得 $p_{i,j}$，将其代入式 (5.3.2) 验证可知，该解满足全局平衡方程，从而解出了 Q2 的平稳状态概率分布。由此可见，Q2 的行为完全等同于一个 M/M/s_2 排队系统，即其到达过程是一个参数为 λ 的泊松过程，这实际上验证了前述 Burke 输出定理。同时，该级联排队网络等效于两个独立的 M/M/s 排队模型。

显然，上述两级级联队列的结果可以直接推广到任意多级的级联队列。实际上，即使不是级联队列，只要各排队节点满足一定的条件，上述结论也成立，这就是著名的 Jackson 定理。

首先，给出 Jackson 网络的定义。

定义 5.3　Jackson 网络

如图 5.6 所示，一个由 m 个节点组成的开环排队网络，其中第 i 个节点有 s_i 个同质的服务者 $(i=1,2,\cdots,m)$。如果它满足以下三个条件，则称其为 Jackson 网络：

（1）顾客在第 i 个节点接受服务的时间服从参数为 μ_i 的指数分布，且相互独立。

（2）顾客在第 i 个节点的服务遵循 FCFS 准则[①]，且在接受完服务后以 $P_{i,j}$ 的概率独立地转移到任意节点 j；以 $1-\sum\limits_{j=1}^{m}P_{i,j}$ 的概率离开该排队网络，并至少存在一个 i 使得 $1-\sum\limits_{j=1}^{m}P_{i,j}>0$。

（3）顾客从外部到达第 i 个节点的过程服从参数为 r_i 的泊松过程，且相互独立，并至少存在一个 i 使得 $r_i>0$。

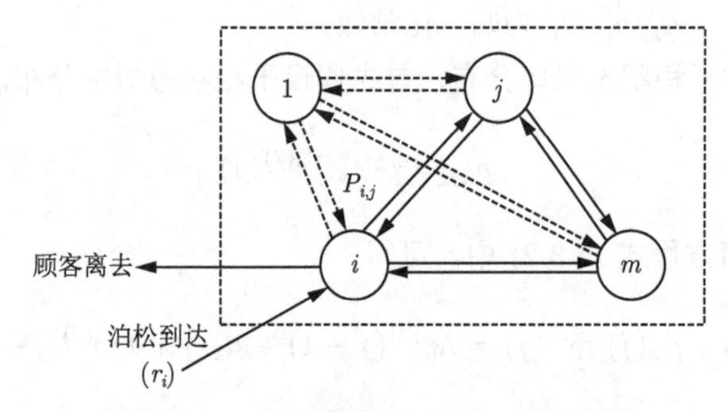

图 5.6　一个典型的 Jackson 开环网络

这里特别要注意的是它的三个“独立”假设。一般来讲，第（2）条的独立路由假设和第（3）条的独立外部到达假设比较符合实际，但第（1）条的独立服务时间假设并非永远与实际系统相符。比如，在电路交换网中，链路（顾客）的占线（服务）时间由顾客自身决定，因此它在不同节点的占线时间很有可能完全一致，至少存在很强的相关性；在分组交换网中，分组（顾客）的传输（服务）时间由分组长度与信息处理设备（服务者）的服务能力决定，因此，在分组长度和信息处理能力都相对固定的系统中，分组在不同节点的传输时间很有可能存在较强的相关性，一般不会完全独立。

① 但如果仅关注队列长度的概率分布，基于指数服务时间的无记忆性可知，下面的结论同样适用于其他服务规则。

尽管如此，Jackson 网络以及相应的 Jackson 定理还是得到了广泛的应用，这主要要归功于 Kleinrock 独立近似[KELL 79] [WALR 88]。该近似基于大量的实测数据和计算机仿真，验证了上述独立性假设，其物理意义可解释为：虽然某个特定的分组在不同的排队节点接受服务的时间有可能是相关的，但网络中实际上存在大量的分组，它们在某个时刻经过某个排队节点时可以认为是完全不同的分组，其分组长度及相应的服务时间可以近似地认为是相互独立和不相关的。可见，该近似的精度在满足下列条件时可以得到保障：

（1）顾客的外部到达服从泊松过程；

（2）顾客的服务时间近似服从指数分布；

（3）有足够多的业务流汇聚到每条链路上；

（4）网络内部是紧密相连的（各节点之间的连接度较高）；

（5）网络整体运行在中度或重负载下。

另外，Jackson 网络中定义的速率为 r_i 的泊松过程是指从排队网络外部到达节点 i 的顾客到达，并非节点 i 实际接受的顾客到达。对于任意一个节点 i，其实际顾客到达过程是该节点的外部顾客到达与从其他节点转移过来的顾客到达的叠加（因此有时也称为“合成到达”，即 composite arrival），其到达率 λ_i 可以通过解下列联立方程式得到，即

$$\lambda_i = r_i + \sum_{j=1}^{m} \lambda_j P_{j,i} \qquad (i = 1, 2, \cdots, m) \tag{5.3.10}$$

用矩阵形式可表示为

$$\boldsymbol{\Lambda} = \boldsymbol{\gamma}(\boldsymbol{I} - \boldsymbol{P})^{-1} \tag{5.3.11}$$

其中，

$$\boldsymbol{\Lambda} = (\lambda_1, \lambda_2, \cdots, \lambda_m) \tag{5.3.12}$$

$$\boldsymbol{\gamma} = (r_1, r_2, \cdots, r_m) \tag{5.3.13}$$

$$\boldsymbol{P} = \begin{pmatrix} P_{11} & P_{12} & \cdots & P_{im} \\ P_{21} & P_{22} & \cdots & P_{2m} \\ \vdots & \vdots & \ddots & \vdots \\ P_{m1} & P_{m2} & \cdots & P_{mm} \end{pmatrix} \tag{5.3.14}$$

由于考虑的是开环网络，因此至少存在一个节点 i 使得 $r_i > 0$ 或 $1 - \sum\limits_{j=1}^{m} P_{i,j} > 0$，即上述 $\boldsymbol{P}$ 矩阵中至少有一行的行和 (row sum) 小于 1。由此可知 $(\boldsymbol{I} - \boldsymbol{P})^{-1}$ 存在。也就是说，上述方程式 (5.3.10) 存在唯一解。

对于满足上述条件的 Jackson 网络，如果针对所有的排队节点均有 $\lambda_i/\mu_i < S_i$ $(i = 1, 2, \cdots, m)$，则 Jackson 网络存在稳态解，且下面的定理成立[JACK 57] [JACK 63]。

定理 5.3 Jackson 定理

对于一个平稳状态下的 Jackson 网络，下列命题成立：

(1) 在任意一个节点内的顾客数与其他节点内顾客数之间相互独立。

(2) 排队网络队列长度的联合概率分布 $p(\boldsymbol{n}) = p(n_1, n_2, \cdots, n_m)$ 呈现积形式的解 (product-form solution)，即

$$p(n_1, n_2, \cdots, n_m) = p_1(n_1)p_2(n_2)\cdots p_m(n_m) \tag{5.3.15}$$

其中

$$p_i(n_i) = \frac{a_i^{n_i}}{n_i!}p_0 \quad (n_i \leqslant s_i) \tag{5.3.16}$$

$$p_i(n_i) = \frac{a_i^{s_i}}{s_i!}\rho^{n_i - s_i}p_0 \quad (n_i > s_i) \tag{5.3.17}$$

$$p_0 = \left(\sum_{n_i=0}^{s_i-1}\frac{a_i^{n_i}}{n_i!} + \frac{a_i^{s_i}}{s_i!}\cdot\frac{s_i}{s_i - a_i}\right)^{-1} \tag{5.3.18}$$

其中，s_i 为第 i 个排队节点的服务者数，$a_i = \lambda_i/\mu_i$。

证明：虽然 Jackson 网络所对应的马尔可夫链并不是时间可逆的，但如果对于任意两组状态 $\boldsymbol{n} = (n_1, n_2, \cdots, n_m)$ 和 $\boldsymbol{n}' = (n_1', n_2', \cdots, n_m')$ 能够找到相应的转移率 $q_{\boldsymbol{n}\boldsymbol{n}'}$ 和 $q^*_{\boldsymbol{n}'\boldsymbol{n}}$，满足下列部分平衡方程式 (partial-balanced equation)，即

$$P(\boldsymbol{n})q_{\boldsymbol{n}\boldsymbol{n}'} = P(\boldsymbol{n}')q^*_{\boldsymbol{n}'\boldsymbol{n}} \tag{5.3.19}$$

$$\sum_{\boldsymbol{n}'} q_{\boldsymbol{n}\boldsymbol{n}'} = \sum_{\boldsymbol{n}} q^*_{\boldsymbol{n}'\boldsymbol{n}} \tag{5.3.20}$$

则 Jackson 定理得证。

实际上，对于

$$\boldsymbol{n} = (n_1, n_2, \cdots, n_i, \cdots, n_m) \tag{5.3.21}$$

$$\boldsymbol{n}' = (n_1, n_2, \cdots, n_i + 1, \cdots, n_m) \tag{5.3.22}$$

存在

$$q_{\boldsymbol{n}\boldsymbol{n}'} = r_i \tag{5.3.23}$$

$$q_{\boldsymbol{n}'\boldsymbol{n}} = \mu_i\left(1 - \sum_{j=1}^{m}P_{ij}\right) \tag{5.3.24}$$

此时如果定义

$$q^*_{\boldsymbol{n}\boldsymbol{n}'} = \lambda_i\left(1 - \sum_{j=1}^{m}P_{ij}\right) \tag{5.3.25}$$

$$q^*_{\boldsymbol{n}'\boldsymbol{n}} = \frac{\mu_i r_i}{\lambda_i} \tag{5.3.26}$$

则可知它们满足方程式 (5.3.19)。

另外，对于

$$\boldsymbol{n} = (n_1, n_2, \cdots, n_i, \cdots, n_j, \cdots, n_m) \tag{5.3.27}$$

$$\boldsymbol{n}' = (n_1, n_2, \cdots, n_i + 1, \cdots, n_j - 1, \cdots, n_m) \tag{5.3.28}$$

存在

$$q_{\boldsymbol{n}\boldsymbol{n}'} = \mu_j P_{ji} \tag{5.3.29}$$

此时如果定义

$$q^*_{\boldsymbol{n}'\boldsymbol{n}} = \frac{\mu_i \lambda_j P_{ji}}{\lambda_i} \tag{5.3.30}$$

则可知它们满足方程式 (5.3.19)。

对于所有其他的 $\boldsymbol{n}$ 和 $\boldsymbol{n}'$，由于

$$q_{\boldsymbol{n}\boldsymbol{n}'} = 0 \tag{5.3.31}$$

因此，只要定义

$$q^*_{\boldsymbol{n}'\boldsymbol{n}} = 0 \tag{5.3.32}$$

方程式 (5.3.19) 即可得到满足。最后将上述相关结果代入式 (5.3.20)，可以验证其正确性。因此定理得证。 ■

对比这两个定理可以发现，Burke 输出定理源自于马尔可夫排队系统的时间可逆性；而 Jackson 定理则源自于马尔可夫排队系统的时间准可逆性。同时，时间准可逆性是排队网络具有积形式解的充分条件，而非必要条件。

一般来讲，由于节点间的路由是随机的，一个顾客有可能多次访问某个节点，因此，即使顾客从外界的到达是泊松过程，但对于某个节点的实际顾客到达不再一定是泊松过程（只有最简单的级联排队网络，每个排队节点的实际到达过程才是泊松过程，即 Burke 输出定理）。这可以从如图 5.7 所示的例子中得到说明。

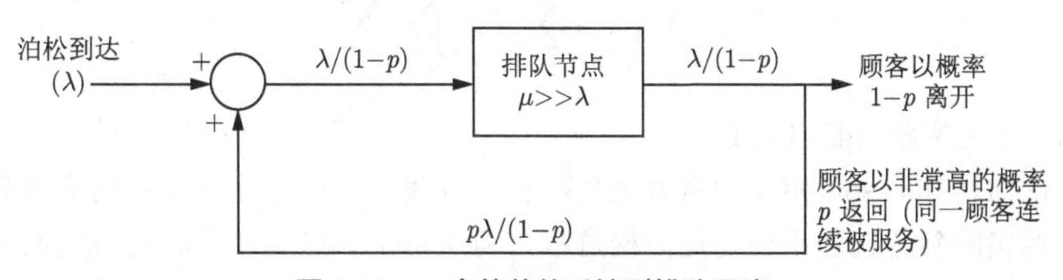

图 5.7 一个简单的反馈型排队网络

在图 5.7 中，假设顾客的服务率 μ 远大于它的到达率 λ，而且结束服务的顾客以近似于 1 的概率反馈到排队系统的输入端 ($p \approx 1$)。由此可以看到，当排队系统中有顾客从外界到达时，该顾客会在一个非常短的时间内再次返回到排队系统的输入端，并同时引发出

该顾客的再次反馈，以此类推。也就是说，一个顾客的到达会引发出一组顾客的连续到达（连锁反应）。显然，顾客的到达之间不再相互独立，也不再是泊松过程。

只有当顾客在节点间的路由不存在反馈，永远遵循前馈 (feedforward) 原则时，即顾客访问某个排队节点的次数不超过 1 次时（如最简单的级联排队网络，或是树状路由的网络等），每个排队节点处的实际到达过程才是泊松过程。

即便如此，Jackson 定理告诉我们：Jackson 网络中的每一个排队节点在统计意义上就好像它们的到达过程是相互独立的泊松过程一样各自独立地进行运作，因此可将 Jackson 网络分解为 m 个独立的 M/M/s 型排队模型来分析，即 Jackson 网络的平稳状态概率分布具有积形式的解。

实际上，如上所述，顾客在排队节点的实际到达过程一般情况下既不相互独立，也不是泊松过程，因此各个排队节点内顾客数随时间的变化过程相互之间也不是独立的。但如果只在平稳状态下的某个时刻（snapshot）观察各节点的队列状态，则它们之间是相互独立的。

更有趣的是，尽管 Jackson 网络中每个节点的实际到达过程一般不再是泊松过程，但 PASTA 定理却仍然成立，这也从另一个侧面验证了 Anti-PASTA 的正确性。

推论 5.4　Jackson 网络中的 PASTA 定理

对于一个开环 Jackson 网络，顾客到达时刻的状态概率与任意时刻排队网络的状态概率一致，即

$$\boldsymbol{p}^{-}(\boldsymbol{n})=\boldsymbol{p}(\boldsymbol{n}) \tag{5.3.33}$$

证明：参见文献 [SEVC 81]。

上述结论有时也被称为 Jackson 网络的输入定理（input theorem）。与此相对应的是 Jackson 网络的输出定理（output theorem），其表述如下：

推论 5.5　Jackson 网络的输出定理

对于一个开环 Jackson 网络，顾客从节点 i 退出整个排队网络的退去过程为泊松过程，其退去率为 $\lambda_i\left(1-\sum\limits_{j=1}^{m}P_{i,j}\right)$，并满足

$$\sum_{i=1}^{m}\lambda_i\left(1-\sum_{j=1}^{m}P_{i,j}\right)=\sum_{i=1}^{m}r_i \tag{5.3.34}$$

证明：参见文献 [SEVC 81]。

该推论也是 Jackson 定理的奇妙之处，它告诉我们：尽管 Jackson 网络中某一个排队节点的顾客实际到达过程不一定是泊松过程，但从每个节点离开排队网络的退去过程却一定是泊松过程，且从所有节点退去率的总和等于外部顾客到达率的总和。

例题 5.1 Jackson 排队网络的最优资源分配

考虑一个由 m 个服务器组成的 Jackson 排队网络，其参数同上。假设 m 个服务器的总服务能力限定在 μ，且满足 $\mu \geqslant \sum\limits_{j=1}^{m}\lambda_j$，请问如何在 m 个服务器中分配服务能力能使

（1）网络中滞留的平均顾客数最少。

（2）顾客在网络中的平均滞留时间最短。

假设分配给第 j $(j=1,2,\cdots,m)$ 个队列的服务能力为 μ_j，即 $\mu=\mu_1+\mu_2+\cdots+\mu_m$。由 Jackson 定理可知，网络中滞留的顾客总数的平均值为

$$\overline{N}=\sum_{j=1}^{m}\frac{\rho_j}{1-\rho_j} \tag{5.3.35}$$

其中，$\rho_j=\lambda_j/\mu_j$。为使 $\overline{N}$ 在 $\mu=\mu_1+\mu_2+\cdots+\mu_m$ 约束下取得最小值，引入拉格朗日乘子 γ 及

$$f(\mu_j)=\sum_{j=1}^{m}\frac{\rho_j}{1-\rho_j}-\gamma\left(\sum_{j=1}^{m}\mu_j-\mu\right) \tag{5.3.36}$$

然后将 $f(\mu_j)$ 针对 μ_j 取微分并置零得

$$\frac{\lambda_j}{(\mu_j-\lambda_j)^2}-\gamma=0 \tag{5.3.37}$$

由此可求得

$$\mu_j=\lambda_j+\sqrt{\frac{\lambda_j}{\gamma}} \tag{5.3.38}$$

将此式代入约束条件 $\mu=\mu_1+\mu_2+\cdots+\mu_m$，得

$$C\triangleq\frac{1}{\sqrt{\gamma}}=\frac{\mu-\sum\limits_{j=1}^{m}\lambda_j}{\sum\limits_{j=1}^{m}\sqrt{\lambda_j}}$$

因此最优的 μ_j 应为

$$\mu_j=\lambda_j+C\sqrt{\lambda_j} \tag{5.3.39}$$

可见，只需为第 j 个服务器额外配置与该服务器到达率的平方根成正比的服务能力即可使网络中滞留的平均顾客数最小。这里 λ_j 的服务能力是为使排队系统保持稳定运行第 j 个服务器所需要的最小服务率。这实际上是“平方根资源配置准则”（square root staffing law）[FELD 07] 的另一种表现形式。

如果优化目标改为顾客在网络中的平均滞留时间，则同样的分析可求得

$$\mu_j=\lambda_j+C' \tag{5.3.40}$$

其中，$C'=\dfrac{\mu-\sum\limits_{j=1}^{m}\lambda_j}{m}$。如果进一步假设 $\lambda_1=\lambda_2=\cdots=\lambda_m$，即由 m 个服务器组成的级联 (tandem) 排队网络，则可求得最优的 $\mu_j=\mu/m$，即将总服务能力平均分配到各个服务

器上可使顾客平均总的滞留时间最小。这与我们的直观感受也是吻合的，即尽量不要制造瓶颈（bottleneck）节点。

例题 5.2 随机路由网络的资源分配

考虑一个由三个相互独立节点构成的简单随机路由系统，每个节点处假设只有一个服务者。顾客从第一个节点进入系统，其到达过程为参数 λ 的泊松过程，在节点 1 的服务时间服从参数为 μ 的指数分布。在节点 1 接受完服务之后，以概率 p 进入第二个节点、以概率 $1-p$ 进入第三个节点，然后离开系统。在第二个和第三个节点的服务时间也是指数分布，参数分别为 $\alpha\mu$ 和 $(1-\alpha)\mu$，其中 p 和 α 均小于或等于 1。请问：

（1）针对给定的路由策略，如何配置节点 2 和节点 3 的网络资源，即选择 α 使得顾客通过系统的平均延时最小？

（2）针对给定的资源配置，即固定 α 时，如何选择 p 来调整路由使得顾客通过系统的平均延时最小？

解：第（1）问相当于给定 p，求解最优的 α；第（2）问相当于给定 α，求解最优的 p。

由于节点 1 完全独立于节点 2 和节点 3，因此先给出顾客在节点 1 处的平均滞留时间，即

$$\overline{W}_1 = \frac{h}{1-\rho}$$

其中，$h = 1/\mu$，$\rho = \lambda/\mu$。

根据 Burke 输出定理可知，节点 2 和节点 3 的到达过程均为泊松过程，其到达率分别为 $p\lambda$ 和 $(1-p)\lambda$，由此可求得顾客在节点 2 和节点 3 处的平均滞留时间分别为

$$\overline{W}_2 = \frac{h/\alpha}{1-p\rho/\alpha} \qquad \overline{W}_3 = \frac{h/(1-\alpha)}{1-(1-p)\rho/(1-\alpha)}$$

由此可得，顾客通过该随机路由系统的平均延时为

$$\overline{W} = \overline{W}_1 + p\overline{W}_2 + (1-p)\overline{W}_3$$

通过拉格朗日法可求得可使平均延时最小的 $\alpha = p$，即应该按照路由概率 p 来配置网络资源；反之亦然。

5.4 闭环排队网络与 Gordon-Newell 定理

如前所述，纯粹意义上的闭环网络实际上是不存在的，系统不可能无止境地只为一部分顾客提供服务。但它可用于近似一些重负载系统或是网络资源严重受限的系统，此时系统基本上处于满负荷运转，只有在有顾客结束服务而退出该系统之后才能有新的顾客进入系统开始接受服务。同时，闭环网络还经常被用于描述计算资源受限的信息处理系统，它通常由中央处理器（Central Processing Unit，CPU）、存储器（memory）或数据库（database）、输入输出（I/O）设备等组成，形成一个任务处理环路（job cyclic loop）。

定义 5.4　Gordon-Newell 网络

一个由 m 个节点组成的闭环排队网络，如图 5.8 所示。如果它满足以下三个条件，则称其为 Gordon-Newell 网络

（1）顾客在第 i 个排队节点接受服务的时间服从参数为 $\mu_i(n_i)$ 的指数分布，且相互独立。其中 n_i 表示第 i 个节点的队列长度。

（2）顾客在第 i 个节点接受完服务后以 P_{ij} 的概率独立地转移到任意节点 $j(j=1,2,\cdots,m)$。

（3）排队网络内部顾客数固定为 K，无外界顾客到达。

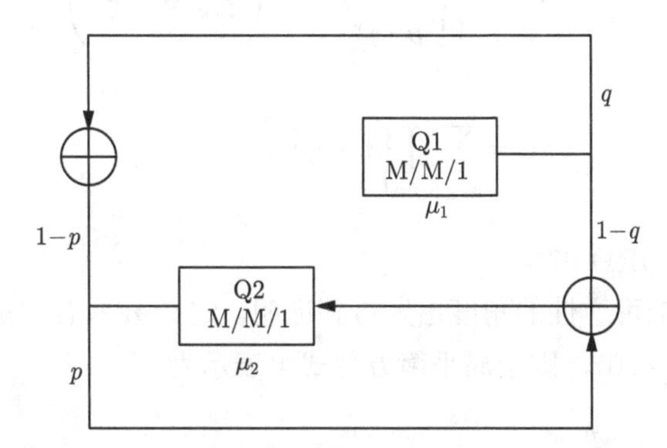

图 5.8　一个典型的 Gordon-Newell 闭环网络

显然，Gordon-Newell 排队网络的状态空间为

$$S=\left\{(n_1,n_2,\cdots,n_m)|n_i\geqslant 0;\sum_{i=1}^{m}n_i=K\right\} \tag{5.4.1}$$

随机过程的理论告诉我们，如果 Gordon-Newell 排队网络是一个不可约正常返的马尔可夫过程，则状态空间的有限性决定了该排队网络的平稳状态永远存在。另外，从 Gordon-Newell 排队网络的闭环特性可知，对于任意 i 有 $\sum\limits_{j=1}^{m}P_{ij}=1$，即此处的路由矩阵 $\boldsymbol{P}$ 为随机概率矩阵（stochastic matrix），这点与 Jackson 网络有很大不同。因此排队节点 i 的顾客到达率可通过求解下列迭代方程式得出

$$\lambda_i=\sum_{j=1}^{m}\lambda_j P_{ji} \tag{5.4.2}$$

显然，该迭代方程式有无穷多组解。假设 $(a_1,a_2,\cdots,a_m)$ 是其中一组非零解，则顾客到达率应为它的常数倍，即

$$\lambda_i=ca_i \tag{5.4.3}$$

其中，c 为常数。这里，如果设定 $\lambda_1=1$，则 λ_i 可以理解为在相邻两次访问排队节点 1 之间平均访问排队节点 i 的次数。如果进一步定义 T_i 为排队节点 i 的吞吐量，则有 $T_i/T_j=\lambda_i/\lambda_j$，因此也可以将 λ_i 视为排队节点 i 的相对吞吐量。

定理 5.4 Gordon-Newell 定理

对于一个平稳状态的 Gordon-Newell 网络，队列长度的联合概率分布 $p(\boldsymbol{n}) = p(n_1, n_2, \cdots, n_m)$ 存在积形式解，即

$$p(n_1, n_2, \cdots, n_m) = \frac{1}{G} p_1(n_1) p_2(n_2) \cdots p_m(n_m) \tag{5.4.4}$$

其中

$$p_i(n_i) = \frac{a_i^{n_i}}{\prod\limits_{j=1}^{n_i} \mu_i(j)}, \qquad \left(\sum_{i=1}^{m} n_i = K\right) \tag{5.4.5}$$

$$G = \sum_{\boldsymbol{n} \in S} \prod_{i=1}^{m} p_i(n_i) \tag{5.4.6}$$

证明：见文献 [GORD 67]。

该定理也可以从准可逆性的角度出发得到证明。定义 $\boldsymbol{n} = (n_1, n_2, \cdots, n_i, \cdots, n_m)$，以及 $\mathbf{1}_i = (0, 0, \cdots, 1, \cdots, 0)$，则全局平衡方程式可表示为

$$\sum_{i=1}^{m} \mu_i p(\boldsymbol{n}) = \sum_{i=1}^{m} \sum_{j=1}^{m} \mu_j P_{ji} p(\boldsymbol{n} + \mathbf{1}_j - \mathbf{1}_i) \tag{5.4.7}$$

再基于式 (5.4.2) 可知

$$1 = \sum_{j=1}^{m} \frac{\lambda_j}{\lambda_i} P_{ij} \tag{5.4.8}$$

因此有

$$\sum_{i=1}^{m} \sum_{j=1}^{m} \frac{\lambda_j}{\lambda_i} P_{ij} \mu_i p(\boldsymbol{n}) = \sum_{i=1}^{m} \sum_{j=1}^{m} \mu_j P_{ji} p(\boldsymbol{n} + \mathbf{1}_j - \mathbf{1}_i) \tag{5.4.9}$$

或改写为

$$\sum_{i=1}^{m} \sum_{j=1}^{m} P_{ij} \left[\frac{\lambda_j}{\lambda_i} \mu_i p(\boldsymbol{n}) - \mu_j p(\boldsymbol{n} + \mathbf{1}_j - \mathbf{1}_i) \right] = 0 \tag{5.4.10}$$

由此得

$$\frac{\lambda_j}{\lambda_i} \mu_i p(\boldsymbol{n}) = \mu_j p(\boldsymbol{n} + \mathbf{1}_j - \mathbf{1}_i) \qquad (i, j = 1, 2, \cdots, m) \tag{5.4.11}$$

这相当于部分平衡方程式，可见 Gordon-Newell 网络是时间准可逆的，因此积形式解成立。

这里值得注意的是，虽然闭环 Gordon-Newell 网络也具有积形式解，但与 Jackson 开环网络不同的是，这并不意味着每个排队节点之间相互独立，同时它也不是每个节点状态概率的积。实际上，由于排队网络内的顾客数是一定的，每个排队节点内的顾客数显然是相互关联的。

但是，即使闭环 Gordon-Newell 网络与 Jackson 开环网络之间存在上述不同，但它仍然拥有随机观测特性，即顾客到达时刻的系统状态与任意时刻排队系统内有 $K-1$ 个顾客的系统状态一致。

5.5 混合排队网络及其扩展

针对排队网络内部的某些子网络是闭环网络，另一些子网络是开环网络的混合排队网络，由于从整体来看：排队网络仍然是一个开环网络，因此基本上可以通过 Flow-Equivalent Server（FES）的方法（有时称 Flow-equivalent aggregation 法[CASA 08] 或排队网络的 Norton 定理[CHAN 75]），将其内部的闭环子网络近似为一个 FES 节点，然后应用 Jackson 定理求解整个网络的性能。该方法虽然会牺牲一些性能分析的细节，但也是不得已而为之的手段，因为从前两节的分析可以看出，无论是开环的 Jackson 网络还是闭环的 Gordon-Newell 网络，都是建立在非常理想的假设基础上的，但却是截至目前为止很少能够给出显示解的排队网络。为此，本书针对混合排队网络的性能分析不再单独讨论，感兴趣的读者可参阅文献 [WALR 88]。

当然，在 Jackson 网络和 Gorden-Newell 网络的基础上后人又做了许多有意义的扩展，其中也包括可以应用于混合排队网络的 BCMP 定理。下面简要介绍这些扩展。

扩展 1：状态依存型 Jackson 网络

Jackson 网络的一个自然扩展是状态依存型（state-dependent）Jackson 网络，即顾客在某个节点的服务时间仍然遵循泊松过程，但其服务率随队列状态而改变，即 μ_i 变为 $\mu_i(n_i)$，其中，n_i 表示第 i 个排队节点内的顾客数；同时，顾客的到达率也可以随队列状态进行变化，即 λ_i 变为 $\lambda_i(n_i)$。针对这样状态依存型的 Jackson 网络，已有研究显示，积形式解仍然存在。详见文献 [KELL 79]。

扩展 2：BCMP 网络

在上述状态依存型 Jackson 网络的基础上，Baskett、Chandy、Muntz、Palacios 四位科学家提出了一种更一般的排队网络，以下简称“BCMP 网络”[BCMP75]，其主要扩展是将排队节点的种类扩展到了多类（相应地，也将业务种类扩展到了多类），每一类节点的服务时间不再限定为指数分布，服务规律也不再限定为 FCFS，所对应的排队网络也不再限定为开环的 Jackson 网络或是闭环的 Gorden-Newell 网络。具体地，一个 BCMP 网络定义如下：

定义 5.5 BCMP 排队网络

一个由 m 个排队节点组成的排队网络，如果它满足下面几个条件，则称其为 BCMP 网络。

（1）排队网络既可以是开环的，也可以是闭环的或是混合型网络；

（2）排队节点 i 的外部到达（如果有的话）为泊松过程，其到达率可随所对应的节点 i 的队列状态 n_i 或是排队网络内的顾客总数 $\sum\limits_{i=1}^{m} n_i$ 动态变化；

(3) 排队节点 i 的服务模式分为以下四类，即

类型 1：服务规律为 FCFS，服务时间为指数分布，且不同类的业务服从相同的指数分布，其参数可根据队列状态动态变化；

类型 2：服务规律为 LCFS，但遵循中断继续式（preemptive resume）规律，即满足工作量守恒（work-conservative）原理，服务时间可为任意（有理）概率分布，其参数可随业务类型的变化而变化；

类型 3：服务规律为服务器共享（Processor Sharing, PS），服务时间可为任意（有理）概率分布，其参数可随业务类型的变化而变化；

类型 4：服务者数为无穷大，服务时间可为任意（有理）概率分布，其参数可随业务类型的变化而变化；

(4) 顾客在第 i 个排队节点接受完服务后以 $P_{i,j}$ 的概率独立地转移到任意节点 j；以 $1-\sum\limits_{j=1}^{m}P_{i,j}$ 的概率（假设其中至少有一个值不为零）从排队网络退去。

满足上述条件的 BCMP 网络，文献 [BCMP75] 已证明：积形式解仍然存在，即

$$\pi(x_1,x_2,\cdots,x_m)=C\pi_1(x_1)\pi_2(x_2)\cdots\pi_m(x_m)$$

其中，C 为归一化常数，$\pi_i(\cdot)$ 为排队节点 i 在给定的服务规律下的平稳状态概率，即针对类型 1，$\pi_i(\cdot)$ 即为所对应 M/M/s 队列的平稳状态概率；针对类型 4，$\pi_i(\cdot)$ 即为所对应 M/G/∞ 队列的平稳状态概率；其他以此类推。

这个结论展示了积形式解的鲁棒性（robustness），即在某些特定的场景下，它不仅适用于指数分布的服务时间，而且适用于更一般的概率分布；同时，不仅适用于 FCFS 服务规律，也适用于更一般的服务规律。

扩展 3：Kelly 网络

前述所有排队网络的节点间路由机制均假设为独立随机路由，即顾客在某个节点接受完服务之后以某个概率独立地转移到任何一个其他节点继续接受服务。Kelly 网络考虑的则是顾客的固定路由，即顾客在某个节点接受完服务之后以某个事先约定好的路线移动到下一个节点继续接受服务。也就是说，与 BCMP 网络中顾客在节点间的移动遵循概率规律不同，Kelly 网络中顾客在节点间的移动是事先固定好的路线。这在实际网络中也是经常遇到的，比如，电话网中的电路交换模式以及互联网中以虚电路（virtual circuit）方式工作的分组交换模式。如此定义的 Kelly 网络也已被证明具有积形式的解，这个结论再一次展示了积形式解的鲁棒性，即顾客在排队网络中所经过的节点数或是重复经过某个节点的次数，无论是平均意义上的 n 次，还是确定意义上的 n 次，其排队网络的行为保持一致。详细描述参见文献 [KELL 75] [KELL 76]。

扩展 4：G-网络

具有积形式解的另外一个有趣的排队网络是 G-网络（generalized queueing network）。它最初由 Gelenbe 提出，因此也有人将其称为 Gelenbe-network[GELE 91] [GELE 93] [GELE 98]。其

最大的特点是引入了一类被称为“负向顾客（negative customer）”的顾客，在其到达排队节点 i 时会从该排队节点带走一个或多个顾客，即负向顾客的到达不仅不会像传统“正向顾客（positive customer）”那样使得队列长度变长，反而会使该排队节点的队列长度变短。这在排队模型中是很少见的，但却在实际网络中很常见，比如说，在具有拥塞控制机制的通信网络中，负向顾客可以用来表述进行拥塞控制的控制信号，即当网络陷入拥塞时可通过生成负向顾客将部分顾客（如排在队尾的顾客）从系统中移除或是转移到其他节点，从而解除拥塞。在电路交换网中经常采用的重路由（re-routing）机制也可以用 G-网络来近似。最近备受关注的能量包网络（energy packet network）[GELE 16] 也是一个很好的应用例子，即网络中存在两种流（flow）：一种是业务流（data packet），它相当于正向顾客，在业务节点接受服务时需要消耗一定的能量，然后移动到其他业务节点或是离开网络；另一种是能量流（energy packet），它相当于负向顾客，在从能量缓存器被取出用于服务业务流之后消失。

下面给出 G-网络的定义。

定义 5.6　G-网络

一个由 m 个业务节点组成的排队网络，如果它满足如下条件，则称其为 G-网络。

（1）每个业务节点配备单一服务者，其服务时间服从参数为 μ_i $(i=1,2,\cdots,m)$ 的指数分布；

（2）无论是正向顾客，还是负向顾客，包含触发（trigger）顾客和重置（reset）顾客，其外部到达均为泊松过程，其到达率分别为 r_i^+ 和 r_i^- $(i=1,2,\cdots,m)$；

（3）当正向顾客到达业务节点 i 时，其队长增加 1；当负向顾客到达业务节点 i 时，其队长减少 1 或是任意一个随机数（如果队列中有足够的正向顾客的话）；当触发顾客到达业务节点 i 时，该节点中的一个顾客将以概率 P_{ij}^- 转移到业务节点 $j\left(\sum\limits_{j=1}^{m}P_{ij}^-=1\right)$；当重置顾客到达业务节点 i 时，如果此时其队列为空，则该节点将被重置回平稳状态；

（4）当正向顾客在业务节点 i 接受完服务之后，将以概率 P_{ij}^+ 转移到节点 $j\left(\sum\limits_{j=1}^{m}P_{ij}^+=1\right)$；当负向顾客（包括触发顾客和重置顾客）在业务节点 i 完成控制操作之后，将以概率 P_{ij}^- 转移到节点 $j\left(\sum\limits_{j=1}^{m}P_{ij}^-=1\right)$。

针对上述 G-网络，文献 [GELE 91] [GELE 93] [GELE 98] 已经证明：积形式解仍然存在，即 G-网络的平稳状态概率分布 $\pi(n_1,n_2,\cdots,n_m)$ 由下式给出

$$\pi(n_1,n_2,\ldots,n_m)=\prod_{i=1}^{m}(1-\rho_i)\rho_i^{n_i}$$

其中，$\rho_i=\dfrac{\lambda_i^+}{\mu_i+\lambda_i^-}$，$\lambda_i^+$ 与 λ_i^- 分别表示正向顾客和负向顾客在业务节点 i 的实际等效到达率，由下列迭代方程式给出

$$\lambda_i^+ = \sum_{j=1}^{m} \rho_j \mu_j P_{ji}^+ + r_i^+ \tag{5.5.1}$$

$$\lambda_i^- = \sum_{j=1}^{m} \rho_j \mu_j P_{ji}^- + r_i^- \tag{5.5.2}$$

这里需要注意的一点是，式 (5.5.1) 与式 (5.5.2) 的流量方程式是相互依存的，也就是说，它们都是非线性方程，这与 Jackson 定理和 Gorden-Newell 定理中的线性流量方程式 (5.3.10) 与式 (5.4.2) 有很大不同。此时部分平衡方式已经不再成立，但其积形式的解却与 Jackson 定理和 Gorden-Newell 定理中的积形式解相似，这又一次展示了积形式解的鲁棒性。

最后说明一点，如果通信网络能够近似等效为 Jackson 网络或是其扩展，则应用 Jackson 定理可以较容易地求解出该通信网络的端对端性能。但问题是 Jackson 定理并不是可逆的，即并不是只有 Jackson 网络或是其上述扩展才具有积形式的解。那么，究竟还有哪些网络也具有积形式解呢？这个问题还有待进一步研究，感兴趣的读者可参阅文献 [KELL 76] [CHAO 98]。

小结

（1）M/M/s 的退去过程是与到达过程相同的泊松过程（Burke 输出定理）。

（2）开环 Jackson 网络队列长度的联合状态概率分布具有积形式的解，等同于将每个节点视为 M/M/s 时状态概率分布的积（Jackson 定理）。

（3）闭环 Gordon-Newell 网络队列长度的联合状态概率分布也具有积形式的解（Gordon-Newell 定理）。

（4）Jackson 网络可以扩展到更一般的场景，即积形式解具有强大的鲁棒性，包括 BCMP 网络、Kelly 网络和 G-网络。

习题

5.1 M/M/1 循环级联排队网络的最优资源配置。考虑一个由 m 个服务能力相同（服务率均为 μ）的 M/M/1 队列组成的循环级联排队网络，系统内可接纳的顾客总数为 K，即新的顾客只有在已有顾客结束服务而从第 m 个节点离开之后才能进入第 1 个节点开始接受服务（等效于顾客在第 m 个节点结束服务之后重新回到节点 1 开始新的一轮服务）。假设系统总的服务资源固定，即 $m\mu = C$，试问：如何在级联节点个数 m 与每台服务器的服务能力 μ 之间取得最优的折中，使得顾客的平均滞留时间最短？

5.2 考虑一个简单的分散路由服务系统，即 A 和 D 两点间的业务会独立地分散到 A-B-D 和 A-C-D 两条路由上。假设业务的到达是参数为 λ 的泊松过程，在 B 和 C 两点的服务时间均服从指数分布（均为单一服务者），但在 B 点的服务率是 C 点服务率的 2 倍（假设 C 点服务率为 μ）。请画出该排队网络的状态转移图，并回答：为了让业务总体的平均传输延迟最小，A-B-D 路由上的流量应为 A-C-D 路由上的多少倍？

5.3 容量分配和路由控制 (Capacity assignment and route control)。考虑一个如图 5.9 所示的 Jackson 网络，顾客到达率为 λ。

（1）求解顾客在网络中的平均滞留时间。

（2）假设网络提供的总服务能力（容量）为 μ，如何分配各节点容量 μ_1、μ_2、μ_3 ($\mu=\mu_1+\mu_2+\mu_3$) 以及调整路由参量 p_1 和 p_2，使得顾客在网络中的平均滞留时间最小。

（3）假设顾客在网络中的平均滞留时间不能超过约束 T。三个节点提供每单位容量所带来的代价分别是 c_1、c_2、c_3，如何选择各节点的容量 μ_1、μ_2、μ_3 以及调整路由参量 p_1、p_2，使得在满足顾客平均滞留时间约束的条件下最小化网络的总开销。

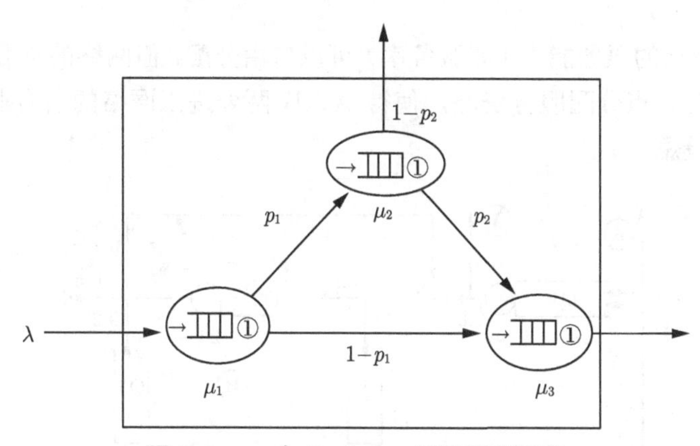

图 5.9　一个 Jackson 开环排队网络

5.4 考虑如图 5.10 所示的排队网络。用户以均值为 λ 的泊松过程到达，当虚线框中的用户数小于 K 时，用户会进入虚线框中；反之，用户在队列 A 中等待，一旦虚线框中的用户数低于 K 时，队首的用户就会进入虚线框中。进入虚线框之后，用户首先进入队列 B 中，接受平均服务时间为 μ^{-1} 的指数分布服务器的服务；之后进入队列 C 中，同样接受平均服务时间为 μ^{-1} 的指数分布服务器的服务。之后，用户以概率 p 离开系统，以概率 $1-p$ 返回到队列 B 中。

（1）考虑 $K=1$ 时的情况。

① 给出用户在虚线框中滞留时间的概率密度函数 $\beta(x)$ 的表达式。

② 根据 $\beta(x)$，求解全系统（包括队列 A 和虚线框）内用户数的平均。

③ 根据②中结果，求解用户在系统中的平均滞留时间 T_1。

（2）考虑 $K=\infty$ 时的情况。

① 求解系统内用户数的概率分布。

② 求解用户在系统中的平均滞留时间 T_∞。

（3）分别求解问题（1）与问题（2）中系统稳定的条件，并证明 $T_1\geqslant T_\infty$。

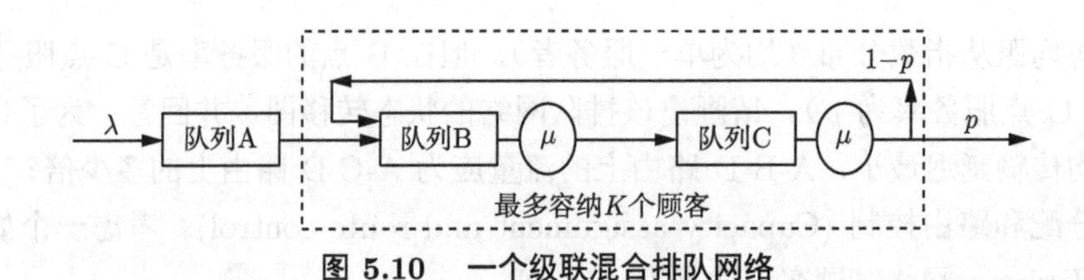

图 5.10 一个级联混合排队网络

5.5 考虑一个如图 5.11 所示的开环网络，网络中有四个排队节点，业务可以从 A 和 B 两处相互独立地进入网络，且分别服从参数为 λ 和 2λ 的泊松过程。业务在四个节点的服务时间相互独立，且服从指数分布。每个节点仅有一个服务者，队列缓存无穷大。各节点路由策略相互独立，转移概率如图 5.11 所标注。试问：

（1）若四个节点的服务率均为 μ，则网络在什么条件下稳定？

（2）若 $\lambda = 0.2$，四个节点的服务率均为 $\mu = 1$，求从 A 处到达的业务在网络中的平均滞留时间。

（3）假设各节点的服务能力（即服务率）可以自由分配，但网络的总服务能力受限于 C，则应如何在各节点分配服务资源，使得 A、B 两处进入网络的所有业务在网络中的平均滞留时间最短？

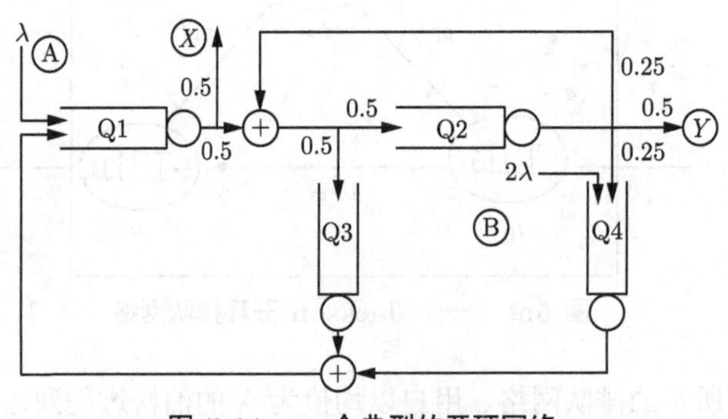

图 5.11 一个典型的开环网络

非马尔可夫排队系统的嵌入马尔可夫过程分析法

第 6 章

在前两章所讨论的排队系统中，假设了顾客的到达间隔和服务时间两者均服从指数分布。由于指数分布特有的无记忆性，该系统的状态可以只用 t 时刻的顾客数 N_t 来完全描述，即 t 时刻之后的系统状态只与 t 时刻的状态有关，与 t 时刻之前的系统经过无关。也就是说，系统的状态变量具有马尔可夫性，因此称之为马尔可夫型排队系统。

但当上述两者之一或两者全部都不再是指数分布时，系统的状态变量 N_t 一般不再具有马尔可夫性。以简单的 D/M/1 排队系统为例，t 时刻之后的系统状态不仅仅与 t 时刻的状态有关，而且与前一个顾客的到达至时刻 t 的时间经过有关。如果没有这个额外信息，那么系统无法仅基于当前时刻的状态推导出下一时刻的状态，即当前时刻状态不再具有马尔可夫性。在实际系统中，由于业务日趋多样化和个性化，顾客的到达或者服务过程往往无法再用泊松过程来描述。比如说，在电话网络中，随着传真用户或是拨号上网用户的大量出现，通话时间明显地呈现出两极分化的特性，即一部分用户的通话时间特别短（如传真用户一般只持续几秒），另一部分用户的通话时间则特别长（如拨号上网用户一般会持续几十分钟），显然通话时间不再是指数分布，而是更加趋于超指数分布。在数据通信网中，随着对实时性要求越来越高业务的不断涌现，分组长度会趋于短且固定（如 ATM 网络），其到达过程也会呈现更大的突发性，显然，M/M/型队列不再适用。

虽然针对非马尔可夫过程已经有了一些理论，如马尔可夫更新（Markov-Renewal）过程理论和半马尔可夫（Semi-Markov）理论[MEDH 82] [ROSS 99] [KOBA 12]，但一般基于这些理论的分析，其数学表达都很复杂，且难以给出显式解。因此，一般还是希望能将非马尔可夫过程转换为马尔可夫过程来求解。

为了实现上述转换，有两种方法已经被证实非常有效，一个是嵌入马尔可夫过程（embedded Markov process）法，另一个是辅助变量（supplementary variable）法。前者的思路是：虽然排队系统队列长度的状态变量在任意时刻不再具有马尔可夫性，但在某些特定时刻（如顾客的到达时刻或是退去时刻等）的系统状态很有可能具有马尔可夫性，因此只要能够求出这些特定时刻的状态概率，然后再应用第 3 章中介绍的三个基本定理，就有可能求解出排队系统的性能。而后者的思路是：虽然排队系统队列长度的状态变量本身不再具有马尔可夫性，但如果能将系统所需的额外信息（如剩余的服务时间或是距离下一个顾客到达的时间等）联合考虑，即在队列长度状态变量 N_t 的基础上引入辅助变量 Y_t，则该

联合状态变量组 $\{N_t, Y_t\}$ 很有可能构成了一个多维马尔可夫过程。两者在实际网络中都得到了广泛应用。

本章主要介绍嵌入马尔可夫过程分析法，第 7 章将以相位法为例介绍辅助变量法。

6.1 嵌入马尔可夫过程分析法

如前所述，如果顾客的到达或服务过程呈现某种程度的记忆，则任意时刻的队列长度 N_t 不再具有马尔可夫性。因此，仅仅基于当前时刻的队列长度 N_t 无法求得未来时刻的队列长度 $N_{t+\Delta t}$，还需要知道 $[t, \Delta t)$ 区间内有新顾客到达的概率（如果到达过程有记忆的话），或是正在接受服务顾客退去的概率（如果服务过程有记忆的话）①。尽管如此，如果转而关注队列长度在顾客到达时刻的状态 $N_{t_n^-}$（如果到达过程存在记忆的话），或是在顾客退去时刻的状态 $N_{t_n^+}$（如果服务过程存在记忆的话），则到达过程或是服务过程的记忆性就被掩盖掉了，给定 $N_{t_n^-}$ 或 $N_{t_n^+}$ 就可求得 $N_{t_{n+1}^-}$ 或 $N_{t_{n+1}^+}$。换言之，队列长度在顾客到达时刻或是退去时刻具有马尔可夫性，这就是嵌入马尔可夫过程的含义所在。当然，这里还暗含着另外一个条件，即顾客的到达过程或是服务过程之一必须是泊松过程；否则，如果两者均为非泊松过程，则无法使用嵌入马尔可夫过程分析法。第 7 章将要介绍的辅助变量法可以解决这类问题。

下面利用嵌入马尔可夫过程的方法分别对 M/G/1 和 GI/M/s 系统进行理论分析。

首先考虑 M/G/1 排队系统。顾客的到达服从参数为 λ 的泊松过程，服务时间服从一般概率分布，其概率密度函数为 $b(x)$，拉普拉斯变换为 $B^*(\theta)$，平均值为 μ^{-1}，方差系数为 C_b^2，并假设到达过程与服务时间之间相互独立。很明显，此时破坏排队系统马尔可夫性的因素来自于服务时间的记忆性。因此，如果只观测排队系统在第 n 个顾客退去之后瞬间的状态 $N_{t_n^+}$，即考虑相邻两个顾客退去之后瞬间的状态转移，则有

$$N_{t_{n+1}^+} = \begin{cases} N_{t_n^+} + V_{n+1} - 1 & (N_{t_n^+} > 0) \\ V_{n+1} & (N_{t_n^+} = 0) \end{cases} \tag{6.1.1}$$

其中，V_{n+1} 表示第 $n+1$ 个顾客接受服务的过程中新到达的顾客数。由于顾客的到达为泊松过程，V_{n+1} 只与顾客服务时间的长度有关，与 n 之前的队列状态无关，故 $\{N_{t_n^+}; n = 1, 2, \cdots\}$ 构成了一个马尔可夫过程。

同样地，对于 GI/M/1 排队系统，由于此时破坏排队系统马尔可夫性的因素来自于顾客到达时间间隔的记忆性，因此如果只观测排队系统在第 n 个顾客到达之前瞬间的状态 $N_{t_n^-}$，即考虑相邻两个顾客到达之前瞬间的状态转移，则有

$$N_{t_{n+1}^-} = N_{t_n^-} + 1 - V_{n+1} \tag{6.1.2}$$

此处的 V_{n+1} 表示第 n 个顾客和第 $n+1$ 个顾客到达间隔内被服务的顾客数。由于顾客的

① 如果到达过程或是服务过程为无记忆的泊松过程，则该概率恒定为 $\lambda\Delta t$ 或是 $\mu\Delta t$，与时刻 t 无关。

服务时间为无记忆的指数分布，可知 V_{n+1} 只与顾客服务时间的长度有关，而与 n 之前的队列状态无关，故 $\{N_{t_n^-}; n=1,2,\cdots\}$ 构成了一个马尔可夫过程。

注意：以上虽然假设了 FCFS 的服务规律，但这只会影响等待时间的概率分布，对于队列长度、平均等待时间，以及忙期（busy period）等性能的求解没有影响。

6.2　率守恒定理与负载守恒定理

对于 M/G/1 系统，如果能按照上述嵌入马尔可夫过程的方法求出顾客退去时刻的平稳状态概率分布 p_j^+，则依据第 3 章中的 Burke 定理可知 $p_j^- = p_j^+$，其中，p_j^- 为顾客到达时刻排队系统的状态概率分布。再根据泊松到达过程的 PASTA 定理可知，任意时刻的状态概率分布 $p_j = p_j^- = p_j^+$，其中，p_j 为任意时刻排队系统的状态概率分布。由此可见，只要能够利用嵌入马尔可夫过程的办法求出顾客退去时刻的概率分布 p_j^+，就相当于求出了任意时刻排队系统的状态概率 p_j。

但在 GI/M/1 系统中，尽管通过嵌入马尔可夫过程的方法可以求出顾客到达时刻的平稳状态概率分布 p_j^-，由此也能够得到顾客退去时刻的状态概率 $p_j^+ = p_j^-$，但由于此时 PASTA 定理不成立，因此无法直接求出任意时刻的状态概率 p_j。

幸运的是，对于服务时间为指数分布的 GI/M/s 排队系统，下面的定理成立[COOP 81]

定理 6.1 率守恒定理　GI/M/s 系统在平稳状态下，有

$$j\mu p_j = \lambda p_{j-1}^- \qquad (j=1,2,\cdots,s) \tag{6.2.1}$$

$$s\mu p_j = \lambda p_{j-1}^- \qquad (j=s+1,s+2,\cdots) \tag{6.2.2}$$

对于 GI/M/s(0) 排队系统，有

$$j\mu p_j = \lambda p_{j-1}^- \qquad (j=1,2,\cdots,s) \tag{6.2.3}$$

其中，λ 是顾客的平均到达率，μ 是顾客的平均服务率。

实际上，上述定理可以推广到多类业务（multi-class）的排队系统，但前提条件是多种业务服务时间的概率分布必须一致，即

$$j\mu p_{i,j} = \sum_{i=1}^{K} \lambda_i p_{i,j-1}^- \quad (j=1,2,\cdots,s) \tag{6.2.4}$$

$$s\mu p_{i,j} = \sum_{i=1}^{K} \lambda_i p_{i,j-1}^- \quad (j=s+1,s+2,\cdots) \tag{6.2.5}$$

进一步地，针对多类业务的即时式（无等待空间）排队系统，下面的负载守恒定理成立[COOP 81]。

定理 6.2 负载守恒定理　在 K 类业务即时式排队系统中，假设第 i 类业务的加载业务量（offered load）为 a_i，被服务业务量（carried load）为 a_i'，其阻塞率为 $P_{\mathrm{B}i}$，并令 $a=\sum_{i=1}^{K} a_i$

和 $a' = \sum_{i=1}^{K} a'_i$，则 K 种业务的平均阻塞率 P_{B} 满足

$$P_{\text{B}} = \frac{a - a'}{a} = \frac{\sum_{i=1}^{K}(a_i - a'_i)}{a} = \frac{\sum_{i=1}^{K} a_i P_{\text{B}i}}{a} \tag{6.2.6}$$

即

$$aP_{\text{B}} = \sum_{i=1}^{K} a_i P_{\text{B}i} \tag{6.2.7}$$

6.3 M/G/1 排队系统的性能分析

6.3.1 平均队列长度的求解

如果只关注平均队列长度和平均等待时间，则可以利用第 2 章中更新过程的前向或后向递归时间平均值的公式 (2.2.4)，以及 Little 定理直接求得。为此，需要引入剩余服务时间（residual service time 或称 remaining service time）R 的概念，即在顾客到达时刻观察到的剩余服务时间。如果顾客到达队列时已有顾客正在接受服务（该随机事件发生的概率为 ρ），则 R 就等于服务时间的前向递归时间，见式 (2.2.68)，其均值由式 (2.2.4) 给定；如果顾客到达队列时没有顾客正在接受服务（该随机事件发生的概率为 $1-\rho$），则 $R=0$。由此可求得剩余服务时间的均值 $\overline{R}$ 为

$$\overline{R} = \frac{\rho h}{2}(1 + C_b^2) \tag{6.3.1}$$

这里，$h = 1/\mu$。进一步分析可知，顾客的平均等待时间 $\overline{W}_q$ 等于该顾客到达时看到的所有正在等待顾客的平均服务时间总和，再加上平均剩余服务时间，即

$$\overline{W}_q = \overline{N}_q h + \overline{R} \tag{6.3.2}$$

再由 Little 定理可知平均等待队长 $\overline{N}_q = \lambda \overline{W}_q$，因此有

$$\overline{W}_q = \frac{\overline{R}}{1-\rho} = \frac{\rho h}{2(1-\rho)}(1 + C_b^2) \tag{6.3.3}$$

由此可得

$$\overline{N}_q = \frac{\rho^2}{2(1-\rho)}(1 + C_b^2) \tag{6.3.4}$$

这就是著名的 Pollaczek-Khintchine（P-K）平均值公式。可见，M/G/1 排队系统的平均等待时间和平均队列长度不仅与服务时间的均值有关，还与其二阶矩呈线性关系。因此，对于网络负载 ρ 完全相同的两个 M/G/1 排队系统，其服务时间的抖动（方差系数 C_b^2）将对平均等待时间或是平均队列长度产生巨大影响——抖动越大，网络性能越差。由于服务

时间的方差系数是没有上限的，因此在某些情况下（如自相似业务），即使队列的负载 ρ 非常小，其平均等待时间仍然可能趋于无穷大。这就是著名的 Waiting Time Paradox 现象[TAKA 62] [COOP 98]，这实际上起源于第 2 章所述的 Renewal-Theory Paradox。这种现象在 M/M/1 队列中是不存在的，当 $\rho \to 0$ 时，平均等待时间也会趋于零。

同时，注意到平均队列长度只与排队系统的业务强度 ρ 和服务时间的方差系数 C_b^2 有关，而与顾客的到达率和服务率本身无直接关联，即同步增加或减少顾客的到达率和服务率将不会改变平均队列长度。当然，此时会改变平均等待时间，即针对 ρ 和 C_b^2 固定的 M/G/1，可通过提高服务率降低平均排队延时，这实际上正是网络扩容能够提高网络性能的道理所在，即使扩容后业务需求也会相应增加。

进一步地，式 (6.3.3) 可另写为

$$\overline{W}_q = \frac{\rho}{1-\rho}\overline{Y} \tag{6.3.5}$$

其中，Y 表示服务时间的前向递归时间，其平均值 $\overline{Y}$ 为

$$\overline{Y} = \frac{h}{2}(1 + C_b^2) \tag{6.3.6}$$

由于 $\rho/(1-\rho)$ 正是所对应的 M/M/1 排队系统的平均队列长度，可见 M/G/1 的平均等待时间实际上相当于所对应的 M/M/1 排队系统的平均队列长度与顾客服务时间的平均前向递归时间的乘积。

将式 (6.3.3) 重写为

$$\overline{W}_q = \frac{\rho h}{1-\rho} \cdot \frac{(1 + C_b^2)}{2} \tag{6.3.7}$$

其中，$\dfrac{\rho h}{1-\rho}$ 正好是所对应 M/M/1 队列的平均等待时间，因此有

$$\overline{W}_q^{\mathrm{M/G/1}} = \frac{(1 + C_b^2)}{2} \cdot \overline{W}_q^{\mathrm{M/M/1}} \tag{6.3.8}$$

值得一提的是，该结论可应用于 M/G/s 的近似，一般称为 Lee-Longton 近似 [LEE 59]，有时也称为 Kingman's Law of Congestion[GANS 03]，即

$$\overline{W}_q^{\mathrm{M/G/}s} \approx \frac{(1 + C_b^2)}{2} \cdot \overline{W}_q^{\mathrm{M/M/}s} \tag{6.3.9}$$

如果仅关注那些到达队列时无法直接接受服务，必须经过一段等待过程之后才能接受服务顾客的平均等待时间 $\overline{W}_{q'}$，则有

$$\overline{W}_{q'} = \frac{\overline{W}_q}{\rho} = \overline{W}_q + \overline{Y} \tag{6.3.10}$$

可见，$\overline{W}_{q'}$ 可分解为两部分，即所有顾客的平均等待时间与平均剩余服务时间之和。该结果具有一定的普适性，文献 [LI 92] 已证明 G/G/1 队列同样拥有该分解特性。

6.3.2 队列长度状态概率的求解

以图 6.1 的状态为例，首先将式 (6.1.1) 重新表述为

$$N_{t_{n+1}^+} = N_{t_n^+} - \Delta_{N_{t_n^+}} + V_{n+1} \tag{6.3.11}$$

其中 $\Delta_{N_{t_n^+}}$ 为二值函数

$$\Delta_k = \begin{cases} 1 & (k = 1, 2, \cdots) \\ 0 & (k = 0) \end{cases} \tag{6.3.12}$$

同时，定义 $N_{t_n^+}$ 的概率母函数

$$Q_n(z) \triangleq \sum_{k=0}^{\infty} P\left\{N_{t_n^+} = k\right\} z^k \tag{6.3.13}$$

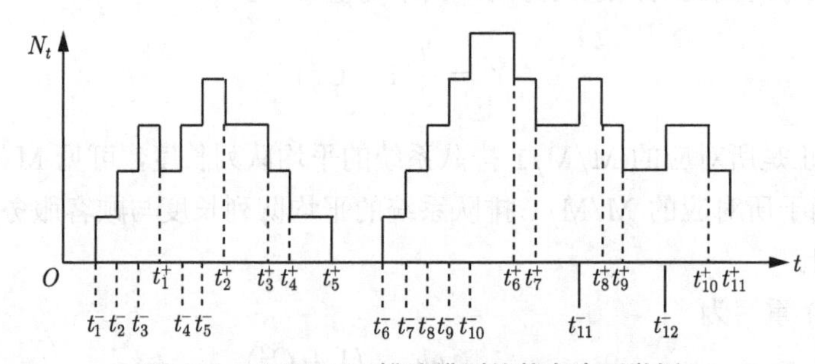

图 6.1 M/G/1 排队模型的状态序列举例

可见，$Q_n(z) = E\left[z^{N_{t_n^+}}\right]$。对式 (6.3.11) 两边取 z 的指数，并求期望后得

$$E\left[z^{N_{t_{n+1}^+}}\right] = E\left[z^{N_{t_n^+} - \Delta_{N_{t_n^+}} + V_{n+1}}\right] \tag{6.3.14}$$

由于 V_{n+1} 与 $N_{t_n^+}$ 相互独立，则

$$Q_{n+1}(z) = E\left[z^{N_{t_n^+} - \Delta_{N_{t_n^+}}}\right] E\left[z^{V_{n+1}}\right] \tag{6.3.15}$$

其中，

$$\begin{aligned} E\left[z^{N_{t_n^+} - \Delta_{N_{t_n^+}}}\right] &= \sum_{k=0}^{\infty} P\left\{N_{t_n^+} = k\right\} z^{k-\Delta_k} \\ &= P\left\{N_{t_n^+} = 0\right\} z^{0-0} + \sum_{k=1}^{\infty} P\left\{N_{t_n^+} = k\right\} z^{k-1} \\ &= P\left\{N_{t_n^+} = 0\right\} + \frac{1}{z} \sum_{k=0}^{\infty} P\left\{N_{t_n^+} = k\right\} z^k - \frac{1}{z} P\left\{N_{t_n^+} = 0\right\} z^0 \end{aligned}$$

$$= P\left\{N_{t_n^+} = 0\right\} + \frac{Q_n(z) - P\left\{N_{t_n^+} = 0\right\}}{z} \tag{6.3.16}$$

考虑平稳状态下的状态转移，并定义

$$p_j^+ \triangleq \lim_{n\to\infty} P\left\{N_{t_n^+} = j\right\} \tag{6.3.17}$$

$$Q(z) \triangleq \lim_{n\to\infty} Q_n(z) \tag{6.3.18}$$

$$V(z) \triangleq \lim_{n\to\infty} E\left[z^{V_{n+1}}\right] \tag{6.3.19}$$

则式 (6.3.15) 转化为

$$Q(z) = V(z)\left[p_0^+ + \frac{Q(z) - p_0^+}{z}\right] \tag{6.3.20}$$

为了求解 $V(z)$，进一步定义

$$\alpha_k \triangleq \lim_{n\to\infty} P\left\{V_{n+1} = k\right\} \tag{6.3.21}$$

$$P_{ij} \triangleq \lim_{n\to\infty} P\left\{N_{t_{n+1}^+} = j | N_{t_n^+} = i\right\} \tag{6.3.22}$$

可见，M/G/1 排队系统在顾客退去时刻所形成的嵌入马尔可夫过程的平稳状态转移概率矩阵具有如下形式

$$\boldsymbol{P} = \begin{bmatrix} \alpha_0 & \alpha_1 & \alpha_2 & \alpha_3 & \cdots \\ \alpha_0 & \alpha_1 & \alpha_2 & \alpha_3 & \cdots \\ 0 & \alpha_0 & \alpha_1 & \alpha_2 & \cdots \\ 0 & 0 & \alpha_0 & \alpha_1 & \cdots \\ 0 & 0 & 0 & \alpha_0 & \cdots \\ \vdots & \vdots & \vdots & \vdots & \vdots \end{bmatrix} \tag{6.3.23}$$

由于顾客的到达过程是参数为 λ 的泊松过程，所以 α_k 就相当于顾客服务时间内有 k 个新顾客到达的概率，即

$$\alpha_k = \int_0^{\infty} \frac{(\lambda x)^k}{k!} \mathrm{e}^{-\lambda x} b(x) \mathrm{d}x \tag{6.3.24}$$

其中，$b(x)$ 为服务时间的概率密度函数。直接对此式求解虽然很困难，但有两种特殊情况可以直接求出闭式解：一种情况是当服务时间服从均值为 μ^{-1} 的定长分布时，此时 α_k 简化为参数为 $\rho = \lambda/\mu$ 的泊松分布；另一种情况是当服务时间服从均值为 μ^{-1} 的指数分布时，此时 α_k 简化为参数为 $\dfrac{1}{1+\rho}$ 的几何分布，即

$$\alpha_k = \left(\frac{1}{1+\rho}\right)\left(\frac{\rho}{1+\rho}\right)^k$$

针对更一般的概率分布 $b(x)$，引入 α_k 的 z 变换

$$
\begin{aligned}
V(z) &= \sum_{k=0}^{\infty}\left[\int_0^{\infty}\frac{(\lambda x)^k}{k!}\mathrm{e}^{-\lambda x}b(x)\mathrm{d}x\right]z^k \\
&= \int_0^{\infty}\mathrm{e}^{-\lambda x}\sum_{k=0}^{\infty}\frac{(\lambda x z)^k}{k!}b(x)\mathrm{d}x \\
&= \int_0^{\infty}\mathrm{e}^{-\lambda x}\mathrm{e}^{\lambda x z}b(x)\mathrm{d}x \\
&= \int_0^{\infty}\mathrm{e}^{-\lambda(1-z)x}b(x)\mathrm{d}x
\end{aligned}
\tag{6.3.25}
$$

对比 $b(x)$ 的拉普拉斯变换的定义

$$
B^*(\theta) \triangleq \int_0^{\infty}\mathrm{e}^{-\theta x}b(x)\mathrm{d}x \tag{6.3.26}
$$

可以得出

$$
V(z) = B^*(\lambda - \lambda z) \tag{6.3.27}
$$

将该结果代入式 (6.3.20)，并基于 PASTA 定理以及 Burke 定理可知 $p_0^+ = 1-\rho$，则有

$$
Q(z) = B^*(\lambda - \lambda z)\frac{(1-\rho)(1-z)}{B^*(\lambda-\lambda z)-z} \tag{6.3.28}
$$

这就是著名的 P-K z 变换公式。例如，当服务时间为指数分布时，式 (6.3.25) 可简化为 $Q(z) = \dfrac{1-\rho}{1-\rho z}$。

如果仅考虑等待顾客的队列长度，则有

$$
Q_q(z) = \frac{(1-\rho)(1-z)}{B^*(\lambda-\lambda z)-z}
$$

通过对式 (6.3.28) 进行微分，并置 $z=1$，可求得平均队列长度以及队列长度的二阶矩等统计量。当然，若对上式进行 z 逆变换，则可求得退去时刻的状态概率 p_j^+，尽管目前还无法给出它们的显式表达式。

注释：

（1）上述结果没有对服务规律进行任何假设，即无论是对 FCFS、LCFS，还是 Random 服务均成立。

（2）由 P-K z 变换式求得的稳态概率分布是在嵌入点的稳态概率分布，但利用 PASTA 定理的特性可知它就等于 M/G/1 排队系统在任意时刻的稳态概率分布，即 $p_j = p_j^- = p_j^+$。

通过对 P-K z 变换公式进行逆变换或是直接基于式 (6.3.23) 求解平稳状态方程式，可得如下迭代公式

$$p_0 = 1 - \rho \tag{6.3.29}$$

$$p_j = \frac{1}{\alpha_0}\left[p_0\left(1 - \sum_{k=0}^{j-1}\alpha_k\right)\right] + \sum_{k=0}^{j-1} p_k\left(1 - \sum_{i=0}^{j-k}\alpha_i\right) \quad (j = 1, 2, \cdots) \tag{6.3.30}$$

（3）注意到顾客到达队列时服务者被占用的概率永远等于 ρ（只要顾客到达为泊松过程），与顾客服务时间概率分布无关。可见，M/G/1 排队系统中与等待过程相关的两个重要特征量，即等待概率（How often do customers wait?）和等待时间（How long do customers wait?），针对顾客服务时间的随机性呈现出截然相反的敏感性（sensitivity），前者完全不敏感，而后者特别敏感。

（4）将 $V(z)$ 对 z 取微分，并令 $z = 1$ 得

$$\begin{aligned}\frac{\mathrm{d}V(z)}{\mathrm{d}z}\Big|_{z=1} &= \frac{\mathrm{d}B^*(\lambda - \lambda z)}{\mathrm{d}z}\bigg|_{z=1} \\ &= -\lambda\,\frac{\mathrm{d}B^*(y)}{\mathrm{d}y}\bigg|_{y=0}\end{aligned} \tag{6.3.31}$$

因此有，$E[V] = \lambda/\mu = \rho$，这与 ρ 的物理意义是吻合的。

6.3.3　FCFS 情况下等待时间概率分布的求解

如前所述，平稳状态下的队列长度概率分布及其期望值均与服务规律无关，而且等待时间的平均也与服务规律无关，但等待时间的概率分布就与服务规律密切相关了。以下只考虑 FCFS 的情况。

在 FCFS 服务规律下，第 n 个顾客 C_n 到达时已经存在于系统内的所有顾客，在 C_n 退去时都肯定已经退出了该系统，也就是说，C_n 退去后留在系统内的顾客数应该等于 C_n 在滞留时间内到达排队系统的顾客数。由于顾客的到达是泊松过程，某时间段内到达顾客数的分布只与该时间段的长度有关，由此，通过与式 (6.3.27) 相同的推导可知：顾客在排队系统滞留时间内到达的顾客数的 z 变换（即 $Q(z)$）与滞留时间的拉普拉斯变换 $W^*(\theta)$ 之间应满足

$$Q(z) = W^*(\lambda - \lambda z) \tag{6.3.32}$$

基于式 (6.3.28)，可得

$$W^*(\lambda - \lambda z) = B^*(\lambda - \lambda z)\frac{(1-\rho)(1-z)}{B^*(\lambda - \lambda z) - z} \tag{6.3.33}$$

利用 $\theta = \lambda - \lambda z$ 进行变换后得

$$W^*(\theta) = B^*(\theta)\frac{\theta(1-\rho)}{\theta - \lambda + \lambda B^*(\theta)} \tag{6.3.34}$$

由于滞留时间 $W=W_q+X$，且 W_q 与服务时间 X 相互独立，则有

$$W^*(\theta)=W_q^*(\theta)B^*(\theta) \tag{6.3.35}$$

因此，顾客等待时间的拉普拉斯变换为

$$W_q^*(\theta)=\frac{\theta(1-\rho)}{\theta-\lambda+\lambda B^*(\theta)} \tag{6.3.36}$$

将式 (6.3.36) 改写成

$$W_q^*(\theta)=\frac{1-\rho}{1-\rho\left[\dfrac{1-B^*(\theta)}{\theta h}\right]} \tag{6.3.37}$$

其中，$h=\dfrac{1}{\mu}$ 为平均服务时间。由式 (2.2.72) 可知，$\dfrac{1-B^*(\theta)}{\theta h}=\hat{B}^*(\theta)$ 相当于剩余服务时间（前向递归时间）的拉普拉斯变换，由此得

$$W_q^*(\theta)=\frac{1-\rho}{1-\rho\hat{B}^*(\theta)} \tag{6.3.38}$$

这与本章开头时所述的 Y_t 相关联，即用 N_t 描述 M/G/1 系统的状态时必须同时考虑正在服务中顾客的剩余服务时间。

将上式进行幂展开得

$$W_q^*(\theta)=(1-\rho)\sum_{k=0}^{\infty}\rho^k[\hat{B}^*(\theta)]^k \tag{6.3.39}$$

令 $\hat{b}^{(k)}(y)\triangleq\hat{b}(y)*\hat{b}(y)*\cdots*\hat{b}(y)$ 表示服务时间前向递归时间概率密度函数 $\hat{b}(y)$ 的 k 阶卷积，并记 $w_q(y)=\mathrm{d}W_q(y)/\mathrm{d}y$ 表示等待时间的概率密度函数，则有

$$w_q(y)=\sum_{k=0}^{\infty}(1-\rho)\rho^k\hat{b}^{(k)}(y) \tag{6.3.40}$$

即等待时间的概率密度函数等于剩余服务时间概率密度函数的卷积加权和，其加权系数 $(1-\rho)\rho^k$ 是所对应的 M/M/1 排队系统队列长度的概率分布。由此也可以推算出顾客等待时间的均值为

$$\overline{W}_q=\sum_{k=1}^{\infty}(1-\rho)\rho^k k\overline{Y}=\frac{\rho}{1-\rho}\overline{Y} \tag{6.3.41}$$

其中，$\overline{Y}$ 是顾客服务时间的平均剩余时间，这与 6.3.1节的结论是一致的。由此可进一步求得等待时间的方差为

$$\sigma_{W_q}^2=\frac{\lambda b^{(3)}}{3(1-\rho)}+\overline{W}_q^2 \tag{6.3.42}$$

其中，$b^{(3)}$ 为服务时间的三阶原点矩。可见，除了平均服务时间和服务时间的方差之外，服务时间的三阶矩也会影响等待时间的方差。

图 6.2和图 6.3分别展示了服务时间的抖动对 M/G/1 队列平均等待时间以及等待时间概率尾分布的影响。由图可见，服务时间的抖动（以方差系数表示）越大，同等负载的情况下平均等待时间越大，且等待时间超过某个值的概率也越大。

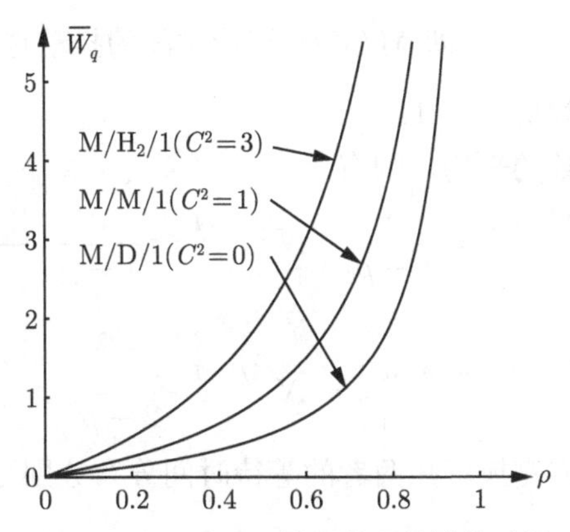

图 6.2 M/G/1 队列的平均等待时间

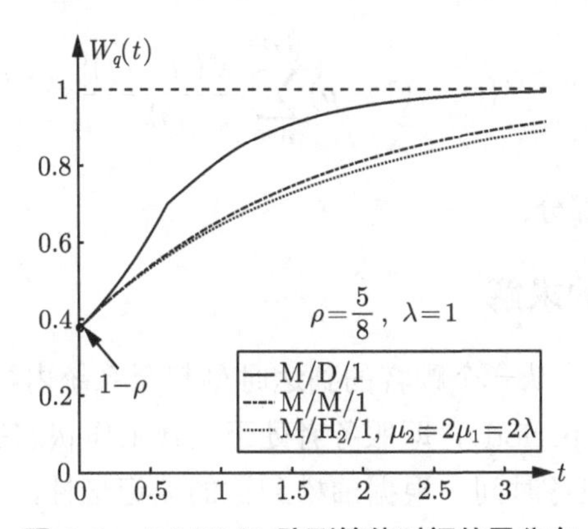

图 6.3 M/G/1 队列等待时间的尾分布

例题 6.1 M/D/1 与 M/M/1 模型等待时间的比较

M/D/1 和 M/M/1 模型是 M/G/1 的两个特殊情况，比较 M/M/1 与 M/D/1 的平均等待时间可知

$$\overline{W}_q^{\mathrm{M/M/1}} = 2\overline{W}_q^{\mathrm{M/D/1}} \tag{6.3.43}$$

即在顾客的平均到达率和平均服务率一致的情况下，M/D/1 排队模型的平均等待时间是 M/M/1 排队模型平均等待时间的一半，而且是在所有服务时间概率分布中平均等待时间的最小值。从这个结果就不难理解：为什么公交车倾向于等间隔发车，以及为什么十字路口交通指示灯倾向于等间隔切换了。同样的道理，ATM 通信网舍弃了传统分组网的可变包长形式，而采用固定长度的信元，也是因为这样可以降低分组在网络中的延时，特别是延时抖动[①]。

进一步比较两者的方差。针对指数服务时间分布，有 $b^{(3)} = 6/\mu^3$；针对定长服务时间，有 $b^{(3)} = 1/\mu^3$。代入式 (6.3.42) 可得等待时间的方差系数

$$C^2_{W_q^{\mathrm{M/M/1}}} = \frac{2-\rho}{\rho}, \quad C^2_{W_q^{\mathrm{M/D/1}}} = \frac{4-\rho}{3\rho} \tag{6.3.44}$$

① 实际上问题并不那么简单，ATM 信元长度的固定化虽然降低了服务时间（信元处理时间）的随机特性，但同时也增加了信元到达过程的突发性，因此信元的总体延时还是不会降低多少，反而有可能增加。

可见，$C^2_{W_q^{M/M/1}} > C^2_{W_q^{M/D/1}} > 1$，即 M/M/1 等待时间的抖动也大于 M/D/1 队列等待时间的抖动，且两者的方差系数均大于 1。

如果比较系统内顾客数的平均，则有

$$\overline{N}^{M/M/1} = \frac{\rho}{1-\rho}, \quad \overline{N}^{M/D/1} = \frac{\rho}{1-\rho} \cdot \frac{2-\rho}{2} \tag{6.3.45}$$

即

$$\overline{N}^{M/M/1} = \overline{N}^{M/D/1} \cdot \frac{2}{2-\rho}$$

另外，通过拉普拉斯逆变换可知两者的等待时间分布分别为[FUJI 80] [IVER 99]

$$W_q^{M/M/1}(t) = 1 - \rho e^{-(1-\rho)t/h} = 1 - \rho e^{(\lambda-\mu)t} \tag{6.3.46}$$

$$W_q^{M/D/1}(t) = (1-\rho) \sum_{i=0}^{[t/h]} \frac{\lambda^i (ih-t)^i}{i!} e^{-\lambda(ih-t)} \tag{6.3.47}$$

其中，$[x]$ 表示 x 的整数部分。

6.3.4 排队系统忙期的求解

系统内顾客数为空时，从一个顾客的到达时刻起至系统内顾客数又重新变成空为止的时间段定义为忙期（busy period），即服务者处于连续工作状态的时间。如图 6.4 所示，其中 x_n 为第 n 个顾客的服务时间。根据泊松到达的无记忆性，可知服务者空闲时间（idle period）的分布与顾客到达过程的时间间隔服从同一分布，其分布函数为 $I(t) = 1 - e^{-\lambda t}$。

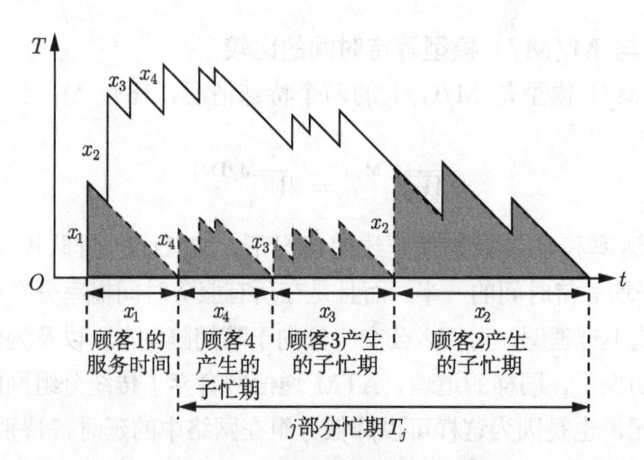

图 6.4 排队系统的忙期分布

下面求解忙期 (T) 的概率分布 $T(t)$。由于忙期的长短与顾客的服务顺序无关，因此可以假设顾客的服务是按下列顺序进行的，从而将忙期 (T) 按如下方式进行分割（参见图 6.4）：

（1）从任意一个在队列空闲状态下到达的顾客进入服务状态开始考虑，在它服务结束退出系统后，服务者为在该顾客的服务时间内新到达的所有顾客按照 LCFS 的顺序依次提供服务，直至它们均退出排队系统为止。

（2）依 LCFS 顺序服务完一个顾客后，服务者为在对上述顾客提供服务期间新到达的顾客仍按照 LCFS 的顺序提供服务，直至它们退出排队系统为止。

以此类推。

按照上述服务规律，忙期被分割成数个“子忙期”（sub-busy period）的和。记忙期内第一个顾客接受服务的时间长度为 $x_1 = x$，在这段时间内到达的顾客数为 j。由于顾客到达为泊松过程，因此有 $T = x_1 + T_2 + \cdots + T_{j+1}$，且 T_j 与 T 的概率分布相同①。于是整个忙期的概率分布 $T(t)$ 为

$$T(t) = P\{T \leqslant t\} = \sum_{j=0}^{\infty} P\{0 < x \leqslant t, N(0,x) = j, T_j \leqslant t - x\}$$

$$= \sum_{j=0}^{\infty} \int_0^t \frac{(\lambda x)^j}{j!} \mathrm{e}^{-\lambda x} T_j(t-x) \mathrm{d}B(x) \tag{6.3.48}$$

其中，$B(x)$ 为服务时间的概率分布函数。基于上述对忙期区间的分割，可知

$$T_j(t) = T^{(*j)}(t) \tag{6.3.49}$$

其中，$T^{(*j)}(t)$ 为 $T(t)$ 的 j 阶卷积。对 $T(t)$ 进行微分有

$$\frac{\mathrm{d}}{\mathrm{d}t} T(t) = \sum_{j=0}^{\infty} \int_0^t \frac{(\lambda x)^j}{j!} \mathrm{e}^{-\lambda x} \frac{\mathrm{d}}{\mathrm{d}t} T_j(t-\xi) \mathrm{d}B(\xi) + \mathrm{e}^{-\lambda t} \sum_{j=0}^{\infty} \frac{(\lambda t)^j}{j!} T_j(0) \tag{6.3.50}$$

由于 $T_j(0) = 0$, 则有

$$\beta(\theta) \triangleq \int_0^{\infty} \mathrm{e}^{-\theta t} \mathrm{d}T(t) = \sum_{j=0}^{\infty} \int_0^{\infty} \frac{(\lambda x)^j}{j!} \mathrm{e}^{-(\lambda+\theta)x} \mathrm{d}B(x) \int_{-x}^{\infty} \mathrm{e}^{-\theta y} \mathrm{d}T_j(y)$$

$$= \int_0^{\infty} \sum_{j=0}^{\infty} \frac{[\lambda t \beta(\theta)]^j}{j!} \mathrm{e}^{-(\lambda+\theta)t} \mathrm{d}B(t)$$

$$= B^*[\theta + \lambda - \lambda\beta(\theta)] \tag{6.3.51}$$

通过微分可求得忙期的均值和方差分别为

$$\overline{T} = -\beta'(0) = \frac{h}{1-\rho} \tag{6.3.52}$$

$$\sigma_T^2 = \frac{\sigma_{\mathrm{b}}^2 + \rho h^2}{(1-\rho)^3} \tag{6.3.53}$$

---

① 这里读者可能会有疑问：为什么多个相同概率分布随机变量之和仍然会服从同一个概率分布？这是因为：为了保证系统稳定，ρ 需要小于 1，因此在服务时间 X_1 内到达顾客数的平均值也是小于 1 的，这也是将 T_j 称为“部分忙期”的原因所在。

其中，σ_b^2 是服务时间的方差。可见，M/G/1 队列忙期的均值仅与服务时间的均值有关，而与服务时间的概率分布无关，即忙期的均值针对服务时间的概率分布具有鲁棒性。同时可以看出，虽然 M/G/1 队列忙期的均值与所对应的 M/M/1 队列滞留时间的均值相同，但方差却有很大不同。

对于最基本的 M/M/1 排队模型，式 (6.3.51) 可简化为

$$\beta(\theta) = \frac{1}{2\lambda}\left[(\theta+\lambda+\mu) - \sqrt{(\theta+\lambda+\mu)^2 - 4\lambda\mu}\right] \tag{6.3.54}$$

逆变换后有

$$T(t) = \int_0^t \frac{1}{x\sqrt{\rho}} \mathrm{e}^{-(1+\rho)\mu x} I_1(2\mu x\sqrt{\rho})\mathrm{d}x \tag{6.3.55}$$

其中，$I_1(x)$ 为贝塞尔函数。由此可见，即使是最简单的排队模型 M/M/1，其忙期概率分布也是一个非常复杂的函数。因此，一般来说，排队模型忙期概率分布的求解都是非常困难的。

6.3.5 M/G/1(k) 排队系统的分析

对于 M/G/1(k) 系统而言，仍然考虑顾客在退去时刻的状态概率。定义顾客在退去时刻的状态概率为

$$\boldsymbol{p}^+ = (p_0^+,\ p_1^+,\ p_2^+,\ \cdots, p_k^+)$$

其中，

$$p_i^+ = \lim_{n\to\infty} P\left\{N_{t_n^+} = i\right\} \tag{6.3.56}$$

显然，这些退去时刻也构成了一个马尔可夫链，其状态转移概率矩阵为

$$\boldsymbol{P} = \begin{bmatrix} \alpha_0 & \alpha_1 & \alpha_3 & \alpha_4 & \cdots & \alpha_{k-1} & \sum\limits_{i=k}^{\infty}\alpha_i \\ \alpha_0 & \alpha_1 & \alpha_2 & \alpha_3 & \cdots & \alpha_{k-1} & \sum\limits_{i=k}^{\infty}\alpha_i \\ 0 & \alpha_0 & \alpha_1 & \alpha_2 & \cdots & \alpha_{k-2} & \sum\limits_{i=k-1}^{\infty}\alpha_i \\ 0 & 0 & \alpha_0 & \alpha_1 & \cdots & \alpha_{k-3} & \sum\limits_{i=k-2}^{\infty}\alpha_i \\ \vdots & \vdots & \vdots & \vdots & \vdots & \vdots & \vdots \\ 0 & 0 & 0 & 0 & \cdots & \alpha_0 & \sum\limits_{i=1}^{\infty}\alpha_i \end{bmatrix} \tag{6.3.57}$$

其中，α_k 由式 (6.3.24) 给出。顾客退去时刻的状态概率 $\{p_0^+, p_1^+, \cdots, p_k^+\}$ 可通过解如下的联立方程式求得

$$\boldsymbol{p}^+\boldsymbol{P} = \boldsymbol{p}^+, \qquad \boldsymbol{p}^+\boldsymbol{e} = 1 \tag{6.3.58}$$

为了求解顾客的阻塞率，需要知道 p_{k+1}^-。尽管前面已经通过嵌入马尔可夫过程的方法求出了 p_i^+，但由于顾客退出系统后，正在等待中的一个顾客（如果没有顾客在等待，则需要等待下一个顾客到来）将进入服务状态，也就是说至少有一个等待空间将被空出，即 $p_{k+1}^+ = 0$。可见，p_i^- 与 p_i^+ 并不相等。这是因为对于 M/G/1(k) 排队系统而言，由于并不是所有到达的顾客都能进入排队系统（例如队列全部被占满时，如果有新顾客到达，则新顾客将被阻塞，队列内的顾客数保持不变)，因此离开队列的顾客群与到达队列的顾客群并非同一个顾客群，此时 Burke 定理不成立。换言之，由于

$$\sum_{i=0}^{k+1} p_i^- = \sum_{i=0}^{k} p_i^+ = 1 \tag{6.3.59}$$

以及 $p_{k+1}^- \neq p_{k+1}^+ = 0$，因此，$p_i^-$ 不等于 p_i^+。

那么 p_i^- 与 p_i^+ 之间究竟应该是一种什么关系呢？令

$$\hat{p_i^-} = \lim_{t\to\infty} P\{N_{t^-} = i | N_{t^-} < k+1\} = \frac{p_i^-}{1 - p_{k+1}^-} \tag{6.3.60}$$

表示在 $N_{t^-} < k+1$ 的条件下到达的顾客所观察到的系统状态，即只关注那些未被阻塞而成功进入排队系统的顾客到达时刻的状态概率，则离开队列的顾客群与成功进入队列的顾客群是相同的，因此有

$$p_i^+ = \hat{p_i^-} = \frac{p_i^-}{1 - p_{k+1}^-} \qquad (i = 0, 1, \cdots, k) \tag{6.3.61}$$

由于 $\rho = \dfrac{\lambda}{\mu}$，根据定义，这是系统在 $N_{t^-} < k+1$ 的条件下，队列不为空的概率。因此有

$$\rho = \frac{1 - p_0^-}{1 - p_{k+1}^-} \tag{6.3.62}$$

利用 PASTA 定理，并将式 (6.3.61) 代入式 (6.3.62) 得

$$\rho(1 - p_{k+1}^-) = 1 - p_0^- = 1 - (1 - p_{k+1}^-)p_0^+ \tag{6.3.63}$$

由此可求得顾客的阻塞率为

$$P_{\mathrm{B}} = p_{k+1}^- = 1 - \frac{1}{\rho + p_0^+} \tag{6.3.64}$$

由于顾客的到达为泊松过程，利用 PASTA 定理可求得任意时刻的状态概率为

$$p_i = p_i^- = p_i^+(1 - p_{k+1}^-) = \frac{p_i^+}{p_0^+ + \rho} \quad (i = 0, 1, \cdots, k) \tag{6.3.65}$$

$$p_{k+1} = 1 - \frac{1}{\rho + p_0^+} \tag{6.3.66}$$

上述结论可以通过两个特殊情况来验证。当 $k \to \infty$ 时，$p_0^+ = p_0^- = p_0 = 1 - \rho$，则 $P_{\rm B} = 0$，这是很显然的结果。当 $k = 0$ 时，$p_0^+ = 1$，因此阻塞率为

$$P_{\rm B} = 1 - \frac{1}{1 + \rho} = E_1(a) \tag{6.3.67}$$

其中，$E_1(a)$ 是 M/M/1(0) 队列的阻塞率。这也再次验证了 Erlang-B 公式的鲁棒性，即 Erlang-B 公式针对服务时间的概率分布鲁棒。

下面讨论 M/G/1(k) 阻塞率 $P_B^{\rm M/G/1(k)}$ 与所对应的 M/G/1 队列长度大于或等于 $k+1$ 的概率 $B_{k+1}^{\rm M/G/1}$ 之间的关系。由于到达过程为泊松过程，基于 PASTA 定理，在 $\rho < 1$ 的条件下，有

$$p_i^{(k)} = \gamma_k p_i^{(\infty)} \quad (0 \leqslant i \leqslant k) \tag{6.3.68}$$

其中，$p_i^{(k)}$ 和 $p_i^{(\infty)}$ 分别表示 M/G/1(k) 和 M/G/1 队列任意时刻队列长度的状态概率，γ_k 为归一化系数，由下式给出

$$\gamma_k = \left(1 - \rho \sum_{i=k+1}^{\infty} p_i^{(\infty)}\right)^{-1}$$

针对 M/G/1 队列，有 $p_0 = 1 - \rho$，因此将 $p_0^+ = p_0/(1 - B_{k+1}^{\rm M/G/1})$ 代入式 (6.3.66) 可得

$$P_B^{\rm M/G/1(k)} = \frac{(1-\rho)B_{k+1}^{\rm M/G/1}}{1 - \rho B_{k+1}^{\rm M/G/1}} \tag{6.3.69}$$

通过对比发现：$P_B^{\rm M/G/1(k)}/B_{k+1}^{\rm M/G/1} < 1$，可见使用 M/G/1 队列中队列长度大于或等于 $k+1$ 的概率来近似 M/G/1(k) 的阻塞率属于安全近似，这与第 4 章中针对 M/M/1 和 M/M/1(k) 的结论是一致的。

6.4 GI/M/s 排队系统的解析

从 6.3 节的讨论可知，M/G/1 排队模型的诸多性能指标均与服务时间的概率分布函数无关，而只与服务时间的特征量有关。而且由于顾客服务时间的记忆性，M/G/s 的求解比 M/G/1 复杂得多。实际上，至今仍然没有找到严密解。但如果服务时间是无记忆的指数分布，GI/M/s 与 GI/M/1 的分析方法大体一致，只要将到达间隔内单个服务器所服务的顾客数改成 s 个服务器所服务的顾客数即可。因此，下面直接针对更一般的 GI/M/s 进行解析。

GI/M/s 的解析也可以像 M/G/1 系统的解析那样，从基本方程式 $N_{t_{n+1}^-} = N_{t_n^-} + 1 - V_{n+1}$ 出发，求解出队列长度状态概率的 z 变换。但如果采用下述方法，可以直接求解出状态概率本身。

6.4.1　GI/M/s 的嵌入马尔可夫过程

考虑一个 GI/M/s 排队系统，顾客的到达为一般更新过程，其到达间隔的概率分布函数为 $A(t)$，LST 为 $A^*(\theta)$，到达间隔的均值为 λ^{-1}、方差系数为 C_a^2，s 个服务者的服务时间均服从指数分布，其均值为 μ^{-1}。

定义 $N_{t_n^-}$ 为第 n 个顾客 C_n 到达之前瞬间系统内的顾客数，V_{n+1} 为 C_n 与 C_{n+1} 到达间隔内退出排队系统的顾客数。则显然有

$$N_{t_{n+1}^-} = N_{t_n^-} + 1 - V_{n+1} \tag{6.4.1}$$

由于存在多个服务者，故根据系统内的顾客数以及服务者的被占用情况（是全部被占用，还是一部分被占用），V_{n+1} 的概率分布是不一样的。具体地，如果在 $(x, x+t)$ 区间内有 i $(i = 0, 1, \cdots, s)$ 个服务者一直被占用，则在此区间有 k 个顾客结束服务而退出排队系统的概率 d_{ik} 为

$$d_{ik} = \frac{(i\mu t)^k}{k!}\mathrm{e}^{-i\mu t} \tag{6.4.2}$$

下面分情况分别进行讨论。首先定义 $N_{t_n^-}$ 的转移概率为

$$P_{ij} = P\left\{N_{t_{n+1}^-} = j | N_{t_n^-} = i\right\} \tag{6.4.3}$$

即 P_{ij} 是在到达间隔内有 $(i+1-j)$ 个顾客结束服务而退出排队系统的概率。由于在 C_n 和 C_{n+1} 之间系统内的顾客数不会超过 $i+1$，因此对于所有的 $j > i+1$ 有 $P_{ij} = 0$。对于 $j \leqslant i+1$ 则可以分解成下列三种情形：

（1）$j \leqslant i+1 \leqslant s$：此时排队系统内没有顾客在等待，系统内所有的顾客均处于服务状态，故有

$$P_{ij} = \int_0^\infty \binom{i+1}{j}(1-\mathrm{e}^{-\mu t})^{i+1-j}\mathrm{e}^{-j\mu t}\mathrm{d}A(t) \tag{6.4.4}$$

（2）$s \leqslant j \leqslant i+1$，且 $i \geqslant s$：此时 s 个服务者在到达间隔中均被占用, 因此有

$$P_{ij} = \beta_{i+1-j} = \int_0^\infty \frac{(s\mu t)^{i+1-j}}{(i+1-j)!}\mathrm{e}^{-s\mu t}\mathrm{d}A(t) \tag{6.4.5}$$

其中，β_n 为到达间隔内 s 个服务者均被占用的情况下有 n 个顾客从系统中退出的概率，即

$$\beta_n \triangleq P_{i,i+1-n} = \int_0^\infty \frac{(s\mu t)^n}{n!}\mathrm{e}^{-s\mu t}\mathrm{d}A(t) \tag{6.4.6}$$

（3）$j < s < i+1$：此时情况比较复杂，需要进一步将到达时间间隔 $t = t_{n+1}^- - t_n^-$ 分成两段分别考虑（见图 6.5），即

（a）$(t_n^-, t_n^- + y]$：其中时刻 $t_n^- + y$ 为队列长度重新回到 $i' = s$ 状态的时间点。由于在第 n 个顾客到达之后队列长度将变为 $i+1$，且 $i+1 \geqslant s$，因此在时间段 y $(0 \leqslant y \leqslant t)$ 内

将有 $i+1-s$ 个顾客结束服务而从排队系统中退出。再注意到在此时间段内所有 s 个服务者均被占用，即顾客的服务率恒为 $s\mu$，因此 y 的概率分布应为 $i+1-s$ 阶的爱尔朗分布，其概率密度为

$$\frac{s\mu(s\mu y)^{i-s}}{(i-s)!}\mathrm{e}^{-s\mu y} \tag{6.4.7}$$

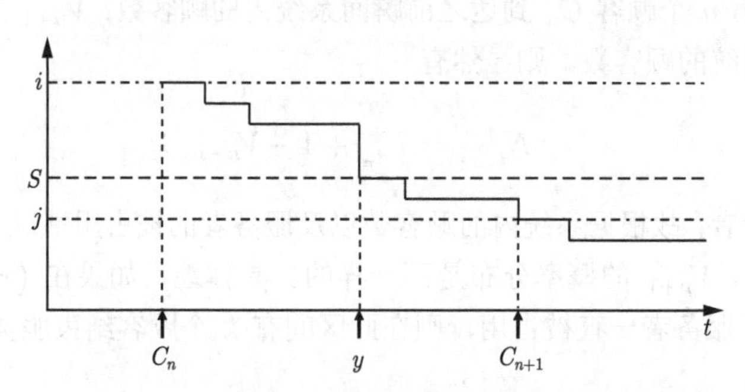

图 6.5　GI/M/s 排队系统队列长度的推移

（b）$(t_n^-+y, t_{n+1}^-]$：在时间段 $t-y$ $(0\leqslant y\leqslant t)$ 内，排队系统完成从队列长度为 s 的状态到队列长度为 j 的状态转变，即 s 个顾客中须有 $s-j$ 个顾客结束服务而退出排队系统，剩下 j 个顾客继续接受服务，其概率密度可表示为

$$\binom{s}{j}(1-\mathrm{e}^{-\mu(t-y)})^{s-j}\mathrm{e}^{-j\mu(t-y)} \tag{6.4.8}$$

将上述情形（a）和（b）合在一起后可知：针对 $j\leqslant s\leqslant i+1$，有

$$P_{ij}=\int_0^\infty\left[\int_0^t\frac{s\mu(s\mu y)^{i-s}}{(i-s)!}\mathrm{e}^{-s\mu y}\binom{s}{j}(1-\mathrm{e}^{-\mu(t-y)})^{s-j}\mathrm{e}^{-j\mu(t-y)}\mathrm{d}y\right]\mathrm{d}A(t) \tag{6.4.9}$$

整理得

$$P_{ij}=\int_0^\infty\binom{s}{j}\mathrm{e}^{-j\mu t}\left[\int_0^t\frac{(s\mu y)^{i-s}}{(i-s)!}(\mathrm{e}^{-\mu y}-\mathrm{e}^{-\mu t})^{s-j}s\mu\mathrm{d}y\right]\mathrm{d}A(t) \tag{6.4.10}$$

综合上述三种情况，可给出 GI/M/s 排队系统嵌入马尔可夫过程的平稳状态转移概率矩阵 $\boldsymbol{P}$ 为

$$\boldsymbol{P}=\begin{bmatrix} p_{00} & p_{01} & & & & & 0\\ p_{10} & p_{11} & p_{12} & & & & \\ \vdots & \vdots & \vdots & \cdots & & & \\ p_{s-2,0} & p_{s-2,1} & \cdots & p_{s-2,s-1} & & & \\ p_{s-1,0} & p_{s-1,1} & \cdots & p_{s-1,s-1} & \beta_0 & & \\ p_{s,0} & p_{s,1} & \cdots & p_{s,s-1} & \beta_1 & \beta_0 & \\ \vdots & \vdots & \vdots & \vdots & \vdots & \vdots & \ddots \end{bmatrix} \tag{6.4.11}$$

再定义

$$p_k^- = \lim_{n\to\infty} P\left\{N_{t_n^-} = k\right\} \tag{6.4.12}$$

以及

$$\boldsymbol{p}^- = (p_0^-, p_1^-, p_2^-, \cdots) \tag{6.4.13}$$

则通过求解联立方程式 $\boldsymbol{p}^-\boldsymbol{P} = \boldsymbol{p}^-$ 及归一化条件 $\boldsymbol{p}_{\boldsymbol{e}}^- = 1$ 即可得到 GI/M/s 排队系统在顾客到达时刻的状态概率 $\{p_k^-, k = 0, 1, 2, \cdots\}$。然而，一般情况下很难给出其显式解，下节将给出一种迭代近似解。

6.4.2　到达时刻状态概率的迭代近似解

从平稳方程式 $\boldsymbol{p}^-\boldsymbol{P} = \boldsymbol{p}^-$ 及归一化条件出发可知

$$\begin{cases} p_j^- = \sum\limits_{i=[j-1]^+}^{\infty} p_i^- P_{ij} \\ \sum\limits_{j=0}^{\infty} p_j^- = 1 \end{cases} \tag{6.4.14}$$

这里 $[x]^+ = \max(0, x)$。

首先考虑 $j \geqslant s$ 的情况，此时有

$$p_j^- = \sum_{i=0}^{\infty} p_{i+j-1}^- \int_0^{\infty} \frac{(s\mu x)^i}{i!} \mathrm{e}^{-s\mu x} \mathrm{d}A(x) \tag{6.4.15}$$

假设差分方程式 (6.4.15) 有以下形式的解

$$p_j^- = C\omega^{j-s} \qquad (0 < \omega < 1, j \geqslant s) \tag{6.4.16}$$

其中，C 为某一常数。将式 (6.4.16) 代入式 (6.4.15)，并交换求和号与积分号，得

$$p_j^- = C\omega^{j-s-1} A^*[s\mu(1-\omega)] \tag{6.4.17}$$

式 (6.4.16) 与式 (6.4.17) 比较后得

$$\omega = A^*[s\mu(1-\omega)] \tag{6.4.18}$$

由于 $A^*[s\mu(1-\omega)]$ 是关于 ω 的单调非减凸函数，且 $0 < A^*(s\mu) < 1$，$A^*(0) = 1$，则可知 $\dfrac{\mathrm{d}A^*[s\mu(1-\omega)]}{\mathrm{d}\omega}|_{\omega=1} = s\mu/\lambda > 1$。可见，如图 6.6所示，式 (6.4.18) 在 (0, 1) 区间存在唯一的实根 ω。

由于式 (6.4.18) 属于隐式方程式，所以在实际系统中往往通过下列迭代方程式近似求解 ω

$$\omega_0 = \rho \tag{6.4.19}$$

$$\omega_{i+1} = A^*[s\mu(1-\omega_i)] \tag{6.4.20}$$

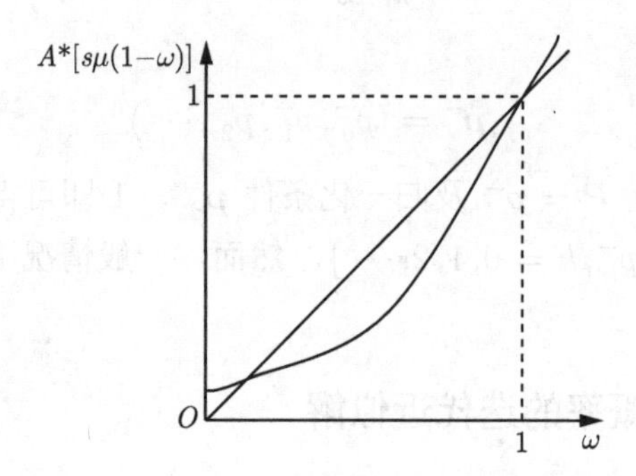

图 6.6　GI/M/s 平稳状态存在的必要条件

如果顾客到达为泊松过程，即 $A^*(\theta) = \dfrac{\lambda}{\lambda+\theta}$，则有

$$\omega = \frac{\rho}{1+\rho-\omega} \tag{6.4.21}$$

显然，该式在 (0, 1) 内存在唯一的实根 $\omega = \rho$。由此可见，ω 相当于 M/M/s 排队系统中的业务强度 ρ，所以称 ω 为一般化利用率（generalized occupancy）。由此也可以知道式 (6.4.20) 的迭代计算选用初始值 $\omega_0 = \rho$ 较为妥当。

下面求解归一化常数 C。首先，由式 (6.4.16) 可知 $C = p_s^-$，进一步将式 (6.4.18) 代入式 (6.4.15)，并令 $j = s$，则有

$$\begin{aligned}
p_s^- &= \sum_{i=0}^{\infty} p_{i+s-1}^- \int_0^{\infty} \frac{(s\mu x)^i}{i!} \mathrm{e}^{-s\mu x} \mathrm{d}A(x) \\
&= p_{s-1}^- A^*(s\mu) + \sum_{i=1}^{\infty} C_{w^{i-1}} \int_0^{\infty} \frac{(s\mu x)^i}{i!} \mathrm{e}^{-s\mu x} \mathrm{d}A(x) \\
&= p_{s-1}^- A^*(s\mu) + \frac{C}{\omega} \sum_{i=1}^{\infty} \omega^i \int_0^{\infty} \frac{(s\mu x)^i}{i!} \mathrm{e}^{-s\mu x} \mathrm{d}A(x) \\
&= p_{s-1}^- A^*(s\mu) + \frac{C}{\omega} A^*[s\mu(1-\omega)] - \frac{C}{\omega} A^*(s\mu)
\end{aligned} \tag{6.4.22}$$

再将式 (6.4.18) 代入式 (6.4.22)，可得

$$C = p_{s-1}^- \omega \tag{6.4.23}$$

所以式 (6.4.16) 可改写为

$$p_j^- = p_{s-1}^- \omega^{j-s+1} \qquad (j \geqslant s-1) \tag{6.4.24}$$

这实际上与 M/M/s 的状态概率分布式 (4.2.9) 非常相似，是一种几何形式的解。

为了求解 $\{p_j^-;0\leqslant j\leqslant s-1\}$，定义下列部分概率母函数

$$U(z)\triangleq\sum_{j=0}^{s-1}p_j^-z^j=\sum_{r=0}^{s-1}U_r(z-1)^r \tag{6.4.25}$$

这里 $U_r=\frac{1}{r!}\frac{\mathrm{d}^rU(z)}{\mathrm{d}z^r}|_{z=1}$。注意到

$$p_j^-=\frac{1}{j!}\frac{\mathrm{d}^jU(z)}{\mathrm{d}z^j}|_{z=0}=\sum_{r=j}^{s-1}(-1)^{r-j}\binom{r}{j}U_r \qquad (0\leqslant j\leqslant s-1) \tag{6.4.26}$$

可见，求解 $\{p_j^-;0\leqslant j\leqslant s-1\}$ 转换成了求解相应的 U_j。

首先求解 U_0。基于式 (6.4.17) 以及概率归一化条件，有

$$U_0=U(1)=\sum_{j=0}^{s-1}p_j^-=1-\sum_{j=s}^{\infty}p_{s-1}^-\omega^{j-s+1}=1-p_{s-1}^-\frac{\omega}{1-\omega} \tag{6.4.27}$$

这实际上就是顾客到达时无须等待、可直接进入服务状态的概率。如果 $s=1$，可由此求得 $p_0^-=1-\omega$，这与 GI/M/1 队列的结果一致。

然后求解 U_r $(1\leqslant r\leqslant s-1)$。对式 (6.4.14) 两侧同时乘以 z^j，再从 $j=0$ 到 $j=s-1$ 相加，同时代入式 (6.4.4) 和式 (6.4.10) 中相应的 P_{ij} 后，得

$$U(z)=\int_0^\infty[1-(1-z)\mathrm{e}^{-\mu t}]U(1-(1-z)\mathrm{e}^{-\mu t})\mathrm{d}A(t)+C\int_0^\infty \left\{\int_0^t\mathrm{e}^{s\mu\omega y}\cdot[\mathrm{e}^{-\mu y}-(1-z)\mathrm{e}^{-\mu t}]^s s\mu\mathrm{d}y\right\}\mathrm{d}A(t)-Cz^s \tag{6.4.28}$$

对式 (6.4.28) 针对 z 做 r 次微分，然后令 $z=1$，得

$$U_r=(U_r+U_{r-1})A^*(r\mu)-C\binom{s}{r}\frac{s[1-A^*(k\mu)]-r}{s(1-\omega)-r} \qquad (1\leqslant r\leqslant s-1) \tag{6.4.29}$$

整理后，得

$$U_r=\frac{A^*(r\mu)}{1-A^*(r\mu)}U_{r-1}-C\left(\begin{array}{c}s\\r\end{array}\right)\frac{s\,[1-A^*(r\mu)]-r}{s(1-\omega)-r]} \qquad (1\leqslant r\leqslant s-1) \tag{6.4.30}$$

逐次代入后，得

$$U_r=CD_r\sum_{k=r+1}^{s}\left(\begin{array}{c}s\\k\end{array}\right)\frac{s\,[1-A^*(k\mu)]-k}{U_k\,[1-A^*(k\mu)]\,[s(1-\omega)-k]} \qquad (0\leqslant r\leqslant s-1) \tag{6.4.31}$$

其中

$$D_k = \prod_{i=1}^{k} \frac{A^*(i\mu)}{1 - A^*(i\mu)} \quad (1 \leqslant k \leqslant s-1) \tag{6.4.32}$$

$$D_0 = 1 \tag{6.4.33}$$

最后，利用归一化条件 $\sum\limits_{j=0}^{\infty} p_j^- = 1$ 可求得

$$C = \left[\frac{1}{1-\omega} + \sum_{k=1}^{s} \begin{pmatrix} s \\ k \end{pmatrix} \frac{s\,[1 - A^*(k\mu)] - k}{D_k\,[1 - A^*(k\mu)]\,[s(1-\omega) - k]} \right]^{1} \tag{6.4.34}$$

特别地, 针对 $j = 0$ 且 $s = 1$, 有

$$p_0^- = 1 - \omega \tag{6.4.35}$$

可见, ω 相当于顾客到达时刻所观察到服务者被占用的概率。由于顾客的到达不再服从泊松过程, 因此其与任意时刻服务者被占用的概率 $p_0 = 1 - \rho$ 不再相等。一般来讲, 如果到达过程的抖动小于泊松过程 (即方差系数小于 1), 则 $\omega < \rho$, 即顾客到达时刻观察到服务者忙的概率小于任意时刻观察到服务者忙的概率; 反之，如果到达过程的抖动大于泊松过程 (即方差系数大于 1), 则 $\omega > \rho$, 即顾客到达时刻观察到服务者忙的概率大于任意时刻观察到服务者忙的概率。

6.4.3 任意时刻状态概率的求解

由于顾客的到达不再是泊松过程，因此一般 $p_i \neq p_i^-$。但对于平稳状态下的 GI/M/s 排队系统，率守恒定理（定理 6.1）成立，由此得

$$p_j = \begin{cases} \dfrac{a}{j} p_{j-1}^- & (1 \leqslant j < s) \\[2mm] \dfrac{a}{s} p_{j-1}^- & (j \geqslant s) \end{cases} \tag{6.4.36}$$

其中，$a = \lambda/\mu$。利用归一化条件可求得

$$p_0 = 1 - \rho - a \sum_{j=1}^{s-1} p_{j-1}^- \left(\frac{1}{j} - \frac{1}{s} \right) \tag{6.4.37}$$

如果 $s = 1$，则有 $p_0 = 1 - \rho$。

6.4.4 性能指标

1. 平均等待顾客数

$$\overline{N}_q = \sum_{j=s}^{\infty} (j-s) p_j = \frac{a}{s} \sum_{j=1}^{\infty} j p_{s+j-1}^- = \frac{a}{s} p_s^- \sum_{j=1}^{\infty} j \omega^{j-1} = \rho p_s^- \frac{1}{(1-\omega)^2} \tag{6.4.38}$$

2. 平均队列长度

$$\overline{N}=\overline{N}_q+a=\rho p_s^-\frac{1}{(1-\omega)^2}+a \tag{6.4.39}$$

3. 顾客等待概率

$$M(0)=\sum_{j=s}^{\infty}p_j^-=p_s^-\sum_{j=s}^{\infty}\omega^{j-s}=p_s^-\frac{1}{1-\omega} \tag{6.4.40}$$

4. 平均等待时间

$$\overline{W_q}=\frac{\overline{N_q}}{\lambda}=M(0)\frac{1}{s\mu(1-\omega)} \tag{6.4.41}$$

5. 等待时间分布（假设服务规律为 FCFS）

用 Q^- 表示某一顾客到达时刻排队系统内的等待顾客数，则有

$$P\left\{Q^-=j,W_q>0\right\}=p_{s+j}^-=p_s^-\omega^j \tag{6.4.42}$$

于是有

$$P\left\{Q^-=j|W_q>0\right\}=\frac{P\left\{Q^-=j,W_q>0\right\}}{P\left\{W_q>0\right\}}=(1-\omega)\omega^j \tag{6.4.43}$$

在 FCFS 服务规律下，某个到达顾客的等待时间概率分布就等于该顾客在排队系统内的等待时间内有 $j+1$ 个顾客结束服务而退出排队系统的概率（假设该顾客到达队列时队列中已有 j 个正在等待的顾客）。由于顾客的服务时间是无记忆的指数分布，且在此期间所有的 s 个服务者均处于服务状态，因此有

$$P\left\{W_q>t|W_q>0,Q^-=j\right\}=\mathrm{e}^{-s\mu t}\sum_{i=0}^{j}\frac{(s\mu t)^i}{i!} \tag{6.4.44}$$

于是有

$$\begin{aligned}P\left\{W_q>t|W_q>0\right\}&=\sum_{i=0}^{\infty}P\left\{W_q>t|W_q>0,Q^-=j\right\}P\left\{Q=j|W_q>0\right\}\\&=\sum_{j=0}^{\infty}\mathrm{e}^{-s\mu t}\sum_{i=0}^{j}\frac{(s\mu t)^i}{i!}(1-\omega)\omega^j\\&=(1-\omega)\mathrm{e}^{-s\mu t}\sum_{j=0}^{\infty}\sum_{i=0}^{j}\frac{(s\mu t)^i}{i!}\omega^j\\&=\mathrm{e}^{-(1-\omega)s\mu t}\end{aligned} \tag{6.4.45}$$

这里运用了恒等式

$$\sum_{j=0}^{\infty}\sum_{i=0}^{j}f(i,j)=\sum_{j=0}^{\infty}\sum_{i=0}^{\infty}f(i,i+j) \tag{6.4.46}$$

最终求得

$$W_q^c(t) = P\{W_q > t\} = P\{W_q > t|W_q > 0\} P\{W_q > 0\} = M(0)\mathrm{e}^{-(1-\omega)s\mu t} \tag{6.4.47}$$

这里值得注意的是，GI/M/s 队列的平均队列长度与平均等待时间不仅与到达过程的一阶矩和二阶矩有关，还与到达过程的概率分布有关（因为求解 ω 需要用到到达间隔的概率分布），这与 M/G/1 队列有所不同。

特殊情况 1：GI/M/1 排队模型。如果 $s=1$，则有 $p_0^- = 1-\omega$，因此有 $p_j^- = (1-\omega)\omega^j$。进一步利用率守恒定理，可得任意时刻队列长度的概率分布为

$$p_j = \rho p_{j-1}^- = \rho(1-\omega)\omega^{j-1} \qquad (j=1,2,\cdots) \tag{6.4.48}$$

$$p_0 = 1 - \sum_{j=1}^{\infty} p_j = 1-\rho \tag{6.4.49}$$

可见，此时队列长度服从几何分布。由此可得平均等待队列长度、平均队列长度以及平均滞留时间分别为

$$\overline{N}_q = \frac{\rho\omega}{1-\omega} \tag{6.4.50}$$

$$\overline{N} = \frac{\rho}{1-\omega} \tag{6.4.51}$$

$$\overline{W} = \frac{h}{1-\omega} \tag{6.4.52}$$

其中，$h=1/\mu$。进一步可得等待时间的概率分布（假设服务规则为 FCFS）

$$W_q(t) = 1 - \omega\mathrm{e}^{-(1-\omega)\mu t} \tag{6.4.53}$$

以及等待时间的均值与方差

$$\overline{W_q} = \frac{\omega h}{1-\omega} \tag{6.4.54}$$

$$\sigma_{W_q}^2 = \frac{\omega h^2}{(1-\omega)^2} \tag{6.4.55}$$

可见，其方差系数 $C_{W_q}^2 = 1/\omega > 1$，即等待时间的抖动随 ω 的减小而增大。

特殊情况 2：M/M/s 排队模型。如果顾客到达为泊松过程，即对于 M/M/s 系统有

$$\overline{W_q} = M(0)\frac{h}{s(1-\rho)} \tag{6.4.56}$$

$$W_q^c(t) = M(0)\mathrm{e}^{-(1-\rho)s\mu t} \tag{6.4.57}$$

由此可见，GI/M/s 与 M/M/s 的等待时间分布与平均等待时间的公式形式完全一样，只是需要用 ω 替代 ρ，而且 $M(0)$ 的内容也不一样。两者等待时间的补函数 $W_q^c(t)$ 均为指数分

布形式，也就是说，只要服务时间服从指数分布，无论到达过程是否为泊松过程，其等待时间的尾分布均按指数规律衰减。

特殊情况 3: GI/M/s(0) 排队模型。对于 GI/M/s(0) 排队模型，由于等待空间为零，因此有

$$P_{ij}=0 \qquad (j>i+1) \tag{6.4.58}$$

$$P_{ij}=0 \qquad (i \geqslant s+1) \tag{6.4.59}$$

$$P_{sj}=P_{s-1,j} \tag{6.4.60}$$

则平稳状态概率可直接通过求解下列线性方程组得出

$$\begin{cases} p_j^- = \displaystyle\sum_{i=j-1}^{s} p_i^- P_{ij} \\ \displaystyle\sum_{j=0}^{s} p_j^- = 1 \end{cases} \tag{6.4.61}$$

将上式两边乘以 z^j，并对 $j=0,1,\cdots,s$ 连加得

$$G(z)=\sum_{j=0}^{s} z^j p_j^- = \sum_{j=0}^{s}\sum_{i=j-1}^{s} z^j P_{ij} p_i^- = \sum_{i=0}^{s-1} p_i^- \sum_{j=0}^{i+1} z^j P_{ij} + p_s^- \sum_{j=0}^{s} z^j P_{sj} \tag{6.4.62}$$

由式 (6.4.4) 可得

$$\begin{aligned} \sum_{j=0}^{i+1} z^j P_{ij} &= \int_0^\infty \sum_{j=0}^{i+1} \binom{i+1}{j} (1-\mathrm{e}^{-\mu t})^{i+1-j} (z\mathrm{e}^{-\mu t})^j \mathrm{d}A(t) \\ &= \int_0^\infty (1-\mathrm{e}^{-\mu t}+z\mathrm{e}^{-\mu t})^{i+1} \mathrm{d}A(t) \end{aligned} \tag{6.4.63}$$

由于队列等待空间为 0，可知 $P_{sj}=P_{s-1,j}$。由式 (6.4.63)，并令 $i=s-1$，可得

$$\sum_{j=0}^{s} z^j P_{sj} = \int_0^\infty (1-\mathrm{e}^{-\mu t}+z\mathrm{e}^{-\mu t})^s \mathrm{d}A(t) \tag{6.4.64}$$

将式 (6.4.63) 和式 (6.4.64) 代入式 (6.4.62) 后得

$$G(z)=\sum_{i=0}^{s-1} p_i^- \int_0^\infty [1-\mathrm{e}^{-\mu x}(1-z)]^{i+1} \mathrm{d}A(x) + p_s^- \int_0^\infty [1-\mathrm{e}^{-\mu x}(1-z)]^s \mathrm{d}A(x) \tag{6.4.65}$$

针对 $G(z)$ 对 z 取 k 阶微分，并置 $z=1$ 后的

$$G^{(k)}(1)=\left[\sum_{i=k-1}^{s-1} (i+1)_k p_i^- + (s)_k p_s^-\right] A^*(k\mu) \tag{6.4.66}$$

这里，$(i)_k = i(i-1)\cdots(i-k+1)$, $A^*(\theta)$ 为 $A(x)$ 的 LST。

再利用 $\binom{i+1}{k} = \binom{i}{k} + \binom{i}{k-1}$，可以求得 k 次二项矩 B_k

$$B_k \triangleq \sum_{j=k}^{s} \binom{j}{k} p_j^- = \frac{1}{k!} G^{(k)}(1) = \left[B_k + B_{k-1} - \binom{s}{k-1} p_s^- \right] A^*(k\mu) \tag{6.4.67}$$

将上式展开后得

$$A^*(k\mu) B_{k-1} - [1 - A^*(k\mu)] B_k = \binom{s}{k-1} p_s^- A^*(k\mu) \tag{6.4.68}$$

令

$$\varPhi(\theta) = \frac{A^*(k\mu)}{1 - A^*(k\mu)} \tag{6.4.69}$$

以及

$$C_r = \prod_{i=1}^{r} \varPhi(i\mu) \qquad (C_0 = 1) \tag{6.4.70}$$

则得

$$\frac{B_{k-1}}{C_{k-1}} - \frac{B_k}{C_k} = \binom{s}{k-1} \frac{p_s^-}{C_{k-1}} \tag{6.4.71}$$

将此式从 $j = k+1$ 连加至 $j = s$ 后得

$$\begin{cases} B_k = p_s^- C_k \displaystyle\sum_{r=k}^{s} \binom{s}{r} \frac{1}{C_r} \quad (k = 0, 1, \cdots, s-1) \\ B_s = \left[\displaystyle\sum_{r=0}^{s} \binom{s}{r} \frac{1}{C_r} \right]^{-1} \end{cases} \tag{6.4.72}$$

进一步可得

$$\begin{aligned} p_j^- &= \sum_{k=j}^{\infty} (-1)^{k-j} \binom{k}{j} B_k \\ &= p_s^- \sum_{k=j}^{s} (-1)^{k-j} \binom{k}{j} C_k \sum_{r=k}^{s} \binom{s}{r} \frac{1}{C_r} \quad (j = 0, 1, 2, \cdots, s-1) \end{aligned}$$

于是

$$p_s^- = B_s = \left[\sum_{r=0}^{s} \binom{s}{r} \frac{1}{C_r} \right]^{-1}$$

$$= \left[\sum_{r=0}^{s} \binom{s}{r} \frac{1}{\prod_{i=1}^{r} \Phi(i\mu)} \right]^{-1}$$

$$= \left[1 + \sum_{r=1}^{s} \frac{\binom{s}{r}}{\prod_{i=1}^{r} \Phi(i\mu)} \right]^{-1} \tag{6.4.73}$$

由此求得了顾客阻塞率（customer congestion probability）$P_B = p_s^-$。

由于顾客的到达不再是泊松过程，所以一般来讲排队系统的时间阻塞率（time congestion probability）与顾客阻塞率不相等。但在求得了顾客到达时刻的状态概率之后，可以通过前述的率守恒定理求得排队系统的时间阻塞率，即

$$p_s = \frac{a}{s} p_{s-1}^- = \frac{a}{s} \frac{p_s^-}{\Phi(s\mu)} \tag{6.4.74}$$

6.5 $\mathrm{M}^{[X]}$/G/1 群到达排队系统

在信息网络中，经常需要面对群（group）到达的场景。比如说，计算机系统中经常采用的批处理（batch job）处理方式，即在计算任务累计到一定程度后集中处理，这样可以大大提高计算资源的利用率。另外，通信网络中也经常采用突发（burst）的传输和交换方式，即将零散的业务数据汇聚成一个突发流，然后寻找最好的传输机会将信息传送出去，这样可以大大提高传输成功率，尤其是在存在衰落的无线信道中。

考虑一个群到达 $\mathrm{M}^{[X]}$/G/1 排队系统，顾客以群的形式按泊松过程到达排队系统，顾客群之间的到达间隔服从参数为 λ 的指数分布，顾客群中所包含的顾客数 $X = i$ 的概率为 g_i 的离散随机过程，其 z 变换为 $G(z)$，平均值为 g，方差为 σ_g^2。顾客所需的服务时间 $T_i (i = 1, 2, \cdots, X)$ 相互独立，且与 X 无关，其分布函数为 $F(t)$，LST 为 $F^*(\theta)$，平均值为 μ^{-1}，方差为 σ_h^2。群到达之间的服务规律为 FCFS，群内部顾客的服务规律为 SIRO（Service In Random Order）。这样的排队系统被称为群到达排队系统，在通信网络中有非常广泛的应用。

如果顾客的等待空间（缓存区）为有限值，需要进一步地定义顾客的服务规律，即 PBAS（Partial Batch Acceptance Strategy）或 WBAS（Whole Batch Acceptance Strategy）。前者意指如果新到达的顾客群无法全部进入缓存区的话，则选择部分顾客进入；后者意指要么全部进入，要么整体被丢弃。

同属于一个群的 X 个顾客所需的服务时间的总和（total workload）为

$$S_X = T_1 + T_2 + \cdots + T_X \tag{6.5.1}$$

由于 T_i 间相互独立，且服从同一分布 $F(t)$，因此 S_X 的概率密度函数的 LST $\Phi^*(\theta)$ 可通

过复合概率函数的方法求得，即

$$\begin{aligned}\Phi^*(\theta) &= E\left[\mathrm{e}^{-\theta S_X}\right] \\ &= \sum_{i=1}^{\infty} E\left[\mathrm{e}^{-\theta \sum\limits_{x=1}^{i} T_x}\right] g_i \\ &= \sum_{i=1}^{\infty} [F^*(\theta)]^i g_i \\ &= G(F^*(\theta))\end{aligned} \tag{6.5.2}$$

对 $\Phi^*(\theta)$ 微分后求得 S_X 的均值与方差分别为

$$\overline{S}_X = gh \tag{6.5.3}$$

$$\sigma_{S_X}^2 = g\sigma_h^2 + \sigma_g^2 h^2 \tag{6.5.4}$$

再考虑 $(0,t)$ 内到达排队系统顾客数的概率分布。令 $V_g(t)$ 和 $V(t)$ 分别表示 $(0,t)$ 内到达排队系统的群个数和顾客数，$g_n^{(*j)}$ 表示在到达队列的 j 个群中总计包含有 $n(n = j, j+1, \cdots)$ 个顾客的概率，即

$$g_n^{(*j)} = P\{V(t) = n | V_g(t) = j\}$$

它是群大小概率分布 g_i 的 j 阶卷积，因此其概率母函数为 $G^j(z)$。由于 $V_g(t)$ 服从参数为 λ 的泊松分布，则有

$$P\{V(t) = n\} = \sum_{j=0}^{n} \frac{(\lambda t)^j}{j!} \mathrm{e}^{-\lambda t} g_n^{(*j)} \tag{6.5.5}$$

这里假设了 $g_n^{(*0)} = \delta_{0n}$，即 $g_0^{(*0)} = 1$、$g_n^{(*0)} = 0\ (n \neq 0)$。可见 $V(t)$ 为复合泊松（compound Poisson）过程[FELL 57]。

综上所述，可以将 $\mathrm{M}^{[X]}/\mathrm{G}/1$ 视为一个复合泊松到达的 $\mathrm{M}/\mathrm{G}'/1$ 排队系统，其顾客到达间隔为群到达之间的时间间隔，服务时间为均值为 $\overline{S}_X$，分散为 $\sigma_{S_X}^2$ 的一般分布。通过对这个等效 $\mathrm{M}/\mathrm{G}'/1$ 排队系统的解析，可以求出顾客到达群整体的等待时间 W_{q1}。按照 M/G/1 排队系统的 P-K 公式可求得顾客所在群整体需要等待的平均时间为

$$\overline{W}_{q1} = \frac{\rho \overline{S}_X}{2(1-\rho)} \left(1 + \frac{\sigma_{S_X}^2}{\overline{S}_X^2}\right) \tag{6.5.6}$$

$$= \frac{\rho h}{2(1-\rho)} \left(\frac{g^{(2)}}{g} + C_b^2\right) \tag{6.5.7}$$

其中，$\rho = \lambda g h$ 为所有顾客的总体平均到达率，$C_b^2 = \sigma_h^2/h^2$ 为顾客服务时间的方差系数。根据式 (6.3.36)，群整体等待时间概率密度函数的 LST 为

$$W_{q1}^*(\theta) = \frac{(1-\rho)\theta}{\theta - \lambda[1 - G(F^*(\theta))]} \tag{6.5.8}$$

为了求解顾客等待时间中的第二部分，即某个顾客所在的群的服务开始至该特定顾客的服务开始的时间 W_{q2}，由于群内部的服务规律为 SIRO，可以假设该顾客在其所属群内第 j 个被处理的概率为 r_j。首先给出如下定理。

定理 6.3 令 X 表示到达群中顾客的数目，$\hat{X}$ 表示某个特定顾客所在群的顾客数。则有

$$\mathrm{P}\left\{\hat{X}=j\right\}=\frac{j}{g}g_j \tag{6.5.9}$$

证明: 设 $\mathcal{B}_j$ 是满足 $X=j$ 的所有群的集合，则

$$\begin{aligned}P\left\{\hat{X}=j\right\}&=\lim_{t\to\infty}\frac{t\text{时刻内到达的顾客中属于集合 }\mathcal{B}_j\text{ 顾客数的总数}}{\text{顾客到达总数}}\\&=\frac{jP\{X=j\}}{\sum\limits_{i=1}^{\infty}iP\{X=i\}}\\&=\frac{j}{g}g_j\end{aligned} \tag{6.5.10}$$

由此定理得证。 ■

根据此定理可得

$$r_j=\sum_{i=j}^{\infty}\frac{1}{i}P\left\{\hat{X}=i\right\}=\frac{1}{g}\sum_{i=j}^{\infty}g_i \tag{6.5.11}$$

该顾客需要等群内处于其前面 $j-1$ 个顾客服务完毕，于是可以求得群内的等待时间概率密度函数的 LST 为

$$\begin{aligned}W_{q2}^*(\theta)&=\sum_{j=1}^{\infty}r_j[F^*(\theta)]^{j-1}\\&=\frac{1}{g}\sum_{j=1}^{\infty}\sum_{i=j}^{\infty}g_i[F^*(\theta)]^{j-1}\\&=\frac{1-G[F^*(\theta)]}{g[1-F^*(\theta)]}\end{aligned} \tag{6.5.12}$$

通过求导，并置 $\theta=0$ 得

$$\overline{W}_{q2}=\frac{E[X^2]-E[X]}{2g}h=\frac{1}{2}\left[(g-1)h+\frac{\sigma_g^2h}{g}\right] \tag{6.5.13}$$

最后求出 $\overline{W}_q=\overline{W}_{q1}+\overline{W}_{q2}$，即

$$\overline{W}_q=\frac{\rho h(1+C_b^2)}{2(1-\rho)}+\frac{h}{2(1-\rho)}\left[\frac{g^{(2)}}{g}-1\right] \tag{6.5.14}$$

另外，还可以通过对 $W_q^*(\theta) = W_{q1}^*(\theta)W_{q2}^*(\theta)$ 直接微分求出顾客的等待概率为

$$M(0) = 1 - \frac{1-\rho}{g} \tag{6.5.15}$$

上式可解释为：某个到达排队系统的群在其到达时不需等待的概率应为 $1-\rho$，而在该群中只有其中之一的顾客不需等待而直接被服务，其概率为 $\frac{1-\rho}{g}$，故等待率为 $1-\frac{1-\rho}{g}$。

实际上，由于

$$E[W_{q2}|\hat{X}=j] = \frac{(j-1)h}{2} \tag{6.5.16}$$

则 $\overline{W}_{q2}$ 还可直接通过下式求出

$$\begin{aligned}\overline{W}_{q2} &= \sum_{j=1}^{\infty} E[W_{q2}|\hat{X}=j]P\left\{\hat{X}=j\right\}\\ &= \frac{h}{2g}[E[X^2]-E[X]]\\ &= \frac{1}{2}\left[(g-1)h + \frac{\sigma_g^2 h}{g}\right]\end{aligned} \tag{6.5.17}$$

由图 6.7 中可以看出群到达排队系统具有如下性质：

（1）等待时间 W_q 是群规模分散指数 σ_g^2/g 的单调增函数，群规模的抖动越大，顾客的等待时间越长。

（2）$\rho \to 0$ 时，等待时间 W_q 并不趋于 0，这是因为在服务者空闲的状态下到达的顾客群中，只有第 1 个顾客不需要等待可直接进入服务状态，其余的顾客都必须首先进入等待状态。

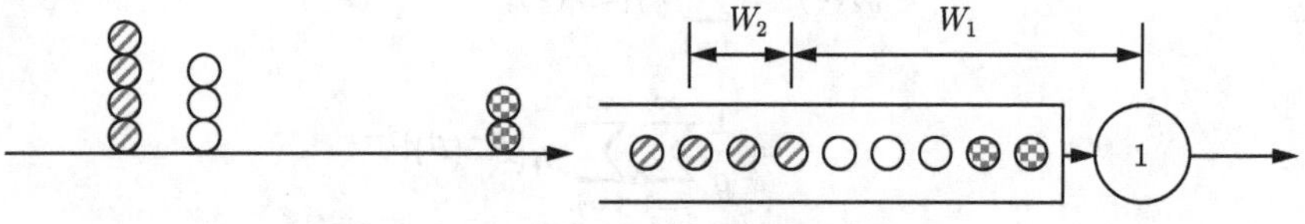

图 6.7　$M^{[X]}/G/1$ 群到达排队系统

下面考虑 $M^{[X]}/G/1$ 排队系统的状态概率分布。尽管当把整个群到达看成一个单独到达时，$M^{[X]}/G/1$ 可被视为 M/G'/1，但当关心某一特定顾客的状态概率分布时，该系统并不等于 M/G'/1，因此 p_i^-，p_i，p_i^+ 三者之间并不相等（当然若 i 代表群的个数，则三者相等）。Gaver [GAVE 59] 采用巧妙的办法直接求出了 $M^{[X]}/G/1$ 排队系统在任意时刻的状态概率。下面采取嵌入马尔可夫过程的办法先求出退去时刻系统的状态分布 p_j^+。

如式 (6.5.5) 所述，$M^{[X]}$ 在 $(0,t)$ 内到达系统的顾客数分布为复合泊松过程，故 $M^{[X]}/G/1$ 与 M/G/1 一样，在退去时刻具有马尔可夫性，因此有

$$N_{t_{n+1}^+} = \Delta_{0,N_{t_n^+}}\eta_n + N_{t_n^+} - 1 + V_{n+1} \tag{6.5.18}$$

其中，

$N_{t_n^+}$：第 n 个顾客退去时刻排队系统内的顾客数

V_{n+1}：第 $n+1$ 个顾客服务时间内到达的顾客数

$$\varDelta_{ij}=\begin{cases}1 & (i=j)\\ 0 & (i\neq j)\end{cases}$$

η_n：$N_{t_n^+}=0$条件下到达队列的第一个群中所包含的顾客数

由于 η_n、$N_{t_n^+}$ 和 V_{n+1} 之间相互独立，则有

$$E\left[z^{N_{t_{n+1}^+}}\right]=E\left[z^{\eta_n\varDelta_{0,N_{t_n^+}}+N_{t_n^+}-1}\right]E\left[z^{V_{n+1}}\right] \tag{6.5.19}$$

基于求解式 (6.5.5) 同样的方法，令 V_g 和 V 分别表示某一个顾客的服务时间内到达排队系统的群个数和顾客数，$g_n^{(*j)}$ 表示在到达队列的 j 个群中总计包含有 n $(n=j,j+1,\cdots)$ 个顾客的概率，即

$$g_n^{(*j)}=P\{V=n|V_g=j\}$$

它是群大小概率分布 g_i 的 j 阶卷积，因此其概率母函数为

$$G^{(j)}(z)=E[z^V|V_g=j] \tag{6.5.20}$$

由于 V_g 服从参数为 λ 的泊松分布，则有

$$P\{V=n\}=\int_0^\infty\sum_{j=0}^{n}\frac{(\lambda t)^j}{j!}\mathrm{e}^{-\lambda t}g_n^{(*j)}\mathrm{d}F(t) \tag{6.5.21}$$

可见 V 也是复合泊松过程，其概率母函数为

$$E[z^V]=\sum_{j=0}^{\infty}E[z^V|V_g=j]P\{V_g=j\} \tag{6.5.22}$$

$$=\sum_{j=0}^{\infty}G^j(z)\int_0^\infty\frac{(\lambda t)^j}{j!}\mathrm{e}^{-\lambda t}g_n^{(*j)}\mathrm{d}F(t) \tag{6.5.23}$$

$$=F^*(\lambda(1-G(z))) \tag{6.5.24}$$

针对式 (6.5.19) 令 $n\to\infty$，并将式 (6.5.24) 代入式 (6.5.19)，最终求得

$$Q(z)=\sum_{j=0}^{\infty}p_j^+z^j=\frac{1-\rho}{g}\cdot\frac{[1-G(z)]F^*(\lambda(1-G(z)))}{F^*(\lambda(1-G(z)))-z} \tag{6.5.25}$$

其平均值为

$$\overline{N}_+=\rho+\frac{\rho^2(1+C_b^2)}{2(1-\rho)}+\frac{1}{2(1-\rho)}\left[\frac{g^{(2)}}{g}-1\right] \tag{6.5.26}$$

注意：这里求出的 $\overline{N}_+$ 为顾客退去时刻所观察到队列长度的平均，而非任意时刻的平均队列长度，因此无法基于式 (6.5.26) 求出顾客的平均等待时间。

下面求解任意时刻队列长度状态概率 p_j。为了求解 p_j，需要引入 Semi-Markov 的理论，在此只给出其结果，详见文献 [FUJI 80] [GAVE 59]。

$$P(z)=\sum_{j=0}^{\infty}p_jz^j=(1-\rho)\frac{(1-z)F^*(\lambda(1-G(z)))}{F^*(\lambda(1-G(z)))-z} \tag{6.5.27}$$

其平均值为

$$\overline{N}=\rho+\frac{\rho^2(1+C_b^2)}{2(1-\rho)}+\frac{\rho}{2(1-\rho)}\left[\frac{g^{(2)}}{g}-1\right] \tag{6.5.28}$$

注释：

（1）式 (6.5.26) 和式 (6.5.28) 右侧前两项等于 $\mathrm{M}^{[X]}/\mathrm{G}/1$ 所对应的 M/G'/1 队列的平均队长，由此可见上述两式右侧的第三项相当于由于群规模的抖动所带来的平均队长增量。如果群规模固定为 1，则该增量为 0。这也被称为 $\mathrm{M}^{[X]}/\mathrm{G}/1$ 队列的随机分解（decomposition）定理。

（2）比较 $\overline{N}$ 与式 (6.5.14) 的 $\overline{W}_q$，可知群到达时的 Little 公式应为 $\overline{N}=\lambda g(\overline{W}_q+h)$。

（3）比较 $\overline{N}$ 与 $\overline{N}_+$，可知 $\overline{N}_+-\overline{N}=\dfrac{g^{(2)}-g}{2g}\geqslant 0$，即顾客退去时所观察到的平均队列长度要大于或等于任意时刻所观察到的平均队列长度，其中等号在 g_1=1（即传统的 M/G/1 队列）时取得。

（4）很明显，由于顾客群的到达为泊松过程，故在群的到达时刻有 $p_j^-=p_j$。但需要注意的是，由于顾客为群到达，但服务为单个服务，因此一般来讲 $p_j^-\neq p_j^+$。实际上，比较 $Q(z)$ 与 $P(z)$ 可知

$$Q(z)=\frac{1-G(z)}{g(1-z)}P(z) \tag{6.5.29}$$

对右侧针对 z 进行幂展开，可得

$$p_j^+=\frac{1}{g}\sum_{i=0}^{j}g^{\mathrm{c}}(i)p_{j-i}\quad (j=0,1,\cdots) \tag{6.5.30}$$

其中

$$g^{\mathrm{c}}(i)=\sum_{k=i+1}^{\infty}g_k \tag{6.5.31}$$

如果群规模固定为 K $(g_K=1)$，则上式可简化为

$$p_j^+=\frac{1}{K}\sum_{i=0}^{j}p_i\quad (0\leqslant j<K) \tag{6.5.32}$$

$$p_j^+ = \frac{1}{K}\sum_{i=j-K+1}^{j} p_i \quad (j \geqslant K) \tag{6.5.33}$$

（5）考虑一个常见的特殊情况，即顾客服务时间服从参数为 μ 的指数分布，且 X 服从几何分布 $g_i = \frac{1}{g}\left(1-\frac{1}{g}\right)^{i-1}$。此时 $F^*(\theta) = \frac{\mu}{\theta+\mu}$，$G(z) = \left(\frac{1}{g}\right)z\Big/\left[1-\left(1-\frac{1}{g}\right)z\right]$，由此可得

$$P(z) = (1-\rho)\frac{1-z+\frac{1}{g}z}{1-z+\frac{1}{g}(1-\rho)z} \tag{6.5.34}$$

由此可求出 $\mathrm{M}^{[\mathrm{Geo}]}/\mathrm{M}/1$ 队列的各种性能指标。

6.6 M/G/1 优先权排队系统

通信网中的业务多种多样，所需要的服务质量也各有不同。比如，语音业务一般对延时比较敏感，但可容忍一定的信息丢失；而数据业务一般对信息丢失比较敏感，但可容忍一定的延时。因此，在语音与数据业务同时存在的网络中，一般会给语音业务较高的传输优先权，以保证语音业务的延时控制在一定的范围内。当然，该优先权需要精细地设置，否则可能会影响到数据业务的服务质量。而在实际网络中，即使是同类的业务，也可能由于付费的不同而需要将它们的服务质量差分开来，典型的例子就是互联网中的差分服务（DiffServ）模式。服务的优先权还可能根据顾客的服务属性来确定，比如 SJF（Shortest Job First）或是 EDF（Earliest Deadline First），等等。因此对各类顾客分别赋予不同的优先级，从而在有顾客竞争服务时首先为高优先权的顾客提供服务的服务模式越来越受到关注。

优先权可进一步细分为两类：抢占式优先权（Preemptive Priority, PP）和非抢占式优先权（Non-Preemetive Priority，NPP）。前者意味着高优先权顾客到达时可以强行中断正在接受服务的低优先权顾客的服务而进入服务状态，等到高优先权业务服务结束后，如果低优先权业务从被中断的时刻继续接受服务，则称之为抢占接续式优先权 (PP-resume)；如果被中断的低优先权业务从头开始接受服务，则称之为抢占重启式优先权 (PP-restart)。而后者则意味着低优先权的顾客一旦进入到了服务状态就不会被抢占，此时到达的高优先权顾客必须等待正在接受服务的低优先权顾客退去后才能进入服务状态。显然，NPP 和 PP-resume 属于工作量守恒系统，即每个顾客的总服务时间不随高优先权业务的增加而增加。但 PP-restart 则属于工作量非守恒系统，因为高优先权业务的增加会增加低优先权业务的总服务时间。

在电路交换网中，由于顾客对链路的占用是独享的，因此一般不会采用抢占式优先权，而且只有在接入端设有等待区或是缓存区的网络中（如呼叫中心网络）才有可能引入非抢占式优先权。在分组交换网中，由于每个分组的长度是受限的，且一般处理一个分组的时间都比较短，因此一般会采用非抢占式优先权。实际上，完全实施抢占式优先权方式也是

比较困难的，因为这需要保留低优先权业务的每一个分组，使其在被中断传输之后仍然能够重新开始传输。此时可以考虑将低优先权业务的分组切割成比较小的分组，如 ATM 网络中的信元，则非抢占式优先权可用来近似抢占式优先权，相当于在大分组传输过程中的某个特定时间点中断了低优先权业务的传输。

但在计算机处理系统中，如 Web 服务器、超级计算机系统等，某个请求（request）或是任务（job）对服务器或是 CPU 的占用往往会有较长的持续时间，且服务的一时中断对用户来讲一般是透明（无感知）的，因此往往采用抢占式优先权的服务方式。而且，已有研究表明：Web 请求或是超级计算任务对服务器或是 CPU 的占用呈现重拖尾（heavy tail）现象，即新业务到达时正在接收服务的业务往往还会需要较长的服务时间，因此采用抢占式优先权方式是非常有效的[MOR 96]。

下面就以 M/G/1 队列为例，针对非抢占式和抢占式优先权分别讨论。

6.6.1 M/G/1 非中断式优先权排队系统

考虑一个拥有 K 类业务的单一服务者混合排队系统，其中第 k $(k=1,2,\cdots,K)$ 类业务拥有比第 $k-1$ 类业务更高的非抢占式优先权。第 k 类业务按参数为 λ_k 的泊松过程到达，且不同类别之间的顾客到达相互独立，因此有 $\lambda=\lambda_1+\lambda_2+\cdots+\lambda_K$。第 k 类业务服务时间的概率分布函数为 $B_k(x)$，平均值为 $h_k=\mu_k^{-1}$、方差系数为 C_k^2，且相互独立。因此，所有顾客的平均服务时间由下式给出

$$\mu^{-1}=\sum_{k=1}^{K}\frac{\lambda_k}{\lambda}\mu_k^{-1}$$

由此得

$$\rho=\lambda\mu^{-1}=\sum_{k=1}^{K}\lambda_k\mu_k^{-1}=\sum_{k=1}^{K}\rho_k$$

其中，$\rho_k=\lambda_k/\mu_k$。

针对非抢占式优先权排队系统，由于高优先权业务无法中断正在接受服务的低优先权业务，因此该排队系统平稳状态成立的条件仍然是 $\rho<1$。当然，这是严格的充分条件，它可以保证所有优先权业务的等待时间均为有限值，通常称之为"饱和"（saturated）场景。在有优先权的排队系统中，完全有可能出现针对高优先权业务平稳状态成立，而对某些低优先权业务平稳状态不存在的情况，特别是抢占式优先权排队系统，通常称之为"非饱和"（unsaturated）场景。

首先从最高优先权业务开始求解。由于高优先权业务拥有的只是非抢占式优先权，因此无论正在接受服务的顾客属于哪一级别的优先权，也无论到达的业务属于哪一级别的优先权，其剩余服务时间均需要等待。定义 R 为到达顾客所观测到的剩余服务时间，则可知到达顾客发现队列为空时，R=0；到达顾客发现队列不为空时，$R=Y$，其中 Y 为正在接受服务顾客的剩余服务时间。由于正在接受服务的顾客可能是任意优先级别的顾客，因此

可求得其平均值为

$$\overline{R}=\sum_{k=1}^{K}\rho_k\frac{(1+C_k^2)h_k}{2} \tag{6.6.1}$$

注意：这里的 $\overline{R}$ 针对任意优先权的到达业务均适用，即无论属于哪种优先权，其到达业务所观测到的剩余服务时间是完全一样的。

再定义 $\overline{N}_{q,k}$ 和 $\overline{W}_{q,k}$ 分别为第 k 级 $(1\leqslant k\leqslant K)$ 优先权业务正在等待服务的平均顾客数以及平均等待时间（不包括正在服务的顾客），则有

$$\overline{W}_{q,K}=\overline{R}+\overline{N}_{q,K}h_K \tag{6.6.2}$$

其中，$\overline{N}_{q,K}h_K$ 表示第 K 级业务到达队列时已在队列中等待的同属于优先级 K 的顾客平均服务时间之和。由 Little 定理可知，$\overline{N}_{q,K}=\lambda_K\overline{W}_{q,K}$，将其代入式 (6.6.2) 后得

$$\overline{W}_{q,K}=\frac{\overline{R}}{1-\rho_K} \tag{6.6.3}$$

然后考虑第 $K-1$ 级优先权业务的平均等待时间。基于上述同样的分析，可得

$$\overline{W}_{q,K-1}=\overline{R}+\overline{N}_{q,K}h_K+\overline{N}_{q,K-1}h_{K-1}+\lambda_K\overline{W}_{q,K-1}h_K \tag{6.6.4}$$

其中，$\overline{N}_{q,K-1}h_{K-1}$ 表示第 $K-1$ 级业务到达队列时已在队列中等待的同属于优先级 $K-1$ 的顾客平均服务时间之和，$\lambda_K\overline{W}_{q,K-1}h_K$ 表示在第 $K-1$ 级业务等待服务的过程中新到达的第 K 级业务服务时间的总和。针对第 $K-1$ 级业务应用 Little 定理，同时将式 (6.6.3) 的结果代入式 (6.6.4) 后得

$$\overline{W}_{q,K-1}=\frac{\overline{R}}{(1-\rho_K)(1-\rho_K-\rho_{K-1})} \tag{6.6.5}$$

针对第 $K-2,K-3,\cdots,1$ 级优先权业务，可采用同样的分析方法逐次递推得到，即

$$\overline{W}_{q,k}=\frac{\overline{R}}{\left(1-\sum\limits_{i=k+1}^{K}\rho_i\right)\left(1-\sum\limits_{i=k}^{K}\rho_i\right)}\quad(1\leqslant k\leqslant K) \tag{6.6.6}$$

这里，假设 $\sum\limits_{i=k+1}^{k}\rho_i=0$。

最终可求得平均滞留时间为

$$\overline{W}_k=\overline{W}_{q,k}+h_k\quad(1\leqslant k\leqslant K) \tag{6.6.7}$$

上述结果称作 Cobham 公式（Cobham's Formula）[COBH 54]，它展示了所有优先级业务的排队性能均与其他优先级业务的参数有关，即不同优先级业务之间的性能是相互影响的，而高优先级业务受低优先级业务的影响会相对小一些。具体地，观察式 (6.6.6) 可以看

出，某优先级业务的平均等待时间仅仅通过 $\overline{R}$ 项与低优先权业务的负载及服务时间关联，而与高优先权业务则不仅通过 $\overline{R}$ 项相关联，还与它们的负载之和相关联。

如果将所有级别业务的平均等待时间用业务负载的占比来加权，则可得出下面的守恒定理[KLEI 75]：

定理 6.4 M/G/1 非中断式优先权队列的守恒定理 对于任意一个非中断式工作量守恒 M/G/1 排队系统，有

$$\sum_{k=1}^{K}\frac{\rho_k}{\rho}\overline{W}_{q,k}=\frac{\overline{R}}{1-\rho} \tag{6.6.8}$$

证明：假设在平稳状态下排队系统中有 $N_{q,k}$ 个业务级别为 k 的顾客在等待，其中第 i 个顾客的服务时间为 $b_{i,k}$，则队列中总的剩余服务时间 (unfinished work) U 与顾客的服务顺序无关，由下式给出

$$U=R+\sum_{k=1}^{K}\sum_{i=1}^{N_{q,k}}b_{i,k}$$

取平均后，得

$$\overline{U}=\overline{R}+\sum_{k=1}^{K}\overline{N}_{q,k}h_k$$

应用 Little 定理，得

$$\overline{U}=\overline{R}+\sum_{k=1}^{K}\rho_k\overline{W}_{q,k} \tag{6.6.9}$$

由于 $\overline{U}$ 与顾客的服务顺序无关，因此可使用 FCFS 情况下的结果代入上式。当顾客到达服从泊松过程、且服务顺序为 FCFS 时，$\overline{U}$ 实际上就等于顾客的平均等待时间。基于 P-K 公式，由式 (6.3.3) 可知

$$\overline{U}=\overline{W}_q=\frac{\overline{R}}{1-\rho}$$

代入式 (6.6.9) 可得出式 (6.6.8)，定理得证。 ■

实际上，式 (6.6.7) 也可以通过直接代入式 (6.6.6) 得到验证，即

$$\begin{aligned}\sum_{k=1}^{K}\rho_k\overline{W}_{q,k}&=\sum_{k=1}^{K}\frac{\rho_k\overline{R}}{\left(1-\sum\limits_{i=k+1}^{K}\rho_i\right)\left(1-\sum\limits_{i=k}^{K}\rho_i\right)}\\&=\sum_{k=1}^{K}\left[\frac{\overline{R}}{1-\sum\limits_{i=k}^{K}\rho_i}-\frac{\overline{R}}{1-\sum\limits_{i=k+1}^{K}\rho_i}\right]\\&=\frac{\overline{R}}{1-\rho}-\overline{R}=\frac{\rho\overline{R}}{1-\rho}\end{aligned} \tag{6.6.10}$$

由此可见，M/G/1 非抢占式优先权排队系统中各类业务平均等待时间的业务量加权平均保持恒定，即无论如何调整各类业务之间的优先权，降低某类业务平均等待时间将导致其他类业务平均等待时间的相应增加，其增加程度取决于该级别业务的业务量在总业务量中的占比。

注意：定理 6.4成立的条件是顾客的优先级选择独立于顾客的服务时间，否则队列长度的概率分布将会随服务顺序的改变而变化。另外，该定理也可以扩展到 G/G/1 队列，即对于任意一个 G/G/1 非抢占式优先权排队系统，$\sum\limits_{k=1}^{K}\dfrac{\rho_k}{\rho}\overline{W}_{q,k}$ 保持恒定，只是不再等于 $\dfrac{\overline{R}}{1-\rho}$。

如果假设不同级别业务的平均服务时间均相等，则式 (6.6.8) 转化为

$$\sum_{k=1}^{K}\frac{\lambda_k}{\lambda}\overline{W}_{q,k}=\frac{\overline{R}}{1-\rho} \tag{6.6.11}$$

再利用 Little 定理可知 $\lambda_k\overline{W}_{q,k}=\overline{N}_{q,k}$，则式 (6.6.11) 转化为

$$\sum_{k=1}^{K}\overline{N}_{q,k}=\frac{\lambda\overline{R}}{1-\rho} \tag{6.6.12}$$

注意到式 (6.6.11) 左侧为所有顾客的平均等待时间 $\overline{W}_q$，式 (6.6.12) 左侧为所有顾客的总平均队长 $\overline{N}_q$，可见这两个量针对不同的优先权配置是守恒的。

当然，如果不同级别业务的平均服务时间有所不同，则 $\overline{W}_q$ 和 $\overline{N}_q$ 一般不再守恒。换言之，通过针对不同平均服务时间的业务优化设置不同的优先权，很有可能进一步降低 $\overline{W}_q$ 和 $\overline{N}_q$。

那么，到底应该如何设置优先级呢？这需要同时考虑顾客的等待代价与优化目标，并有如下定理[GELE 80] [BACC 94]。

定理 6.5 M/G/1 非中断式优先权队列优先权配置的 C/ρ 原则 对于任意一个 M/G/1 非抢占式优先权排队系统，假设第 k 级别业务的到达率为 λ_k，服务率为 μ_k，服务时间的方差为 σ_k^2，单位时间的等待代价为 C_k $(1\leqslant k\leqslant K)$，则按照 C_k/ρ_k 从大到小的顺序配置优先权可使顾客总的等待代价 $\sum\limits_{k=1}^{K}C_k\overline{W}_{q,k}$ 最小，其中 $\rho_k=\lambda_k/\mu_k$。

证明：为不失一般性，假设 $C_K>C_{K-1}>\cdots>C_1>0$ $(1\leqslant k\leqslant K)$。同时，假设存在两种不同的优先权配置方案 A 和 B，两者之间的区别仅在于第 i 级别业务优先权和第 $i+1$ 级别业务优先权相互交换，所有其他级别业务的优先级配置相同。用 $\overline{W}_{q,k}^{(A)}$ 和 $\overline{W}_{q,k}^{(B)}$ 分别表示两种优先权配置方案下第 k 级别业务的平均等待时间，$C^{(A)}$ 和 $C^{(B)}$ 分别表示两种优先权配置方案下顾客总的等待代价，则由式 (6.6.6) 可知

$$\overline{W}_{q,k}^{(A)}=\overline{W}_{q,k}^{(B)}\qquad(1\leqslant k\leqslant K,k\neq i,k\neq i+1)$$

因此有

$$C^{(A)}-C^{(B)}=\sum_{k=1}^{K}C_k(\overline{W}_{q,k}^{(A)}-\overline{W}_{q,k}^{(B)})=C_i(\overline{W}_{q,i}^{(A)}-\overline{W}_{q,i}^{(B)})+C_{i+1}(\overline{W}_{q,i+1}^{(A)}-\overline{W}_{q,i+1}^{(B)}) \tag{6.6.13}$$

再应用定理 6.4，可知

$$\sum_{k=1}^{K}\rho_k\overline{W}_{q,k}^{(A)}=\sum_{k=1}^{K}\rho_k\overline{W}_{q,k}^{(B)}$$

因此有

$$\rho_i(\overline{W}_{q,i}^{(A)}-\overline{W}_{q,i}^{(B)})=-\rho_{i+1}(\overline{W}_{q,i+1}^{(A)}-\overline{W}_{q,i+1}^{(B)})$$

代入式 (6.6.13) 后，得

$$C^{(A)}-C^{(B)}=\rho_i(\overline{W}_{q,i}^{(A)}-\overline{W}_{q,i}^{(B)})\left(\frac{C_i}{\rho_i}-\frac{C_{i+1}}{\rho_{i+1}}\right)$$

假设方案 A 为最优配置方案，则一定有 $\overline{W}_{q,i}^{(A)}-\overline{W}_{q,i}^{(B)}<0$，因此保障 $C^{(A)}-C^{(B)}<0$ 的充分必要条件为

$$\frac{C_i}{\rho_i}>\frac{C_{i+1}}{\rho_{i+1}}$$

可见，对于任意一个不满足 C/ρ 原则的优先级配置方案，均可以通过调换不满足 C/ρ 原则的相邻两个级别业务的优先权进一步降低顾客总的等待代价，因此定理得证。 ■

该定理对实际网络的设计与流量控制有很好的指导意义。具体地，如果各类业务的负载相同，则应该为等待代价较大的业务赋予较高的优先权；如果各类业务的等待代价相同，则应该优先服务负载较小的业务。进一步，如果将 C_k 设定为 $C_k=\lambda_k/\sum\limits_{j=1}^{K}\lambda_j$，即等待代价正比于顾客的到达率，则优化目标退化为所有顾客的平均等待时间最短，此时 $C_k/\rho_k=\mu_k/\sum\limits_{j=1}^{K}\lambda_j$。可见，在 $\sum\limits_{j=1}^{K}\lambda_j$ 给定的情况下，将平均服务时间较短的顾客设定为较高优先级可降低总体的平均等待时间。

这也可以通过观察平均剩余服务时间 $\overline{R}$ 的表达式看出：由于高优先权业务对所有低优先权业务的性能都有影响，因此在 ρ_k 一定的前提下，给予平均服务时间较短或是服务时间的方差系数较小的顾客较高的优先权，可以降低 $\overline{R}$，从而降低总体平均等待时间。如果顾客服务时间给定，则给予平均到达率 λ_k 或业务负载 ρ_k 较小的顾客较高的优先权，也可以降低总体平均等待时间。

另外，如果将优化目标设定为队列长度的加权和，即令 C_k 表示第 k 级别顾客单位队列长度的等待代价，并使 $\sum\limits_{k=1}^{K}C_k\overline{N}_{q,k}$ 最小，其中 $\overline{N}_{q,k}$ 表示第 k 级别顾客的平均队列长度。则基于 Little 定理可知，该优化问题可转换为最小化 $\sum\limits_{k=1}^{K}C_k\lambda_k\overline{W}_{q,k}$。显然，根据定理 6.5可知，应按照 $(C_k/\rho_k)\lambda_k=\mu_kC_k$ 大小顺序配置优先权。该原则被称为“μC”原则，可见，不同的优化目标会导致不同的优先权配置原则。

这里，特别值得注意的是：

（1）尽管非抢占式优先权队列的平均等待时间不仅与各类业务的平均服务时间有关，还与服务时间的方差有关，但最优优先权的设置可仅基于平均服务时间确定，不考虑服务时间方差的差异。

（2）该结论可以扩展到 6.6.2 节介绍的中断式优先权队列，但要求顾客的服务时间服从指数分布，具体可参见文献 [BROS 63] [KLEI 67] 及定理 6.6。

下面通过一个例题予以说明。

例题 6.2 优先权的最优配置。

在 M/G/1 排队系统中，假设存在两类业务，其到达过程均为泊松过程。第一类业务 λ_1=2 个/秒，服务时间为定长分布，即 h_1= 0.1 秒/个；第二类业务 λ_2=0.5 个/秒，服务时间为指数分布，其平均值为 h_2=1.2 秒/个。试求：

（1）不分优先权时的平均等待时间；

（2）第一类业务相对于第二类业务拥有非中断优先权时各类业务的平均等待时间；

（3）第二类业务相对于第一类业务拥有非中断优先权时各类业务的平均等待时间。

解：根据假设可知 ρ_1=0.2，C_1^2=0；ρ_2=0.6，C_2^2=1。由此可求得 $\overline{R} = \dfrac{2}{2}(0+0.1^2) + \dfrac{0.5}{2}(1.2^2+1.2^2)$=0.73 秒。

（1）不分优先权时，两类业务的平均等待时间相等，均属于传统的 M/G/1 排队系统，即

$$\overline{W}_q = \overline{W}_{q,1} = \overline{W}_{q,2} = \frac{\overline{R}}{1-\rho_1-\rho_2} = \frac{0.73}{1-0.2-0.6} = 3.65(\mathrm{s})$$

（2）第一类业务相对于第二类业务拥有非中断优先权时，有

$$\overline{W}_{q,1} = \frac{\overline{R}}{1-\rho_1} = \frac{0.73}{1-0.2} = 0.9125(\mathrm{s}) \tag{6.6.14}$$

$$\overline{W}_{q,2} = \frac{\overline{R}}{(1-\rho_1)(1-\rho_1-\rho_2)} = \frac{0.73}{(1-0.2)(1-0.8)} = 4.563(\mathrm{s}) \tag{6.6.15}$$

由此可求得所有业务的平均等待时间为

$$\overline{W}_q = \frac{\lambda_1}{\lambda_1+\lambda_2}\overline{W}_{q,1} + \frac{\lambda_2}{\lambda_1+\lambda_2}\overline{W}_{q,2} = 1.6426(\mathrm{s}) \tag{6.6.16}$$

（3）第二类业务相对于第一类业务拥有非中断优先权时，有

$$\overline{W}_{q,2} = \frac{\overline{R}}{1-\rho_2} = \frac{0.73}{1-0.6} = 1.825(\mathrm{s}) \tag{6.6.17}$$

$$\overline{W}_{q,1} = \frac{\overline{R}}{(1-\rho_2)(1-\rho_1-\rho_2)} = \frac{0.73}{(1-0.6)(1-0.8)} = 9.125(\mathrm{s}) \tag{6.6.18}$$

由此可求得所有业务的平均等待时间为

$$\overline{W}_q = \frac{\lambda_1}{\lambda_1+\lambda_2}\overline{W}_{q,1} + \frac{\lambda_2}{\lambda_1+\lambda_2}\overline{W}_{q,2} = 7.665(\mathrm{s}) \tag{6.6.19}$$

可见，给予平均服务时间较短或是服务时间的方差系数较小的业务较高的优先权，可以降低总体平均等待时间。这也是在大型超市收银台经常会看到专门为购物数量较少的顾客设置专门或是优先窗口的原因所在。该策略可简称为最短处理时间优先（Shortest Processing Time First，SPTF）。

将上述例题进一步扩展，假设不同优先级别顾客等待的代价不同，即设第 j 级别顾客单位等待时间的代价为 $C_j\ (j=K,K-1,\cdots,1)$，并将优化目标设定为所有顾客的加权平均等待的代价 $\sum\limits_{j=1}^{K} C_j\overline{W}_{qj}$ 最小，其中 $\overline{W}_{qj}$ 表示第 j 级别顾客的平均等待时间。一般来讲，高优先权业务的等待代价要高于低优先权业务的等待代价，因此一般假设 $C_K > C_{K-1} > \cdots > C_1$。该问题结论如下[GELE 80]：优先权的配置应遵循 C_j/ρ_j 从大到小的原则，即应将 C_j/ρ_j 最大的业务设置为最高优先级，以此类推。也就是说，优先权的配置不仅要考虑其等待代价，还要考虑其负载大小。换言之，相同等待代价的情况下，应优先服务负载较小的业务。具体地，如果将 C_j 设定为 $C_j=\lambda_j/\sum\limits_{i=1}^{K}\lambda_i$，则优化目标退化为平均等待时间最短，此时 $C_j/\rho_j=\mu_j/\sum\limits_{i=1}^{K}\lambda_i$，可见，在 $\sum\limits_{i=1}^{K}\lambda_i$ 给定的情况下，将平均服务时间较短的顾客设定为较高优先级可降低总体的平均等待时间。这与上述结果是一致的。

进一步比较非中断式优先权排队系统与所对应的无优先权 M/G/1 排队系统的平均滞留时间，可以发现

$$\frac{\overline{W}_{q,k}^{\mathrm{NPP}}}{\overline{W}_{q}^{\mathrm{M/G/1}}}=\frac{1-\rho}{\left(1-\sum\limits_{i=k+1}^{K}\rho_i\right)\left(1-\sum\limits_{i=k}^{K}\rho_i\right)}\quad(1\leqslant k\leqslant K)\tag{6.6.20}$$

这里，所对应的无优先权 M/G/1 排队系统是指到达率为 $\hat{\lambda}=\sum\limits_{i=1}^{K}\lambda_i$、服务时间的概率分布为 $\hat{B}(x)=\dfrac{1}{\hat{\lambda}}\sum\limits_{i=1}^{K}\lambda_i B_i(x)$、平均服务时间为 $\hat{h}=\dfrac{1}{\hat{\lambda}}\sum\limits_{i=1}^{K}\lambda_i h_i$ 的 M/G/1 排队系统。由此可见，尽管非中断式优先权队列和无优先权队列的平均滞留时间不仅仅与各类业务的平均服务时间有关，还与服务时间的方差有关，但两者的比值与服务时间的方差无关。

6.6.2 M/G/1 中断式优先权排队系统

基于与非中断优先权排队系统类似的分析方法同样可以求得中断式优先权排队系统的各类顾客排队等待时间，此时唯一的区别在于顾客到达时所观测到的剩余服务时间与所到达顾客的优先权级别有关。换言之，某一优先级顾客的等待时间仅与比其优先权级别高的顾客的业务参数有关，而与比其优先权级别低的顾客的业务参数无关。因此，如果定义 R_k 为第 k 优先级顾客到达时所观测到的剩余服务时间，则有

$$\overline{R}_k=\sum_{i=k}^{K}\rho_i\frac{(1+C_i^2)h_i}{2}\quad(1\leqslant k\leqslant K)\tag{6.6.21}$$

与式 (6.6.1) 对比可见，不同级别顾客到达时所观测到的剩余服务时间是不一样的，只有最高优先级别的业务才完全不受其他级别业务的影响。

另外，在中断式优先权排队系统中，由于低优先级业务的服务可能被高优先级业务的到达所中断，而且这种中断还有可能发生多次，因此此时求解顾客的等待时间意义不大，而应该直接求解滞留时间。当然，针对最高优先权级别 K 的顾客，它的服务不会被中断，因此仍然可以先求出其平均等待时间，即

$$\overline{W}_{q,K} = \overline{R}_K + \overline{N}_{q,K} h_K \tag{6.6.22}$$

其中，$\overline{N}_{q,K} h_K$ 表示第 K 级业务到达队列时已在队列中等待的同属于优先级 K 的顾客平均服务时间之和。由 Little 定理可知，$\overline{N}_{q,K} = \lambda_K \overline{W}_{q,K}$，将其代入式 (6.6.22) 后得

$$\overline{W}_{q,K} = \frac{\overline{R}_K}{1-\rho_K} \tag{6.6.23}$$

由此可求得平均滞留时间为

$$\overline{W}_K = \frac{\overline{R}_K}{1-\rho_K} + h_K \tag{6.6.24}$$

然后考虑第 k 级优先权业务的平均滞留时间 $\overline{W}_k$ $(k = K-1, K-2, \cdots, 1)$。为了分析方便，此处只考虑工作量守恒的抢占接续（Preemptive-Resume）优先权机制。此时，可将该滞留时间拆分成两部分：第一部分为第 k 级优先权顾客自到达队列至第一次进入服务状态之间的等待时间 $W'_{q,k}$ ①；第二部分为该顾客自第一次进入服务状态至结束服务而离开队列之间的“等效服务时间” S'_k ②。第一部分等于所对应的非抢占优先权队列在不考虑低于第 k 级优先权顾客情况下的等待时间，因此其平均值满足

$$\overline{W'}_{q,k} = \overline{R}_k + \sum_{i=k}^{K} \overline{N}_{q,i} h_i + \sum_{i=k+1}^{K} \lambda_i \overline{W'}_{q,k} h_i \quad (1 \leqslant k \leqslant K-1) \tag{6.6.25}$$

其中，上式右侧第二项表示第 k 级优先权业务到达队列时已在队列中等待的属于优先权 k 及更高优先权顾客平均服务时间之和，第三项表示在第 k 级优先权业务第一次进入服务状态之前的等待过程中新到达的第 $k+1$ 级及更高优先权业务服务时间的总和。由此可得

$$\overline{W'}_{q,k} = \frac{\overline{R}_k}{\left(1-\sum\limits_{i=k+1}^{K}\rho_i\right)\left(1-\sum\limits_{i=k}^{K}\rho_i\right)} \quad (1 \leqslant k \leqslant K-1) \tag{6.6.26}$$

而第二部分等效服务时间的平均值应满足

$$\overline{S'}_k = h_k + \sum_{i=k+1}^{K} \lambda_i \overline{S'}_k h_i \quad (1 \leqslant k \leqslant K-1) \tag{6.6.27}$$

① 注意：它并不是第 k 级优先权顾客的实际等待时间，因为即使在顾客进入服务状态之后还有可能被更高优先权顾客的到达所中断而再次回到等待状态。

② 注意：它也不是第 k 级优先权顾客的实际服务时间，其中包含了在进入服务状态之后被更高优先权顾客的到达中断所带来的额外等待时间，有时也称为“完成时间”（completion time）。

由此得

$$\overline{S'}_k = \frac{h_k}{1-\sum\limits_{i=k+1}^{K}\rho_i} \quad (1 \leqslant k \leqslant K-1) \tag{6.6.28}$$

将上述两部分相加，有

$$\overline{W}_k = \frac{\overline{R}_k}{\left(1-\sum\limits_{i=k+1}^{K}\rho_i\right)\left(1-\sum\limits_{i=k}^{K}\rho_i\right)} + \frac{h_k}{1-\sum\limits_{i=k+1}^{K}\rho_i} \quad (1 \leqslant k \leqslant K) \tag{6.6.29}$$

如需要求解平均等待时间，则有 $\overline{W}_{q,k} = \overline{W}_k - h_k \ (1 \leqslant k \leqslant K)$。

比较式 (6.6.29) 与式 (6.6.6) 可见，在 PP-Resume 优先权机制下，不同级别优先权业务所对应的 $\overline{R}_k$ 各不相同，因此难以像 NPP 情形那样推导出守恒定理 6.4。但当服务时间服从指数分布时，$\overline{R}_k = \sum\limits_{i=k}^{K}\rho_i h_i \ (1 \leqslant k \leqslant K)$，将其代入式 (6.6.29) 后可得

$$\begin{aligned}
\sum_{k=1}^{K}\rho_k\overline{W}_k &= \sum_{k=1}^{K}\left[\frac{\rho_k\sum\limits_{i=k}^{K}\rho_i h_i}{\left(1-\sum\limits_{i=k+1}^{K}\rho_i\right)\left(1-\sum\limits_{i=k}^{K}\rho_i\right)} + \frac{\rho_k h_k}{1-\sum\limits_{i=k+1}^{K}\rho_i}\right] \\
&= \sum_{k=1}^{K}\left[\frac{\sum\limits_{i=k}^{K}\rho_i h_i}{1-\sum\limits_{i=k}^{K}\rho_i} - \frac{\sum\limits_{i=k+1}^{K}\rho_i h_i}{1-\sum\limits_{i=k+1}^{K}\rho_i}\right] \\
&= \frac{\overline{R}_1}{1-\rho}
\end{aligned} \tag{6.6.30}$$

同样地，针对顾客的等待时间 $\overline{W}_{q,k}$，可得

$$\sum_{k=1}^{K}\rho_k\overline{W}_{q,k} = \frac{\overline{R}_1}{1-\rho} - \sum_{k=1}^{K}\rho_k h_k = \frac{\rho\overline{R}_1}{1-\rho} \tag{6.6.31}$$

注意到 $\overline{R}_1 = \overline{R}$，可得下面的守恒定理 [KLEI 75]。

定理 6.6（M/M/1 抢占继续式优先权队列的守恒定理） 对于任意一个抢占继续式 M/M/1 优先权排队系统，其中优先级 k 顾客到达率为 λ_k，服务时间的均值为 h_k，则有

$$\sum_{k=1}^{K}\rho_k\overline{W}_k = \frac{1}{1-\rho}\sum_{k=1}^{K}\rho_k h_k \tag{6.6.32}$$

以及

$$\sum_{k=1}^{K}\rho_k\overline{W}_{q,k} = \frac{\rho}{1-\rho}\sum_{k=1}^{K}\rho_k h_k \tag{6.6.33}$$

比较式 (6.6.6)和式 (6.6.29) 可以发现

$$\overline{W'}_{q,k}^{\text{PP-resume}} \leqslant \overline{W}_{q,k}^{\text{NPP}} \qquad (1 \leqslant k \leqslant K) \tag{6.6.34}$$

上式的等号只在 $k=1$ 是成立，这说明抢占式优先权相比于非抢占式优先权采取了更加极端的控制方式，从而降低了高优先权业务的平均滞留时间。

另外，与 NPP 情形下的式 (6.6.20) 类似，比较抢占接续式优先权排队系统中顾客自到达队列至第一次进入服务状态之间的平均等待时间 $\overline{W'}_{q,k}$ 与所对应的无优先权 M/G/1 排队系统的平均等待时间，可以发现

$$\frac{\overline{W'}_{q,k}^{\text{PP-resume}}}{\overline{W}_{q}^{\text{M/G/1}}} = \frac{1}{1-\sum\limits_{i=k+1}^{K}\rho_i} \qquad (1 \leqslant k \leqslant K) \tag{6.6.35}$$

这里，所对应的无优先权 M/G/1 排队系统指的是到达率为 $\hat{\lambda}_k=\sum\limits_{i=k}^{K}\lambda_i$、服务时间的概率分布为 $\hat{B}_k(x)=\dfrac{1}{\hat{\lambda}_k}\sum\limits_{i=k}^{K}\lambda_i B_i(x)$、平均服务时间为 $\hat{h}_k=\dfrac{1}{\hat{\lambda}_k}\sum\limits_{i=k}^{K}\lambda_i h_i$ 的 M/G/1 排队系统。由此可见，由于更高优先权业务的存在，优先权 k 业务首次进入服务之前的平均等待时间相比于无优先权队列的平均等待时间有所增加，其增加程度取决于比其优先级高的业务的负载之和。只有最高级别业务，两者相等（注意：前面已经假设 $1-\sum\limits_{i=K+1}^{K}\rho_i=0$）。同时，与 NPP 情形类似，尽管抢占式优先权队列和无优先权队列的平均等待时间不仅与各类业务的平均服务时间有关，还与服务时间的方差有关，但两者的比值与服务时间的方差无关。

上述分析只给出了平均等待时间和平均滞留时间的性能，关于等待时间概率分布等更一般的性能指标，可参见文献 [TAKA 91]。

6.7 M/G/1 休假排队模型

在通信网络中，为了节省网络资源或是提高已有资源的利用率，经常会在业务需求较低时将部分网络资源置于休眠（sleeping）状态，或是将业务转移到其他节点，这样既可以提高资源利用率，也可以较好地应对突发业务需求。典型例子包括轮询（polling）服务机制、服务器故障或维护、基站或服务器休眠控制等。为此，需要引入休假（vacation）排队模型。

考虑一个 M/G/1 排队系统，顾客以参数为 λ 的泊松过程到达，服务时间独立同分布 (i.i.d.)，其概率密度函数为 $b(x)$，拉普拉斯变换为 $B^*(\theta)$，均值和方差系数分别为 $1/\mu$ 和 C_b^2。服务者在队列为空时进入休假状态，常用的休假模式有以下三种：

（1）单重休假模型（single vacation）——服务者只休假一次，休假时间可以是固定的、也可以是随机的，但假设与顾客的到达过程与服务时间相互独立。从休假状态归来时若有

顾客等待，则回到服务状态；否则进入空闲（idle 或 standby）状态，在此状态下如有新顾客到达，则立即开始服务。

（2）多重休假模型（multiple vacation）——服务者结束休假时若有顾客等待，则回到服务状态；否则再次进入休假状态，直至休假结束时发现有顾客在队列中等待服务。休假时间可以是固定的，也可以是随机的，但假设与顾客的到达过程与服务时间相互独立。

（3）N 策略休假模型（N-policy vacation）——服务者只在等待服务顾客数达到门限值 N 时才返回服务状态，否则一直处于休假状态。

上述单重和多重休假模型中，服务者的休假时长是事先给定的，与顾客的到达过程和服务时间均相互独立，是仅基于时间的休眠策略。如果每次休假时间均为定长 T，则简称为 T 策略（T-Policy）[HEYM 77]。它往往应用于诸如轮询服务、设备故障等休假时间与到达过程无关的场景，因此不可避免地会出现即使无顾客或是很少顾客在等待服务也不得不结束休假的情形，这从经济学的角度来看并不一定是最经济的。相反，N 策略休假模型则常常应用于排队系统的最优控制，即服务者的状态转换（从服务状态到休假状态，或是相反）会伴随一定的代价，因此服务者更倾向于选择可使系统收益最大的门限值策略。此时服务者的休假时长依赖于顾客的到达过程，且只在累积顾客数达到某个特定门限值 N 时才结束休假，从而避免了频繁的状态切换，因此简称为 N 策略（N-Policy）。

很明显，休假排队模型的复杂之处在于它不再是工作量守恒（work-conservative）系统，因为存在服务者在有顾客等待服务时却不提供服务的情形。尽管如此，仍然可以通过嵌入马尔可夫过程的方法求解该排队系统，而且即使前后多次休假时长之间存在相关性（不独立）也适用。

假设 $N_{t_n^+}$ 表示第 n 个顾客退去时刻的队列长度；V_{n+1} 表示第 $n+1$ 个顾客接受服务期间新到达的顾客数；Q_{b} 表示排队系统忙期开始时系统内的顾客数，并定义 $b_j = P\{Q_{\mathrm{b}} = j\}$，$Q_{\mathrm{b}}(z) = \sum\limits_{j=1}^{\infty} b_j z^j$。对于无休假 M/G/1 队列而言，$Q_{\mathrm{b}}$=1。

由于顾客的到达服从独立增量的泊松过程，因此，V_{n+1} 由服务时间完全决定，Q_b 则由休假模式及休假时间完全决定。假设休假模式及休假时间与顾客的服务时间相互独立，则 V_{n+1} 与 Q_b 两者之间相互独立，该排队系统在顾客的退去时刻构成了一个马尔可夫过程，其状态转移方程式为

$$N_{t_{n+1}^+} = \begin{cases} N_{t_n^+} - 1 + V_{n+1} & (N_{t_n^+} > 0) \\ Q_{\mathrm{b}} - 1 + V_{n+1} & (N_{t_n^+} = 0) \end{cases} \tag{6.7.1}$$

可见，它与 M/G/1 无休假队列基本方程式 (6.1.1) 最大的区别就在于多了 $Q_{\mathrm{b}} - 1$ 项。由于顾客的到达过程是参数为 λ 的泊松过程，则从 6.3.2节的分析可知

$$\alpha_k = \lim_{n\to\infty} P\{V_{n+1} = k\} = \int_0^{\infty} \frac{(\lambda x)^k}{k!} \mathrm{e}^{-\lambda x} b(x)\mathrm{d}x \tag{6.7.2}$$

$$V(z) = \sum_{k=0}^{\infty} \alpha_k z^k = B^*(\lambda - \lambda z) \tag{6.7.3}$$

由此可得

$$\beta_j=\lim_{n\to\infty}P\{Q_{\rm b}-1+V_{n+1}=j\}=\sum_{i=1}^{j+1}b_i\alpha_{j+1-i} \tag{6.7.4}$$

基于上述结果，可将 M/G/1 休假排队模型在相邻两个顾客退去时刻的状态转移概率矩阵写成如下形式：

$$\boldsymbol{P}=\begin{bmatrix}\beta_0 & \beta_1 & \beta_2 & \beta_3 & \cdots\\ \alpha_0 & \alpha_1 & \alpha_2 & \alpha_3 & \cdots\\ 0 & \alpha_0 & \alpha_1 & \alpha_2 & \cdots\\ 0 & 0 & \alpha_0 & \alpha_1 & \cdots\\ 0 & 0 & 0 & \alpha_0 & \cdots\\ \vdots & \vdots & \vdots & \vdots & \vdots\end{bmatrix} \tag{6.7.5}$$

可见，它与 M/G/1 无休假队列的状态转移概率矩阵具有同样的结构，只需要将第一行更换为 $\{\beta_j;j=0,1,\cdots\}$。

基于与 6.3.2节同样的分析，可以得出如下定理。

定理 6.7（M/G/1 休假排队模型队列长度的随机分解定理）　平稳状态下，M/G/1 休假排队模型在顾客退去时刻队列长度 $N_{\rm v}$ 可分解为两个独立随机变量之和，即 $N_{\rm v}=N+N_{\rm d}$，其中 N 为所对应的无休假队列退去时刻队列长度，$N_{\rm d}$ 为由于休假所带来的队列长度增量，其概率分布函数 $q_k={\rm P}\{N_{\rm d}=k\}$ 及其概率母函数 $N_{\rm d}(z)=\sum\limits_{k=0}^{\infty}q_kz^k$ 可分别表示为

$$q_k=\frac{\sum\limits_{j=k+1}^{\infty}b_j}{E[Q_{\rm b}]}\qquad(k\geqslant 0) \tag{6.7.6}$$

$$N_{\rm d}(z)=\frac{1-Q_{\rm b}(z)}{E[Q_{\rm b}](1-z)} \tag{6.7.7}$$

证明：定义 $p_k=P\{N_{\rm v}=k\}$ 及 $N_{\rm v}(z)=\sum\limits_{k=0}^{\infty}p_kz^k$，则基于式 (6.7.5) 可给出平稳方程式为

$$p_k=p_0\beta_k+\sum_{j=1}^{k+1}p_j\alpha_{k+1-j}\qquad(k\geqslant 0)$$

将式 (6.7.4) 代入，并从两端乘 z^k 再对 k 求和，得

$$N_v(z)=p_0\sum_{k=0}^{\infty}z^k\sum_{j=1}^{k+1}b_j\alpha_{k+1-j}+\sum_{k=0}^{\infty}z^k\sum_{j=1}^{k+1}p_j\alpha_{k+1-j} \tag{6.7.8}$$

$$=p_0\sum_{j=1}^{\infty}b_jz^{j-1}\sum_{k=j-1}^{\infty}\alpha_{k+1-j}z^{k+1-j}+\sum_{j=1}^{\infty}p_jz^{j-1}\sum_{k=j-1}^{\infty}\alpha_{k+1-j}z^{k+1-j} \tag{6.7.9}$$

$$= p_0 \frac{1}{z} Q_{\mathrm{b}}(z) B^* \left(\lambda(1-z)\right) + \frac{1}{z}[N_{\mathrm{v}}(z) - p_0] B^*(\lambda(1-z)\Big) \tag{6.7.10}$$

由此可得

$$N_{\mathrm{v}}(z) = \frac{p_0[1-Q_{\mathrm{b}}(z)]B^*(\lambda(1-z))}{B^*(\lambda(1-z))-z} \tag{6.7.11}$$

使用归一化条件 $N_{\mathrm{v}}(1)=1$ 以及 L'Hospital 法则，可得

$$p_0 = \frac{1-\rho}{E[Q_{\mathrm{b}}]} \tag{6.7.12}$$

将其代入式 (6.7.11)，得

$$N_{\mathrm{v}}(z) = \frac{(1-\rho)(1-z)B^*(\lambda(1-z))}{B^*(\lambda(1-z))-z} \cdot \frac{1-Q_{\mathrm{b}}(z)}{E[Q_{\mathrm{b}}](1-z)} \tag{6.7.13}$$

$$= N(z)N_{\mathrm{d}}(z) \tag{6.7.14}$$

由此可知，$N_{\mathrm{v}} = N + N_{\mathrm{d}}$，且 $N_{\mathrm{d}}(z)$ 由式 (6.7.7) 给出。

将式 (6.7.7) 展开，可得

$$N_{\mathrm{v}}(z) = \frac{1}{E[Q_{\mathrm{b}}]} \cdot \frac{1}{1-z} \sum_{k=1}^{\infty} b_k(1-z^k) \tag{6.7.15}$$

$$= \frac{1}{E[Q_{\mathrm{b}}]} \sum_{k=1}^{\infty} b_k \sum_{j=0}^{k-1} z^j \tag{6.7.16}$$

$$= \frac{1}{E[Q_{\mathrm{b}}]} \sum_{k=0}^{\infty} z^k \sum_{j=k+1}^{\infty} b_j \tag{6.7.17}$$

由此可得式 (6.7.6)。 ■

这个定理非常重要，它大大简化了 M/G/1 休假排队模型的性能分析，并可明晰地给出由于休假所带来的性能损失。更重要的是，该定理针对平稳状态下队列长度的状态变量成立，因此其平稳状态概率分布以及所有的特征量（平均队列长度、平均等待时间、队列长度的方差等）均可适用该随机分解定理。

另外，由式 (6.7.6) 可以看出，q_k 表示离散变量 $\{b_j, j \geqslant 1\}$ 剩余“寿命”的概率分布。由此可知，N_{d} 相当于在休假时间的剩余“寿命”（remaining vacation time）期间内到达的顾客数。通过对 $N_{\mathrm{d}}(z)$ 取微分并置 $z=1$，可以求出由于休假所带来的平均队列长度增量为

$$\overline{N}_{\mathrm{d}} = \frac{E[Q_{\mathrm{b}}^2] - E[Q_{\mathrm{b}}]}{2E[Q_{\mathrm{b}}]} \tag{6.7.18}$$

其中，$E[Q_{\mathrm{b}}^2]$ 为 Q_{b} 的二阶矩。

同样，针对等待时间也有类似的随机分解定理，但由于顾客的等待时间既依赖于休假策略和休假时间，也依赖于排队规则和服务顺序，因此需要额外增加一个约束条件，即假设一个顾客的等待时间独立于该顾客到达之后的到达过程。例如，FCFS 排队规则满足该约束，但 LCFS 或是有优先权的队列不满足该约束。每次休假时间独立于队列长度、等待时间及服务时间的单重或多重休假策略（见 6.7.1 节和 6.7.2 节）满足上述约束，但每次休假时间与队列长度、等待时间及服务时间相关的休假策略（如 6.7.3 节的 N 策略或是 6.7.4 节中的 D 策略）不满足上述约束。

针对休假策略和休假时间而言，若忙期结束后的休假时间独立于到达过程，这种休假策略下的等待时间也独立于到达后的顾客输入过程，因此下述定理成立。

定理 6.8 M/G/1 休假排队模型等待时间的随机分解定理 如果一个顾客的等待时间独立于该顾客到达之后的到达过程，则 M/G/1 休假排队模型的等待时间 $W_{\rm v}$ 可分解为两个独立随机变量之和，即 $W_{\rm v}=W+W_{\rm d}$，其中 W 为所对应的无休假排队模型的等待时间，$W_{\rm d}$ 为由于休假所带来的等待时间增量，其 LST $W_{\rm d}^*(\theta)$ 及其平均值 $\overline{W}_{\rm d}$ 分别由下式给出

$$W_{\rm d}^*(\theta)=\frac{\lambda\left[1-Q_{\rm b}\left(1-\dfrac{\theta}{\lambda}\right)\right]}{E[Q_{\rm b}]\theta} \tag{6.7.19}$$

$$\overline{W}_{\rm d}=\frac{E[Q_{\rm b}^2]-E[Q_{\rm b}]}{2\lambda E[Q_{\rm b}]} \tag{6.7.20}$$

证明：在顾客的等待时间独立于该顾客到达时刻之后的到达过程时，顾客离开排队系统时滞留在系统中的顾客数等于该顾客在队列滞留期间新到达的顾客数。由于顾客的到达为泊松过程，利用泊松过程的独立增量特性可知，等待时间与服务时间内到达的顾客数相互独立，因此有

$$\begin{aligned}N_{\rm v}(z)&=\sum_{k=0}^{\infty}z^k\int_0^{\infty}\int_0^{\infty}\frac{[\lambda(x+y)]^k}{k!}{\rm e}^{-\lambda(x+y)}{\rm d}W_{\rm v}(x){\rm d}B(y)\\&=\int_0^{\infty}\int_0^{\infty}{\rm e}^{-\lambda(1-z)(x+y)}{\rm d}W_{\rm v}(x){\rm d}B(y)\\&=W_{\rm v}^*(\lambda(1-z))B^*(\lambda(1-z))\end{aligned} \tag{6.7.21}$$

将定理 6.7 中的 $N_{\rm v}(z)$ 代入，得

$$W_{\rm v}^*(\lambda(1-z))B^*(\lambda(1-z))=\frac{(1-\rho)(1-z)B^*(\lambda(1-z))}{B^*(\lambda(1-z))-z}\cdot\frac{1-Q_{\rm b}(z)}{E[Q_{\rm b}](1-z)} \tag{6.7.22}$$

令 $\theta=\lambda(1-z)$，可将上式简化为

$$W_{\rm v}^*(\theta)=\frac{(1-\rho)\theta}{\theta-\lambda(1-B^*(\theta))}\cdot\frac{\lambda\left[1-Q_{\rm b}\left(1-\dfrac{\theta}{\lambda}\right)\right]}{E[Q_{\rm b}]\theta} \tag{6.7.23}$$

由于上式等号右侧第一项正好是所对应的无休假 M/G/1 队列等待时间的 LST$W^*(\theta)$，因此有 $W_v^*(\theta)=W^*(\theta)W_d^*(\theta)$，定理得证。 ■

由上述两个定理可见，M/G/1 休假排队模型的性能指标依赖于排队系统忙期开始时系统内顾客数 (Q_b) 的各种特征量，而这些量的求解显然与休假模式以及休假时长有关。下面就针对上述三种休假模式分别讨论。

6.7.1 单重休假模型

设休假时间的概率分布函数及其 LST 分别为 $V(x)$ 和 $V^*(\theta)$，并有有限的一阶矩 $E[V]$ 和二阶矩 $E[V^2]$。令 v_j 表示休假期间内有 j 个顾客到达队列的概率，即

$$v_j=\int_0^\infty \frac{(\lambda x)^j}{j!}\mathrm{e}^{-\lambda x}\mathrm{d}V(x) \qquad (j\geqslant 0) \tag{6.7.24}$$

在单重休假模式下，若休假期间内无顾客到达，则服务者在休假结束后将进入空闲状态，并在有新顾客到达时立即开始服务，即此时 $Q_b=1$，其发生的概率为 v_0。同时，若休假期间正好有一个顾客到达，则服务者在休假结束后将立即开始服务，此时 Q_b 也等于 1，其发生的概率为 v_1。当休假期间有 j ($j\geqslant 2$) 个顾客到达时，服务者也将立即开始服务，此时 $Q_b=j$，其发生的概率为 v_j。由此得

$$b_1=P\{Q_b=1\}=v_0+v_1,\qquad b_j=P\{Q_b=j\}=v_j \quad (j\geqslant 2) \tag{6.7.25}$$

由此可求得

$$\beta_j=(v_0+v_1)\alpha_j+\sum_{i=2}^{j+1}v_i\alpha_{j+1-i} \qquad (j\geqslant 0) \tag{6.7.26}$$

以及

$$Q_b(z)=v_0z+\sum_{j=1}^{\infty}\int_0^\infty \frac{(\lambda xz)^j}{j!}\mathrm{e}^{-\lambda x}\mathrm{d}V(x) \tag{6.7.27}$$

$$=v_0z+\int_0^\infty[\mathrm{e}^{-\lambda(1-z)x}-\mathrm{e}^{-\lambda x}]\mathrm{d}V(x) \tag{6.7.28}$$

$$=V^*(\lambda(1-z))-v_0(1-z) \tag{6.7.29}$$

其中利用了 $v_0=V^*(\lambda)$ 的性质。进一步可得

$$E[Q_b]=v_0+\lambda E[V],\qquad E[Q_b^2]=\lambda^2E[V^2]+\lambda E[V]+v_0$$

将上述结果代入式 (6.7.7)、式 (6.7.18)、式 (6.7.19) 以及式 (6.7.20)，最终得

$$N_d(z)=\frac{1-V^*(\lambda(1-z))+(1-z)v_0}{[v_0+\lambda E[V]](1-z)} \tag{6.7.30}$$

$$\overline{N}_{\mathrm{d}}=\frac{\lambda^2E[V^2]}{2(v_0+\lambda E[V])} \tag{6.7.31}$$

$$W_{\mathrm{d}}^*(\theta)=\frac{\lambda[1-V^*(\theta)]+v_0\theta}{(v_0+\lambda E[V])\theta} \tag{6.7.32}$$

$$\overline{W}_{\mathrm{d}}=\frac{\lambda E[V^2]}{2(v_0+\lambda E[V])} \tag{6.7.33}$$

将式 (6.7.30) 重写为

$$N_{\mathrm{d}}(z)=\frac{v_0}{v_0+\lambda E[V]}+\frac{\lambda E[V]}{v_0+\lambda E[V]}\cdot\frac{1-V^*(\lambda(1-z))}{\lambda E[V](1-z)}$$

可知，由于单重休假所带来的附加队列长度以概率 $\dfrac{v_0}{v_0+\lambda E[V]}$ 等于 0，以概率 $\dfrac{\lambda E[V]}{v_0+\lambda E[V]}$ 等于剩余休假时间内到达的顾客数。

6.7.2　多重休假模型

与单重休假模型一样，假设休假时间的概率分布函数及其 LST 分别为 $V(x)$ 和 $V^*(\theta)$，并有有限的一阶矩 $E[V]$ 和二阶矩 $E[V^2]$。令 v_j 表示休假期间内有 j 个顾客到达队列的概率。

在多重休假模式下，若休假期间内无顾客到达，则服务者在休假结束后将重新开启一次独立同分布的休假，直至休假结束时发现队列中已有 $Q_{\mathrm{b}}=j\ (j\geqslant 1)$ 个顾客。换言之，服务者永远不会进入空闲状态，并在某次休假期间有新顾客到达的前提下返回服务状态，因此有

$$b_j=P\{Q_{\mathrm{b}}=j\}=\frac{v_j}{1-v_0}\qquad (j\geqslant 1) \tag{6.7.34}$$

由此可求得

$$\beta_j=\sum_{i=1}^{j+1}b_i\alpha_{j+1-i}=\frac{1}{1-v_0}\sum_{i=1}^{j+1}v_i\alpha_{j+1-i}\qquad (j\geqslant 0) \tag{6.7.35}$$

以及

$$Q_{\mathrm{b}}(z)=\frac{V^*(\lambda(1-z))-v_0}{1-v_0} \tag{6.7.36}$$

进一步可得

$$E[Q_{\mathrm{b}}]=\frac{\lambda E[V]}{1-v_0},\qquad E[Q_{\mathrm{b}}^2]=\frac{\lambda^2E[V^2]+\lambda E[V]}{1-v_0}$$

将上述结果代入式 (6.7.7)、式 (6.7.18)、式 (6.7.19) 以及式 (6.7.20)，最终得

$$N_{\mathrm{d}}(z)=\frac{1-V^*(\lambda(1-z))}{\lambda E[V](1-z)} \tag{6.7.37}$$

$$\overline{N}_{\mathrm{d}}=\frac{\lambda E[V^2]}{2E[V]} \tag{6.7.38}$$

$$W_{\mathrm{d}}^*(\theta)=\frac{1-V^*(\theta)}{E[V]\theta} \tag{6.7.39}$$

$$\overline{W}_{\mathrm{d}}=\frac{E[V^2]}{2E[V]} \tag{6.7.40}$$

6.7.3 N 策略休假模型

上述无论是单重休假还是多重休假模式，其每次休假的时间长度服从某一特定的概率分布，且与到达过程及服务时间相互独立。但在 N 策略下，其休假的时间长度不再是事先给定的某个独立的概率分布，而是依赖于顾客的到达过程。具体地，每当队列变空时，服务者开始休假，直到队列中累积的顾客数达到门限值 N 时，服务者进入服务状态。因此，顾客的等待时间与顾客的后续到达过程不再独立，无法直接利用定理 6.8求解 N 策略下的等待时间概率分布。

但由于休假时间与服务时间仍然独立，因此定理 6.7 依然成立。此时，由于到达间隔为无记忆的指数分布，因此休假时长恰好等于 N 个到达间隔之和，基于泊松到达的事实可知它服从 N 阶爱尔朗分布，其 LST、平均值及二阶矩分别为

$$V^*(\theta)=\left(\frac{\lambda}{\lambda+\theta}\right)^N \tag{6.7.41}$$

$$E[V]=\frac{N}{\lambda},\qquad E[V^2]=\frac{N(N+1)}{\lambda^2} \tag{6.7.42}$$

同时，在 N 策略下，有 $Q_{\mathrm{b}}=N$、$Q_{\mathrm{b}}(z)=z^N$、$E[Q_{\mathrm{b}}^2]=N^2$、$b_N=1$ 以及 $b_j=0\ (j\neq N)$，由此可得

$$\begin{cases}\beta_j=0 & (0\leqslant j\leqslant N-2) \quad (6.7.43)\\ \beta_j=\alpha_{j-N+1} & (j\geqslant N-1) \quad (6.7.44)\end{cases}$$

将其代入式 (6.7.5)，并求解嵌入马尔可夫过程的平稳方程式，可得

$$\begin{cases}p_k=\sum\limits_{j=1}^{k+1}p_j\alpha_{k+1-j} & (0\leqslant k\leqslant N-2) \quad (6.7.45)\\ p_k=p_0\alpha_{k-N+1}+\sum\limits_{j=1}^{k+1}p_j\alpha_{k+1-j} & (k\geqslant N-1) \quad (6.7.46)\end{cases}$$

以及

$$N_{\mathrm{v}}(z)=\sum_{k=0}^{N-2}z^k\sum_{j=1}^{k+1}p_j\alpha_{k+1-j}+\sum_{k=N-1}^{\infty}z^k\Big[p_0\alpha_{k-N+1}+\sum_{j=1}^{k+1}p_j\alpha_{k+1-j}\Big] \tag{6.7.47}$$

$$=\sum_{k=0}^{\infty}z^k\sum_{j=1}^{k+1}p_j\alpha_{k+1-j}+p_0\sum_{k=N-1}^{\infty}\alpha_{k+1-N}z^k \tag{6.7.48}$$

$$= \sum_{j=1}^{\infty} p_j z^{j-1} \sum_{k=j-1}^{\infty} \alpha_{k-j+1} z^{k-j+1} + p_0 z^{N-1} \sum_{k=N-1}^{\infty} \alpha_{k-N+1} z^{k-N+1} \tag{6.7.49}$$

$$= \frac{1}{z}[N_{\mathrm{v}}(z) - p_0]B^*(\lambda(1-z)) + p_0 z^{N-1} B^*(\lambda(1-z)) \tag{6.7.50}$$

由此可得

$$N_{\mathrm{v}}(z) = \frac{p_0(1-z^N)B^*(\lambda(1-z))}{B^*(\lambda(1-z)) - z} \tag{6.7.51}$$

使用归一化条件 $N_{\mathrm{v}}(1) = 1$ 以及 L'Hospital 法则可确定

$$p_0 = \frac{1-\rho}{N} \tag{6.7.52}$$

将其代入式 (6.7.51)，得

$$N_{\mathrm{v}}(z) = \frac{(1-\rho)(1-z)B^*(\lambda(1-z))}{B^*(\lambda(1-z)) - z} \cdot \frac{1-z^N}{N(1-z)} \tag{6.7.53}$$

$$= N(z)N_{\mathrm{d}}(z) \tag{6.7.54}$$

其中

$$N_{\mathrm{d}}(z) = \frac{1-z^N}{N(1-z)} = \frac{1-Q_{\mathrm{b}}(z)}{E[Q_{\mathrm{b}}(1-z)]} \tag{6.7.55}$$

由此可知，$N_{\mathrm{v}} = N + N_{\mathrm{d}}$。可见，$N$ 策略下针对队列长度的随机分解定理仍然成立，这相当于扩展了定理 6.7。

对式 (6.7.55) 针对 z 分别取一次和二次微分并置 $z=1$，可得

$$\overline{N}_d = \frac{\lambda E[V^2]}{2E[V]} = \frac{N-1}{2} \qquad (N \geqslant 1) \tag{6.7.56}$$

$$E[N_d^2] = \frac{N(N-1)(N-2)}{3} \qquad (N \geqslant 2) \tag{6.7.57}$$

可见，式 (6.7.56) 与式 (6.7.17) 是吻合的。

下面求解顾客的等待时间概率分布。如前所述，N 策略 M/G/1 队列的空闲期服从 N 阶爱尔朗分布，相比于无休假 M/G/1 队列，其均值被拉长了 N 倍。同样地，N 策略 M/G/1 队列的忙期概率分布等于无休假 M/G/1 队列忙期概率分布的 N 阶卷积，其 LST 和均值分别为

$$T_N^*(\theta) = [T^*(\theta)]^N, \qquad \overline{T}_N = \frac{N}{\mu(1-\rho)} \tag{6.7.58}$$

其中，$T^*(\theta)$ 为无休假 M/G/1 队列忙期概率分布的 LST。可见，N 策略 M/G/1 队列忙期的均值也被拉长了 N 倍。由此可知，服务者处于服务状态和休假状态的概率分别为 ρ 和 $1-\rho$。

令 A_b 和 A_v 分别表示随机事件“顾客的到达发生在忙期内”和“顾客的到达发生在休假期间内”。由于到达过程为纯随机的泊松过程，因此其到达时刻在时间轴上是均匀分布的，由此可知“顾客的到达发生在忙期内”和“顾客的到达发生在休假期间内”的概率等于服务者分别处于服务状态和休假状态的概率。

而当顾客的到达发生在休假期间内时，基于指数分布的无记忆性可知，在休假期间到达的 N 个顾客中，任意顾客恰好为第 k 个到达者的概率是完全一样的，均为 N^{-1} $(k=1,2,\cdots,N)$。此时，第一个到达者的等待时间为 $N-1$ 个到达间隔，第二个到达者的等待时间为 $N-2$ 个到达间隔与一个服务时间的和，以此类推，最后第 N 个到达者的等待时间为 $N-1$ 服务时间的和。因此，顾客的条件等待时间的 LST 为

$$W_\mathrm{v}^*(\theta|A_\mathrm{v})=\frac{1}{N}\sum_{j=0}^{N-1}\left(\frac{\lambda}{\lambda+\theta}\right)^{N-1-j}[B^*(\theta)]^j \tag{6.7.59}$$

$$=\frac{1}{N}\cdot\frac{[\lambda/(\lambda+\theta)]^N-[B^*(\theta)]^N}{\lambda/(\lambda+\theta)-B^*(\theta)} \tag{6.7.60}$$

其平均值为

$$E[W_\mathrm{v}|A_\mathrm{v}]=\frac{1}{N}\sum_{j=0}^{N-1}\left[\frac{N-1-j}{\lambda}+\frac{j}{\mu}\right]$$

$$=\frac{N-1}{2}\left[\frac{1}{\lambda}+\frac{1}{\mu}\right] \tag{6.7.61}$$

再考虑顾客的到达发生在忙期内的情形。以 X_0 表示忙期前 N 个顾客服务时间之和，称为该忙期的初始延时。按照 FCFS 顺序，X_0 内到达的所有顾客服务时间之和记为 X_1，称为忙期的第一阶段。一般地，忙期第 $n-1$ 阶段内到达顾客的服务时间之和称为忙期的第 n 阶段 $(n\geqslant 1)$，并记为 X_n。则忙期 T_N 可表示为 $T_N=\sum\limits_{n=0}^{\infty}X_n$。

令 $D_n(t)$ 和 $D_n^*(\theta)$ 分别表示 X_n 的分布函数与 LST，则有 $D_0^*(\theta)=[B^*(\theta)]^N$ 以及

$$D_n^*(\theta)=\sum_{j=0}^{\infty}\int_0^\infty[B^*(\theta)]^j\frac{(\lambda t)^j}{j!}\mathrm{e}^{-\lambda t}\mathrm{d}D_{n-1}(t)$$

$$=\int_0^\infty \mathrm{e}^{-\lambda[1-B^*(\theta)]t}\mathrm{d}D_{n-1}(t)$$

$$=D_{n-1}^*(\lambda(1-B^*(\theta))\qquad(n\geqslant 1) \tag{6.7.62}$$

假设某个顾客在 X_n 结束前的 y 个时间单位到达，因此其等待时间等于 y 加上 X_n-y 内到达所有顾客的服务时间之和。于是，顾客条件等待时间 W_n 的 LST 为

$$E[\mathrm{e}^{-\theta W_n}|X_n=t,X_n\text{结束前}y\text{时刻到达}]=\sum_{n=0}^{\infty}\mathrm{e}^{-\theta y}[B^*(\theta)]^n\frac{[\lambda(t-y)]^n}{n!}\mathrm{e}^{-\lambda(t-y)}$$

$$= \mathrm{e}^{-[\theta y+\lambda(t-y)(1-B^*(\theta))]} \tag{6.7.63}$$

由于顾客到达为泊松过程，已知顾客在 $[0,t]$ 内到达，则其到达时刻在 $[0,t]$ 内均匀分布，有密度 $t^{-1}\mathrm{d}y$。以 y 为条件，则有

$$\begin{aligned} E[\mathrm{e}^{-\theta W_n}|X_n=t] &= \int_0^t \mathrm{e}^{-[\theta y+\lambda(t-y)(1-B^*(\theta))]}\frac{1}{t}\mathrm{d}y \\ &= \frac{1}{t}\mathrm{e}^{-\lambda[1-B^*(\theta)]t}\int_0^t \mathrm{e}^{-[\theta-\lambda(1-B^*(\theta))]y}\mathrm{d}y \\ &= \frac{\mathrm{e}^{-\lambda[1-B^*(\theta)]t}-\mathrm{e}^{-\theta t}}{t[\theta-\lambda(1-B^*(\theta))]} \end{aligned} \tag{6.7.64}$$

另外，容易证明已知 X_n 内有一个顾客到达的条件下，到达发生在 $(t,t+\mathrm{d}t)$ 内的概率为

$$\frac{t}{E[X_n]}\mathrm{d}D_n(t)$$

于是，顾客等待时间 W_n 的 LST 为

$$\begin{aligned} W_n^*(\theta) &= \int_0^\infty E[\mathrm{e}^{-\theta W_n}|X_n=t]\frac{t}{E[X_n]}\mathrm{d}D_n(t) \\ &= \frac{1}{E[X_n][\theta-\lambda(1-B^*(\theta))]}\int_0^\infty [\mathrm{e}^{-\lambda[1-B^*(\theta)]t}-\mathrm{e}^{-\theta t}]\mathrm{d}D_n(t) \\ &= \frac{D_n^*(\lambda(1-B^*(\theta)))-D_n^*(\theta)}{E[X_n][\theta-\lambda(1-B^*(\theta))]} \end{aligned} \tag{6.7.65}$$

代入式 (6.7.62) 后得

$$W_n^*(\theta) = \frac{D_{n+1}^*(\theta)-D_n^*(\theta)}{E[X_n][\theta-\lambda(1-B^*(\theta))]} \tag{6.7.66}$$

因为已知顾客在忙期内到达，则到达发生在第 n 阶段的概率为 $E[X_n][\overline{T}_N]^{-1}$。另外，当 $\rho<1$ 时，忙期以概率 1 在有限时间内结束，即 $\lim\limits_{n\to\infty} X_n$ 渐近趋于 0，以及 $\lim\limits_{n\to\infty} D_n^*(\theta)$ 渐近趋于 1，因此有

$$\begin{aligned} W_v^*(\theta|A_\mathrm{b}) &= \sum_{n=0}^\infty \frac{E[X_n]}{\overline{T}_N}W_n^*(\theta) \\ &= \frac{1-D_0^*(\theta)}{\overline{T}_N[\theta-\lambda(1-B^*(\theta))]} \end{aligned} \tag{6.7.67}$$

再将 $\overline{T}_N$ 及 $D_0^*(\theta)$ 代入后，得

$$W_v^*(\theta|A_\mathrm{b}) = \frac{(1-\rho)\theta}{\theta-\lambda(1-B^*(\theta))}\cdot\frac{\mu[1-(B^*(\theta))^N]}{N\theta} \tag{6.7.68}$$

注意到上式等号右侧第一项即为无休假 M/G/1 队列等待时间概率分布的 LST，可见 FCFS 服务规则下 N 策略 M/G/1 队列针对忙期内到达顾客的条件等待时间概率分布存在随机分解定理，其附加的条件等待时间的 LST 和均值分别为

$$W_{\mathrm{d}}^{*}(\theta|A_{\mathrm{b}})=\frac{\mu[1-(B^{*}(\theta))^{N}]}{N\theta},\qquad E[W_{\mathrm{d}}|A_{\mathrm{b}}]=\frac{N-1}{2\mu} \tag{6.7.69}$$

这实际上不难理解：在 FCFS 规则下，如果顾客的到达发生在忙期内，则顾客的条件等待时间不再受后续顾客到达过程的影响，只与到达时排在其前面的顾客的服务时间有关，因此随机分解定理成立。

由于服务者处于服务状态和休假状态的概率分别为 ρ 和 $1-\rho$，则最终得

$$W_{\mathrm{v}}^{*}(\theta)=\rho W_{\mathrm{v}}^{*}(\theta|A_{\mathrm{b}})+(1-\rho)W_{\mathrm{v}}^{*}(\theta|A_{\mathrm{v}}) \tag{6.7.70}$$

其附加等待时间的均值为

$$\overline{W}_{\mathrm{d}}=\rho\frac{N-1}{2\mu}+(1-\rho)\frac{N-1}{2}\left(\frac{1}{\lambda}+\frac{1}{\mu}\right)=\frac{N-1}{2\lambda} \tag{6.7.71}$$

与式 (6.7.57) 对比后可见，尽管 N 策略 M/G/1 休假队列等待时间概率分布不满足随机分解定理，但其平均等待时间仍然满足随机分解定理。

6.7.4 扩展及最优休假时间的选择

在实际通信网络中，顾客的到达过程不一定是泊松过程，常常带有一定的突发性；队列长度也不会是无穷大，而是某个有限值 K；在休假结束后，服务者可能不是立即醒来开始提供服务，而是需要经过一段“预热”（set-up）时间后再开始提供服务。同时，为了避免服务器在“开启”和“休眠”状态之间频繁的切换，也可能不是在队列变空之后立即进入休眠状态，而是等待一段时间发现仍然没有业务到达之后再关断服务器，这样的队列可以建模为“具有关断和开启时间的 BMAP/G/1/K 休假排队模型”①。该模型是一个通用的排队模型，如果沿用传统的嵌入马尔可夫链分析法会非常复杂。在第 7 章中联合使用辅助变量法和矩阵解析法给出其理论分析，详见文献 [NIU 99] [NIU 03]。

另外，除了上述 T 和 N 策略之外，还有一种常用的休假策略，称为 D 策略，它只在需要服务的业务量达到门限值 D 时才结束休假。显然，顾客的休假时间不仅与到达过程紧密相关，而且与顾客的服务时间也紧密相关，因此针对队列长度和等待时间的随机分解定理均不再成立，本书不再讨论，详细可参见文献 [BALA 73] [BALA 75]。

实际上，比较上述三种策略后会发现：一般来讲，当由于休假所带来的延时代价和服务顾客所带来的成本代价均为线性函数时，D 策略优于 N 策略，而 N 策略又优于 T 策略。这主要是由于 D 策略和 N 策略能够根据实际业务情况来唤醒服务者；而相比于 N 策

① BMAP 是 Batch Markovian Arrival Process 的简称，详细定义在第 7 章中给出。

略，D 策略又利用了业务的更精细的信息。详细可参见文献 [BALA 75] 和综述论文 [DOSH 86]。

针对最优休假时间的选择，人们通常会认为：在服务器负载一定的情况下，平均休假时间越短，所对应休假排队模型的平均等待时间也就越短；或是反之，增加平均休假时间一定会带来平均等待时间的增加。但基于第 2 章所述的 Renewal-Theory Paradox 以及 6.3.1节中所述的 Waiting Time Paradox，发现上述论述并不正确，有时增加休假时间反而能够减少整体的等待时间，即休假时间存在一个最优的选择。

下面以 M/G/1 多重休假排队模型为例予以解释。由于顾客的到达只有可能发生在顾客的服务时间内或是发生在服务者的休假时间内，因此人们往往会想象 Renewal-Theory Paradox 会出现两次，即顾客的到达比较容易落入到“较长”的服务时间或是“较长”的休假时间内。但经过下面的分析可以发现，情况比想象的要简单得多。

定义 Y_{S} 和 Y_{V} 分别表示服务时间和休假时间的前向递归时间（即剩余服务时间或是剩余休假时间），则基于上述随机分解定理可知：

$$E[W_{\mathrm{V}}]=\frac{\rho}{1-\rho}E[Y_{\mathrm{S}}]+E[Y_{\mathrm{V}}]=E[W_0]+E[Y_{\mathrm{V}}] \tag{6.7.72}$$

其中，W_0 表示所对应的无休假排队模型的等待时间。利用式 (6.3.10) 的结果，可知

$$E[W_0|W_0>0]=E[W_0]+E[Y_{\mathrm{S}}] \tag{6.7.73}$$

再注意到，在休假排队模型中，$P\{W_{\mathrm{V}}>0\}=1$，因此有

$$E[W_{\mathrm{V}}|W_{\mathrm{V}}>0]=E[W_{\mathrm{V}}]=E[W_0]+E[Y_{\mathrm{V}}] \tag{6.7.74}$$

比较式 (6.7.72) 和式 (6.7.73) 可发现：两者非常相似，这与上述随机分解定理完全吻合。因此，如果在增加平均休假时间的同时使得休假时间的方差变小，很有可能发生 $E[Y_{\mathrm{V}}]$ 变小的可能，即总的平均等待时间有可能反而下降。

小结

（1）顾客到达间隔或是服务时间其中之一具有无记忆性的排队系统 (M/G/1 型、G/M/s 型)，可以通过嵌入在顾客的退去时刻或是到达时刻的马尔可夫链分析得到相应排队系统的性能，其主要结果由一系列 P-K 公式给出。具体地，针对 M/G/1 排队系统，其平均队列长度或是平均等待时间不仅仅与服务时间的均值有关，还与（且只与）服务时间的方差有关；针对 GI/M/s 排队系统，通过引入一般化效率 (ω) 的概念可以得出与 M/M/s 性能指标的表现形式相似的性能指标表示。

（2）M/G/1 型群到达排队系统可通过将整个群等效为一个超级顾客的方式转化为一个服务时间加长的 M/G/1 排队系统，在求得该超级顾客的等待时间之后，再根据目标顾客在群中的排序求得目标顾客所需额外等待的时间。

（3）M/G/1 抢占式或是非抢占式优先权排队系统的平均队列长度或是平均等待时间的性能，可通过针对不同优先级顾客利用 Little 公式求得，其中起关键作用的是正在接受服务顾客的剩余时间概率分布，它对于不同的优先级存在不同形式的解。

（4）M/G/1 休假排队系统可通过随机分解定理将性能分解为无休假的 M/G/1 排队系统以及由于休假所额外引入的附加队长或是延时，其中附加队长或是附加演示就等于休假中新到达顾客的剩余顾客数或是休假时间的剩余时长。

（5）P-K 公式不再适用于服务时间为非 i.i.d. 的 M/G/1（特别是服务时间具有重拖尾特性的 M/G/1）以及 M/G/1-服务器共享（Process Sharing）队列等。

习题

6.1 Go-back-n ARQ 协议的性能分析。在互联网中，为了在保证数据传输可靠性的同时提高传输速度，经常采用 Go-back-n ARQ 重传协议，即允许发送端在没有从接收端得到确认（ACK）的情况下可最大连续发送 n 个数据包，一旦得知某个数据包丢失（即未能从接收端得到成功传输的确认）后，将从最后成功接收的数据包开始往回追溯 n 个数据包重传。为此，如何设计参数 n 变得非常重要，因为如果 n 过大，则一旦发生丢包需要重传的数据包就会很多，造成资源的浪费；但如果 n 过小，则在信道质量不太好时难以提高数据传输的吞吐量。

具体地，该协议对所有数据包进行编号，并且按照顺序传输。假设 i 是接收端最近请求的数据包（即 i–1 之前的数据包都已确认成功接收），则发送端维持一个包含第 i 至第 $i+n-1$ 共 n 个数据包的窗口。一旦成功得到更高编号的数据包请求，该窗口就会相应地向后滑动，因此经常也被称为“滑动窗口协议”。假设数据包以参数为 λ 的泊松过程到达，在一个时隙（timeslot）内完成发送。如果接收端无法正确接收到序号为 i 的数据包，或是序号为 i 的数据包的 ACK 无法在第 $i+n$ 帧之前收到，则发送端将在第 $i+n$ 帧重新发送该数据包及其后续发送的 $n-1$ 个数据包。再假设每个数据包发生错误的概率为 p，且各帧之间相互独立，试求所有成功传输数据包的平均延时。

6.2 轮询服务模式的性能分析与设计。在计算机网中或是计算机服务系统中，经常会采用轮询（Polling、Round-Robin 或称 Token-passing）服务机制，即单一服务者按照某种设定好的顺序为不同的队列提供服务。它最早（20 世纪 50 年代）起源于英国棉花工厂的设备维修问题，即机械修理员按顺序对故障机械进行修理，每次修理所花费的时间服从某个概率分布。进入 20 世纪 70 年代后，随着计算机信息处理、计算机局域网以及程控交换机等的普及，轮询服务机制又收到了广泛关注[TAKA 86]。假设网络中存在 n 台业务终端，均按照泊松过程产生业务需求，其平均到达率分别为 λ_i（$i=1,2,\cdots,n$）。服务者轮询到某台业务终端时，按照如下的规律提供服务，试比较不同服务规律下顾客等待时间的均值与方差。

（1）Gated scheme：只服务那些正在等待的顾客（如果有的话），然后转移到下一台终端。服务过程中新到达的顾客不予以服务。

（2）Exhaustive scheme：服务那些正在等待的顾客（如果有的话）以及服务过程中新到达的顾客，直到该队列被完全清空为止，然后转移到下一台终端。

（3）k-limited scheme：无论是正在等待的顾客或是服务过程中新到达的顾客，每次最多服务 k 个顾客。

6.3 M/G/1 排队系统的最优设计。如 3.1.4 节所示，排队系统的最优设计需要同时兼顾顾客的排队等待时间和服务者的利用率，而且该最优状态可能还会受顾客到达和服务时间随机程度的影响。试以 M/G/1 队列为例，分析服务时间的随机性对排队系统最优状态的影响。假设顾客的到达率为 λ，服务时间的均值与方差系数分别为 μ^{-1} 和 C_{b}^2，每成功服务完一个顾客的收益为 R，顾客每单位时间的平均等待代价为 C，试求可使排队系统收益达到最大的业务强度 $\rho = \lambda/\mu$。

6.4 考虑一个拥有三类业务的 M/G/1 优先权排队系统，第三类业务拥有最高的优先权，第一类业务拥有最低优先权。对于第 n 类，业务到达率为 λ_n，服务时间的均值为 μ_n^{-1}、方差为 σ_n^2 (n=1,2,3)。假设第二类和第三类业务对于第一类业务具有抢占继续式优先权，而第三类业务对第二类业务具有非抢占式的优先权。请分别求解各类业务在系统中的平均滞留时间。

6.5 考虑一个多重休假的 M/G/1 排队系统，业务到达率为 λ，服务时间记为 X，其平均值为 $\overline{X}$、二阶矩为 $\overline{X}^2$。休假时间记为 V，其平均值为 $\overline{V}$、二阶矩为 $\overline{V}^2$。当系统队列为空时，服务器进入休假状态。当且仅当服务器休假结束并且发现队列中至少有一个顾客等待服务时，服务器才会返回到服务状态，否则进入另一个休假期。当服务器从休假状态返回到服务状态时，需要一个恒定启动时间 $\varDelta$。试求：

（1）系统忙期的平均时长。

（2）系统一个“忙期-空闲”周期的平均时长。

（3）忙期内系统中的平均顾客数。

（4）平均有效服务时间（考虑服务器的启动时间）。

6.6 考虑一个带有载波侦听（Carrier Sensing Multiple Access, CSMA）功能的多址环境下某个通信节点的性能。在该系统中，发送数据包之前需要检测信道是否被占用。如果被占用，则需要等待信道空闲后进行竞争接入并发送。在多节点情况下该模型较为复杂，在这里先不考虑其他节点的竞争行为，将单个节点的接入过程简化为单个独立的随机变量，称为等待接入时间。如图 6.8所示，假设数据包的到达服从参数为 λ 的泊松分布；等待接入时间为一个参数为 μ_1 的指数分布的随机变量，传输时间服从参数为 μ_2 的指数分布；各随机变量相互独立；数据缓冲队列长度无限大。

（1）求解该通信节点队列长度的分布，以及平均延时。

（2）假设每次接入以概率 p 检测到信道空闲直接进行发送（即等待接入时间为 0），以 $1-p$ 的概率进入等待接入状态，且等待时间服从参数为 $\mu_1/(1-p)$ 的指数分布。请采用这个模型重新计算（1）中的结果，并比较两者的平均延时。

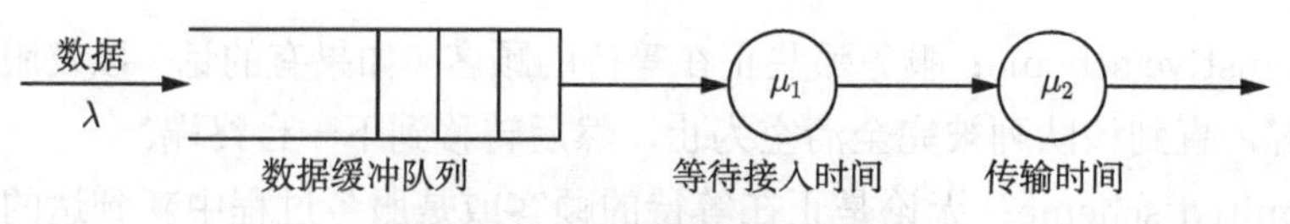

图 6.8 无线网络服务过程

6.7 考查一个如图 6.9所示的带有基站、中继站和两个用户的单小区上行链路，两个用户需要通过中继站接入基站。为了避免干扰，需要为 3 条链路分配不同频段的带宽。假设总带宽为 W，为 3 条链路分别分配的带宽应满足 $W_1+W_2+W_3=W$。假设传输和噪声功率恒定，信道为无衰落的 AWGN 信道，传输速率恒为 $R=W\log(1+\text{SNR})$。来自两个用户的数据包到达分别服从参数为 λ_1 和 λ_2 的泊松过程，数据包长度服从均值为 $\overline{L}$ 的指数分布。试求：当用户业务到达率 λ_1 和 λ_2 满足什么条件时，能够通过合理分配带宽，保障整个上行链路所有数据包的平均延时（每个数据包在两个链路中的滞留时间之和）低于 D？

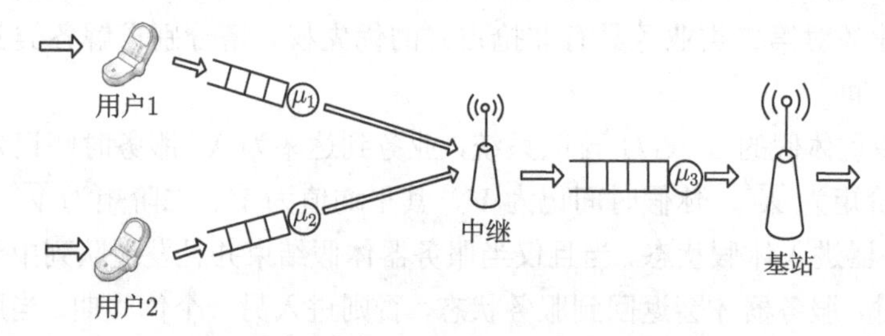

图 6.9 带有中继节点的蜂窝小区模型

6.8 随机休假策略。考虑一个带休假的 M/G/1 排队系统，业务到达率为 λ。服务时间记为 X（平均值为 $\overline{X}$，二阶矩为 $\overline{X}^2$，pdf 为 $b(t)$，pdf 的拉普拉斯变换为 $B^*(\theta)$，休假时间记为 V（平均值为 $\overline{V}$，二阶矩为 $\overline{V}^2$，pdf 为 $v(t)$，pdf 的拉普拉斯变换为 $V^*(\theta)$。系统采用随机单一休假策略，即当队列为空时，服务器以概率 p 进入休假状态，且只休假一次。试求：

（1）服务器处于休假状态的概率；

（2）该排队系统的平均队列长度。

6.9 如图 6.10所示，无线接入点 A 有一个上行信道和一个下行信道。当用户与接入点关联后进入队列 1 等待接入信道；当用户允许接入信道后，进入队列 2 等待接入上行信道；传输完上行数据的用户进入队列 3 等待接收下行数据。完成一次上、下行传输和接收后，用户以概率 p 退出网络，以概率 $1-p$ 进入队列 2 等待下一次数据的收发。假设用户泊松到达，所有队列都是 FCFS 队列，一次上、下行数据传输的时间服从指数分布，均值分别为 $\mu_{\rm u}^{-1}$、$\mu_{\rm d}^{-1}$。考虑以下两种接入控制方式：

A. 上行和下行信道同时只能分配给一个用户，即每次只允许一个用户收发数据，只有当上行信道和下行信道均空闲时，队列 1 的队首用户才允许接入信道（注意此时可认为队列 2 和队列 3 不存在）。

B. 所有用户与接入点关联后立即进入队列 2 等待（注意此时队列 1 始终为空）。

试问：

（1）推导方案 A 中用户接入信道后在网络中滞留时间的概率密度表达式。

（2）计算两种方案下系统内的平均用户数及用户到达后在系统内的平均滞留时间。

（3）分析两种接入策略的稳定性条件，并分析比较两种策略的优劣。

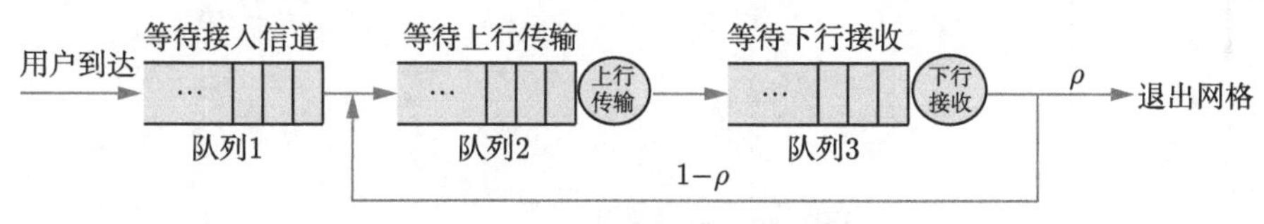

图 6.10　无线网络服务过程

第 7 章 通信网络的矩阵解析理论

第 6 章借助嵌入马尔可夫过程解决了顾客到达或是服务过程之一为泊松过程排队系统的性能分析问题，但如果到达和服务过程双方均为非泊松过程，则无法使用嵌入马尔可夫过程分析法，因为此时仅靠排队系统队列长度的状态变量 N_t 无法完全描述该排队系统。

本章引入辅助变量法解决这类问题，其思路是：虽然 N_t 本身不再具有马尔可夫性，但如果能将保持马尔可夫性所需的辅助信息 Y_t，如正在接受服务顾客的剩余服务时间或是距离下一个顾客到达的时间等，联合考虑，则该联合状态变量组 $\{N_t, Y_t\}$ 构成了一个二维马尔可夫过程，从而可以利用马尔可夫过程理论进行性能分析。具体地，在 M/G/1 系统中，Y_t 可以是正在接受服务顾客的后向递归时间，即从服务开始至时刻 t 的时间间隔。在 GI/M/s 系统中，Y_t 可以是到达间隔的前向递归时间，即时刻 t 至下一个顾客到达之间的时间间隔。在 G/G/1 系统中，则需要同时引入正在接受服务顾客的后向递归时间和到达间隔的前向递归时间，此时联合状态变量组将会增加至三维。

但是，联合状态变量组 $\{N_t, Y_t\}$ 中既包含离散状态变量，又包含连续时间变量，其分析过程需要同时引入差分和微分方程式，必要时还需要引入拉普拉斯变换和 z 变换，因此其数学分析过程会非常复杂，且难以得出显式解。

为此，本章介绍一种新的辅助变量法，即相位分析法。它实际上是将到达过程和服务过程在当前时刻所处的相位 $\{J_t, K_t\}$ 作为辅助变量，这样就只需要建立差分方程式，并可以通过引入矩阵分析法得出显式解。该方法由 M. F. Neuts 教授的研究组在 20 世纪 70 年代开创，一般简称为矩阵解析法（Matrix-Analytic Method, MAM），其主要内容参见文献 [NEUT 81] 和 [NEUT 89a]。当然，该方法首先需要将顾客的到达过程和服务过程以矩阵的形式表述出来，这就引出了 7.1 节和 7.2 节的内容，即相位型概率分布与相位型随机过程。

7.1 相位型概率分布

从前几章的讨论中不难看出，指数分布在排队模型中起着非常重要的作用，这主要是源于它的无记忆性，使得可直接使用马尔可夫过程理论对排队系统进行理论分析，推导出物理意义非常清晰的显式解。一旦到达过程或是服务过程（哪怕是其中之一）无法再用指数分布来表述，其性能分析将变得异常复杂，甚至无法求解。因此，是否能基于指数分布来表述更复杂的顾客到达或是服务过程将是排队系统性能分析成败的关键。

历史上对指数分布的扩展和一般化从未间断过，代表性的例子有爱尔朗分布（可近似方差系数小于 1 的平滑业务）、超指数分布（可近似方差系数大于 1 的突发性业务）以及 Coxian 分布（可近似方差系数为任意有限值的业务），它们实际上分别对应于指数随机变量的算数和、概率加权和以及算术和与加权和的自由组合的概率分布，详细描述参见第 2 章。

但是，即使能够用指数分布的组合来描述的概率分布，其表达形式一般都会比较复杂，应用到排队系统的分析中更是难以给出简洁明晰的显式解。因此还是有必要找到一个既具有一般性，又便于进行性能分析的概率分布。这就引出了本章所要介绍的相位型（phase-type，以下简称 PH 型）概率分布，其核心思想是导入一个指数随机变量的离散马尔可夫型概率组合，即将指数分布与离散马尔可夫过程结合在一起，最终以矩阵的形式将其表述出来。下面分别介绍连续型和离散型 PH 概率分布的定义及其概率特性。

7.1.1　连续 PH 型概率分布

考虑一个如图 7.1 所示的在有限状态空间 $\{1,2,\cdots,m,m+1\}$ 上定义的连续时间离散状态马尔可夫过程，并假设状态 $\{1,2,\cdots,m\}$ 为转移态或称暂态（transient state），状态 $m+1$ 为吸收态（absorbing state），即该马尔可夫过程在状态 $\{1,2,\cdots,m\}$ 仅停留有限时长，而一旦进入状态 $m+1$ 则停止状态转移。定义 T_{ij} 表示转移态 i 至转移态 j 的转移率 $(i,j=1,2,\cdots,m)$，$T_i^{\rm O}$ 表示转移态 i 至吸收态 $m+1$ 的转移率 $(i=1,2,\cdots,m)$，则 $\boldsymbol{T}=\{T_{ij}:i,j=1,2,\cdots,m\}$ 为 $m\times m$ 维的方阵，表示转移态之间的转移率，$\boldsymbol{T}^{\rm O}=\{T_i^{\rm O}:i=1,2,\cdots,m\}$ 为 m 维的列向量，表示转移态至吸收态的转移率。可见，该马尔可夫过程的无穷小生成矩阵（infinitesimal generator）可表示为

$$\boldsymbol{Q}=\begin{bmatrix}\boldsymbol{T} & \boldsymbol{T}^{\rm O}\\ \boldsymbol{0} & 0\end{bmatrix}\tag{7.1.1}$$

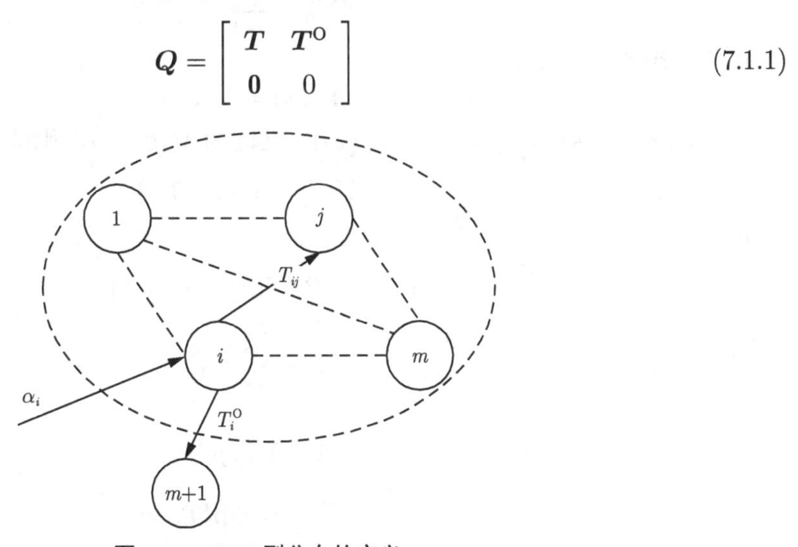

图 7.1　PH 型分布的定义

为了保证该马尔可夫过程不可约（irreducible）和正常返（positive recurrent），文献 [NEUT 81] 中已经证明必须有 $T_{ii}<0$，$T_{ij}\geqslant 0\ (i\neq j)$，$T_i^{\rm O}\geqslant 0$，以及 $\boldsymbol{Te}+\boldsymbol{T}^{\rm O}=\boldsymbol{0}$。因此

该矩阵为一个 L 矩阵[ZHAN 13]，因此其逆矩阵一定存在，且 $\boldsymbol{T}^{-1} > \mathbf{0}$。同时，文献 [NEUT 81] 已证明：若矩阵 $\boldsymbol{T}$ 为可逆矩阵（nonsingular），则状态 $\{1,2,\cdots,m\}$ 一定为转移态，即该马尔可夫过程不会永远停留在 $\{1,2,\cdots,m\}$ 状态空间内，或者说在有限时间内一定会被吸收态 $m+1$ 所吸收。由此得出了下面的定理[NEUT 81]：

定理 7.1 PH 型分布 假设一个有限状态马尔可夫过程以概率 α_i 从转移态 i 开始状态之间的转移，则该马尔可夫过程进入吸收态的时间分布定义为 PH 型概率分布，其概率分布函数为

$$F(x) = 1 - \boldsymbol{\alpha}\exp(\boldsymbol{T}x)\boldsymbol{e} \tag{7.1.2}$$

其中，$\boldsymbol{\alpha} = (\alpha_1, \alpha_2, \cdots, \alpha_m)$ 以及 $\boldsymbol{\alpha}\boldsymbol{e} = 1$。

证明: 定义 $Y(x)$ 为该马尔可夫过程在时刻 x 时的状态，并令 $\nu_j(x) = P\{Y(x) = j\}$ $(j = 1, 2, \cdots, m, m+1)$。很明显，对于 $j = 1, 2, \cdots, m$ 而言，$\nu_j(0) = \alpha_j$，且

$$P\{Y(x+\Delta x) = j\} = \sum_{i=1}^{m} P\{Y(x+\Delta x) = j | Y(x) = i\} P\{Y(x) = i\} \tag{7.1.3}$$

即

$$\begin{aligned}\frac{\nu_j(x+\Delta x) - \nu_j(x)}{\Delta x} &= \frac{\sum\limits_{i=1, i\neq j}^{m} T_{ij}\Delta x \nu_i(x) + (1 + T_{jj}\Delta x)\nu_j(x) - \nu_j(x)}{\Delta x} \\ &= \sum_{i=1}^{m} T_{ij}\nu_i(x)\end{aligned} \tag{7.1.4}$$

因此有

$$\nu_j'(x) = \sum_{i=1}^{m} \nu_i(x) T_{ij} \tag{7.1.5}$$

用矩阵形式表示，则有

$$\boldsymbol{V}'(x) = \boldsymbol{V}(x)\boldsymbol{T} \tag{7.1.6}$$

其中，$\boldsymbol{V}(x) = (\nu_1(x), \nu_2(x), \cdots, \nu_m(x))$。又因为 $\boldsymbol{V}(0) = \boldsymbol{\alpha}$, 则解方程式 (7.1.6) 得

$$\boldsymbol{V}(x) = \boldsymbol{\alpha}\exp(\boldsymbol{T}x) \tag{7.1.7}$$

所以

$$\begin{aligned}F(x) &= P\{Y(x) = m+1\} \\ &= 1 - \sum_{j=1}^{m} P\{Y(x) = j\} \\ &= 1 - \boldsymbol{V}(x)\boldsymbol{e} \\ &= 1 - \boldsymbol{\alpha}\exp(\boldsymbol{T}x)\boldsymbol{e}\end{aligned} \tag{7.1.8}$$

■

该定理给出了一个非常简单的矩阵表达式，称其为矩阵指数分布①，其中 $\exp(\boldsymbol{T}x)$ 定义

① 实际上，一阶的 PH 型分布就退化为一个指数分布。

为一个矩阵级数展开，即 $\exp(\boldsymbol{T}x) \triangleq \sum_{n=0}^{\infty}(\boldsymbol{T}x)^n/n!$。注意：$\boldsymbol{T}^n$ 表述的是该齐次马尔可夫过程的 n 步转移率矩阵，且每一步状态转移均只在当前状态停留指数分布的时间，故若该过程在 $(0,x)$ 内经过 n 步状态转移而在时刻 x 到达吸收态的话，则每一步暂态之间的转移所停留的时间为平均值 x/n 的指数分布。由此可见，$F(x)=1-\boldsymbol{\alpha}\exp(\boldsymbol{T}x)\boldsymbol{e}$ 就相当于该马尔可夫过程在初始时刻从任意一个转移态出发开始状态转移，在经过了 1 步、2 步、……n 步（n 为任意正整数）状态转移之后，最终在时刻 x 之前进入吸收态的全过程。换言之，PH 型分布是非常具有一般性的概率分布，且具有简洁的数学表达。

从另外一个角度来讲，PH 型分布相当于指数分布的马尔可夫组合，是指数分布、爱尔朗分布以及超指数分布的更一般扩展。它虽然隶属于上述的 Coxian 分布，但与 Coxian 分布相比它具有如下特点：

（1）PH 型分布建立在有限状态马尔可夫过程基础上，只需要实数域分析；而 Coxian 分布建立在 LST 域之上，需要复数域分析。

（2）PH 型分布应用矩阵表示方法引入了一个通用的数学表达式，使得模型分析变得非常具有一般性，同时易于进行数值分析和计算；而 Coxian 分布的数学表达式相当复杂，不易于进行数学分析。

7.1.2 离散 PH 型分布

考虑一个在有限状态空间 $\{1,2,\cdots,m,m+1\}$ 上的离散时间离散状态马尔可夫链，其中 $\{1,2,\cdots,m\}$ 为转移态，$m+1$ 为吸收态, 其状态间转移概率矩阵为

$$\boldsymbol{P}=\begin{bmatrix}\boldsymbol{T} & \boldsymbol{T}^{\mathrm{O}}\\ \boldsymbol{0} & 1\end{bmatrix} \tag{7.1.9}$$

其中，T_{ij} 表示转移态 i 至转移态 j 的转移概率 $(i,j=1,2,\cdots,m)$，T_i^{O} 表示转移态 i 至吸收态 $m+1$ 的转移概率 $(i=1,2,\cdots,m)$。若此马尔可夫链以概率 α_i 从转移态 i 开始状态之间的转移, 则该马尔可夫链进入吸收态之前的转移次数定义为离散 PH 型分布，即

$$p_0=\alpha_{m+1} \tag{7.1.10}$$

$$p_k=\boldsymbol{\alpha}\boldsymbol{T}^{k-1}\boldsymbol{T}^{\mathrm{O}} \qquad (k\geqslant 1) \tag{7.1.11}$$

其概率母函数与 k 阶阶乘矩（factorial moment）分别为

$$P(z)=\sum_{k=0}^{\infty}p_k z^k=\alpha_{m+1}+z\boldsymbol{\alpha}(\boldsymbol{I}-z\boldsymbol{T})^{-k}\boldsymbol{T}^{\mathrm{O}} \tag{7.1.12}$$

$$\gamma_k=k!\boldsymbol{\alpha}\boldsymbol{T}^{k-1}(\boldsymbol{I}-\boldsymbol{T})^{-1}\boldsymbol{e} \tag{7.1.13}$$

当 $k=1$ 时，$\gamma_1=\boldsymbol{\alpha}(\boldsymbol{I}-\boldsymbol{T})^{-1}\boldsymbol{e}$ 即为该离散 PH 型分布的均值。

举例来说，考虑一个典型的伯努利试验，并假设每次试验硬币“反面”出现的概率为 p、“正面”出现的概率为 $1-p$，则可知该实验在第一次出现“正面”之前的试验次数 X 服从几何分布，即 $P\{X=k\}=p^{k-1}(1-p)$。显然它可表述为一维的离散 PH 型分布，转移态相当于试验出现“反面”的状态，吸收态相当于试验出现“正面”的状态。此时 $(\boldsymbol{\alpha},\boldsymbol{T})$ 均退化为标量，有 $\alpha=1$，$\alpha_{m+1}=0$，$T=p$，$T^{\mathrm{O}}=1-p$，并可求得平均值为 $1/(1-p)$。注意，此处 $\alpha_{m+1}=0$ 表示伯努利试验至少要进行一次，这是很显然的。

另外，在第 4 章中已经求出 M/M/1 队列的队列长度服从参数为 ρ 的偏移几何分布，即 $p_k=(1-\rho)\rho^k$。显然它也可以表述为一维的离散 PH 型分布，转移态相当于队列中有顾客的状态（即服务者处于服务状态），吸收态相当于队列中无顾客（即队列为空）的状态。此时 $(\boldsymbol{\alpha},\boldsymbol{T})$ 均退化为标量，有 $\alpha=\rho$，$\alpha_{m+1}=1-\rho$，$T=\rho$，$T^{\mathrm{O}}=1-\rho$，所以 $p_k=\rho\cdot\rho^{k-1}\cdot(1-\rho)$，并可求得平均队长为 $\rho/(1-\rho)$。注意，此处 $\alpha_{m+1}=1-\rho$ 表示队列为空的概率 $p_0=1-\rho$，即初始状态处于吸收态的概率。

比较上述两种情况可以发现，同样形式的概率分布可以有不同的 PH 标识，即 PH 标识并不是唯一的。

这些结果都很容易理解，而且表述形式也相对简单，因此，后续将主要围绕连续 PH 型分布展开讨论。同时，也称 $(\boldsymbol{\alpha},\boldsymbol{T})$ 为其标识（representation）。

7.1.3 典型概率分布的 PH 标识

在式 (7.1.2) 中，由于 $\boldsymbol{T}^{\mathrm{O}}=-\boldsymbol{T}\boldsymbol{e}$，即给定矩阵 $\boldsymbol{T}$ 之后向量 $\boldsymbol{T}^{\mathrm{O}}$ 就唯一确定了，因此 PH 型概率分布可以完全由 $(\boldsymbol{\alpha},\boldsymbol{T})$ 的组合来表述。换言之，只要给定了 $(\boldsymbol{\alpha},\boldsymbol{T})$ 组合，PH 型概率分布就唯一确定了；或者说所有的概率分布均可以表述成 $F(x)=1-\boldsymbol{\alpha}\exp(\boldsymbol{T}x)\boldsymbol{e}$ 的形式，只是不同的概率分布对应不同的 $(\boldsymbol{\alpha},\boldsymbol{T})$ 组合而已。由此，今后称 $(\boldsymbol{\alpha},\boldsymbol{T})$ 为该 PH 型分布的特征矩阵标识（representation）。

但需要指出的是，PH 型分布的特征矩阵标识并不唯一，也就是说，某个 PH 型分布完全有可能存在两种不同的特征标识。这从前面讨论几何分布的 PH 标识时可以得到验证。

下面以几种常用的概率分布为例，给出它们的 PH 标识。

（1）指数分布。令 $\alpha=1$，$T=-\lambda$，即 $T^{\mathrm{o}}=\lambda$，则 PH 型分布就转化为了参数为 λ 的指数分布。

（2）广义爱尔朗分布。对于一个 k 阶的广义爱尔朗分布，其中每一级指数变量的参数 (μ_j) 可以不同，即

$$F(t)=1-\sum_{j=1}^{k}\frac{(\mu_j t)^{j-1}}{(j-1)!}\mathrm{e}^{-\mu_j t} \tag{7.1.14}$$

如果定义

$$\boldsymbol{\alpha}=(\underbrace{1,\ 0,\ \cdots,\ 0}_{k}) \tag{7.1.15}$$

$$
\boldsymbol{T}=\begin{bmatrix} -\mu_1 & \mu_1 & & & 0 \\ & -\mu_2 & \mu_2 & & \\ & & \ddots & \ddots & \\ & & & -\mu_{k-1} & \mu_{k-1} \\ 0 & & & & -\mu_k \end{bmatrix} \tag{7.1.16}
$$

则该爱尔朗分布即转化为了一个 PH 型分布。

（3）超指数分布。对于一个 k 阶超指数分布

$$
F(t)=\sum_{j=1}^{k}\alpha_j(1-\mathrm{e}^{-\mu_j t}) \tag{7.1.17}
$$

如果

$$
\boldsymbol{\alpha}=\begin{pmatrix} \alpha_1, & \alpha_2, & \cdots, & \alpha_k \end{pmatrix} \tag{7.1.18}
$$

$$
\boldsymbol{T}=\begin{bmatrix} -\mu_1 & & & 0 \\ & -\mu_2 & & \\ & & \ddots & \\ 0 & & & -\mu_k \end{bmatrix}. \tag{7.1.19}
$$

则该超指数分布即转化为了一个 PH 型分布。

（4）Coxian 分布。

尽管 PH 型分布仅仅是 Coxian 分布的一个子集，但已有研究证明：所有实用的 Coxian 分布都属于 PH 型分布。例如，如图 7.2所示的 Coxian 分布可以用如下标识的 PH 型分布来表示。

$$
\boldsymbol{\alpha}=(\alpha_1,\ 0,\ \alpha_3,\ \alpha_4,\ 0,\ 0)
$$

$$
\boldsymbol{T}=\begin{bmatrix} -\mu_1 & \mu_1 & & & & 0 \\ & -\mu_2 & & & & \\ & & -\mu_3 & & & \\ & & & -\mu_4 & \mu_4 & \\ & & & & -\mu_5 & \mu_5 \\ 0 & & & & & -\mu_6 \end{bmatrix} \tag{7.1.20}
$$

综上所述，常用的概率分布基本上均可以表述为或是近似为 PH 型分布，只是不同的概率分布对应不同维度的 PH 标识而已。实际上，已有研究证明：PH 型分布可以近似任意一个概率分布。

定理 7.2　PH 型分布集合在所有非负整数分布集合中是稠密的 [WOLF89]。

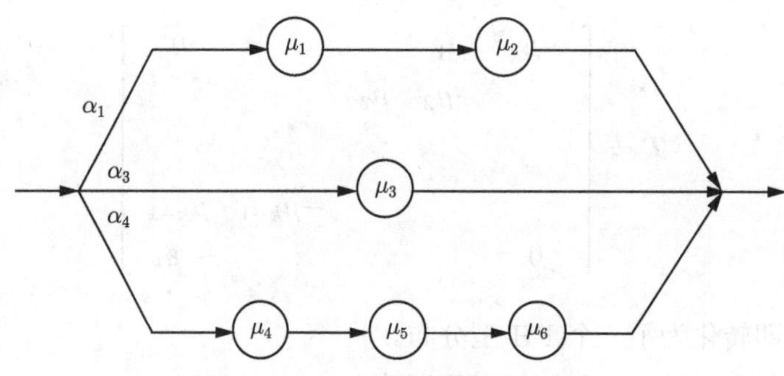

图 7.2 Coxian 分布的一个例子

证明：假设要近似一个随机变量 S 的分布，它满足对于 $0<a<b<\infty$，以及 $\sigma\in(0,1)$ 有如下分布函数：

$$\begin{cases} P\{S=a\}=1-\sigma \\ P\{S=b\}=\sigma \end{cases} \tag{7.1.21}$$

可用另一种方式表示为

$$S=a+(b-a)N \tag{7.1.22}$$

其中，$P\{N=1\}=\sigma$，$P\{N=0\}=1-\sigma$。该式表明有如下的 S 分布的表达式成立：

$$(1-\sigma)E_k+\sigma E_k E_l \tag{7.1.23}$$

其中，E_k 的相位速率为 k/a，E_l 的相位速率为 $l/(b-a)$ 。可知，当 $k\to\infty$ 和 $l\to\infty$ 时，式 (7.1.23) 收敛到 S 的分布函数。

注意到式 (7.1.23) 实际上是有 $k+l$ 个指数服务相位的特殊情况，即当第 j 个相位服务完时，服务以 σ_j 的概率转移到第 $j+1$ 个相位，以 $1-\sigma_j$ 的概率在这个相位结束。因此，为了描述任意一个分布 G，只需要考虑如下式定义的相位分布，对于整数 $k\geqslant 1$，有

$$(1-\sigma_1)\mathrm{e}^{\mu_1}+(1-\sigma_2)\sigma_1\mathrm{e}^{\mu_1}\mathrm{e}^{\mu_2}+\cdots+\prod_{j=1}^{k-1}\sigma_j[\mathrm{e}^{\mu_1}\mathrm{e}^{\mu_2}\cdots\mathrm{e}^{\mu_k}] \tag{7.1.24}$$

其中，$\sigma_j\in(0,1)$，$j=1,2,\cdots,k-1$，$\sigma_k=0$。

很明显，任意一个离散型分布都可以用这种方式表示。而离散型分布又可以用来近似连续型分布。所以任意分布都可以用这种方式来近似。 ■

7.1.4 PH 型分布的特征量

在给定了 PH 型分布的特征标识 $(\boldsymbol{\alpha},\boldsymbol{T})$ 之后，其所有的特征量均可以相应给出。

1. 概率密度函数

由于 $\dfrac{\mathrm{d}\exp(\boldsymbol{T}x)}{\mathrm{d}x}=\exp(\boldsymbol{T}x)\boldsymbol{T}$，且 $\boldsymbol{Te}=-\boldsymbol{T}^{\mathrm{O}}$，通过对概率分布函数的微分可得 PH 型分布的概率密度函数为

$$f(x)=\boldsymbol{\alpha}\exp(\boldsymbol{T}x)\boldsymbol{T}^{\mathrm{O}} \tag{7.1.25}$$

2. 拉普拉斯变换

当 $\mathrm{Re}(\theta) \geqslant 0$ 时，PH 型分布的拉普拉斯变换由下式给出：

$$f^*(\theta) = \boldsymbol{\alpha} \int_0^{\infty} \mathrm{e}^{-\theta x} \exp(\boldsymbol{T}x) \mathrm{d}x \boldsymbol{T}^{\mathrm{O}} \tag{7.1.26}$$

$$= \boldsymbol{\alpha} \int_0^{\infty} \exp(-(\theta \boldsymbol{I} - \boldsymbol{T})) \mathrm{d}x \boldsymbol{T}^{\mathrm{O}} \tag{7.1.27}$$

$$= \boldsymbol{\alpha}(\theta \boldsymbol{I} - \boldsymbol{T})^{-1} \boldsymbol{T}^{\mathrm{O}} \tag{7.1.28}$$

3. k 阶矩

通过对式 (7.1.28) 进行 k 阶微分，并置 $\theta = 0$ 得

$$\mu_k^{-1} = (-1)^{k+1} k! \boldsymbol{\alpha} \boldsymbol{T}^{-(k+1)} \boldsymbol{T}^{\mathrm{O}} = (-1)^k k! \boldsymbol{\alpha} \boldsymbol{T}^{-k} \boldsymbol{e} \tag{7.1.29}$$

4. 相位分布的渐近特性

假设矩阵 $\boldsymbol{T}$ 的最大特征值为 $-\xi < 0$，与其对应的左特征行向量和右特征列向量分别为 $\boldsymbol{u} > 0$ 和 $\boldsymbol{v} > 0$，且满足 $\boldsymbol{uv} = \boldsymbol{ue} = 1$，则基于 Perron-Frobenius 定理[ZHAN 13] 可得

$$\exp(\boldsymbol{T}x) = \mathrm{e}^{-\xi x} \boldsymbol{vu} + o(\mathrm{e}^{-\xi x}) \quad (x \to \infty) \tag{7.1.30}$$

由此可得

$$1 - F(x) = \boldsymbol{\alpha v} \mathrm{e}^{-\xi x} \quad (x \to \infty) \tag{7.1.31}$$

可见，相位分布渐近趋于指数分布，其衰减速率为 ξ，衰减系数为 $\boldsymbol{\alpha v}$。

如果恰巧 $\boldsymbol{\alpha} = \boldsymbol{u}$，利用 $\boldsymbol{uv} = 1$ 可得

$$F(x) = 1 - \boldsymbol{\alpha} \exp(\boldsymbol{T}x) \boldsymbol{e} = 1 - \mathrm{e}^{-\xi x} \quad (x \geqslant 0) \tag{7.1.32}$$

可见，如果 $\boldsymbol{\alpha}$ 恰巧是矩阵 $\boldsymbol{T}$ 最大实数特征值 ξ 所对应的左特征向量，则相位型概率分布 $(\boldsymbol{\alpha}, \boldsymbol{T})$ 将退化为指数分布。换言之，该特定的标识 $(\boldsymbol{\alpha}, \boldsymbol{T})$ 也是指数分布的一种标识。

7.1.5 PH 型分布的闭合特性

检验 PH 型分布通用性的一个方法是验证它在多大范围内满足闭合特性（closure property），即对 PH 型分布进行各种操作之后是否仍然还隶属于 PH 型分布的范畴。下面针对几种常用的操作进行讨论。

1. 相位型随机变量的前向（后向）递归时间分布

在排队系统分析中，经常需要求解某个概率分布的前向或是后向递归时间。比如，在 M/G/1 排队系统等待时间概率分布的分析中，需要求解在顾客到达队列时“看”到的正在接受服务顾客的剩余服务时间。假设顾客的服务时间是标识为 $(\boldsymbol{\alpha}, \boldsymbol{T})$ 的 PH 型分布，那自然需要知道，顾客的剩余服务时间还隶属于 PH 型分布范畴吗？如果是，其特征标识等于什么？这就引出了下面的定理。

定理 7.3 PH 型分布的前向（后向）递归时间 若随机变量 X 是标识为 $(\boldsymbol{\alpha},\boldsymbol{T})$ 的 m 阶 PH 型分布，则其前向和后向递归时间均为标识为 $(\boldsymbol{\pi},\boldsymbol{T})$ 的 PH 型分布，其中 $\boldsymbol{\pi}$ 是满足 $\boldsymbol{\pi}(\boldsymbol{T}+T^{\mathrm{O}}\boldsymbol{\alpha})=\mathbf{0}$、$\boldsymbol{\pi e}=\mathbf{1}$ 的稳态概率向量，即生成矩阵 $\boldsymbol{T}+T^{\mathrm{O}}\boldsymbol{\alpha}$ 的特征向量。

证明：假设标识为 $(\boldsymbol{\alpha},\boldsymbol{T})$ 的 PH 型分布的均值为 μ^{-1}，则根据定义有

$$\begin{aligned}F^*(x)&=\mu\int_0^x[1-F(y)]\mathrm{d}y\\&=\mu\int_0^x\boldsymbol{\alpha}\exp(\boldsymbol{T}y)\mathrm{d}y\boldsymbol{e}\\&=\mu\boldsymbol{\alpha}\boldsymbol{T}^{-1}[\exp(\boldsymbol{T}x)-\boldsymbol{I}]\boldsymbol{e}\end{aligned}\tag{7.1.33}$$

又由于 $\boldsymbol{\pi}(\boldsymbol{T}+\boldsymbol{T}^{\mathrm{O}}\boldsymbol{\alpha})=\mathbf{0}$ 和 $\boldsymbol{\pi e}=\mathbf{1}$，则有

$$\boldsymbol{\pi}=-\boldsymbol{\pi}\boldsymbol{T}^{\mathrm{O}}\boldsymbol{\alpha}\boldsymbol{T}^{-1}$$

将上式从右侧乘以 $\boldsymbol{e}$ 得

$$1=\boldsymbol{\pi e}=-(\boldsymbol{\pi}\boldsymbol{T}^{\mathrm{O}})\boldsymbol{\alpha}\boldsymbol{T}^{-1}\boldsymbol{e}$$

根据式 (7.1.29)，有

$$\boldsymbol{\pi}\boldsymbol{T}^{\mathrm{O}}=\mu\qquad\text{或}\qquad\boldsymbol{\alpha}\boldsymbol{T}^{-1}=-\mu^{-1}\boldsymbol{\pi}\tag{7.1.34}$$

其中，$\mu^{-1}=\boldsymbol{\alpha}(-\boldsymbol{T}^{-1})\boldsymbol{e}$ 为 PH 型分布的均值。于是得

$$\begin{aligned}F^*(x)&=-\boldsymbol{\pi}[\exp(\boldsymbol{T}x)-\boldsymbol{I}]\boldsymbol{e}\\&=1-\boldsymbol{\pi}\exp(\boldsymbol{T}x)\boldsymbol{e}\end{aligned}\tag{7.1.35}$$

即 $F^*(x)$ 是标识为 $(\boldsymbol{\pi},\boldsymbol{T})$ 的 PH 型分布。 ■

注意，这里 $\boldsymbol{T}+\boldsymbol{T}^{\mathrm{O}}\boldsymbol{\alpha}$ 实际上相当于以标识为 $(\boldsymbol{\alpha},\boldsymbol{T})$ 的 m 阶 PH 型更新过程（详见 7.2 节）的生成矩阵，即 $\boldsymbol{\pi}$ 相当于该 PH 型更新过程的稳态向量。因此，如果说标识为 $(\boldsymbol{\alpha},\boldsymbol{T})$ 的 PH 型更新过程的初始状态概率是 $\boldsymbol{\alpha}$，则它的前向或后向递归时间仍然是同一个 PH 型更新过程，只是其初始概率变成了该更新过程在平稳状态下的任意时刻状态概率。这个结论大大简化了更新过程前向和后向递归时间的求解。

另外，针对离散型 PH 概率分布，也有类似的结论。假设 $\{p_k;k=0,1,\cdots\}$ 为离散型 PH 概率分布，其标识为 $(\boldsymbol{\alpha},\boldsymbol{T})$, 均值为 μ^{-1}，则其前向或后向递归时间 $\{q_k;k=0,1,\cdots\}$ 也为离散型 PH 分布，其标识为 $(\mu\boldsymbol{\alpha}(\boldsymbol{I}-\boldsymbol{T})^{-1}\boldsymbol{T},\boldsymbol{T})$。

2. PH 型分布的卷积

在排队系统分析中，如果顾客的到达间隔或是服务时间定义为 PH 型分布，则连续 n 个顾客到达的总时长或是顾客经过多个服务台时的总服务时间将是相位型随机变量的和，即 PH 型分布的卷积。那自然需要知道：PH 型分布的卷积还隶属于 PH 型分布范畴吗？如果是，其特征标识等于什么？这就引出了下面的定理。

定理 7.4 PH 型分布的卷积　假设随机变量 X 和 Y 分别服从 m 阶 PH 型分布 $F(x)=1-\boldsymbol{\alpha}\exp(\boldsymbol{T}x)\boldsymbol{e}$ 和 n 阶 PH 型分布 $G(y)=1-\boldsymbol{\beta}\exp(\boldsymbol{S}y)\boldsymbol{e}$，则 $X+Y$ 服从 $m+n$ 阶相位型概率分布，其标识 $(\boldsymbol{\gamma},\boldsymbol{L})$ 满足

$$\boldsymbol{\gamma}=(\boldsymbol{\alpha},\boldsymbol{0}) \tag{7.1.36}$$

$$\boldsymbol{L}=\begin{bmatrix}\boldsymbol{T} & T^{\mathrm{O}}\boldsymbol{\beta}\\ \boldsymbol{0} & \boldsymbol{S}\end{bmatrix} \tag{7.1.37}$$

证明：标识为 $(\boldsymbol{\gamma},\boldsymbol{L})$ 的 PH 型分布的 LST 为

$$\begin{aligned}\boldsymbol{\gamma}(s\boldsymbol{I}-\boldsymbol{L})^{-1}\boldsymbol{L}^{\mathrm{O}}&=[\boldsymbol{\alpha},0]\begin{bmatrix}(s\boldsymbol{I}-\boldsymbol{T})^{-1} & -(s\boldsymbol{I}-\boldsymbol{T})^{-1}\boldsymbol{T}^{\mathrm{O}}\boldsymbol{\beta}(s\boldsymbol{I}-\boldsymbol{S})^{-1}\\ 0 & (s\boldsymbol{I}-\boldsymbol{S})^{-1}\end{bmatrix}\begin{bmatrix}0\\ \boldsymbol{S}^{\mathrm{O}}\end{bmatrix}\\ &=\boldsymbol{\alpha}(s\boldsymbol{I}-\boldsymbol{T})^{-1}\boldsymbol{T}^{\mathrm{O}}\cdot\boldsymbol{\beta}(s\boldsymbol{I}-\boldsymbol{S})^{-1}\boldsymbol{S}^{\mathrm{O}}\end{aligned} \tag{7.1.38}$$

这正是 $f^*(\theta)$ 和 $g^*(\theta)$ 的卷积。 ■

实际上，爱尔朗分布就可以按照这种方式从指数分布中逐次创造出来。假设 X 是标识为 $(1,-\mu_{k+1})$ 的指数分布，Y 是标识为式 (7.1.15) 和式 (7.1.16) 的 k 阶爱尔朗分布，则根据上述定理可知 $X+Y$ 构成了一个 $k+1$ 阶爱尔朗分布。

如果 $F(x)$ 和 $G(y)$ 均为离散型 PH 概率分布，则上述定理依然成立。此时如果 $\alpha_{m+1}\neq 0$，则 $\boldsymbol{\gamma}=(\boldsymbol{\alpha},\alpha_{m+1}\boldsymbol{\beta})$。

另外，如果将 X 和 Y 的顺序调换一下，即 $Y+X$ 应该与 $X+Y$ 的概率分布完全相同，但很明显它的标识与 $X+Y$ 的标识应该是不一样的，这也再次说明 PH 型分布的标识不是唯一的。

3. PH 型分布的概率加权和

在排队系统分析中，经常需要求解某些概率分布的概率加权和。比如，在第 6 章 M/G/1 排队系统等待时间概率分布的分析中，式 (6.3.40) 告诉我们：M/G/1 排队系统的等待时间概率密度函数等于剩余服务时间概率密度函数的加权卷积，其加权系数为 $(1-\rho)\rho^k$。假设顾客的服务时间是标识为 $(\boldsymbol{\alpha},\boldsymbol{T})$ 的 PH 型分布，从定理 7.3可知，其剩余服务时间（即服务时间的前向递归时间）是标识为 $(\boldsymbol{\pi},\boldsymbol{T})$ 的 PH 型分布，则一个需要回答的问题是：顾客剩余服务时间的概率加权和还隶属于 PH 分布范畴吗？如果是，其特征标识等于什么？这就引出了下面的定理。

定理 7.5 PH 型分布的有限项概率加权和　假设随机变量 X_j 是标识为 $(\boldsymbol{\alpha}_j,\boldsymbol{T}_j)$ 的 PH 型分布 $F_j(x)$，则有限个 PH 型分布的概率加权和 $\sum\limits_{j=1}^{k}q_jF_j(x)$ 仍然是 PH 型分布，其标识 $(\boldsymbol{\alpha},\boldsymbol{T})$ 为

$$\boldsymbol{\alpha}=(q_1\boldsymbol{\alpha}_1,q_2\boldsymbol{\alpha}_2,\cdots,q_k\boldsymbol{\alpha}_k) \tag{7.1.39}$$

$$\boldsymbol{T}=\begin{bmatrix}\boldsymbol{T}_1 & & & \boldsymbol{0}\\ & \boldsymbol{T}_2 & & \\ & & \ddots & \\ \boldsymbol{0} & & & \boldsymbol{T}_k\end{bmatrix} \tag{7.1.40}$$

证明：

$$1-\boldsymbol{\alpha}\exp(\boldsymbol{T}x)\boldsymbol{e}=1-(q_1\boldsymbol{\alpha}_1,q_2\boldsymbol{\alpha}_2,\cdots,q_k\boldsymbol{\alpha}_k)\begin{bmatrix}\exp(\boldsymbol{T}_1x) & & 0\\ & \ddots & \\ 0 & & \exp(\boldsymbol{T}_kx)\end{bmatrix}\begin{bmatrix}\boldsymbol{e}_1\\ \boldsymbol{e}_2\\ \vdots\\ \boldsymbol{e}_k\end{bmatrix}$$

$$=1-\sum_{j=1}^{k}q_j\boldsymbol{\alpha}_j\exp(\boldsymbol{T}_jx)\boldsymbol{e} \tag{7.1.41}$$

■

实际上，超指数分布就可以按照这种方式从指数分布中逐次创造出来。假设 X 是标识为 $(1,-\mu_{k+1})$ 的指数分布，Y 是标识为式 (7.1.18) 和式 (7.1.19) 的 k 阶超指数分布，则根据上述定理可知 $\alpha_{k+1}X+(1-\alpha_{k+1})Y$ 构成了一个 $k+1$ 阶超指数分布，其中，α_{k+1} 为加权概率。

值得注意的是，上述定理只针对 k 为有限值，即有限个 PH 型分布的概率和才成立。如果 k 为无穷大，则上述定理一般不再成立。一个例外是，如果权重值隶属于离散 PH 型分布，则无穷项 PH 型分布卷积的概率加权和仍然为 PH 型分布，这就引出了下面的定理。

定理 7.6 PH 型分布卷积的无穷项概率加权和 假设随机变量 X 是标识为 $(\boldsymbol{\alpha},\boldsymbol{T})$ 的 m 维 PH 型分布 $F(x)$，加权概率 q_j 是标识为 $(\boldsymbol{\beta},\boldsymbol{S})$ 的 n 维离散 PH 型分布，则无限项 PH 分布卷积的概率加权和 $\sum_{j=1}^{\infty}q_jF^{(j)}(x)$ 是 $m\times n$ 维 PH 型分布，其标识 $(\boldsymbol{\gamma},\boldsymbol{L})$ 为

$$\boldsymbol{\gamma}=\boldsymbol{\alpha}\otimes\boldsymbol{\beta} \tag{7.1.42}$$

$$\boldsymbol{L}=\boldsymbol{T}\otimes\boldsymbol{I}_n+T^{\circ}\boldsymbol{\alpha}\otimes\boldsymbol{S} \tag{7.1.43}$$

其中，$\otimes$ 表示 Kronecker 积。

证明： 参见文献 [NEUT 81]。

为了理解上述定理，需要深入理解 Kronecker 积的物理意义。由 Kronecker 积的定义可知，$\boldsymbol{\alpha}\otimes\boldsymbol{\beta}=(\alpha_1\beta_1,\alpha_1\beta_2,\cdots,\alpha_1\beta_n;\ \cdots;\ \alpha_m\beta_1,\alpha_m\beta_2,\cdots,\alpha_m\beta_n)$ 实际上表述了遍历两个随机过程初始概率的所有可能，即两个随机过程初始概率所对应状态空间的乘积。$\boldsymbol{T}\otimes\boldsymbol{I}_n$ 表示了矩阵 $\boldsymbol{T}$ 所代表的随机过程（这里是随机过程 X）状态发生转移时，矩阵 $\boldsymbol{I}_n$ 所代表的随机过程（这里是随机过程 Y）保持原状态（即不发生状态转移）的状态转移率；$\boldsymbol{T}^{\mathrm{O}}\boldsymbol{\alpha}\otimes\boldsymbol{S}$ 表示了矩阵 $\boldsymbol{T}$ 所代表的随机过程（这里是随机过程 X）进入吸收态后再重新开始新的状态转移时，矩阵 $\boldsymbol{S}$ 所代表的随机过程（这里是随机过程 Y）同时发生状态转移的转移率。

应用定理 7.6，可以直接得出“M/G/1 队列的等待时间概率分布为 PH 分布”的结论。在第 6 章的分析中，式 (6.3.40) 告诉：M/G/1 排队系统的等待时间概率密度函数等于剩余服务时间概率密度函数的加权卷积，其加权系数为 $(1-\rho)\rho^k$，即维度为 1 的几何分布，其标识为 (ρ,ρ)。假设顾客到达率为 λ，其服务时间是标识为 $(\boldsymbol{\beta},\boldsymbol{S})$ 的 PH 分布，由定理 7.3 可知，其剩余服务时间（即服务时间的前向递归时间）是标识为 $(\boldsymbol{\pi},\boldsymbol{S})$ 的 PH 型分布，其中 $\boldsymbol{\pi}$ 为矩阵 $\boldsymbol{S}+\boldsymbol{S}^{\mathrm{O}}\boldsymbol{\beta}$ 的稳态向量。将其代入定理 7.6 可得出式 (7.1.42) 及式 (7.1.43)，即 M/PH/1 队列的等待时间概率分布为 PH 型分布，其特征标识 $(\boldsymbol{\gamma},\boldsymbol{L})$ 为

$$\boldsymbol{\gamma}=\rho\boldsymbol{\pi} \tag{7.1.44}$$

$$\boldsymbol{L}=\boldsymbol{S}+\rho\boldsymbol{S}^{\mathrm{O}}\boldsymbol{\pi} \tag{7.1.45}$$

其中，$\rho=\lambda/\mu$。再注意到 $\mu^{-1}=-\boldsymbol{\beta}\boldsymbol{S}^{-1}\boldsymbol{e}$ 以及 $\boldsymbol{L}^{\mathrm{O}}=(1-\rho)\boldsymbol{S}^{\mathrm{O}}$，可得

$$\begin{aligned}W_q^*(\theta)&=1-\rho+\rho\boldsymbol{\pi}(\theta\boldsymbol{I}-\boldsymbol{S}-\rho\boldsymbol{S}^{\mathrm{O}}\boldsymbol{\pi})^{-1}(1-\rho)\boldsymbol{S}^{\mathrm{O}}\\&=1-\rho+\sum_{j=0}^{\infty}(1-\rho)\rho\boldsymbol{\pi}[\rho(\theta\boldsymbol{I}-\boldsymbol{S})^{-1}\boldsymbol{S}^{\mathrm{O}}\boldsymbol{\pi})]^j(\theta\boldsymbol{I}-\boldsymbol{S})^{-1}\boldsymbol{S}^{\mathrm{O}}\\&=1-\rho+\sum_{j=0}^{\infty}(1-\rho)\rho^{j+1}[\boldsymbol{\pi}(\theta\boldsymbol{I}-\boldsymbol{S})^{-1}\boldsymbol{S}^{\mathrm{O}}]^{j+1}\end{aligned} \tag{7.1.46}$$

这里，$\boldsymbol{\pi}(\theta\boldsymbol{I}-\boldsymbol{S})^{-1}\boldsymbol{S}^{\mathrm{O}}$ 为服务时间前向递归时间的 LST，可见，该结果与式 (6.3.42) 一致。

另一个例子来自于群到达的 $\mathrm{M}^{[X]}$/G/1 排队系统，如第 6 章所述，该排队系统等效于 M/G′/1 排队系统，其中 G' 表示群整体的服务时间，其概率分布为 $\sum\limits_{i=1}^{\infty}g_iF^{(i)}(t)$，即顾客服务时间卷积的概率加权和。假设每个顾客的服务时间是标识为 $(\boldsymbol{\beta},\boldsymbol{S})$ 的 m 维 PH 型分布，群规模概率分布 g_i 是标识为 $(\boldsymbol{\alpha},\boldsymbol{T})$ 的 n 维离散 PH 型分布，则由定理 7.6可知，G' 是维度为 $m\times n$ 的 PH 型分布，其特征标识 $(\boldsymbol{\gamma},\boldsymbol{L})$ 为

$$\boldsymbol{\gamma}=\boldsymbol{\beta}\otimes\boldsymbol{\alpha} \tag{7.1.47}$$

$$\boldsymbol{L}=\boldsymbol{S}\otimes\boldsymbol{I}+\boldsymbol{S}^{\mathrm{O}}\boldsymbol{\beta}\otimes\boldsymbol{T} \tag{7.1.48}$$

然后将其代入式 (7.1.44)，即可求得 M/G′/1 排队系统的等待时间概率分布。

定理 7.6还可以扩展到离散型 PH 概率分布，由此引出了下面的定理。

定理 7.7 离散型 PH 分布卷积的无穷项概率加权和 令 $\{p_k\}$ 和 $\{q_k\}$ 分别为 m 维和 n 维离散型 PH 型分布，其标识分别为 $(\boldsymbol{\alpha},\boldsymbol{T})$ 和 $(\boldsymbol{\beta},\boldsymbol{S})$，则 $\sum\limits_{j=0}^{\infty}q_j\{p_k\}^{(j)}$ 是 $m\times n$ 维离散型 PH 分布，其标识 $(\boldsymbol{\gamma},\boldsymbol{L})$ 为

$$\boldsymbol{\gamma}=\boldsymbol{\alpha}\otimes\boldsymbol{\beta}(\boldsymbol{I}_n-\alpha_{m+1}\boldsymbol{S})^{-1} \tag{7.1.49}$$

$$\boldsymbol{L}=\boldsymbol{T}\otimes\boldsymbol{I}_n+(1-\alpha_{m+1})\boldsymbol{T}^{\mathrm{O}}\boldsymbol{\alpha}\otimes(\boldsymbol{I}_n-\alpha_{m+1}\boldsymbol{S})^{-1}\boldsymbol{S} \tag{7.1.50}$$

其中，$\{p_k\}^{(j)}$ 表示 $\{p_k\}$ 的 j 次卷积。

证明： 参见文献 [NEUT 81]。

4. 泊松分布的随机化（Randomization）

在排队系统分析中，经常需要针对某个概率分布进行随机化处理，即针对某个随机变量在一个随机的时间区间进行积分。具体地，给出下面的定义。

定义 7.1 如果概率分布 $F(x,q)$ 依赖于一个参数 q，当 q 服从某个概率分布 $B(t)$ 时，称分布

$$G(x)=\int_{-\infty}^{\infty}F(x,t)\mathrm{d}B(t) \tag{7.1.51}$$

是概率分布 $F(x,q)$ 的随机化。

在排队系统分析中，经常会遇到泊松分布的随机化。例如，在 M/G/1 队列嵌入马尔可夫过程的分析中，需要求解顾客服务时间内到达的顾客数，参见式 (6.3.24)。这里顾客的服务时间和到达间隔均为随机变量，因此将其称作"泊松过程的随机化"。如果该随机时间为一般更新过程，那么其随机化结果一般会非常复杂。但如果该随机时间为 PH 分布，已有研究证明：随机化之后的泊松分布仍隶属于 PH 型分布，这就引出了下面的定理。

定理 7.8 泊松分布的随机化 假设随机区间 $B(x)$ 是标识为 $(\boldsymbol{\alpha},\boldsymbol{T})$ 的 PH 型分布，则参数为 λ 的泊松分布在该区间随机化之后的概率分布

$$\alpha_k=\int_0^{\infty}\frac{(\lambda x)^k}{k!}\mathrm{e}^{-\lambda x}\mathrm{d}B(x)\qquad(k\geqslant 0) \tag{7.1.52}$$

为离散 PH 型分布，其标识 $(\boldsymbol{\gamma},\boldsymbol{L})$ 满足

$$\boldsymbol{\gamma}=\lambda\boldsymbol{\alpha}(\lambda I-\boldsymbol{T})^{-1} \tag{7.1.53}$$

$$\boldsymbol{L}=\lambda(\lambda\boldsymbol{I}-\boldsymbol{T})^{-1} \tag{7.1.54}$$

证明： 参见文献 [TIAN 01]。

可见，利用 PH 型分布的理论可以直接以矩阵的形式给出 α_k 的显式解。与此相比，第 6 章中的传统方法只能给出 α_k 的 z 变换，即式 (6.3.27)。举个最简单的例子，如果 $B(x)$ 为指数分布，其均值为 μ^{-1}，则随机化之后的泊松分布变为几何分布，即

$$\alpha_k=\frac{\mu}{\lambda+\mu}\left(\frac{\lambda}{\lambda+\mu}\right)^k\qquad(k\geqslant 0)$$

当然，上述随机化还可以拓展到更一般的 PH 型分布，感兴趣的读者可参阅文献 [TIAN 01] 中的定理 1.4.10。

5. PH 型随机变量的极值分布

在排队系统分析中，还经常需要求解两个或多个随机变量最大值（maximum）与最小值（minimum）的概率分布。例如，考虑两个相互独立更新过程的叠加（superposition），假

设 X 和 Y 分别表示该随机过程的时间间隔，$\hat{X}$ 和 $\hat{Y}$ 分别表示所对应时间间隔的前向递归时间，则可知：叠加后随机过程的时间间隔 $Z=\min(\hat{X},\hat{Y})$，即叠加后的随机过程由两个原始过程前向递归时间的的极小分布决定（该结果可推广到多个随机过程的叠加情形）。这在一般情况下较难求解，但如果 X 和 Y 均为 PH 型分布，则由定理 7.3可知，$\hat{X}$ 和 $\hat{Y}$ 也是 PH 型分布，由此引出了下面的定理。

定理 7.9 PH 型随机变量的极小值分布　*若 X 是标识为 $(\boldsymbol{\alpha},\boldsymbol{T})$ 的 m 阶 PH 型分布 $F(x)$, Y 是标识为 $(\boldsymbol{\beta},\boldsymbol{S})$ 的 n 阶 PH 型分布 $G(y)$，则 $\min(X,Y)$ 所对应的概率分布 $F_1(\cdot)=1-(1-F(\cdot))(1-G(\cdot))$ 是 mn 阶 PH 型分布，其标识 $(\gamma,\boldsymbol{L})$ 为*

$$\boldsymbol{\gamma}=\boldsymbol{\alpha}\otimes\boldsymbol{\beta} \tag{7.1.55}$$

$$\boldsymbol{L}=\boldsymbol{T}\otimes\boldsymbol{I}_n+\boldsymbol{I}_m\otimes\boldsymbol{S}=\boldsymbol{T}\oplus\boldsymbol{S} \tag{7.1.56}$$

其中，$\boldsymbol{I}_m$ 表示维数为 m 的单位矩阵[①]。

证明: 参见文献 [NEUT 81]。

为了理解上述定理，需要深入理解 Kronecker 积与 Kronecker 和的物理意义。有关 Kronecker 积的物理意义已在前文交代，下面重点讨论 Kronecker 和的物理意义。由 Kronecker 积的定义可知，$\boldsymbol{T}\otimes\boldsymbol{I}_n$ 实际上表示了矩阵 $\boldsymbol{T}$ 所代表的随机过程（这里是随机过程 X）状态发生转移时，矩阵 $\boldsymbol{I}_n$ 所代表的随机过程（这里是随机过程 Y）保持原状态（即不发生状态转移）的状态转移率；而 $\boldsymbol{I}_m\otimes\boldsymbol{S}$ 则表示了矩阵 $\boldsymbol{S}$ 所代表的随机过程（这里是随机过程 Y）状态发生转移时，矩阵 $\boldsymbol{I}_m$ 所代表的随机过程（这里是随机过程 X）保持原状态（即不发生状态转移）的状态转移率。由于随机过程 X 和随机过程 Y 相互独立，则可知 $\boldsymbol{T}\oplus\boldsymbol{S}=\boldsymbol{T}\otimes\boldsymbol{I}_n+\boldsymbol{I}_m\otimes\boldsymbol{S}$ 所表述的是上述两种独立状态转移率之和。

与极小值定理相对应，下面给出关于极大值分布的定理，证明过程参见文献 [NEUT 81]。

定理 7.10 PH 型随机变量的极大值分布　*若 X 是标识为 $(\boldsymbol{\alpha},\boldsymbol{T})$ 的 m 阶 PH 型分布 $F(x)$，Y 是标识为 $(\boldsymbol{\beta},\boldsymbol{S})$ 的 n 阶 PH 型分布 $G(y)$，则 $\max(X,Y)$ 所对应的概率分布 $F_2(\cdot)=F(\cdot)G(\cdot)$ 是 $mn+m+n$ 阶 PH 型分布，其标识 $(\gamma,\boldsymbol{L})$ 为*

$$\boldsymbol{\gamma}=(\boldsymbol{\alpha}\otimes\boldsymbol{\beta},\quad 0,\quad 0) \tag{7.1.57}$$

$$\boldsymbol{L}=\begin{bmatrix}\boldsymbol{T}\otimes\boldsymbol{I}_n+\boldsymbol{I}_m\otimes\boldsymbol{S} & \boldsymbol{I}_m\otimes\boldsymbol{S}^{\mathrm{O}} & T^{\mathrm{O}}\otimes\boldsymbol{I}_n\\ \boldsymbol{0} & \boldsymbol{T} & \boldsymbol{0}\\ \boldsymbol{0} & \boldsymbol{0} & \boldsymbol{S}\end{bmatrix} \tag{7.1.58}$$

观察上述标识 $(\gamma,\boldsymbol{L})$ 的结构可以看出，$\max(X,Y)$ 与 $\min(X,Y)$ 不同，在 X（或 Y）所对应的马尔可夫过程进入吸收态之后，Y（或 X）所对应的马尔可夫过程将继续进行其状态转移，直至进入吸收态为止。

---

① 为简化表述，今后在单位矩阵 $\boldsymbol{I}$ 的维度显而易见的情况下将省略其维度表示。

7.2 相位型随机过程

7.2.1 PH 型更新过程

在 PH 型分布的基础上，文献 [NEUT 76] 还引入了一种通用的点过程，即相位型更新过程（PH-Renewal Process, PH-RP）。如图 7.3 所示，该过程可以通过如下方式获得：在定理 7.1中定义的有限状态马尔可夫过程进入吸收态之后，立即以相同的初始概率重启该马尔可夫过程的状态转移，并重复该操作。很明显，每次进入吸收态（而又被立即重启）的时间点序列构成了一个更新过程，它的时间间隔为 PH 型分布，因此称其为 PH 更新过程。

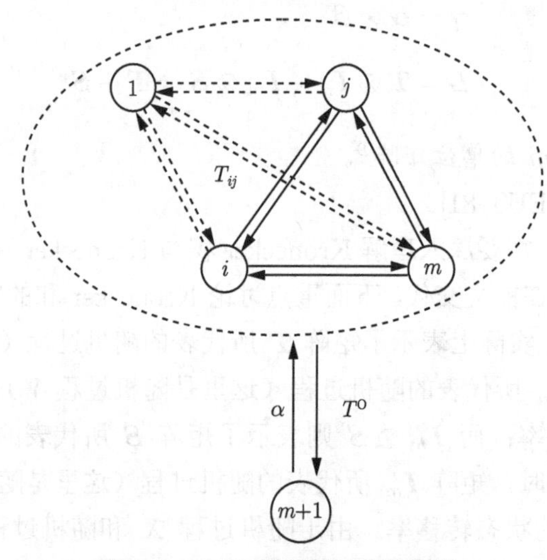

图 7.3 PH 型更新过程的定义

定义 7.2 间隔分布为 m 阶相位型概率分布 $(\boldsymbol{\alpha},\boldsymbol{T})$ 的更新过程定义为 m 阶 PH 更新过程，其生成矩阵为 $\boldsymbol{Q}=\boldsymbol{T}+T^{\mathrm{O}}\boldsymbol{\alpha}$。

举例来说，常用的泊松过程和间歇泊松过程均属于 PH 型更新过程。对于参数为 λ 的泊松过程，有

$$\boldsymbol{\alpha}=1,\qquad \boldsymbol{T}=-\lambda,\qquad \boldsymbol{T}^{\mathrm{O}}=\lambda \tag{7.2.1}$$

对于参数为 (λ,r_1,r_2) 的间歇泊松过程（IPP），有

$$\boldsymbol{\alpha}=(1,0),\qquad \boldsymbol{T}=\begin{bmatrix}-\lambda-r_1 & r_1\\ r_2 & -r_2\end{bmatrix}\qquad \boldsymbol{T}^{\mathrm{O}}=\begin{bmatrix}\lambda\\0\end{bmatrix} \tag{7.2.2}$$

值得注意的是，尽管在第 2 章中曾得出结论，即间歇泊松过程与二阶超指数分布是等价的，但它们两者 PH 标识的表达形式却是完全不一样的，这再次验证了“PH 型分布的标识并非唯一”的结论。

针对 PH 型更新过程，下面分析其计数过程。令 $N(t)$ 表示 $(0,t]$ 区间内更新点的个数，$J(t)$ 表示时刻 t PH 型分布的当前相位，以及矩阵 $\boldsymbol{P}(n,t)=\{P_{ij}(n,t):i,j=1,2,\cdots,m\}$，

其中

$$P_{ij}(n,t) = P\{N(t)=n, J(t)=j|N(0)=0, J(0)=i\} \tag{7.2.3}$$

则可知矩阵 $\boldsymbol{P}(n,t)$ 满足下面的 Chapman-Kolmogorov 微分方程式

$$\boldsymbol{P}'(0,t) = \boldsymbol{T}P(0,t) = P(0,t)\boldsymbol{T} \tag{7.2.4}$$

$$\begin{aligned}\boldsymbol{P}'(n,t) &= \boldsymbol{T}P(n,t) + \boldsymbol{T}^{\mathrm{O}}\boldsymbol{\alpha}P(n-1,t)\\ &= P(n,t)\boldsymbol{T} + P(n-1,t)\boldsymbol{T}^{\mathrm{O}}\boldsymbol{\alpha}\end{aligned} \tag{7.2.5}$$

导入概率母函数 $P^*(z,t) = \sum\limits_{n=0}^{\infty} P(n,t)z^n$，并应用初始条件 $P(n,0) = \delta_{n0}I$，其中 $\delta_{n0} = 1$（如果 $n=0$）或是 $\delta_{n0} = 0$（如果 $n \neq 0$），则有

$$\begin{aligned}\frac{\partial}{\partial z}P^*(z,t) &= \sum_{n=0}^{\infty}\boldsymbol{T}P(n,t)z^n + \sum_{n=1}^{\infty}\boldsymbol{T}^{\mathrm{O}}\boldsymbol{\alpha}P(n-1,t)z^n\\ &= \boldsymbol{T}\sum_{n=0}^{\infty}P(n,t)z^n + \boldsymbol{T}^{\mathrm{O}}\boldsymbol{\alpha}\sum_{n-1=0}^{\infty}P(n-1,t)z^{n-1}\cdot z\\ &= \boldsymbol{T}P^*(z,t) + \boldsymbol{T}^{\mathrm{O}}\boldsymbol{\alpha}zP^*(z,t)\\ &= (\boldsymbol{T} + \boldsymbol{T}^{\mathrm{O}}\boldsymbol{\alpha}z)P^*(z,t)\end{aligned} \tag{7.2.6}$$

再利用初始条件 $P^*(z,0) = I$ 可得

$$P^*(z,t) = \exp((\boldsymbol{T} + \boldsymbol{T}^{\mathrm{O}}\boldsymbol{\alpha}z)t) \tag{7.2.7}$$

可见，它是一个矩阵指数分布的形式。如果 $m=1$，$\boldsymbol{\alpha}=1$，$\boldsymbol{T}=-\lambda$，$\boldsymbol{T}^{\mathrm{O}}=\lambda$，则上述微分方程式的解为泊松过程，即

$$P(n,t) = \frac{(\lambda t)^n}{n}\mathrm{e}^{-\lambda t} \qquad (n=0,1,\cdots)$$

其概率母函数为

$$P^*(z,t) = \mathrm{e}^{-\lambda(1-z)t}$$

由此可见，$P^*(z,t)$ 相当于泊松计数过程的一个扩展。

进一步，通过对式 (7.2.7) 微分，可求得计数过程的更新函数。首先，

$$\begin{aligned}\frac{\partial}{\partial z}P^*(z,t)\boldsymbol{e}|_{z=1} &= \left[\sum_{n=1}^{\infty}\frac{t^n}{n!}\sum_{\nu=0}^{n-1}\boldsymbol{Q}^{*^{\nu}}\boldsymbol{T}^{\mathrm{O}}\boldsymbol{\alpha}\boldsymbol{Q}^{*^{n-\nu-1}}\right]\boldsymbol{e}\\ &= \left[\sum_{n-1=0}^{\infty}\frac{t^{n-1+1}}{(n-1+1)!}\sum_{\nu=0}^{n}\boldsymbol{Q}^{*^{\nu}}\boldsymbol{T}^{\mathrm{O}}\boldsymbol{\alpha}\boldsymbol{Q}^{*^{n-\nu}}\right]\boldsymbol{e}\end{aligned}$$

$$
\begin{aligned}
&= \left[\sum_{n=0}^{\infty}\int_0^t \frac{u^n}{n!}\mathrm{d}u \sum_{\nu=0}^{n} \boldsymbol{Q}^{*^{\nu}} \boldsymbol{T}^{\mathrm{O}} \boldsymbol{\alpha} \boldsymbol{Q}^{*^{n-\nu}}\right] \boldsymbol{e} \\
&= \int_0^t \sum_{n=0}^{\infty} \frac{u^n}{n!} \boldsymbol{Q}^{*^{n}} \boldsymbol{T}^{\mathrm{O}} \boldsymbol{\alpha} \boldsymbol{Q}^{*^{0}} \boldsymbol{e} \\
&= \int_0^t \exp(\boldsymbol{Q}^* u)\mathrm{d}u \boldsymbol{T}^{\mathrm{O}}
\end{aligned} \tag{7.2.8}
$$

对于常规更新过程（ordinary renewal process）[CINL 75]，即初期向量为 $\boldsymbol{\alpha}$ 的更新过程，有

$$
\begin{aligned}
H(t) &= \boldsymbol{\alpha} \sum_{n=1}^{\infty} nP(n,t)\boldsymbol{e} \\
&= \int_0^t \boldsymbol{\alpha} \exp(\boldsymbol{Q}^* u)\mathrm{d}u \boldsymbol{T}^{\mathrm{O}} \\
&= \sum_{t}^{0} \left[\boldsymbol{\alpha} + \boldsymbol{\alpha}\boldsymbol{Q}^* u + \boldsymbol{\alpha}\frac{(\boldsymbol{Q}^* u)^2}{2!} + \cdots\right] \mathrm{d}u \boldsymbol{T}^{\mathrm{O}} \\
&= \mu t + \frac{\sigma^2 + \mu^{-2}}{2\mu^{-2}} + \mu\boldsymbol{\alpha}[\boldsymbol{\pi} - \exp(\boldsymbol{Q}^* t)]\boldsymbol{T}^{-1}\boldsymbol{e}
\end{aligned} \tag{7.2.9}
$$

对于稳态更新过程（stationary renewal process）[CINL 75]，即初期向量为 $\boldsymbol{\pi}$ 的更新过程（其中 $\boldsymbol{\pi}$ 是 $\boldsymbol{T} + \boldsymbol{T}^{\mathrm{O}}\boldsymbol{\alpha}$ 的稳态向量），有

$$
\begin{aligned}
F(t) &= \int_0^t \boldsymbol{\pi} \exp(\boldsymbol{Q}^* ua)\mathrm{d}u \boldsymbol{T}^{\mathrm{O}} \\
&= \int \left[\boldsymbol{\pi} + \boldsymbol{\pi}\boldsymbol{Q}^* u + \frac{\boldsymbol{\pi}(\boldsymbol{Q}^* u)^2}{2!} + \cdots\right] \mathrm{d}u \boldsymbol{T}^{\mathrm{O}} \\
&= \boldsymbol{\pi}\boldsymbol{T}^{\mathrm{O}} t = \mu t
\end{aligned} \tag{7.2.10}
$$

针对上述计数过程，还可以给出其随机化之后的概率分布，它相当于定理 7.8的扩展，在后续 PH/PH/1 排队系统分析中将得到应用。

定理 7.11 PH 型更新过程计数分布的随机化 针对标识为 $(\boldsymbol{\alpha}, \boldsymbol{T})$ 的 m 维 PH 型更新过程 $P(n,t)$，其计数分布经 n 阶标识为 $(\boldsymbol{\beta}, \boldsymbol{S})$ 的 PH 型分布 $B(t)$ 随机化之后的概率分布

$$
\Lambda_k = \int_0^{\infty} P(k,t)\mathrm{d}B(t) \qquad (k \geqslant 0) \tag{7.2.11}
$$

为 $m \times n$ 维离散 PH 型分布，其 PH 标识为

$$
\boldsymbol{\gamma} = -(\boldsymbol{\alpha} \otimes \boldsymbol{\beta})(\boldsymbol{T} \oplus \boldsymbol{S})^{-1}(T^{\mathrm{O}}\boldsymbol{\alpha} \otimes I_n) \tag{7.2.12}
$$

$$
\gamma_{mn+1} = -(\boldsymbol{\alpha} \otimes \boldsymbol{\beta})(\boldsymbol{T} \oplus \boldsymbol{S})^{-1}(\boldsymbol{e}_m \otimes S^{\mathrm{O}}) \tag{7.2.13}
$$

$$\boldsymbol{L} = -(\boldsymbol{T} \oplus \boldsymbol{S})^{-1}(T^{\mathrm{O}}\boldsymbol{\alpha} \otimes I_n) \tag{7.2.14}$$

$$\boldsymbol{L}^{\mathrm{O}} = -(\boldsymbol{T} \oplus \boldsymbol{S})^{-1}(\boldsymbol{e}_m \otimes S^{\mathrm{O}}) \tag{7.2.15}$$

证明：参见文献 [TIAN 01]。

7.2.2 相位型马尔可夫更新过程

尽管相位型更新过程已经在实际系统中广泛使用，但是它只能描述 i.i.d. 的更新过程。依照概率建模的“保守性”原则，如果知道某个随机事件并非 i.i.d. ，而是存在正相关的突发业务，则不能再使用更新过程来近似，必须要找到一种本身就存在正相关的非更新过程。

第 2 章已经介绍了两种常用的非更新过程，即交互泊松过程（SPP）和马尔可夫调制泊松过程（MMPP）。它们都隶属于马尔可夫更新过程（Markovian Renewal Process, MRP）的范畴，即间隔分布的记忆性是有限的，而不是与所有的历史状态有关。尽管 MRP 过程包含了几乎所有的常用随机过程，但它通常很难求解。但如果其间隔分布函数是 PH 型分布，则该过程可解，由此引出了相位型马尔可夫更新过程（PH-Markov Renewal Process, PH-MRP）的概念[MACH 88a]。

实际上，如图 7.4所示，可以采用与构造 PH-RP 类似的方法构造出 PH-MRP，此时只需要将吸收态从单个扩展到多个即可。考虑一个有 m 个转移态和 n 个吸收态的连续时间马尔可夫过程，并假设一旦该过程被某个吸收态吸收，它就会立即依据某个初始概率向量重启至某个转移态，即根据进入不同的吸收态选择不同的初始概率重启该过程，并重复该操作。这样，连续进入吸收态的过程就构成了一个马尔可夫更新过程，其中相邻进入两个不同吸收态的时间间隔满足不同的 PH 型分布。这样的马尔可夫更新过程被定义为相位型马尔可夫更新过程。

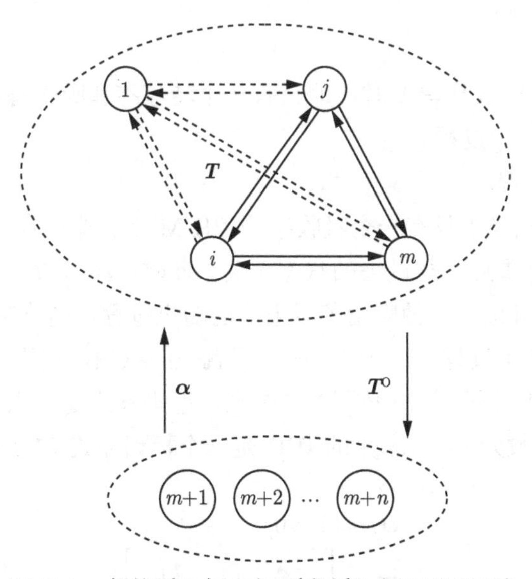

图 7.4　相位型马尔可夫更新过程（PH-MRP）

定义 7.3 如果随机过程 $\{(X_n, J_n)\}$ 满足

$$
\begin{aligned}
&P\{X_{n+1} \leqslant t, J_{n+1} = j | J_0, J_1, \cdots, J_n; X_0, X_1, \cdots, X_n\} \\
&= P\{X_{n+1} \leqslant t, J_{n+1} = j | J_n\}
\end{aligned} \tag{7.2.16}
$$

且 $\{X_n\}$ 服从标识为 $(\boldsymbol{\alpha}, \boldsymbol{T}, \boldsymbol{T}^{\mathrm{O}})$ 的相位型概率分布，则称 $\{(X_n, J_n)\}$ 为相位型马尔可夫更新过程。这里，$\boldsymbol{\alpha}$ 和 $\boldsymbol{T}^{\mathrm{O}}$ 不再是向量，而是矩阵形式。

注意：这里与 PH 型更新过程最大的区别在于吸收态不再只有一个，而是有多个，即进入不同的吸收态之后将以不同的概率分布返回转移态，因此在某一个状态所滞留的时间不再相互独立和同分布，也不仅仅只与当前状态 J_{n+1} 有关，还与过去一个状态 J_n 有关。相应地，其概率密度函数为

$$
\boldsymbol{f}(t) = \boldsymbol{\alpha} \exp(\boldsymbol{T}t)\boldsymbol{T}^{\mathrm{O}} \tag{7.2.17}
$$

由于此处 $\boldsymbol{\alpha}$ 和 $\boldsymbol{T}^{\mathrm{O}}$ 都不再是向量，而分别是 $n \times m$ 和 $m \times n$ 维的矩阵，因此，$\boldsymbol{f}(t)$ 也不再是标量，而是 $n \times n$ 的矩阵，即间隔时间概率密度函数与该马尔可夫更新过程从哪个状态开始转移以及被哪个状态吸收的双方有关。

由此可见，一个 PH-MRP 需要用一个三元矩阵组 $(\boldsymbol{\alpha}, \boldsymbol{T}, \boldsymbol{T}^{\mathrm{O}})$ 表达，其中 $\boldsymbol{\alpha}$、$\boldsymbol{T}$ 和 $\boldsymbol{T}^{\mathrm{O}}$ 分别代表从吸收态到转移态的转移率矩阵、转移态之间的转移率矩阵以及转移态到吸收态的转移率矩阵。给定了三元组 $(\boldsymbol{\alpha}, \boldsymbol{T}, \boldsymbol{T}^{\mathrm{O}})$ 后，PH-MRP 的所有统计特性都可以表示出来。比如，平均到达率 $\overline{\lambda}$ 为

$$
\overline{\lambda} = \boldsymbol{\pi}\boldsymbol{T}^{\mathrm{O}}\boldsymbol{e} \tag{7.2.18}
$$

其中，行向量 $\boldsymbol{\pi}$ 是特征矩阵 $\boldsymbol{T} + \boldsymbol{T}^{\mathrm{O}}\boldsymbol{\alpha}$ 的稳态概率向量。

PH-MRP 是一个非常通用的随机过程，它几乎包含了前面介绍的所有常用随机过程。举例来讲：

（1）泊松过程。

当 $\boldsymbol{\alpha} = 1, \boldsymbol{T} = -\lambda$，$\boldsymbol{T}^{\mathrm{O}} = \lambda$ 时，即只有一个转移态和吸收态的时候，PH-MRP 过程就是一个强度为 λ 的泊松过程。

（2）相位型更新过程。

实际上，PH-RP 相当于只有一个吸收态的 PH-MRP，即一旦进入吸收态，它会立即依照相同的初始概率向量重启，与过去的状态无关。此时，$\boldsymbol{\alpha}$ 和 $\boldsymbol{T}^{\mathrm{O}}$ 均为向量，而不是矩阵。

另外，PH-RP 本身也是一种应用范围很广的随机过程，当给定特殊的条件后，它就可以转化成很多常用的随机过程。一个典型的例子就是间歇泊松过程（IPP），它最初被用于近似迂回中继中的溢出呼叫[KUCZ 73] [MACH 89] [NIU 90]，近来被广泛用来近似具有突发性的业务。如图 7.5所示，一个参数为 (λ, r_1, r_2) 的 IPP 是一个标识如式 (7.2.19) 所示的 PH-RP。

$$
\begin{aligned}
\boldsymbol{\alpha} &= (1, \quad 0) \\
\boldsymbol{T} &= \begin{bmatrix} -\lambda - r_1 & r_1 \\ r_2 & -r_2 \end{bmatrix}
\end{aligned} \tag{7.2.19}
$$

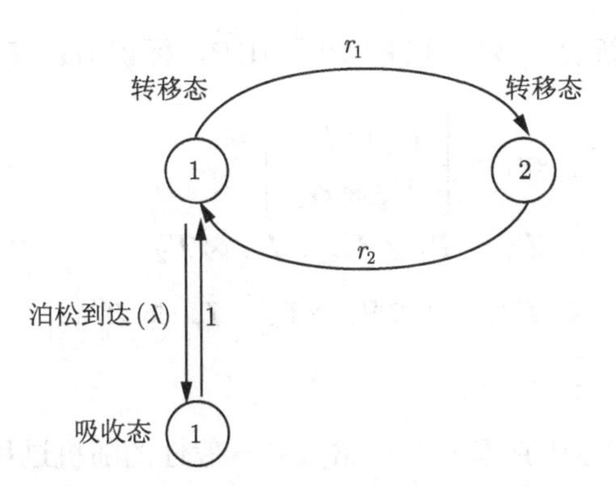

图 7.5 间歇泊松过程的 PH-RP 表示

（3）马尔可夫调制泊松过程。

另外一个常用的随机过程是马尔可夫调制泊松过程(MMPP),特别是两相位的 MMPP_2 或称交互泊松过程（SPP）。如第 2 章所述，它经常用于近似具有短时正相关的突发业务，比如分组语音[HEFF 86] 以及有限速率下的溢出呼叫业务[MEIE 88] [MEIE 89] 的建模。同时，它还相对比较简单，仅由两个泊松过程构成，参数最多也只需要 4 个。

如图 7.6所示，参数为 $(\lambda_1, \lambda_2, r_1, r_2)$ 的两相位 MMPP 相当于有两个转移态、两个吸收态的 PH-MRP，其特征标识为

$$
\begin{aligned}
&\boldsymbol{\alpha} = \boldsymbol{I}_2 \\
&\boldsymbol{T} = \begin{bmatrix} -\lambda_1 - r_1 & r_1 \\ r_2 & -\lambda_2 - r_2 \end{bmatrix} \\
&\boldsymbol{T}^{\text{O}} = \text{diag}(\lambda_1, \lambda_2)
\end{aligned}
\tag{7.2.20}
$$

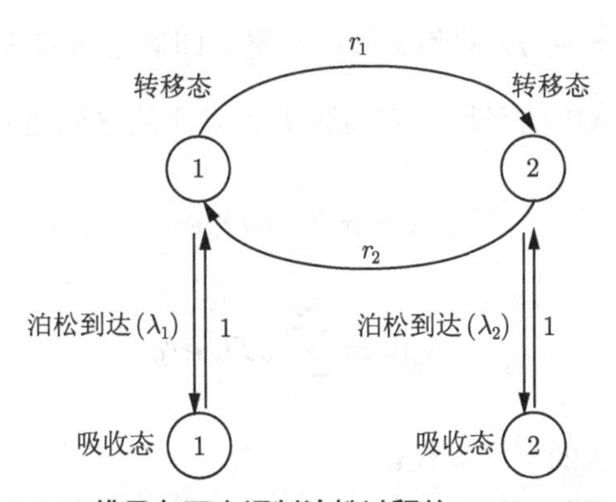

图 7.6 二维马尔可夫调制泊松过程的 PH-MRP 表示

（4）PH-MRP 的叠加。

PH-MRP 的一个重要特点在于多个 PH-MRP 的叠加仍然隶属于 PH-MRP 的范畴。比如,一个 r_1 阶 PH-MRP_1 和一个 r_2 阶 PH-MRP_2,标识分别为 $(\boldsymbol{\alpha}_1, \boldsymbol{T}_1, \boldsymbol{T}^{\text{O}}{}_1)$ 和 $(\boldsymbol{\alpha}_2, \boldsymbol{T}_2, \boldsymbol{T}^{\text{O}}{}_2)$,

它们叠加后构成了一个新的 $r_1 \times r_2$ 阶的 PH-MRP，标识 $(\boldsymbol{\alpha}_s, \boldsymbol{T}_s, \boldsymbol{T^{\mathrm{O}}}_s)$ 满足：

$$\begin{aligned} \boldsymbol{\alpha}_s &= \begin{bmatrix} \boldsymbol{\alpha}_1 \otimes \boldsymbol{I}_{r_2} \\ \boldsymbol{I}_{r_1} \otimes \boldsymbol{\alpha}_2 \end{bmatrix} \\ \boldsymbol{T}_s &= \boldsymbol{T}_1 \otimes \boldsymbol{I}_{r_2} + \boldsymbol{I}_{r_1} \otimes \boldsymbol{T}_2 \\ \boldsymbol{T^{\mathrm{O}}}_s &= \begin{bmatrix} \boldsymbol{T^{\mathrm{O}}}_1 \otimes \boldsymbol{I}_{r_2} & \boldsymbol{I}_{r_1} \otimes \boldsymbol{T^{\mathrm{O}}}_2 \end{bmatrix} \end{aligned} \tag{7.2.21}$$

其中，$\otimes$ 表示 Kronecker 积。

这个性质决定了 PH-MRP 是一个非常具有一般性的随机过程。与此相比，两个独立的 PH-RP 的叠加过程一般不再是 PH-RP，因为叠加之后的随机过程通常会出现相关，不再属于更新过程的范畴。例如，一个泊松过程和一个间歇泊松过程的叠加将会变成一个交互泊松过程（SPP），而 SPP 显然不再是更新过程。只有一个例外，当两者均为泊松过程时，叠加后的随机过程将仍然属于泊松过程的范畴。

（5）更一般的 BMAP 过程。

为了更好地表述顾客以“组”（group）或是“簇”（batch）形式到达的群到达（Group Arrival）排队模型，文献 [LUCA 91] 引入了一种更加通用的到达过程，即 BMAP（Batch Markovian Arrival Process）过程。它在某种意义上说也属于 PH-MRP，只是在马尔可夫过程进入吸收态后重启时，所对应的顾客到达或是退去不再是单个发生，而是以“组”或是“簇”的形式发生。具体地，一个 m 维的 BMAP 由一系列矩阵 $\{\boldsymbol{D}_n; n=0,1,2,\cdots\}$ 表示，其中 $\boldsymbol{D}_0$ 为一个 $m \times m$ 矩阵，对角元素为负数，非对角元素为非负。该矩阵描述了系统没有顾客到达时 m 个转移态之间的状态转移率，相当于 PH-MPR 中的矩阵 $\boldsymbol{T}$；$\boldsymbol{D}_n$ $(n \geqslant 1)$ 为一个 $m \times m$ 矩阵，所有的元素非负，它描述了大小为 n 的群到达时由（吸收前的）m 个转移态向（吸收后的）m 个转移态之间的状态转移率，如果 $n=1$，则相当于 PH-MRP 中的矩阵 $\boldsymbol{T^{\mathrm{O}}}\boldsymbol{\alpha}$。

令 $\boldsymbol{D} = \sum\limits_{n=0}^{\infty} \boldsymbol{D}_n$ 且 $\boldsymbol{\pi}$ 为 $\boldsymbol{D}$ 的稳态概率向量，即满足 $\boldsymbol{\pi D} = 0$ 和 $\boldsymbol{\pi e} = 1$，其中 $\boldsymbol{e}$ 是单位列向量。此时，BMAP 的平均顾客到达率 λ 及平均群到达率 λ_g 分别为

$$\lambda = \boldsymbol{\pi} \sum_{n=1}^{\infty} n \boldsymbol{D}_n \boldsymbol{e} \tag{7.2.22}$$

$$\lambda_g = \boldsymbol{\pi} \sum_{n=1}^{\infty} n \boldsymbol{D}_n \boldsymbol{e} / g \tag{7.2.23}$$

其中，g 是 BMAP 群到达的平均规模。

由上面的表述可见，BMAP 是一个普适性非常强的到达过程，它包含了绝大多数常用的随机过程，如泊松过程、IPP、MMPP、PH-RP、PH-MRP 以及它们的群到达形式，因此有人将其称为批量马尔可夫点过程（versatile Markovian point process）[NEUT 79] 或是 N-process[RAWA 80]，这里的 N 一般认为是 Neuts 的缩写，用来表示对该过程发明人 Neuts 教授的尊敬。

7.3 准生灭过程与矩阵几何解

7.1 节和 7.2 节分别引入了一种具有一般性的概率分布和随机过程，即以矩阵的形式将指数分布和泊松过程拓展为了 PH 型分布和 PH-MRP，它们几乎可以用来表述所有常用的概率分布和随机过程，因此，如果能针对顾客到达过程为 PH-MRP、服务时间为 PH 型分布的排队系统给出一套通用的解法，则几乎所有的排队模型都可以作为特殊情况来处理。以下以单一服务者排队系统为例（简称 PH/PH/1）给出其矩阵几何解。

如前所述，m 维的 PH 型分布是由 m 个指数随机变量的排列组合构造出来的，其组合方式由其特征标识 $(\boldsymbol{\alpha},\boldsymbol{T})$ 来决定。因此，针对 PH/PH/1 排队系统，如果关注其在平稳状态下某个特定时刻 t 的状态，它将由一个三维变量组 (N_t,J_t,K_t) 完全描述，即 (N_t,J_t,K_t) 构成了一个三维马尔可夫过程，其中 N_t 为该时刻的队列长度、J_t 为该时刻到达过程所处的相位 $(J_t=1,2,\cdots,m)$、K_t 为该时刻服务过程所处的相位 $(K_t=1,2,\cdots,n)$。如此一来，当然可以针对 (N_t,J_t,K_t) 建立一套三维联立方程组，然后通过逐次消元法或是引入 z-变换等方式求出平稳状态概率，但其结果一定非常复杂，且难以给出显式解。

但是，如果只关注队列长度 N_t 的变化，显然它仍然将构成一个生灭过程，只是其出生率和死灭率不再是个标量（M/M/1 队列中的出生率和死灭率分别为 λ 和 μ），而应该与到达过程和服务过程当前所处的相位有关，即不同的相位对应不同的出生率和死灭率，因此称其为“准生灭”（Quasi Birth-and-Death，QBD）过程。换言之，严格来讲，(N_t,J_t,K_t) 并非生灭过程，但如果将所有 $N_t=i$ 的状态 $\{N_t=i,J_t=1,2,\cdots,m,K_t=1,2,\cdots,n\}$ 按照字典式排序方式（lexicographic order）组合成一个状态向量

$$\boldsymbol{i}=\{(i,1,1),\cdots,(i,1,n),\cdots,(i,m,1),\cdots,(i,m,n)\}$$

则可知状态向量 $\boldsymbol{i}$ 之间的转移构成了一个生灭过程。这里，称该状态向量为“层”（Level），其中的某个状态组合（如 (i,j,k)）为“相位”（Phase）。与 M/M/1 队列的转移率矩阵相似，准生灭过程的状态转移率矩阵也将呈现三对角（tri-diagonal）形式，但其中的元素不再是标量，而是矩阵，即

$$\tilde{\boldsymbol{Q}}=\begin{bmatrix} \boldsymbol{A}_0 & \boldsymbol{B}_0 & & & \boldsymbol{0} \\ \boldsymbol{D}_1 & \boldsymbol{A} & \boldsymbol{B} & & \\ & \boldsymbol{D} & \boldsymbol{A} & \boldsymbol{B} & \\ & & \boldsymbol{D} & \boldsymbol{A} & \boldsymbol{B} \\ \boldsymbol{0} & & & \ddots & \ddots & \ddots \end{bmatrix} \tag{7.3.1}$$

这里，$\boldsymbol{D}$、$\boldsymbol{A}$ 和 $\boldsymbol{B}$ 均为 $mn\times mn$ 维矩阵，分别表示 Level-$\boldsymbol{i}$ 至 Level-$(\boldsymbol{i}-\mathbf{1})$、Level-$\boldsymbol{i}$ 至 Level-$\boldsymbol{i}$ 以及 Level-$\boldsymbol{i}$ 至 Level-$(\boldsymbol{i}+\mathbf{1})$ 的转移率（见图 7.7），其具体取值由 t 时刻到达过程与服务过程所处的相位 (j,k) 所决定。边界上的矩阵 $\boldsymbol{D}_1$、$\boldsymbol{A}_0$ 和 $\boldsymbol{B}_0$ 则分别是 $mn\times m$、$m\times m$ 和 $m\times mn$ 维矩阵，分别表示 Level-**1** 至 Level-**0**、Level-**0** 至 Level-**0** 以及 Level-**0** 至 Level-**1** 的转移率，这是因为在队列为空时不可能有顾客处于服务状态，因此此时只存在到达过程的相位，而不存在服务过程的相位，即 Level-**0** 只有 m 个相位。

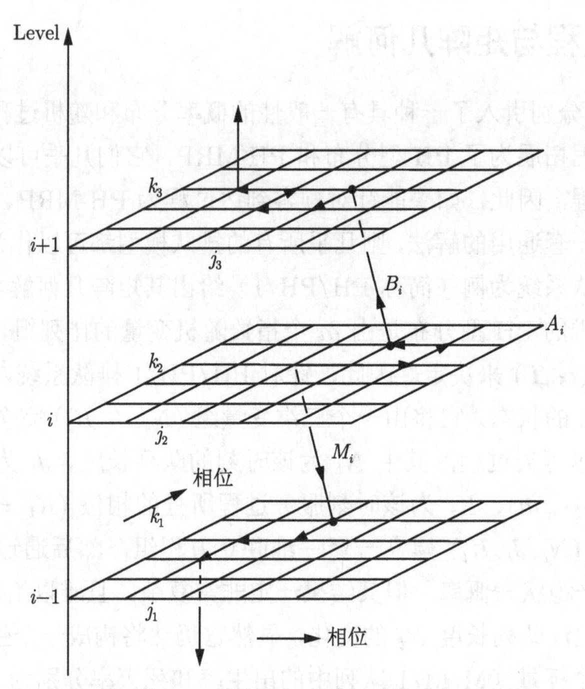

图 7.7　层内和相邻层之间的状态转移示意图

注意：严格来讲，式 (7.3.1) 的矩阵展开后并不是三对角矩阵，只是其元素以矩阵的形式表述时呈现三对角的结构，因此今后称其为“块三对角”（block tri-diagonal）矩阵。

下面以 M/E$_2$/1 队列为例详细介绍各矩阵的物理意义。考虑一个 M/E$_2$/1 队列，顾客按照参数为 λ 的泊松过程到达，服务过程为两阶段的指数分布，其参数分别为 μ_1 和 μ_2。在平稳状态下，令 N_t 表示时刻 t 的队列长度 ($N_t = 0,1,2,\cdots$)，J_t 表示时刻 t 服务器的状态（相位）($J_t = 0,1,2$)，其中 $J_t = 0$ 表示队列为空时服务过程所处的状态。由此可知，$\{N_t, J_t\}$ 构成了一个二维马尔可夫过程，其状态转移如图 7.8所示，其无穷小生成矩阵（状态转移率矩阵）如式 (7.3.2) 所示。

$$
\boldsymbol{Q}=\begin{array}{c} \\ (0,0)\\(1,1)\\(1,2)\\(2,1)\\(2,2)\\(3,1)\\(3,2)\\\vdots \end{array}
\begin{array}{c}
\begin{array}{cccccccc}(0,0) & (1,1) & (1,2) & (2,1) & (2,2) & (3,1) & (3,2) & \cdots\end{array}\\
\left(\begin{array}{cccccccc}
-\lambda & \lambda & 0 & 0 & 0 & 0 & 0 & \cdots\\
0 & -\lambda-\mu_1 & \mu_1 & \lambda & 0 & 0 & 0 & \cdots\\
\mu_2 & 0 & -\lambda-\mu_2 & 0 & \lambda & 0 & 0 & \cdots\\
0 & 0 & 0 & -\lambda-\mu_1 & \mu_1 & \lambda & 0 & \cdots\\
0 & \mu_2 & 0 & 0 & -\lambda-\mu_2 & 0 & \lambda & \cdots\\
0 & 0 & 0 & 0 & 0 & -\lambda-\mu_1 & \mu_1 & \cdots\\
0 & 0 & 0 & \mu_2 & 0 & 0 & -\lambda-\mu_2 & \cdots\\
\vdots & \vdots & \vdots & \vdots & \vdots & \vdots & \vdots & \ddots
\end{array}\right)
\end{array}
\tag{7.3.2}
$$

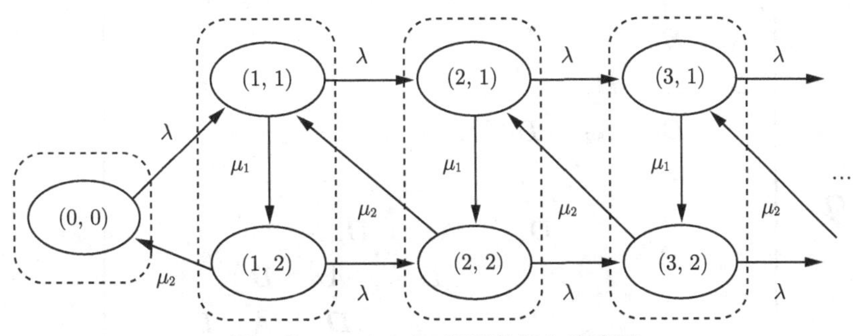

图 7.8　M/E$_2$/1 队列的状态转移图

可见，该矩阵并非三对角阵。但如果将其中所有 $(i,*)$ 状态组合在一起，即定义

$$\mathbf{0}=(0,0) \tag{7.3.3}$$

$$\boldsymbol{i}=\{(i,1),(i,2)\} \qquad (i\geqslant 1) \tag{7.3.4}$$

则式 (7.3.2) 可转化为如式 (7.3.1) 的块三对角阵，其矩阵元素如下：

$$A_0=-\lambda, \qquad \boldsymbol{B}_0=(\lambda,0), \qquad \boldsymbol{D}_1=(0,\mu_2)^{\mathrm{H}} \tag{7.3.5}$$

$$\boldsymbol{B}=\lambda\boldsymbol{I}, \qquad \boldsymbol{A}=-\lambda\boldsymbol{I}+\boldsymbol{S}, \qquad \boldsymbol{D}=\boldsymbol{S}^{\mathrm{O}}\boldsymbol{\beta} \tag{7.3.6}$$

其中，$(\boldsymbol{\beta},\boldsymbol{S})$ 为服务时间 E_2 的 PH 型分布特征标识，$(\cdot)^{\mathrm{H}}$ 表示转置。

基于第 4 章的讨论知道：无穷小生成矩阵 $\boldsymbol{Q}$ 为三对角结构的 M/M/1 排队系统（参见式 (4.2.1)），其队列长度的平稳状态概率具有几何形式的解，即

$$p_i=(1-\rho)\rho^i \qquad (i\geqslant 0) \tag{7.3.7}$$

其中，$\rho=\lambda/\mu$ 是该排队系统的利用率。因此，可以推测，无穷小生成矩阵 $\boldsymbol{Q}$ 同样为块三对角结构的 PH/PH/1 排队系统，其队列长度的平稳状态概率也应该具有几何形式的解，即

$$\boldsymbol{p}_i=\boldsymbol{p}_1\boldsymbol{R}^{i-1} \qquad (i\geqslant 1) \tag{7.3.8}$$

这里，$\boldsymbol{p}_i$ 不再是标量，而是包含了多个状态的概率向量，即

$$\boldsymbol{p}_i=(p_{i11},p_{i12},\cdots,p_{i1n},\cdots,p_{im1},\cdots,p_{imn})$$

$\boldsymbol{R}$ 则是一个 $mn\times mn$ 的非负矩阵，是下列二阶矩阵方程式

$$\boldsymbol{R}^2\boldsymbol{D}+\boldsymbol{R}\boldsymbol{A}+\boldsymbol{B}=\mathbf{0} \tag{7.3.9}$$

的最小非负解，即 $\boldsymbol{R}\geqslant\mathbf{0}$，其所有的特征值（eigenvalue）应该落入单位圆之内。由此称式 (7.3.8) 为“矩阵几何解”（matrix-geometric solution）。

将上述推测进一步推广到多服务者情形，可以针对更一般的 QBD 过程给出其矩阵几何解。具体地，针对无穷小生成矩阵满足下列块三对角形式的准生灭过程

$$
Q = \begin{bmatrix}
A_0 & B_0 & & & & & & & \\
D_1 & A_1 & B_1 & & & & & \mathbf{0} & \\
 & D_2 & A_2 & B_2 & & & & & \\
 & & \ddots & \ddots & \ddots & & & & \\
 & & & D_{s-1} & A_{s-1} & B_{s-1} & & & \\
 & & & & D & A & B & & \\
 & \mathbf{0} & & & & D & A & B & \\
 & & & & & & \ddots & \ddots & \ddots
\end{bmatrix} \tag{7.3.10}
$$

其中，矩阵 B_i、A_i 以及 D_i 分别表示从第 i 层向第 $i+1$ 层、第 i 层和第 $i-1$ 层的转移率。下面两个定理成立。

定理 7.12 如式 (7.3.10) 所示的 QBD 过程是平稳的，当且仅当

$$
\pi B e < \pi D e \tag{7.3.11}
$$

其中，π 是矩阵 $B+A+D$ 的稳态概率分布向量。

定理 7.13 如式 (7.3.10) 所示的 QBD 过程，其稳态概率分布向量满足下列形式的矩阵几何解：

$$
p_i = p_s R^{i-s} \quad (i \geqslant s) \tag{7.3.12}
$$

$$
p_i = p_s C_i \quad (0 \leqslant i \leqslant s-1) \tag{7.3.13}
$$

其中，矩阵 R 是如下二次矩阵方程的最小非负解

$$
R^2 D + RA + B = \mathbf{0} \tag{7.3.14}
$$

矩阵 C_i 满足下列迭代方程式

$$
\begin{cases}
C_{s-1}B_{s-1} + A + RD = \mathbf{0} \\
C_{s-2}B_{s-2} + C_{s-1}A_{s-1} + D = \mathbf{0} \\
C_{s-i}B_{s-i} + C_{s-i+1}A_{s-i+1} + C_{s-i+2}D_{s-i+2} = \mathbf{0} \qquad (3 \leqslant i \leqslant s-1)
\end{cases} \tag{7.3.15}
$$

边界概率向量 p_{s-1} 则可通过求解下列方程组求得：

$$
\begin{cases}
p_s(C_0 A_0 + C_1 D_1) = \mathbf{0} \\
p_s\left[\displaystyle\sum_{i=0}^{s-1} C_i + (I-R)^{-1}\right] e = 1
\end{cases} \tag{7.3.16}
$$

其中，当 $s=1$ 时，C_1 应该取 R。

如果到达过程和服务过程均为泊松过程，即 M/M/s 队列，则上述各个矩阵均简化为

标量，具体如下：

$$
\boldsymbol{Q}=\begin{bmatrix}
-\lambda & \lambda & & & & 0 \\
\mu & -\lambda-\mu & \lambda & & & \\
 & \ddots & \ddots & \ddots & & \\
 & & s\mu & -\lambda-s\mu & \lambda & \\
 & & & s\mu & -\lambda-s\mu & \lambda \\
0 & & & & \ddots & \ddots
\end{bmatrix} \tag{7.3.17}
$$

通过解平稳状态方程式 $\boldsymbol{pQ}=\boldsymbol{0}$ 和 $\boldsymbol{pe}=\boldsymbol{1}$，可求得在 $j\geqslant s$ 条件下的平稳状态概率满足以下几何形式的解

$$
\boldsymbol{p}_j=\boldsymbol{p}_s\rho^{j-s}\qquad (j\geqslant s) \tag{7.3.18}
$$

注释：

（1）矩阵 $\boldsymbol{R}$ 为 $mn\times mn$ 的方阵，其第 (u,v) 元素 $r_{uv}\geqslant 0$ 表示排队系统从状态 (i,u) 出发（其中 $i\geqslant s$）向右开始转移（即由新顾客到达所激发的向 $(i+1,*)$ 的转移），直至第一次返回到第 i 层某个状态之前访问状态 $(i+1,v)$ 次数的期望，因此称之为“率矩阵”（rate matrix）。文献 [NEUT 81] 已经证明：其所有元素均为非负（即 $\boldsymbol{R}\geqslant\boldsymbol{0}$）、所有的特征值（eigenvalue）均在单位圆内，且其模最大的特征值一定为实数。

（2）为求解率矩阵 $\boldsymbol{R}$，Neuts 给出了如下的迭代算法[NEUT 81]：

$$
\begin{cases}
\boldsymbol{R}_0=\boldsymbol{I}, \\
\boldsymbol{R}_{k+1}=\boldsymbol{B}(-\boldsymbol{A})^{-1}+\boldsymbol{R}_k^2\boldsymbol{D}(-\boldsymbol{A})^{-1} \qquad (k\geqslant 0)
\end{cases} \tag{7.3.19}
$$

其中，$\boldsymbol{R}_k$ 表示 $\boldsymbol{R}$ 矩阵在第 k 次迭代时的中间结果。当满足 $\max_{uv}|(\boldsymbol{R}_k-\boldsymbol{R}_{k-1})_{uv}|<\epsilon$ 时迭代终止，其中 ϵ 为预先设定的容忍误差，比如 $\epsilon=10^{-8}$。

将上述矩阵方程式展开之后，也可以采用下面的迭代方程式求解率矩阵 $\boldsymbol{R}$：

$$
\begin{cases}
r_{uu}^{(k+1)}=\dfrac{1}{2d_{uu}}\left\{-a_{uu}-\sqrt{a_{uu}^2-4d_{uu}\left[\displaystyle\sum_{i=0,i\neq u}^{mn}(r_{iu}^{(k)}d_{uu}+a_{iu})r_{ui}^{(k)}+b_{uu}\right]}\right\} & (d_{uu}\neq 0) \\
r_{uu}^{(k+1)}=-\dfrac{\displaystyle\sum_{i=0,i\neq u}^{mn}r_{ui}^{(k)}a_{iu}+b_{uu}}{a_{uu}} & (d_{uu}=0) \\
r_{uv}^{(k+1)}=-\dfrac{\displaystyle\sum_{i=0,i\neq u,\nu}^{mn}r_{ui}^{(k)}r_{iv}^{(k)}d_{vv}+\sum_{i=0,i\neq v}^{mn}r_{ui}^{(k)}a_{iv}}{(r_{uu}^{(k+1)}+r_{vv}^{(k+1)})d_{vv}+a_{vv}} & (u\neq v)
\end{cases} \tag{7.3.20}
$$

其中，对于任意 $1\leqslant u\leqslant mn$ 和 $1\leqslant v\leqslant mn$，有 $r_{uv}^{(0)}=0$ 成立。这里 $r_{uv}^{(k)}$ 代表矩阵 $\boldsymbol{R}$ 在第 k 次迭代中的元素 (u,v)。d_{uv}、a_{uv} 和 b_{uv} 分别是矩阵 $\boldsymbol{D}$、$\boldsymbol{A}$ 和 $\boldsymbol{B}$ 的 (u,v) 元素。

(3) 将式 (7.3.14) 两边从左侧同乘 $\boldsymbol{p}_{s-1}$，同时从右侧同乘 $\boldsymbol{e}$，则得 $\boldsymbol{p}_{s-1}\boldsymbol{RDe}=\boldsymbol{p}_{s-1}\boldsymbol{Be}$。由于 $\boldsymbol{p}_{s-1}\boldsymbol{R}=\boldsymbol{p}_s$，可见该式实际上相当于准生灭过程的局域平衡方程式，同时 $\boldsymbol{RDe}=\boldsymbol{Be}$ 的关系式可以用于检验求解出来的 $\boldsymbol{R}$ 的精确程度。

（4）式 (7.3.15) 可通过求解矩阵方程组 $\hat{\boldsymbol{p}}\hat{\boldsymbol{Q}}=\boldsymbol{0}$ 求得，其中 $\hat{\boldsymbol{p}}=(\boldsymbol{p}_0,\boldsymbol{p}_1,\cdots,\boldsymbol{p}_{s-1})$，

$$\hat{\boldsymbol{Q}}=\begin{bmatrix} \boldsymbol{A}_0 & \boldsymbol{B}_0 & & & & \boldsymbol{0} \\ \boldsymbol{D}_1 & \boldsymbol{A}_1 & \boldsymbol{B}_1 & & & \\ & \boldsymbol{D}_2 & \boldsymbol{A}_2 & \boldsymbol{B}_2 & & \\ & & \ddots & \ddots & \ddots & \\ & & & \boldsymbol{D}_{s-2} & \boldsymbol{A}_{s-2} & \boldsymbol{B}_{s-2} \\ \boldsymbol{0} & & & & \boldsymbol{D}_{s-1} & \boldsymbol{A}_{s-1}+\boldsymbol{RD} \end{bmatrix} \tag{7.3.21}$$

即 $\hat{\boldsymbol{p}}$ 实际上是无穷小生成矩阵 $\hat{\boldsymbol{Q}}$ 的左特征向量。

另外，通过式 (7.3.15) 求解 $\boldsymbol{C}_i$ 的前提是 $\boldsymbol{B}_i^{-1}$ 存在。如果 $\boldsymbol{B}_i^{-1}$ 不存在，可以从反向求解，即先令 $\boldsymbol{C}_0=\boldsymbol{I}$，然后依次求解 $\boldsymbol{C}_i\ (i=1,2,\cdots,s-1)$。

（5）上述矩阵几何解可以拓展到状态转移矩阵呈现块下三角（block lower tri-diagonal）结构的 GI/M/1 型（GI/M/1 type）排队系统，其状态转移率矩阵为

$$\boldsymbol{Q}=\begin{bmatrix} \boldsymbol{B}_0 & \boldsymbol{A}_0 & & & & \boldsymbol{0} \\ \boldsymbol{B}_1 & \boldsymbol{A}_1 & \boldsymbol{A}_0 & & & \\ \boldsymbol{B}_2 & \boldsymbol{A}_2 & \boldsymbol{A}_1 & \boldsymbol{A}_0 & & \\ \boldsymbol{B}_3 & \boldsymbol{A}_3 & \boldsymbol{A}_2 & \boldsymbol{A}_1 & \boldsymbol{A}_0 & \\ \vdots & \vdots & \vdots & \vdots & \vdots & \ddots \end{bmatrix} \tag{7.3.22}$$

其中，$\boldsymbol{Q}$ 的对角线元素为负，非对角线元素为非负，且满足

$$\boldsymbol{B}_k\boldsymbol{e}+\sum_{v=0}^{k}\boldsymbol{A}_v\boldsymbol{e}=\boldsymbol{0} \tag{7.3.23}$$

若 $\boldsymbol{B}_0$ 和 $\boldsymbol{A}_1$ 为非奇异（non-singular）的，则 $\boldsymbol{Q}$ 为不可约。若 $\sum\limits_{k=0}^{\infty}\boldsymbol{R}^k\boldsymbol{A}_k=\boldsymbol{0}$ 的最小非负解 $\boldsymbol{R}$ 的最大特征值 $sp(\boldsymbol{R})<1$，且存在 $\boldsymbol{p}_0>\boldsymbol{0}$ 使得 $\boldsymbol{p}_0\sum\limits_{k=0}^{\infty}\boldsymbol{R}^k\boldsymbol{B}_k=\boldsymbol{0}$ 成立，则 $\boldsymbol{Q}$ 为正常返。由此可通过 $\boldsymbol{pQ}=\boldsymbol{0}$ 和 $\boldsymbol{pe}=\boldsymbol{1}$ 求得稳态概率向量为

$$\boldsymbol{p}_k=\boldsymbol{p}_0\boldsymbol{R}^k \tag{7.3.24}$$

$$\boldsymbol{p}_0\sum_{k=0}^{\infty}\boldsymbol{R}^k\boldsymbol{B}_k=0 \tag{7.3.25}$$

$$\boldsymbol{p}_0(\boldsymbol{I}-\boldsymbol{R})^{-1}\boldsymbol{e}=1 \tag{7.3.26}$$

可见，式 (7.3.24) 为矩阵几何解。

实际上，上述结果可以看作是 GI/M/1 结果的推广。由第 6 章的分析可以看出，GI/M/1 排队系统在顾客到达时刻的状态转移概率矩阵呈现下三角结构，其队列长度的平稳状态概率分布具有几何形式的解，即

$$p_i = (1-\omega)\omega^i \qquad (i \geqslant 0) \tag{7.3.27}$$

这里，ω 是一般化利用率，相当于矩阵 $\boldsymbol{R}$ 在维度为 1 时的特殊情况。有关 GI/M/1 型排队系统矩阵解析法的细节，参见文献 [NEUT 81]。

但针对状态转移矩阵呈现上三角结构的 M/G/1 型（M/G/1 type）排队系统（见式 (7.3.28)），则矩阵几何解不再适用，需要更加复杂的理论分析，本书不再讨论，详细分析参见文献 [NEUT 89a]。

$$\boldsymbol{Q} = \begin{bmatrix} \boldsymbol{B}_0 & \boldsymbol{B}_1 & \boldsymbol{B}_2 & \boldsymbol{B}_3 & \cdots \\ \boldsymbol{A}_0 & \boldsymbol{A}_1 & \boldsymbol{A}_2 & \boldsymbol{A}_3 & \cdots \\ & \boldsymbol{A}_0 & \boldsymbol{A}_1 & \boldsymbol{A}_2 & \cdots \\ & & \boldsymbol{A}_0 & \boldsymbol{A}_1 & \cdots \\ & & & \boldsymbol{A}_0 & \cdots \\ \boldsymbol{0} & & & & \ddots \end{bmatrix} \tag{7.3.28}$$

综上所述，通过引入以矩阵形式表述的 PH 概率分布和 PH 随机过程，可将一般排队模型 PH/PH/s（相当于 G/G/s）平稳状态下的队列长度描述成一个准生灭过程，然后利用矩阵解析法给出队列长度平稳状态概率分布的矩阵几何解。该方法适用于任何无穷小生成矩阵（即状态转移率矩阵）呈现块三对角形式的排队系统（包括多维马尔可夫排队系统[NIU 92]），其通用性非常强，且求出的直接是任意时刻队列长度的状态概率分布。相比之下，传统排队论方法需要引入 LST 变换或 z-变换（如针对 M/G/1 和 GI/M/s 的嵌入马尔可夫过程理论）或是各种近似方法（如 G/G/s 队列的近似 [WH1T 09]），难以给出显式解，且分析方法的通用性弱，不同模型需要采用不同的分析方法。同时，嵌入马尔可夫过程理论求出的状态概率为顾客到达或是退去时刻的状态概率，无法直接求得任意时刻的状态概率。当然，矩阵几何解析法需要进行大量的矩阵运算，这在计算机没有普及的时代是无法想象的。今天虽然矩阵运算越来越容易，但有些逆矩阵的求解以及率矩阵 $\boldsymbol{R}$ 的求解仍然依赖于近似解法，因此严格来讲矩阵解析法并不一定能给出精确解，更多情况下给出的是数值解 (algorithmic solution)。

在求得平稳状态概率之后，就可以计算出排队系统的性能指标了。首先给出平均等待队列长度

$$\overline{N}_q = \boldsymbol{p}_s\left[\sum_{i=s}^{\infty}(i-s)\boldsymbol{R}^{i-s}\right]\boldsymbol{e} = \boldsymbol{p}_s\boldsymbol{R}(\boldsymbol{I}-\boldsymbol{R})^{-2}\boldsymbol{e}$$

由此基于 Little 定理可求出平均等待时间

$$\overline{W}_q = \lambda^{-1}\boldsymbol{p}_s\boldsymbol{R}(\boldsymbol{I}-\boldsymbol{R})^{-2}\boldsymbol{e} \tag{7.3.29}$$

其中，$\lambda^{-1} = -\boldsymbol{\alpha T}^{-1}\boldsymbol{e}$ 为顾客的平均到达间隔。

为了求解顾客等待时间的概率分布，需要对顾客的服务规律做出假设。在 FCFS 的服务规律下，QBD 过程的等待时间分布实际上可视为一个马尔可夫退去（纯死灭）过程。从顾客到达时刻所观察到的队列状态（如到达时刻队列长度为 k 的状态）出发，直至该退去过程转移到 0 状态（队列长度为 0 的状态，可视为该退去过程的吸收态）的时间分布，这实际上暗示着 QBD 过程的等待时间分布为一个 PH 分布。

具体地，考虑具有如下形式无限小生成矩阵的马尔可夫纯死灭过程

$$\boldsymbol{Q}^{\mathrm{O}} = \begin{bmatrix} 0 & 0 & 0 & 0 & \cdots \\ \boldsymbol{D} & \boldsymbol{A} & \boldsymbol{0} & \boldsymbol{0} & \cdots \\ \boldsymbol{0} & \boldsymbol{D} & \boldsymbol{A} & \boldsymbol{0} & \cdots \\ \boldsymbol{0} & \boldsymbol{0} & \boldsymbol{D} & \boldsymbol{A} & \cdots \\ \vdots & \vdots & \vdots & \vdots & \ddots \end{bmatrix} \tag{7.3.30}$$

这里所有的矩阵均为正方矩阵 $(m \times m)$，其中状态 0 为吸收态。

定义 $y_{kj}(x)$ 表示在时刻 x 该纯死灭过程 $\boldsymbol{Q}^{\mathrm{O}}$ 处于状态 (k,j) 的概率；$W_j(x)$ 表示该纯死灭过程在时刻 x 之前进入吸收状态 $(0,j)$ 的概率。显然，两者之间存在下述关系

$$\boldsymbol{W}(x) = \boldsymbol{y}_0(x) \tag{7.3.31}$$

其中

$$\boldsymbol{y}_i(x) = (y_{i1}(x), y_{i2}(x), \cdots, y_{im}(x)) \tag{7.3.32}$$

$$\boldsymbol{W}(x) = (W_1(x), W_2(x), \cdots, W_m(x)) \tag{7.3.33}$$

由于 $\boldsymbol{y}_i(x)$ 满足下列微分方程式

$$\boldsymbol{y}_0'(x) = \boldsymbol{y}_1(x)\boldsymbol{D} \tag{7.3.34}$$

$$\boldsymbol{y}_k'(x) = \boldsymbol{y}_k(x)\boldsymbol{A} + \boldsymbol{y}_{k+1}\boldsymbol{D} \tag{7.3.35}$$

其初期向量为 $\boldsymbol{y}_k(0)$，于是有

$$\boldsymbol{W}'(x) = \boldsymbol{y}_0'(x) = \boldsymbol{y}_1(x)\boldsymbol{D} \tag{7.3.36}$$

通过拉普拉斯变换可求得等待时间的 LST 为

$$W^*(\theta) = \sum_{k=0}^{\infty} \boldsymbol{y}_k(0)[(\theta\boldsymbol{I} - \boldsymbol{A})^{-1}\boldsymbol{D}]^k \tag{7.3.37}$$

具体地，对于 PH/PH/1 排队系统，假设顾客的服务时间是特征标识为 $(\boldsymbol{\beta}, \boldsymbol{S})$ 的 PH 分布，则有

$$\boldsymbol{D} = \boldsymbol{S}^{\mathrm{O}}\boldsymbol{\beta}, \qquad \boldsymbol{A} = \boldsymbol{S} \tag{7.3.38}$$

由此得

$$
\begin{aligned}
\boldsymbol{W}^*(\theta) &= \sum_{k=0}^{\infty} \boldsymbol{y}_k(0)[(\theta \boldsymbol{I} - \boldsymbol{A})^{-1}\boldsymbol{D}]^k \\
&= \sum_{k=0}^{\infty} \boldsymbol{y}_k(0)(\theta \boldsymbol{I} - \boldsymbol{S})^{-1}\boldsymbol{S}^{\mathrm{O}}[\boldsymbol{\beta}(\theta \boldsymbol{I} - \boldsymbol{S})^{-1}\boldsymbol{S}^{\mathrm{O}}]^{k-1} \cdot \boldsymbol{\beta}
\end{aligned} \tag{7.3.39}
$$

将上式取行和后得

$$
\boldsymbol{W}^*(\theta)\boldsymbol{e} = \sum_{k=0}^{\infty} \boldsymbol{y}_k(0)(\theta \boldsymbol{I} - \boldsymbol{S})^{-1}\boldsymbol{S}^{\mathrm{O}}[\boldsymbol{\beta}(\theta \boldsymbol{I} - \boldsymbol{S})^{-1}\boldsymbol{S}^{\mathrm{O}}]^{k-1} \tag{7.3.40}
$$

其中利用了 $\boldsymbol{\beta}\boldsymbol{e} = 1$。

式 (7.3.40) 可理解为：在顾客到达队列时（即 $x = 0$）发现队列中已有 k 个顾客的条件下（对应于 $\boldsymbol{y}_k(0)$），正在服务中顾客的剩余服务时间（对应于 $(\theta \boldsymbol{I} - \boldsymbol{S})^{-1}\boldsymbol{S}^{\mathrm{O}}$）和顾客到达时排在该顾客前面 $k-1$ 顾客的服务时间总和（对应于 $[\boldsymbol{\beta}(\theta \boldsymbol{I} - \boldsymbol{S})^{-1}\boldsymbol{S}^{\mathrm{O}}]^{k-1}$）。

如果顾客的到达过程为泊松过程，其参数为 λ，则根据 PASTA 定理可知：$\boldsymbol{y}_k(0) = (1-\rho)\rho^k$，其中 $\rho = \lambda/\mu$，$\mu^{-1} = -\boldsymbol{\beta}\boldsymbol{S}^{-1}\boldsymbol{e}$。由此可知：顾客的等待时间概率分布相当于服务时间卷积的概率加权和，其加权概率为 1 维的离散型 PH 型分布。根据定理 7.6可知，它是一个标识为 $(\rho\boldsymbol{\pi}, \boldsymbol{S} + \rho\boldsymbol{S}^{\mathrm{O}}\boldsymbol{\pi})$ 的 PH 型分布，其中 $\boldsymbol{\pi}$ 是矩阵 $\boldsymbol{S} + \boldsymbol{S}^{\mathrm{O}}\boldsymbol{\beta}$ 的稳态向量。这个结果与式 (7.1.44) 的结果一致。

7.4 准生灭过程的嵌入马尔可夫链

考虑一个简单的准生灭（QBD）过程，其无穷小生成矩阵为

$$
\boldsymbol{Q} = \begin{bmatrix}
\boldsymbol{A}_0 & \boldsymbol{B}_0 & & & \boldsymbol{0} \\
\boldsymbol{D}_1 & \boldsymbol{A} & \boldsymbol{B} & & \\
& \boldsymbol{D} & \boldsymbol{A} & \boldsymbol{B} & \\
& & \boldsymbol{D} & \boldsymbol{A} & \boldsymbol{B} \\
\boldsymbol{0} & & & \ddots & \ddots & \ddots
\end{bmatrix} \tag{7.4.1}
$$

该 QBD 过程在顾客退去时刻（即状态发生左转移的时刻）构成了一个嵌入马尔可夫过程，其状态转移概率矩阵为

$$
\tilde{\boldsymbol{P}}^{(L)} = \begin{bmatrix}
\tilde{\boldsymbol{B}}_0 & \tilde{\boldsymbol{B}}_1 & \tilde{\boldsymbol{B}}_2 & \tilde{\boldsymbol{B}}_3 & \cdots \\
\tilde{\boldsymbol{C}}_0 & \tilde{\boldsymbol{A}}_1 & \tilde{\boldsymbol{A}}_2 & \tilde{\boldsymbol{A}}_3 & \cdots \\
\boldsymbol{0} & \tilde{\boldsymbol{A}}_0 & \tilde{\boldsymbol{A}}_1 & \tilde{\boldsymbol{A}}_2 & \cdots \\
\boldsymbol{0} & \boldsymbol{0} & \tilde{\boldsymbol{A}}_0 & \tilde{\boldsymbol{A}}_1 & \cdots \\
\vdots & \vdots & \vdots & \vdots & \ddots
\end{bmatrix} \tag{7.4.2}
$$

其中

$$
\tilde{\boldsymbol{A}}_k = (-\boldsymbol{A}^{-1}\boldsymbol{B}_0)^k(-\boldsymbol{A}^{-1}\boldsymbol{D}) \quad (k \geqslant 0) \tag{7.4.3}
$$

$$\tilde{\boldsymbol{B}}_k=(-\boldsymbol{A}_0^{-1}\boldsymbol{B}_0)\tilde{\boldsymbol{A}}_k \quad (k\geqslant 1) \tag{7.4.4}$$

$$\tilde{\boldsymbol{C}}_0=(-\boldsymbol{A}^{-1}\boldsymbol{D}_1) \tag{7.4.5}$$

$$\tilde{\boldsymbol{B}}_0=(-\boldsymbol{A}_0^{-1}\boldsymbol{B}_0)\tilde{\boldsymbol{C}}_0 \tag{7.4.6}$$

由此可以求出 QBD 过程在顾客退去时刻的状态概率

$$\boldsymbol{p}_0^+=c\boldsymbol{p}_1\boldsymbol{D}_1 \tag{7.4.7}$$

$$\boldsymbol{p}_i^+=c\boldsymbol{p}_{i+1}\boldsymbol{D} \quad (i\geqslant 1) \tag{7.4.8}$$

其中，c 为归一化常数，$\boldsymbol{p}_i$ 是准生灭过程的无穷小生成矩阵 $\boldsymbol{Q}$ 的平稳状态概率。

同样地，该 QBD 过程在顾客到达时刻（即状态发生右转移的时刻）也构成了一个嵌入马尔可夫过程，其平稳状态概率由下式给出

$$\boldsymbol{p}_0^-=c\boldsymbol{p}_0\boldsymbol{B}_0 \tag{7.4.9}$$

$$\boldsymbol{p}_i^-=c\boldsymbol{p}_i\boldsymbol{B} \quad (i\geqslant 1) \tag{7.4.10}$$

其中，c 为归一化常数，$\boldsymbol{p}_i$ 是准生灭过程的无穷小生成矩阵 $\boldsymbol{Q}$ 的平稳状态概率。

7.5 典型排队系统的矩阵几何解

从 7.4 节的描述可以看出，通过适当地定义层和相位，以及与之相对应的无穷小生成矩阵 $\boldsymbol{Q}$，QBD 过程可以描述很多典型的排队模型，因此也就可以给出其矩阵几何解。

7.5.1 M/PH/1 排队系统

考虑一个 M/PH/1 型排队系统，其中顾客按到达率为 λ 的泊松过程发生，所需的服务时间服从标识为 $(\boldsymbol{\beta},\boldsymbol{S})$ 的 m 阶 PH 分布。

令 N_t 和 J_t 分别表示该排队系统在时刻 t 的队列长度和在该时刻相位型服务时间所在的相位。很明显，M/PH/1 队列可以描述成一个 QBD 过程，其状态空间为 $\mathcal{E}=\{0,i,j;i\geqslant 1,1\leqslant j\leqslant m\}$。进一步定义 Level-$\boldsymbol{i}=\{(i,1),(i,2),\cdots,(i,m)\}$，并将状态空间按 Level-0, $\boldsymbol{1},\cdots$ 的顺序分割后得

$$\boldsymbol{Q}=\begin{bmatrix} -\lambda & \lambda\boldsymbol{\beta} & & & \boldsymbol{0} \\ \boldsymbol{S}^{\mathrm{O}} & \boldsymbol{S}-\lambda\boldsymbol{I} & \lambda\boldsymbol{I} & & \\ & \boldsymbol{S}^{\mathrm{O}}\boldsymbol{\beta} & \boldsymbol{S}-\lambda\boldsymbol{I} & \lambda\boldsymbol{I} & \\ & & \boldsymbol{S}^{\mathrm{O}}\boldsymbol{\beta} & \boldsymbol{S}-\lambda\boldsymbol{I} & \lambda\boldsymbol{I} \\ & & & \ddots & \ddots & \ddots \end{bmatrix} \tag{7.5.1}$$

这个结果相当于针对 M/E$_2$/1 队列的式 (7.3.2) 的一般化。其中，$A_0 = -\lambda$ 表示 Level-0 至 Level-0 之间的状态转移，即微小时刻内无顾客到达的转移率。由于 Level-0 中仅包含一个状态，因此 A_0 为标量；$\boldsymbol{B}_0 = \lambda\boldsymbol{\beta}$ 表示 Level-0 至 Level-1 之间的状态转移，即微小时刻内有新顾客到达、且其立即进入服务状态的转移率。由于 Level-1 中包含 m 个状态，因此 $\boldsymbol{B}_0$ 为 m 维行向量，表述了新到达顾客从某个相位开始接受服务的转移率；$\boldsymbol{D}_1 = \boldsymbol{S}^{\mathrm{O}}$ 表示 Level-1 至 Level-0 之间的状态转移，即微小时刻内正在接受服务的顾客结束服务而离开队列的状态转移率。由于 Level-0 中仅包含一个状态，因此 $\boldsymbol{D}_1$ 为 m 维列向量；$\boldsymbol{A} = \boldsymbol{S} - \lambda\boldsymbol{I}$ 表示 Level-i 至 Level-i $(i = 1, 2, \cdots)$ 之间的状态转移，即微小时刻内既无顾客到达、也无顾客退去的转移率。由于 Level-i 中包含 m 个状态，因此 $\boldsymbol{A}$ 为 $m \times m$ 维矩阵，表述了在微小时刻内服务过程相位发生的变化；$\boldsymbol{B} = \lambda\boldsymbol{I}$ 表示 Level-i 至 Level-$(i+1)$ $(i = 1, 2, \cdots)$ 之间的状态转移，即微小时刻内有新顾客到达的状态转移率。由于此时新到达的顾客无法直接进入服务状态，且假设微小时刻内两个以上随机事件同时发生的概率为高阶无穷小（即随机事件的稀疏性），因此在队列状态从 Level-i 至 Level-$(i+1)$ 发生转移的同时，服务过程的相位不会发生转移，因此 $\boldsymbol{B}$ 为 $m \times m$ 维对角矩阵；$\boldsymbol{D} = \boldsymbol{S}^{\mathrm{O}}\boldsymbol{\beta}$ 表示 Level-i 至 Level-$(i-1)$ $(i = 2, 3, \cdots)$ 之间的状态转移，即微小时刻内正在接受服务的顾客结束服务而退出队列的状态转移率。由于此时队列中有顾客在等待服务，因此在正在接受服务顾客退去之后立即会有新的顾客进入服务状态，$\boldsymbol{S}^{\mathrm{O}}\boldsymbol{\beta}$ 即表述了正在接受服务顾客从任意一个相位 $u = 1, 2, \cdots, m$ 结束服务、新进入服务的顾客从任意一个相位 $v = 1, 2, \cdots, m$ 开始接受服务的转移率矩阵，因此 $\boldsymbol{D} = \boldsymbol{S}^{\mathrm{O}}\boldsymbol{\beta}$ 构成了一个 $m \times m$ 维矩阵。

同样地，将平稳状态概率也按 Level 进行分解，即

$$\boldsymbol{p} = (\boldsymbol{p}_0, \boldsymbol{p}_1, \boldsymbol{p}_2, \cdots\cdots) \tag{7.5.2}$$

于是，将 $\boldsymbol{pQ} = 0$ 展开后有

$$-\lambda\boldsymbol{p}_0 + \boldsymbol{p}_1\boldsymbol{S}^{\mathrm{O}} = 0 \tag{7.5.3}$$

$$\lambda\boldsymbol{p}_0\boldsymbol{\beta} + \boldsymbol{p}_1(\boldsymbol{S} - \lambda\boldsymbol{I}) + \boldsymbol{p}_2\boldsymbol{S}^{\mathrm{O}}\boldsymbol{\beta} = 0 \tag{7.5.4}$$

$$\lambda\boldsymbol{p}_{i-1}\boldsymbol{I} + \boldsymbol{p}_i(\boldsymbol{S} - \lambda\boldsymbol{I}) + \boldsymbol{p}_{i+1}\boldsymbol{S}^{\mathrm{O}}\boldsymbol{\beta} = 0 \tag{7.5.5}$$

这相当于全局平稳方程式（global balance equations)。将上式从右侧乘以 $\boldsymbol{e}$ 得

$$\boldsymbol{p}_1\boldsymbol{S}^{\mathrm{O}} = \lambda\boldsymbol{p}_0 \tag{7.5.6}$$

$$\boldsymbol{p}_{i+1}\boldsymbol{S}^{\mathrm{O}} = \lambda\boldsymbol{p}_i\boldsymbol{e} \qquad (i \geqslant 1) \tag{7.5.7}$$

这相当于局域平稳方程式（local balance equations)。将此局域平衡方程式代入全局平衡方程式中得

$$\boldsymbol{p}_i = \boldsymbol{p}_{i-1}\boldsymbol{R} \qquad (i > 1) \tag{7.5.8}$$

$$\boldsymbol{p}_1 = \boldsymbol{p}_0 \boldsymbol{\beta} \boldsymbol{R} \tag{7.5.9}$$

其中，$\boldsymbol{R} = \lambda(\lambda \boldsymbol{I} - \lambda \boldsymbol{e}\boldsymbol{\beta} - \boldsymbol{S})^{-1}$，其存在性可用矛盾法证明。最后再利用归一化条件得

$$\boldsymbol{p}_0 + \boldsymbol{p}_0 \boldsymbol{\beta} \boldsymbol{R}(\boldsymbol{I} - \boldsymbol{R})^{-1} \boldsymbol{e} = 1 \tag{7.5.10}$$

将 $\boldsymbol{R}$ 代入后得

$$\begin{aligned}
1 &= \boldsymbol{p}_0 + \boldsymbol{p}_0 \boldsymbol{\beta}[(\boldsymbol{I} - \boldsymbol{R})\boldsymbol{R}^{-1}]^{-1} \boldsymbol{e} \\
&= \boldsymbol{p}_0 + \boldsymbol{p}_0 \boldsymbol{\beta}(\boldsymbol{R}^{-1} - \boldsymbol{I})^{-1} \boldsymbol{e} \\
&= \boldsymbol{p}_0 + \lambda \boldsymbol{p}_0 \boldsymbol{\beta}(-\boldsymbol{S} - \lambda \boldsymbol{e}\boldsymbol{\beta})^{-1} \boldsymbol{e} \\
&= \boldsymbol{p}_0 - \lambda \boldsymbol{p}_0 \boldsymbol{\beta}[(\boldsymbol{I} + \lambda \boldsymbol{e}\boldsymbol{\beta}\boldsymbol{S}^{-1})\boldsymbol{S}]^{-1} \boldsymbol{e} \\
&= \boldsymbol{p}_0 - \lambda \boldsymbol{p}_0 \boldsymbol{\beta} \boldsymbol{S}^{-1}(\boldsymbol{I} + \lambda \boldsymbol{e}\boldsymbol{\beta}\boldsymbol{S}^{-1})^{-1} \boldsymbol{e} \\
&= \boldsymbol{p}_0 - \lambda \boldsymbol{p}_0 \boldsymbol{\beta} \boldsymbol{S}^{-1} \left[\sum_{v=0}^{\infty} (-1)^v \lambda^v (\boldsymbol{e}\boldsymbol{\beta}\boldsymbol{S}^{-1})^v \right] \boldsymbol{e} \\
&= \boldsymbol{p}_0 - \lambda \boldsymbol{p}_0 \boldsymbol{\beta} \boldsymbol{S}^{-1}(\boldsymbol{e} - \lambda \boldsymbol{e}\boldsymbol{\beta}\boldsymbol{S}^{-1}\boldsymbol{e} + \lambda^2 \boldsymbol{e}\boldsymbol{\beta}\boldsymbol{S}^{-1}\boldsymbol{e} - \lambda^3 \boldsymbol{e}\boldsymbol{\beta}\boldsymbol{S}^{-1}\boldsymbol{e} + \cdots) \\
&= \boldsymbol{p}_0[1 - \lambda \boldsymbol{\beta}\boldsymbol{S}^{-1}\boldsymbol{e} + \lambda^2(\boldsymbol{\beta}\boldsymbol{S}^{-1}\boldsymbol{e})^2 - \lambda^3(\boldsymbol{\beta}\boldsymbol{S}^{-1}\boldsymbol{e})^3 + \lambda^4(\boldsymbol{\beta}\boldsymbol{S}^{-1}\boldsymbol{e})^4 + \cdots] \\
&= \boldsymbol{p}_0(1 + \rho + \rho^2 + \rho^3 + \cdots) \\
&= \boldsymbol{p}_0(1 - \rho)^{-1}
\end{aligned} \tag{7.5.11}$$

其中，$\rho = -\lambda \boldsymbol{\beta} \boldsymbol{S}^{-1} \boldsymbol{e}$。故有

$$\boldsymbol{p}_0 = 1 - \rho \tag{7.5.12}$$

综上所述，M/PH/1 排队系统的解为

$$\boldsymbol{p}_0 = 1 - \rho \tag{7.5.13}$$

$$\boldsymbol{p}_i = (1 - \rho)\boldsymbol{\beta}\boldsymbol{R}^i \tag{7.5.14}$$

其中，$\boldsymbol{R} = \lambda(\lambda \boldsymbol{I} - \lambda \boldsymbol{e}\boldsymbol{\beta} - \boldsymbol{S})^{-1}$。

特别值得注意的是，式 (7.5.14) 给出的直接是任意时刻的状态概率，而且是显式解。与此相比，第 6 章针对 M/G/1 队列基于嵌入马尔可夫过程分析法给出的只是顾客退去时刻状态概率分布的 z-变换，而且并非显式解。由此可以看出矩阵解析法的通用性。当然一般情况下 $\boldsymbol{R}$ 是很难给出显式解的，但对于 M/PH/1 队列而言，由于局域平衡方程式 (7.5.6) 和式 (7.5.7) 存在才求解出了显式解[①]。

---

① 考虑到矩阵 $\boldsymbol{R}$ 中包含有逆矩阵，而一般来讲逆矩阵的求解需要引入数值近似，因此严格意义上讲 M/PH/1 队列的矩阵几何解并非精确解，而是一种显式的近似解。

另外值得注意的是，对于 M/PH/1 排队模型而言，PASTA 只意味着

$$\boldsymbol{p}_i^-\boldsymbol{e} = \boldsymbol{p}_i\boldsymbol{e} = \boldsymbol{p}_i^+\boldsymbol{e} \tag{7.5.15}$$

而并不意味着 $\boldsymbol{p}_i^- = \boldsymbol{p}_i = \boldsymbol{p}_i^+$。为求得退去时刻的状态概率，则有下述定理：

定理 7.14 针对服务时间为标识 $(\boldsymbol{\beta}, \boldsymbol{S})$PH 型分布的排队系统，在平稳状态下，顾客退去时刻所观测到的队列状态概率 $\boldsymbol{p}_i^+$ 与任意时刻的队列状态概率 $\boldsymbol{p}_i$ 之间满足下列关系式：

$$\boldsymbol{p}_0^+ = c\boldsymbol{p}_1\boldsymbol{S}^{\mathrm{O}} \tag{7.5.16}$$

$$\boldsymbol{p}_i^+ = c\boldsymbol{p}_{i+1}\boldsymbol{S}^{\mathrm{O}}\boldsymbol{\beta} \qquad (i \geqslant 1) \tag{7.5.17}$$

其中，系数 c 由归一化条件决定，即 $c = [(1-\rho)\boldsymbol{\beta}\boldsymbol{R}(\boldsymbol{I}-\boldsymbol{R})^{-1}\boldsymbol{S}^{\mathrm{O}}]^{-1}$。

7.5.2 M/PH/1(*k*) 排队系统

如果 M/PH/1 队列的等待空间有限（假设为 k），仍然可通过矩阵解析法求解其平稳状态概率，其无穷小生成矩阵有如下的形式：

$$\boldsymbol{Q} = \begin{bmatrix} -\lambda & \lambda\boldsymbol{\beta} & & & & \boldsymbol{0} \\ \boldsymbol{S}^{\mathrm{O}} & \boldsymbol{S}-\lambda\boldsymbol{I} & \lambda\boldsymbol{I} & & & \\ & \boldsymbol{S}^{\mathrm{O}}\boldsymbol{\beta} & \boldsymbol{S}-\lambda\boldsymbol{I} & \lambda\boldsymbol{I} & & \\ & & \ddots & \ddots & \ddots & \\ & & & \boldsymbol{S}^{\mathrm{O}}\boldsymbol{\beta} & \boldsymbol{S}-\lambda\boldsymbol{I} & \lambda\boldsymbol{I} \\ & \boldsymbol{0} & & & \boldsymbol{S}^{\mathrm{O}}\boldsymbol{\beta} & \boldsymbol{S} \end{bmatrix} \tag{7.5.18}$$

通过逐次迭代，可求得平稳状态概率为

$$\boldsymbol{p}_i = \boldsymbol{p}_0\boldsymbol{\beta}\boldsymbol{R}^i \qquad (1 \leqslant i \leqslant k) \tag{7.5.19}$$

$$\boldsymbol{p}_{k+1} = \boldsymbol{p}_0\boldsymbol{\beta}\boldsymbol{R}^k(-\lambda\boldsymbol{S}^{-1}) \tag{7.5.20}$$

其中

$$\boldsymbol{R} = \lambda(\lambda\boldsymbol{I} - \lambda\boldsymbol{e}\boldsymbol{\beta} - \boldsymbol{S})^{-1} \tag{7.5.21}$$

$$\boldsymbol{p}_0 = \left[\boldsymbol{\beta}\left(\sum_{i=0}^{k}\boldsymbol{R}^i - \lambda\boldsymbol{R}^k\boldsymbol{S}^{-1}\right)\boldsymbol{e}\right]^{-1} \tag{7.5.22}$$

可见，与 M/PH/1 队列的结果相比，其矩阵几何解以及矩阵 $\boldsymbol{R}$ 的数学表达形式完全一样，只是边界条件概率 $\boldsymbol{p}_0$ 和 $\boldsymbol{p}_{k+1}$ 的形式不同而已。

7.5.3 PH/M/s 排队系统

考虑一个 PH/M/s 型排队系统，其中顾客到达遵循标识为 $(\boldsymbol{\alpha}, \boldsymbol{T})$ 的 m 维 PH 型更新过程，其平均到达间隔为 $\lambda^{-1} = -\boldsymbol{\alpha}\boldsymbol{T}^{-1}\boldsymbol{e}$，LST 为 $F^*(\theta)$；所需的服务时间服从参数为 μ 的指数分布。

令 N_t 和 J_t 分别表示该排队系统在时刻 t 的队列长度和在该时刻 PH 型更新过程所在的相位。很明显，PH/M/s 队列构成了一个 QBD 过程，其状态空间为 $\mathcal{E} = \{i, j; i \geqslant 0, 1 \leqslant j \leqslant m\}$。进一步定义层 Level-$\boldsymbol{i} = \{(i,1), (i,2), \cdots, (i,m)\}$，并将状态空间按层的顺序分割后得

$$
\boldsymbol{Q} = \begin{bmatrix}
\boldsymbol{T} & \boldsymbol{T}^{\mathrm{O}}\boldsymbol{\alpha} & & & & & & \boldsymbol{0} \\
\mu\boldsymbol{I} & \boldsymbol{T}-\mu\boldsymbol{I} & \boldsymbol{T}^{\mathrm{O}}\boldsymbol{\alpha} & & & & & \\
 & 2\mu\boldsymbol{I} & \boldsymbol{T}-2\mu\boldsymbol{I} & \boldsymbol{T}^{\mathrm{O}}\boldsymbol{\alpha} & & & & \\
 & & \ddots & \ddots & \ddots & & & \\
 & & & s\mu\boldsymbol{I} & \boldsymbol{T}-s\mu\boldsymbol{I} & \boldsymbol{T}^{\mathrm{O}}\boldsymbol{\alpha} & & \\
 & & & & s\mu\boldsymbol{I} & \boldsymbol{T}-s\mu\boldsymbol{I} & \boldsymbol{T}^{\mathrm{O}}\boldsymbol{\alpha} & \\
\boldsymbol{0} & & & & & \ddots & \ddots & \ddots
\end{bmatrix} \tag{7.5.23}
$$

这里，$\boldsymbol{A}_i = \boldsymbol{T} - \min(i,s)\mu\boldsymbol{I}$ 表示 Level-i 至 Level-i 之间的状态转移，即微小时刻内无顾客到达的转移率；$\boldsymbol{B}_i = \boldsymbol{T}^{\mathrm{O}}\boldsymbol{\alpha}$ 表示 Level-i 至 Level-$(i+1)$ 之间的状态转移，即微小时刻内有新顾客到达，且该顾客立即进入服务状态的转移率；$\boldsymbol{D}_i = \min(i,s)\mu\boldsymbol{I}$ 表示 Level-$(i+1)$ 至 Level-i 之间的状态转移，即微小时刻内正在接受服务的顾客结束服务而离开队列的状态转移率。基于随机事件稀疏性的假设，可知在发生顾客退去事件的同时到达过程的相位不会发生转移，因此 $\boldsymbol{D}_i$ 为对角矩阵。

该排队系统平稳状态存在的条件为

$$
\lambda = \boldsymbol{\pi}\boldsymbol{T}^{\mathrm{O}} < s\mu \tag{7.5.24}
$$

即

$$
\rho = \frac{\lambda}{s\mu} < 1 \tag{7.5.25}
$$

将平稳状态方程式 $\boldsymbol{p}\boldsymbol{Q} = \boldsymbol{0}$ 展开，并逐次迭代后得

$$
\boldsymbol{p}_i = \boldsymbol{p}_{s-1}\boldsymbol{R}^{i-s+1} \qquad (i \geqslant s-1) \tag{7.5.26}
$$

其中，$\boldsymbol{R}$ 为下述二阶矩阵方程式的非负最小解，即

$$
s\mu\boldsymbol{R}^2 + \boldsymbol{R}(\boldsymbol{T} - s\mu\boldsymbol{I}) + \boldsymbol{T}^{\mathrm{O}}\boldsymbol{\alpha} = \boldsymbol{0} \tag{7.5.27}
$$

求解后得

$$
\boldsymbol{R} = \boldsymbol{T}^{\mathrm{O}}\boldsymbol{\alpha}[s\mu(1-\omega)\boldsymbol{I} - \boldsymbol{T}]^{-1} \tag{7.5.28}
$$

其中，ω 为 $\boldsymbol{R}$ 的最大实数特征值，为下述隐式方程式在 (0,1) 内的唯一解，即

$$\omega=\boldsymbol{\alpha}[s\mu(1-\omega)\boldsymbol{I}-\boldsymbol{T}]^{-1}\boldsymbol{T}^{\mathrm{O}} \tag{7.5.29}$$

注意，上述方程式的右侧实际上相当于 $F^{*}(s\mu(1-\omega))$，它与第 6 章中的式 (6.4.18) 一致。

关于 $\{\boldsymbol{p}_0,\boldsymbol{p}_1,\cdots,\boldsymbol{p}_{s-1}\}$，则可以通过求解下列矩阵方程式组求得，即

$$\boldsymbol{p}_0\boldsymbol{T}+\mu\boldsymbol{p}_1=\boldsymbol{0} \tag{7.5.30}$$

$$\boldsymbol{p}_{i-1}\boldsymbol{T}^{\mathrm{O}}\boldsymbol{\alpha}+\boldsymbol{p}_i(\boldsymbol{T}-i\mu\boldsymbol{I})+(i+1)\mu\boldsymbol{p}_{i+1}=\boldsymbol{0}\quad(1\leqslant i\leqslant s-1) \tag{7.5.31}$$

$$\sum_{i=0}^{s-2}\boldsymbol{p}_i\boldsymbol{e}+\boldsymbol{p}_{s-1}(\boldsymbol{I}-\boldsymbol{R})^{-1}\boldsymbol{e}=1 \tag{7.5.32}$$

将上面前两个式子取行和（从右侧乘以 $\boldsymbol{e}$），可得

$$\boldsymbol{p}_{i-1}\boldsymbol{T}^{\mathrm{O}}=i\mu\boldsymbol{p}_i\boldsymbol{e}\qquad(1\leqslant i\leqslant s-1) \tag{7.5.33}$$

这相当于该队列的局域平衡方程式。由此可求得

$$\boldsymbol{p}_i=\boldsymbol{p}_{i+1}\boldsymbol{C}_i\qquad(0\leqslant i\leqslant s-1) \tag{7.5.34}$$

其中，

$$\boldsymbol{C}_0=-\mu\boldsymbol{T}^{-1} \tag{7.5.35}$$

$$\boldsymbol{C}_i=(i+1)\mu(i\mu\boldsymbol{I}-i\mu\boldsymbol{e}\boldsymbol{\alpha}-\boldsymbol{T})^{-1}\qquad(1\leqslant i\leqslant s-2) \tag{7.5.36}$$

$$\boldsymbol{C}_{s-1}[(s-1)\mu\boldsymbol{I}-(s-1)\mu\boldsymbol{e}\boldsymbol{\alpha}-\boldsymbol{T}-s\mu\boldsymbol{R}]=0 \tag{7.5.37}$$

最后再利用归一化条件即可求得 $\boldsymbol{p}_{s-1}$。

针对式 (7.5.27) 从右侧乘以 $\boldsymbol{e}$，可得

$$s\mu(\boldsymbol{R}-\boldsymbol{I})\boldsymbol{R}\boldsymbol{e}=(\boldsymbol{R}-\boldsymbol{I})\boldsymbol{T}^{\mathrm{O}} \tag{7.5.38}$$

由于 $(\boldsymbol{R}-\boldsymbol{I})^{-1}$ 永远存在，且不等于零，可得

$$s\mu\boldsymbol{R}\boldsymbol{e}=\boldsymbol{T}^{\mathrm{O}} \tag{7.5.39}$$

由此可见，矩阵 $\boldsymbol{R}$ 的行元素，只针对 $T_j^{\mathrm{O}}>0$ 的 j 才为正值，针对所有的 $T_j^{\mathrm{O}}=0$ 的 j 均为零，因此当向量 $\boldsymbol{T}^{\mathrm{O}}$ 较为稀疏时（例如，爱尔朗分布 E_k 的 $\boldsymbol{T}^{\mathrm{O}}$，只有 $T_k^{\mathrm{O}}>0$，其余均为零），求解矩阵 $\boldsymbol{R}$ 相对较容易。

求出了平稳状态概率之后，可通过简单的推导得出 PH/M/s 排队系统的虚拟等待时间（virtual waiting time）概率分布为

$$W_{\mathrm{V}}(t)=1-\boldsymbol{p}_{s-1}\boldsymbol{R}(\boldsymbol{I}-\boldsymbol{R})^{-1}\exp(-s\mu t(\boldsymbol{I}-\boldsymbol{R}))\boldsymbol{e} \tag{7.5.40}$$

此处，所谓“虚拟等待时间”指的是任意一个试验顾客（test customer）在任意时间到达队列时所经历的等待时间。与此相对应，某个实际到达顾客所经历的等待时间为实际等待时间（actual waiting time）。

如果到达过程为泊松过程，$\boldsymbol{R}=\rho$，$p_{s-1}\boldsymbol{R}=p_s$，此时虚拟等待时间与实际等待时间一致，则有

$$W_q(t)=1-p_s\frac{1}{1-\rho}\mathrm{e}^{-s\mu(1-\rho)t}$$

由于 $p_s\dfrac{1}{1-\rho}=M(0)$，可见上式与第 4 章中的式 (4.2.10) 结果一致。

7.5.4 PH/M/$s(k)$ 排队系统

如果 PH/M/$s(k)$ 队列的等待空间有限（假设为 k），仍然可通过矩阵解析法求解其平稳状态概率，其无穷小生成矩阵有如下的形式：

$$\boldsymbol{Q}=\begin{bmatrix} \boldsymbol{T} & \boldsymbol{T}^{\mathrm{O}}\boldsymbol{\alpha} & & & & & & \boldsymbol{0} \\ \mu\boldsymbol{I} & \boldsymbol{T}-\mu\boldsymbol{I} & \boldsymbol{T}^{\mathrm{O}}\boldsymbol{\alpha} & & & & & \\ & 2\mu\boldsymbol{I} & \boldsymbol{T}-2\mu\boldsymbol{I} & \boldsymbol{T}^{\mathrm{O}}\boldsymbol{\alpha} & & & & \\ & & \ddots & \ddots & \ddots & & & \\ & & & s\mu\boldsymbol{I} & \boldsymbol{T}-s\mu\boldsymbol{I} & \boldsymbol{T}^{\mathrm{O}}\boldsymbol{\alpha} & & \\ & & & & \ddots & \ddots & \ddots & \\ & & & & & s\mu\boldsymbol{I} & \boldsymbol{T}-s\mu\boldsymbol{I} & \boldsymbol{T}^{\mathrm{O}}\boldsymbol{\alpha} \\ \boldsymbol{0} & & & & & & s\mu\boldsymbol{I} & \boldsymbol{T}+\boldsymbol{T}^{\mathrm{O}}\boldsymbol{\alpha}-s\mu\boldsymbol{I} \end{bmatrix} \tag{7.5.41}$$

这里，$\boldsymbol{T}+\boldsymbol{T}^{\mathrm{O}}\boldsymbol{\alpha}-s\mu\boldsymbol{I}$ 表示无论是否有顾客到达，只要没有顾客的退去，则队列长度将保持不变。但此时到达过程的相位将会发生转移，其中无顾客到达时到达过程的相位转移由矩阵 $\boldsymbol{T}$ 表示，有新顾客到达时到达过程的相位转移则由矩阵 $\boldsymbol{T}^{\mathrm{O}}\boldsymbol{\alpha}$ 表示。

定义 $\boldsymbol{p}=\{\boldsymbol{p}_0,\boldsymbol{p}_1,\cdots,\boldsymbol{p}_{s+k}\}$，则全局平衡方程式 $\boldsymbol{pQ}=\boldsymbol{0}$ 可展开为

$$\boldsymbol{p}_0\boldsymbol{T}+\mu\boldsymbol{p}_1=\boldsymbol{0} \tag{7.5.42}$$

$$\boldsymbol{p}_{i-1}\boldsymbol{T}^{\mathrm{O}}\boldsymbol{\alpha}+\boldsymbol{p}_i(\boldsymbol{T}-i\mu\boldsymbol{I})+(i+1)\mu\boldsymbol{p}_{i+1}=\boldsymbol{0}\quad(1\leqslant i\leqslant s-1) \tag{7.5.43}$$

$$\boldsymbol{p}_{i-1}\boldsymbol{T}^{\mathrm{O}}\boldsymbol{\alpha}+\boldsymbol{p}_i(\boldsymbol{T}-i\mu\boldsymbol{I})+s\mu\boldsymbol{p}_{i+1}=\boldsymbol{0}\quad(s\leqslant i\leqslant k+s-1) \tag{7.5.44}$$

$$\boldsymbol{p}_{k+s-1}\boldsymbol{T}^{\mathrm{O}}\boldsymbol{\alpha}+\boldsymbol{p}_{k+s}(\boldsymbol{T}+\boldsymbol{T}^{\mathrm{O}}\boldsymbol{\alpha}-s\mu\boldsymbol{I})=\boldsymbol{0} \tag{7.5.45}$$

$$\sum_{i=0}^{k+s}\boldsymbol{p}_i\boldsymbol{e}=1 \tag{7.5.46}$$

将上面前三式取行和（从右侧乘以 $\boldsymbol{e}$），可得局域平衡方程式

$$\boldsymbol{p}_{i-1}\boldsymbol{T}^{\mathrm{O}}=\min(i,s)\mu\boldsymbol{p}_i\boldsymbol{e}\quad(1\leqslant i\leqslant k+s) \tag{7.5.47}$$

由此可求得

$$\boldsymbol{p}_i = \boldsymbol{p}_{i+1}\boldsymbol{R}_i \qquad (0 \leqslant i \leqslant s-1) \tag{7.5.48}$$

$$\boldsymbol{p}_i = \boldsymbol{p}_{i+1}\boldsymbol{R}_s \qquad (s \leqslant i \leqslant k+s-1) \tag{7.5.49}$$

其中，

$$\boldsymbol{R}_i = (i+1)\mu(i\mu\boldsymbol{I} - i\mu\boldsymbol{e}\boldsymbol{\alpha} - \boldsymbol{T})^{-1} \qquad (0 \leqslant i \leqslant s-1) \tag{7.5.50}$$

$$\boldsymbol{R}_s = s\mu(s\mu\boldsymbol{I} - s\mu\boldsymbol{e}\boldsymbol{\alpha} - \boldsymbol{T})^{-1} \tag{7.5.51}$$

边界向量 $\boldsymbol{p}_{k+s}$ 可通过解下列方程式求得

$$\boldsymbol{p}_{k+s} = (\boldsymbol{p}_{k+s}\boldsymbol{T}^{\mathrm{O}})\boldsymbol{\alpha}(s\mu\boldsymbol{I} - s\mu\boldsymbol{e}\boldsymbol{\alpha} - \boldsymbol{T})^{-1} \tag{7.5.52}$$

$$\sum_{i=0}^{k+s}\boldsymbol{p}_i\boldsymbol{e} = 1 \tag{7.5.53}$$

令 $\hat{\boldsymbol{R}}_i = i\mu(i\mu\boldsymbol{I} - i\mu\boldsymbol{e}\boldsymbol{\alpha} - \boldsymbol{T})^{-1}$ $(1 \leqslant i \leqslant s)$ 以及 $\gamma = \dfrac{1}{s\mu}\boldsymbol{p}_{k+s}\boldsymbol{T}^{\mathrm{O}}$，则可得

$$\boldsymbol{p}_0 = s\gamma\boldsymbol{\alpha}\hat{\boldsymbol{R}}_s^{k+1}\prod_{j=1}^{s-1}\hat{\boldsymbol{R}}_{s-j}(-\mu\boldsymbol{T}^{-1}) \tag{7.5.54}$$

$$\boldsymbol{p}_i = \frac{s}{i}\gamma\boldsymbol{\alpha}\hat{\boldsymbol{R}}_s^{k+1}\prod_{j=1}^{s-i}\hat{\boldsymbol{R}}_{s-j} \qquad (1 \leqslant i \leqslant s-1) \tag{7.5.55}$$

$$\boldsymbol{p}_i = \gamma\boldsymbol{\alpha}\hat{\boldsymbol{R}}_s^{k+s-i+1} \qquad (s \leqslant i \leqslant k+s) \tag{7.5.56}$$

最后，标量 γ 可通过归一化条件求得。

将式 (7.5.27) 改写为

$$s\mu\boldsymbol{R}^2 + \boldsymbol{T}^{\mathrm{O}}\boldsymbol{\alpha} = \boldsymbol{R}(s\mu\boldsymbol{I} - s\mu\boldsymbol{e}\boldsymbol{\alpha} - \boldsymbol{T}) + s\mu\boldsymbol{R}\boldsymbol{e}\boldsymbol{\alpha} \tag{7.5.57}$$

再利用式 (7.5.39) 可知，式 (7.5.57) 左侧中的 $\boldsymbol{T}^{\mathrm{O}}\boldsymbol{\alpha}$ 与右式中的 $s\mu\boldsymbol{R}\boldsymbol{e}\boldsymbol{\alpha}$ 可相互消掉，因此得

$$\boldsymbol{R} = \boldsymbol{R}^2\hat{\boldsymbol{R}}_s \tag{7.5.58}$$

该式将 PH/M/s 队列中的率矩阵 $\boldsymbol{R}$ 与 PH/M/$s(k)$ 队列中的 $\hat{\boldsymbol{R}}_s$ 联系在了一起。

令 $k=0$，则上述结果对应于即时式的 PH/M/$s(0)$ 队列。此时，将 γ 代入式 (7.5.52)，并两边均从右侧乘以 $\boldsymbol{T}^{\mathrm{O}}$，可得

$$\boldsymbol{p}_s\boldsymbol{T}^{\mathrm{O}} = \gamma\boldsymbol{\alpha}\hat{\boldsymbol{R}}_s\boldsymbol{T}^{\mathrm{O}} \tag{7.5.59}$$

再利用式 (7.5.51) 和式 (7.5.47)，可得

$$\boldsymbol{p}_{s-1}\boldsymbol{T}^{\mathrm{O}} = \boldsymbol{p}_s\hat{\boldsymbol{R}}_s\boldsymbol{T}^{\mathrm{O}} = s\mu\boldsymbol{p}_s\boldsymbol{e} \tag{7.5.60}$$

由于 $\boldsymbol{p}_s \neq \boldsymbol{0}$，因此有 $\hat{\boldsymbol{R}}_s\boldsymbol{T}^{\mathrm{O}} = s\mu\boldsymbol{e}$。由此可得

$$\boldsymbol{p}_s\boldsymbol{T}^{\mathrm{O}} = s\mu\gamma \tag{7.5.61}$$

再注意到边缘概率向量 $\sum\limits_{i=0}^{s}\boldsymbol{p}_i = \boldsymbol{\pi}$，即平稳状态下到达过程所在的状态等于生成矩阵 $\boldsymbol{T}+\boldsymbol{T}^{\mathrm{O}}\boldsymbol{\alpha}$ 的稳态向量 $\boldsymbol{\pi}$，则顾客的阻塞概率可由下式给出

$$P_{\mathrm{B}} = \frac{\boldsymbol{p}_s\boldsymbol{T}^{\mathrm{O}}}{\left(\sum\limits_{i=0}^{s}\boldsymbol{p}_i\right)\boldsymbol{T}^{\mathrm{O}}} = \frac{s\mu\gamma}{\lambda} = \frac{\gamma}{\rho} \tag{7.5.62}$$

其中，$\lambda = \boldsymbol{\pi}\boldsymbol{T}^{\mathrm{O}}$ 为顾客的平均到达率。

但是遗憾的是，针对 PH/M/$s(k)$ 的结果令 $k \to \infty$，并不能很容易地验证其归结为 PH/M/s 的结果，这主要是由于其中涉及了过多的矩阵运算。

7.5.5 PH/PH/1 排队系统

进一步地，考虑一个更加一般的队列，即到达与服务过程均为相位型更新过程的 PH/PH/1 排队系统。基于 PH 型分布的稠密性，可知该队列就相当于 G/G/1 排队系统，它既包含了前述的 M/PH/1 队列和 PH/M/1 队列，又能够用来近似任意一个 G/G/1 队列。

考虑一个 PH/PH/1 排队系统，其中顾客到达遵循标识为 $(\boldsymbol{\alpha},\boldsymbol{T})$ 的 m 维 PH 型更新过程，其平均到达间隔为 $\lambda^{-1} = -\boldsymbol{\alpha}\boldsymbol{T}^{-1}\boldsymbol{e}$，LST 为 $F^*(\theta)$；所需的服务时间服从标识为 $(\boldsymbol{\beta},\boldsymbol{S})$ 的 n 维 PH 型更新过程，其平均服务时间为 $\mu^{-1} = -\boldsymbol{\beta}\boldsymbol{S}^{-1}\boldsymbol{e}$，LST 为 $G^*(\theta)$。令 N_t、J_t 和 K_t 分别表示该排队系统在时刻 t 的队列长度、在该时刻到达过程所在的相位以及服务过程所在的相位。很明显，PH/PH/1 队列构成了一个 QBD 过程，其状态空间为

$$\mathcal{E} = \{(0,j); 1 \leqslant j \leqslant m\} \cup \{(i,j,k); i \geqslant 1, 1 \leqslant j \leqslant m, 1 \leqslant k \leqslant n\} \tag{7.5.63}$$

将上述状态空间进行空间分割，即

$$\boldsymbol{0} = \{(0,1),(0,2),\cdots,(0,m)\} \tag{7.5.64}$$

$$\boldsymbol{i} = \{(i,1,1),(i,1,2),\cdots,(i,1,n),\cdots,(i,m,1),\cdots,(i,m,n)\} \tag{7.5.65}$$

则可知该排队系统构成了一个准生灭过程，其无穷小生成矩阵为

$$\boldsymbol{Q} = \begin{bmatrix} \boldsymbol{T} & \boldsymbol{T}^{\mathrm{O}}\boldsymbol{\alpha}\otimes\boldsymbol{\beta} & & & 0 \\ \boldsymbol{I}\otimes\boldsymbol{S}^{\mathrm{O}} & \boldsymbol{T}\oplus\boldsymbol{S} & \boldsymbol{T}^{\mathrm{O}}\boldsymbol{\alpha}\otimes\boldsymbol{I} & & \\ & \boldsymbol{I}\otimes\boldsymbol{S}^{\mathrm{O}}\boldsymbol{\beta} & \boldsymbol{T}\oplus\boldsymbol{S} & \boldsymbol{T}^{\mathrm{O}}\boldsymbol{\alpha}\otimes\boldsymbol{I} & \\ & & \boldsymbol{I}\otimes\boldsymbol{S}^{\mathrm{O}}\boldsymbol{\beta} & \boldsymbol{T}\oplus\boldsymbol{S} & \boldsymbol{T}^{\mathrm{O}}\boldsymbol{\alpha}\otimes\boldsymbol{I} \\ & & \ddots & \ddots & \ddots \end{bmatrix} \tag{7.5.66}$$

这里，$\boldsymbol{A}_0 = \boldsymbol{T}$ 表示 Level-0 至 Level-0 之间的状态转移，即微小时刻内无顾客到达的转移率，其维度为 $m\times m$。$\boldsymbol{B}_0 = \boldsymbol{T}^{\mathrm{O}}\boldsymbol{\alpha}\otimes\boldsymbol{\beta}$ 表示 Level-0 至 Level-1 之间的状态转移，即微小时刻内有

新顾客到达、且立即按初始概率向量 $\boldsymbol{\beta}$ 进入服务状态的转移率，其维度为 $m \times mn$。由于到达过程的相位转移与服务开始的相位完全独立发生，因此中间是 Kronecker 积。$\boldsymbol{D}_1 = \boldsymbol{I} \otimes \boldsymbol{S}^{\mathrm{O}}$ 表示 Level-1 至 Level-0 之间的状态转移，即微小时刻内正在接受服务的顾客结束服务而离开队列的状态转移率，其维度为 $mn \times m$。由于顾客退去之后队列变为空，即不会再有新的顾客进入服务状态，因此 Kronecker 积的右侧只有 $\boldsymbol{S}^{\mathrm{O}}$ 一项，无须再乘上 β。同时，基于随机过程稀疏性的假设（即两个独立随机事件同时发生的概率为高阶无穷小），可知在顾客结束服务而离开队列的同时，到达过程的相位不会发生转移，因此 Kronecker 积左侧的矩阵（表述的是到达过程的相位转移）为单位矩阵。$\boldsymbol{A} = \boldsymbol{T} \oplus \boldsymbol{S}$ 表示 Level-i 至 Level-i 之间的状态转移，即微小时刻内既无顾客到达，也无顾客退去的转移率。$\boldsymbol{B} = \boldsymbol{T}^{\mathrm{O}}\boldsymbol{\alpha} \otimes \boldsymbol{I}$ 表示 Level-i 至 Level-$(i+1)$ 之间的状态转移，即微小时刻内有新顾客到达的转移率。同样基于随机过程稀疏性的假设，可知在有顾客到达事件发生时，正在服务顾客的相位不会发生转移，因此 Kronecker 积右侧的矩阵（表述的是到服务过程的相位转移）为单位矩阵。$\boldsymbol{D} = \boldsymbol{I} \otimes \boldsymbol{S}^{\mathrm{O}}\boldsymbol{\beta}$ 表示 Level-$(i+1)$ 至 Level-i 之间的状态转移，即微小时刻内正在接受服务的顾客结束服务而退去队列的状态转移率。由于此时队列中有顾客在等待服务，因此会有一个顾客立即进入服务状态，即 Kronecker 积右侧需要乘上 $\boldsymbol{\beta}$。同时，基于随机事件稀疏性的假设，可知在发生顾客退去事件的同时到达过程的相位不会发生转移，因此 Kronecker 积左侧的矩阵为单位矩阵。

利用标准的矩阵几何解理论，可求得平稳状态概率为

$$\boldsymbol{p}_i = \boldsymbol{p}_1 \boldsymbol{R}^{i-1} \qquad (i \geqslant 1) \tag{7.5.67}$$

其中，$\boldsymbol{R}$ 为下述二阶矩阵方程式的最小非负解

$$\boldsymbol{R}^2(\boldsymbol{I} \otimes \boldsymbol{S}^{\mathrm{O}}\boldsymbol{\beta}) + \boldsymbol{R}(\boldsymbol{T} \oplus \boldsymbol{S}) + \boldsymbol{T}^{\mathrm{O}}\boldsymbol{\alpha} \otimes \boldsymbol{I} = 0 \tag{7.5.68}$$

而 $\boldsymbol{p}_0$ 和 $\boldsymbol{p}_1$ 可通过下式求得

$$\boldsymbol{p}_0 \boldsymbol{T} + \boldsymbol{p}_1(\boldsymbol{I} \otimes \boldsymbol{S}^{\mathrm{O}}) = 0 \tag{7.5.69}$$

$$\boldsymbol{p}_0(\boldsymbol{T}^{\mathrm{O}}\boldsymbol{\alpha} \otimes \boldsymbol{\beta}) + \boldsymbol{p}_1[\boldsymbol{T} \oplus \boldsymbol{S} + \boldsymbol{R}(\boldsymbol{I} \otimes \boldsymbol{S}^{\mathrm{O}}\boldsymbol{\beta})] = 0 \tag{7.5.70}$$

$$\boldsymbol{p}_0 \boldsymbol{e} + \boldsymbol{p}_1(\boldsymbol{I} - \boldsymbol{R})^{-1}\boldsymbol{e} = 1 \tag{7.5.71}$$

注释:

（1）求出任意时刻的状态概率后，到达时刻和退去时刻状态概率分别为

$$\boldsymbol{p}_0^- = C\boldsymbol{p}_0 \boldsymbol{T}^{\mathrm{O}} \tag{7.5.72}$$

$$\boldsymbol{p}_i^- = C\boldsymbol{p}_i(\boldsymbol{T}^{\mathrm{O}}\boldsymbol{\alpha} \otimes \boldsymbol{I}) \quad (i \geqslant 1) \tag{7.5.73}$$

$$\boldsymbol{p}_0^+ = C'\boldsymbol{p}_1(\boldsymbol{I} \otimes \boldsymbol{S}^{\mathrm{O}}) \tag{7.5.74}$$

$$\boldsymbol{p}_i^+ = C'\boldsymbol{p}_{i+1}(\boldsymbol{I} \otimes \boldsymbol{S}^{\mathrm{O}}\boldsymbol{\beta}) \quad (i \geqslant 1) \tag{7.5.75}$$

其中，C 和 C' 为归一化系数。

（2）PH-MRP/PH/1 队列的解析可以借用 PH/PH/1 队列的解析方法，但应注意向量和矩阵的区别，因为此时到达过程 PH 标识中的 $\boldsymbol{\alpha}$ 和 $\boldsymbol{T}^{\mathrm{O}}$ 均不再是向量，而是矩阵，这可能会大大影响公式的简化。

7.6 矩阵解析法的几个实例

7.6.1 ATM 网络中分组语音或分组视频业务统计复用器的性能解析

随着分组交换技术的不断进步，除了传统数据业务之外，语音和视频业务也越来越多地采用分组交换技术在网络中进行传输。如第 2 章所述，与数据业务类似，语音业务和视频业务分组化后也会呈现很强的突发性和相关性，特别是经过统计复用之后，需要用马尔可夫更新过程（如 MMPP）建模。同时，在 ATM 网络中，所有的信息均被打成固定长度的包（也称信元）来传送，因此顾客的服务时间（信元的传送时间）为定长分布。假设缓存器容量为有限值 k，则该系统可建模为 MMPP/D/1(k) 排队模型[HEFF 86] [MAGL 88] [NIU 92]。

注意到 n 阶爱尔朗分布 (E_n) 可以近似定长分布（通常需要选取较大的 n，如 $n \geqslant 50$），因此可以将上述 MMPP/D/1(k) 转化为 MMPP/E_n/1(k)。为了简便起见，假设输入过程为二维 MMPP，其 PH 标识为 $(\boldsymbol{\alpha}, \boldsymbol{T}, \boldsymbol{T}^{\mathrm{O}})$，其中

$$\boldsymbol{\alpha} = \begin{bmatrix} 1 & 0 \\ 0 & 1 \end{bmatrix}, \quad \boldsymbol{T} = \begin{bmatrix} -\lambda_1 - r_1 & \sigma_1 \\ r_2 & -\lambda_2 - \sigma_2 \end{bmatrix}, \quad \boldsymbol{T}^{\mathrm{O}} = \begin{bmatrix} -\lambda_1 & 0 \\ 0 & -\lambda_2 \end{bmatrix} \tag{7.6.1}$$

注意，此处的 $\boldsymbol{\alpha}$ 和 $\boldsymbol{T}^{\mathrm{O}}$ 均不再是向量，而是矩阵。

假设 n 阶爱尔朗分布的 PH 标识为 $(\boldsymbol{\beta}, \boldsymbol{S}, \boldsymbol{S}^{\mathrm{O}})$，其中

$$\boldsymbol{\beta} = (1, 0, \cdots, 0), \quad \boldsymbol{S} = \begin{bmatrix} -\mu & \mu & 0 & \cdots & 0 \\ 0 & -\mu & \mu & \cdots & 0 \\ \vdots & \vdots & \vdots & \vdots & \vdots \\ 0 & 0 & 0 & \cdots & -\mu \end{bmatrix}, \quad \boldsymbol{S}^{\mathrm{O}} = \begin{bmatrix} 0 \\ \vdots \\ 0 \\ \mu \end{bmatrix} \tag{7.6.2}$$

注意，此处的 $\boldsymbol{\beta}$ 和 $\boldsymbol{S}^{\mathrm{O}}$ 则仍为向量，但维数 n 较大。

令 N_t 为平稳状态下任意时刻 t 时系统内的顾客数，同时令 J_t 和 K_t 分别表示时刻 t 时到达过程和服务过程的相位，则定义在空间 Ω 和 Ω_0 上的状态变量组 (N_t, J_t, K_t) 构成了一个准生灭过程，其中

$$\Omega_i = \{(i, u, v); 1 \leqslant i \leqslant k+1, 1 \leqslant u \leqslant 2, 1 \leqslant v \leqslant n\} \tag{7.6.3}$$

$$\Omega_0 = \{(0, u); 1 \leqslant u \leqslant 2\} \tag{7.6.4}$$

且无穷小生成矩阵 $\boldsymbol{Q}$ 由下式给出

$$Q=\begin{bmatrix} A_0 & B_0 & & & \mathbf{0} \\ D_1 & A_1 & B_1 & & \\ & \ddots & \ddots & \ddots & \\ & & D_k & A_k & B_k \\ \mathbf{0} & & & D_{k+1} & A_{k+1} \end{bmatrix} \tag{7.6.5}$$

其中，

$$A_0=T \tag{7.6.6}$$

$$A_i=T\otimes I_n+I_2\otimes S \qquad (1\leqslant i\leqslant k) \tag{7.6.7}$$

$$A_{k+1}=(T+T^{\mathrm{O}}\alpha)\otimes I_n+I_2\otimes S \tag{7.6.8}$$

$$B_0=T^{\mathrm{O}}\alpha\otimes\beta \tag{7.6.9}$$

$$B_i=T^{\mathrm{O}}\alpha\otimes I_n \qquad (1\leqslant i\leqslant k) \tag{7.6.10}$$

$$D_1=I_2\otimes S^{\mathrm{O}} \tag{7.6.11}$$

$$D_i=I_2\otimes S^{\mathrm{O}}\beta \qquad (2\leqslant i\leqslant k+1) \tag{7.6.12}$$

其中，I_n 表示大小为 $n\times n$ 的单位阵，符号 $\otimes$ 表示 Kronecker 积。

令 $p=\{p_0,p_1,\cdots,p_{k+1}\}$ 为平稳状态下队列长度概率分布向量，其中

$$p_0=(p_{01},p_{02})$$

$$p_i=(p_{i11},p_{i12},\cdots,p_{i1n},p_{i21},p_{i22},\cdots,p_{i2n}) \quad (1\leqslant i\leqslant k+1)$$

这里，p_{iuv} 表示队列长度的稳态概率

$$p_{iuv}=\lim_{t\to\infty}P\{N_t=i,Y_t=u,Z_t=v\}$$

求解平稳状态方程 $pQ=\mathbf{0}$ 和归一化方程式 $pe=\mathbf{0}$，即可得出

$$p_{k+1-i}=p_{k-i}C_i, \quad (0\leqslant i\leqslant k) \tag{7.6.13}$$

其中，

$$C_0=B_k(-A_{k+1})^{-1}$$

$$C_i=B_{k-i}(-A_{k+1-i}-C_{i-1}D_{k-i})^{-1} \quad (1\leqslant i\leqslant k-1)$$

$$C_k=A_0+C_{k-1}D_1$$

针对 $i=1,2,\cdots,k+1$，定义 $\overline{p}_i=(p_{1,i},p_{2,i}),\ p_{1,i}=p_ie_1$，$p_{2,i}=p_ie_2$，其中，

$$e_1=[1,\cdots,1,0,\cdots0]^{\mathrm{T}}$$

$$(2v\times 1\text{向量，第 } i \text{ 项 } (1\leqslant i\leqslant v) \text{ 为 } 1\text{，其他项为 } 0)$$

$$\boldsymbol{e}_2=[0,\cdots,0,1,\cdots 1]^{\mathrm{T}}$$

$$(2v\times 1\text{向量，第 } i \text{ 项 } (1\leqslant i\leqslant v) \text{ 为 } 0\text{，其他项为 } 1)$$

则 MMPP 过程在相位 u $(u=1,2)$ 时的信元丢失率 $P_{\mathrm{B}u}$ 和平均等待时间 $\bar{W}_{qu}$ 分别为

$$P_{\mathrm{B}u}=\boldsymbol{p}_{u,k+1}\boldsymbol{e}_u,\quad \overline{W}_{qu}=\lambda_u^{-1}\sum_{i=1}^{k+1}(i-1)\boldsymbol{p}_{u,i}\boldsymbol{e}_u\quad (u=1,2) \tag{7.6.14}$$

由此可得，信元丢失率 P_{B} 和平均等待时间 $\overline{W}_q$ 分别为

$$\begin{aligned}P_{\mathrm{B}}&=\lambda^{-1}(\lambda_1 P_{\mathrm{B}1}+\lambda_2 P_{\mathrm{B}2})\\ \bar{W}_q&=\lambda^{-1}(\lambda_1\bar{W}_{q1}+\lambda_2\bar{W}_{q2})\end{aligned} \tag{7.6.15}$$

其中，λ 是顾客的平均到达率，由下式给出

$$\lambda=\frac{\lambda_1 r_2+\lambda_2 r_1}{r_1+r_2}$$

7.6.2 部分抢占优先权的即时-待时混合排队系统

考虑一个丢包敏感业务和时延敏感业务同时存在的混合排队系统，简称“即时-待时混合排队系统”[NIU 91d] [NIU 92]。如图 7.9所示，假设有 s 个信道共同服务这两类业务：第一类为丢包敏感（待时式）业务，第二类为延时敏感（即时式）业务，它们的到达过程均为泊松过程，平均到达率分别为 λ_1 和 λ_2。所需服务时间均为指数分布，其平均值分别为 μ_1^{-1} 和 μ_2^{-1}。

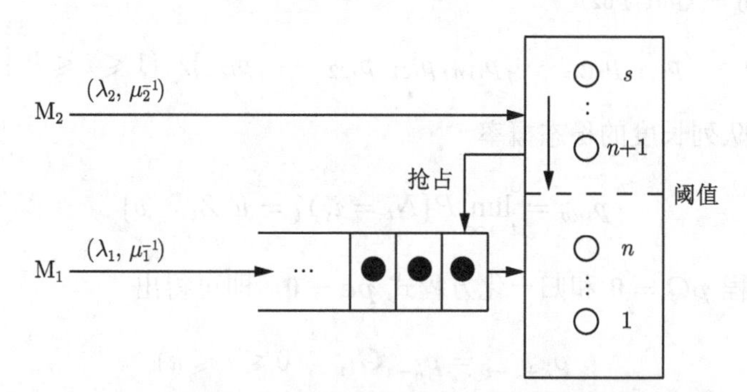

图 7.9 有部分抢占优先权的即时-待时混合排队系统

4.3.3 节已经指出，上述即时-待时混合排队系统存在两类业务所能得到的服务不平衡的现象，即如果第一类业务的业务量较大，那么第二类业务可能会完全被第一类业务挤出，基本上得不到服务。因此，为了使两类业务的服务质量达到某种平衡，必须在即时-待时混合排队系统中引入优先权控制机制。在综合了各种优先权机制的优缺点之后，文献 [NIU 92] 提出了一种部分抢占优先权（Partial Preemptive Priority, PPP）机制，通过限制第二类业务的抢占式优先权实现两类业务的平衡。具体地，当第二类业务到达时发现所有信道已经被占用，且正在服务第二类业务的信道数小于门限值 $s-n$ $(n<s)$ 时，则正在服务第

一类业务的某个信道将会立即切换去服务新到达的第二类业务。也就是说，第二类业务只有在所有的信道均被占用，且正在接受服务的第二类业务数超过门限值 $s-n$ 时才会发生阻塞，因此有时也称其为“带有门限的抢占式优先权”机制。被终止的第一类业务将退回到等待队列的队头，直到信道中出现空闲时立即重新开始接受服务。由于第一类业务的服务时间为无记忆的指数分布，因此无论是抢占接续式 Preemptive Resume，还是抢占重启式 Preemptive Restart，重新开始服务时其服务时间概率分布保持不变。该队列可表述为：$\mathrm{M}_1 \overleftarrow{+} \mathrm{M}_2/\mathrm{M}_1, \mathrm{M}_2/s/\infty, s(n)$ （PPP）。

显然，上述模型可以描述为一个二维马尔可夫过程，并采用与 4.3.3 节同样的方法求解。但实际上，还可以将该二维马尔可夫过程描述为一个准生灭过程，然后采用矩阵几何解析法来求解。该方法的最大好处在于它的通用性，即完全可以套用标准的矩阵解析法来求解，并可轻易地扩展到类似的模型。

具体地，令 i 和 j 分别表示平稳状态下系统中第一类和第二类业务的用户数，其状态转移如图 7.10所示，其中 ∘、□ 和 • 分别表示空闲状态（有信道空闲）、可抢占状态（所有

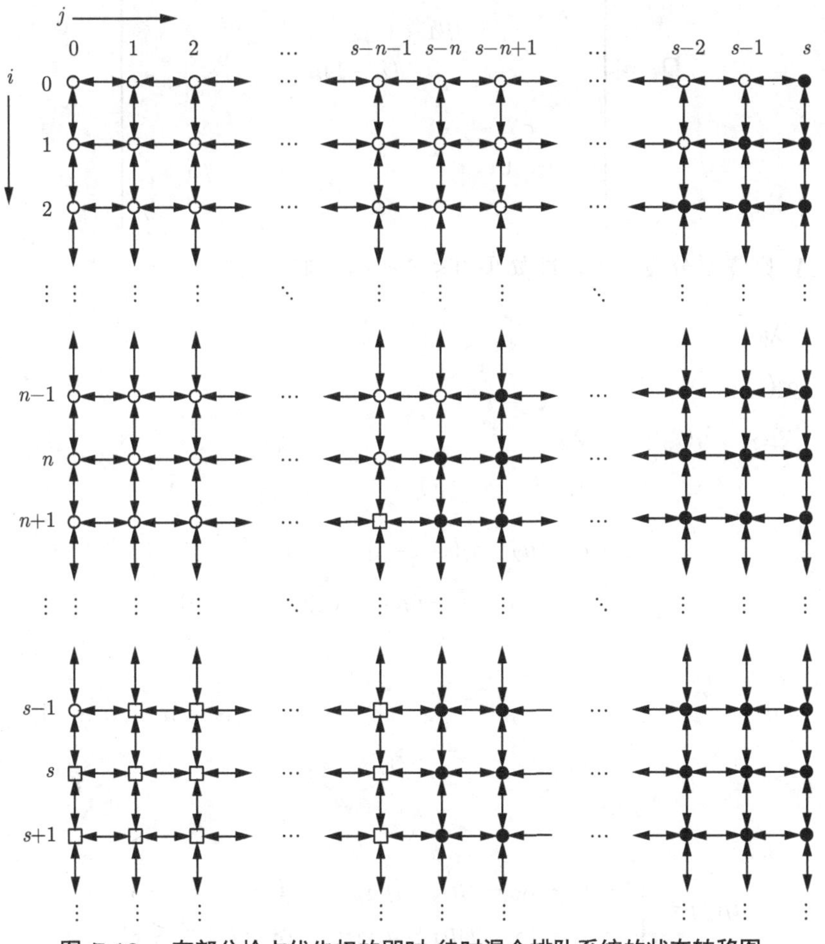

图 7.10　有部分抢占优先权的即时-待时混合排队系统的状态转移图

信道忙，且第一类用户数超过 n，因此第二类呼叫有抢占的机会）和阻塞状态（所有信道被占用，且第一类用户数未超过 n，因此第二类呼叫没有抢占的机会）。同时，"↔"表示双向转移，"←"或"→"表示单向转移，且省略了具体的转移率表示。

定义 Level-$\boldsymbol{i}$ = $\{(i,0),\ (i,1),\ \cdots,\ (i,s)\}$，可将该二维马尔可夫过程表述为一个如式 (7.3.10) 所示的标准 QBD 过程，其中，$\boldsymbol{B}_i$、$\boldsymbol{D}_i$ 和 $\boldsymbol{A}_i(i=0,1,\cdots,s)$ 均为 $(s+1)\times(s+1)$ 维矩阵。

$$\boldsymbol{B}_i=\begin{bmatrix}\lambda_1 & & & & 0\\ & \ddots & & & \\ & & \ddots & & \\ & & & \ddots & \\ 0 & & & & \lambda_1\end{bmatrix} \tag{7.6.16}$$

$$\boldsymbol{D}_i=\begin{bmatrix}i\mu_1 & & & & & & 0\\ & \ddots & & & & & \\ & & i\mu_1 & & & & \\ & & & (i-1)\mu_1 & & & \\ & & & & \ddots & & \\ 0 & & & & & \mu_1 & \\ & & & & & & 0\end{bmatrix} \tag{7.6.17}$$

矩阵 $\boldsymbol{A}_i$ 则需要分段给出，即如果 $0\leqslant i<n$，则有

$$\boldsymbol{A}_i=\begin{bmatrix}a_i(0) & \lambda_2 & & & & & & & 0\\ \mu_2 & a_i(1) & \lambda_2 & & & & & & \\ & 2\mu_2 & a_i(2) & \lambda_2 & & & & & \\ & & \ddots & \ddots & \ddots & & & & \\ & & & (s-i-1)\mu_2 & a_i(s-i-1) & \lambda_2 & & & \\ & & & & (s-i)\mu_2 & a_i(s-i) & 0 & & \\ & & & & & \ddots & \ddots & \ddots & \\ 0 & & & & & & (s-1)\mu_2 & a_i(s-1) & 0\\ & & & & & & & s\mu_2 & a_i(s)\end{bmatrix}, \tag{7.6.18}$$

其中，

$$a_i(j)=\begin{cases}-\lambda_1-\lambda_2-i\mu_1-j\mu_2, & (0\leqslant j\leqslant s-i-1)\\ -\lambda_1-(s-j)\mu_1-j\mu_2, & (s-i\leqslant j\leqslant s)\end{cases}$$

如果 $n\leqslant i\leqslant s$，则有

$$
\boldsymbol{A}_i=\begin{bmatrix}
a_i(0) & \lambda_2 & & & & & & & \\
\mu_2 & a_i(1) & \lambda_2 & & & & & 0 & \\
 & 2\mu_2 & a_i(2) & \lambda_2 & & & & & \\
 & & \ddots & \ddots & \ddots & & & & \\
 & & & (s-n-1)\mu_2 & a_i(s-n-1) & \lambda_2 & & & \\
 & & & & (s-n)\mu_2 & a_i(s-n) & 0 & & \\
 & & & & & \ddots & \ddots & \ddots & \\
 & 0 & & & & & (s-1)\mu_2 & a_i(s-1) & 0 \\
 & & & & & & & s\mu_2 & a_i(s)
\end{bmatrix} \tag{7.6.19}
$$

其中，

$$
a_i(j)=\begin{cases}
-\lambda_1-\lambda_2-i\mu_1-j\mu_2 & (0\leqslant j\leqslant s-i-1)\\
-\lambda_1-\lambda_2-(s-j)\mu_1-j\mu_2 & (s-i\leqslant j\leqslant s-n-1)\\
-\lambda_1-(s-j)\mu_1-j\mu_2 & (s-n\leqslant j\leqslant s)
\end{cases}
$$

令 $\boldsymbol{A}=\boldsymbol{D}_s+\boldsymbol{A}_s+\boldsymbol{B}_s$，则有

$$
\boldsymbol{A}=\begin{bmatrix}
-\lambda_2 & \lambda_2 & & & & & \\
\mu_2 & -\lambda_2-\mu_2 & \lambda_2 & & & 0 & \\
\ddots & \ddots & \ddots & & & & \\
 & (s-n-1)\mu_2 & -\lambda_2-(s-n-1)\mu_2 & \lambda_2 & & & \\
 & & (s-n)\mu_2 & -(s-n)\mu_2 & 0 & & \\
 & & \ddots & \ddots & \ddots & & \\
 & 0 & & (s-1)\mu_2 & -(s-1)\mu_2 & 0 & \\
 & & & & s\mu_2 & -s\mu_2 &
\end{bmatrix} \tag{7.6.20}
$$

再定义 $\boldsymbol{\pi}=\{\pi_0,\pi_1,\cdots,\pi_s\}$ 为矩阵 $\boldsymbol{A}$ 的稳态概率分布向量，则通过求解 $\boldsymbol{\pi A}=\boldsymbol{0}$ 可得

$$
\pi_j=\begin{cases}
\dfrac{a_2^j/j!}{\displaystyle\sum_{k=0}^{s-n}\frac{a_2^k}{k!}} & (0\leqslant j\leqslant s-n)\\
0 & (s-n+1\leqslant j\leqslant s)
\end{cases} \tag{7.6.21}
$$

由此求得

$$
\begin{cases}
\boldsymbol{\pi B}_s\boldsymbol{e}=\lambda_1\\
\boldsymbol{\pi D}_s\boldsymbol{e}=\displaystyle\sum_{j=0}^{s-n}(s-j)\pi_j\mu_1=s\mu_1-a_2[1-E_{s-n}(a_2)]\mu_1
\end{cases} \tag{7.6.22}
$$

其中，$E_{s-n}(a_2)$ 是爱尔朗阻塞率公式。因此，基于定理 7.12可知该排队系统平稳状态存在的充分必要条件为

$$a_1 < s - a_2[1 - E_{s-n}(a_2)] \tag{7.6.23}$$

其中，$a_1 = \lambda_1/\mu_1$，$a_2 = \lambda_2/\mu_2$。这里，$a_2[1 - E_{s-n}(a_2)]$ 实际上表示的是第二类业务平均被服务的业务量，因此，$s - a_2[1 - E_{s-n}(a_2)]$ 表示了能够为第一类业务提供服务的平均信道数，由此可见抢占优先权的门限值 n 对系统平稳条件的影响，即 n 越小，系统所能接纳的待时业务量越小。

在系统平稳条件得到满足的基础上，可按照 7.3节所示的标准流程求解出系统的性能指标，包括第一类业务的等待时间和第二类业务的阻塞率等，此处不再赘述。

下面讨论部分抢占优先权（PPP）机制的几个特殊情况，由此可见 PPP 机制的通用性。

（1）特殊情况 A：无优先权机制。

如果令 $n = s$，则 PPP 机制归结为传统的无优先权（No Priority, NP）机制，其结果已在 4.3.3 节给出。此时，率矩阵 $\boldsymbol{R}$ 退化为一个下三角矩阵，其对角线上的元素可显式地给出

$$\begin{aligned}
r_{00} &= \frac{\lambda_1}{s\mu_1} \\
r_{jj} &= \frac{\lambda_1 + (s-j)\mu_1 + j\mu_2}{2(s-j)\mu_1} \\
&\quad - \frac{\sqrt{[\lambda_1 + (s-j)\mu_1 + j\mu_2]^2 - 4(s-j)\lambda_1\mu_1}}{2(s-j)\mu_1} \\
&\qquad\qquad (j = 1, 2, \cdots, s-1) \\
r_{ss} &= \frac{\lambda_1}{\lambda_1 + s\mu_2}
\end{aligned} \tag{7.6.24}$$

非对角线上的元素则可通过下列线性递归方程式给出

$$\begin{aligned}
&(s-j)\mu_1 \left[r_{j\nu}(r_{jj} + r_{\nu\nu}) + \sum_{k=\nu+1}^{j-1} r_{jk} r_{k\nu} \right] \\
&\qquad - [\lambda_1 + (s-j)\mu_1 + j\mu_2] r_{j\nu} + j\mu_2 r_{j,\nu+1} = 0 \\
&\qquad (j = \nu+1, \nu+2, \cdots, s;\ \nu = 0, 1, \cdots, s)
\end{aligned} \tag{7.6.25}$$

显然，$r_{00} = a_1/s$ 为矩阵 $\boldsymbol{R}$ 最大的特征值，因此系统平稳状态存在的充分必要条件式 (7.6.19) 退化为 $a_1 < s$。

进一步地，如果 $\mu_1 = \mu_2 = \mu$，则在进入服务状态之后没有必要再区分哪些是第一类、哪些是第二类业务，因此，二维的马尔可夫过程可以简化为一维的马尔可夫过程。此时状态空间只包含一个下标 $i + j$，等于系统中两类业务数的总和。定义 $\boldsymbol{k} = i + j$，则此时矩阵 ($\boldsymbol{B}_k$、$\boldsymbol{D}_k$ 和 $\boldsymbol{A}_k$) 都退化为标量，取值分别为

$$
B_k = \begin{cases} \lambda & (k < s) \\ \lambda_1 & (k = s) \end{cases}
$$
$$
D_k = k\mu \quad (k \leqslant s) \tag{7.6.26}
$$
$$
A_k = \begin{cases} -\lambda - k\mu & (k < s) \\ -\lambda_1 - s\mu & (k = s) \end{cases}
$$

由此可得 $R = a_1/s = \rho_1$，以及

$$
P_{\mathrm{B}} = \frac{sE_s(a)}{s - a_1[1 - E_s(a)]} \tag{7.6.27}
$$

$$
\overline{W}_q = \frac{P_B}{s\mu - \lambda_1} \tag{7.6.28}
$$

这些结果与第 4 章中的式 (4.3.22) 和式 (4.3.26) 一致。

（2）特殊情况 B：抢占优先权机制。

如果令 $n = 0$，则 PPP 机制归结为传统的抢占优先权（Preemptive Priority, PP）机制，即第二类业务针对第一类业务具有完全的抢占式优先权。此时，第二类业务的性能完全不受第一类业务的影响，因此第二类业务的阻塞率可由爱尔朗阻塞率公式给出，即 $P_{\mathrm{B}} = E_s(a_2)$。相应地，系统的稳态条件 (7.6.19) 也退化为 $a_1 < s - a_2[1 - E_s(a_2)]$。

（3）特殊情况 C：移动边界优先权机制。

在文献 [KUMM 74] 中，作者提出了一种移动边界（Movable Boundary, MB）优先权机制，它首先将 s 个信道按照门限值 n 划分为两部分，其中 n 个信道分配给第一类业务、$s - n$ 个信道分配给第二类业务。但如果系统中第二类业务的数目不足 $s - n$ 时，允许第一类业务占用分配给第二类业务的信道，即从第一类业务的角度来看，其所能获得的信道边界是动态变化的。相反，第二类业务最多只能使用分配给它的 $s - n$ 信道，针对这部分“专用”信道，它有完全的抢占式优先权，即如果第二类业务到达时发现有第一类业务占用了这部分“专用”信道，则将其中的某个第一类业务挤出信道。被中断的第一类业务退回到队列的头部。

由此可见，MB 机制与 PPP 机制的本质区别仅在于是否允许第二类业务占用分配给第一类业务的闲置信道，MB 机制中不允许，而 PPP 机制中允许。因此，在 MB 机制中，第二类业务在系统中存在的最大可能数量为 $s - n$，即 MB 机制的状态转移图就相当于在 $j = s - n$ 处被截断的 PPP 机制状态转移图（见图 7.11）。

可见，MB 机制也可以转化为一个标准的 QBD 过程，其中，B_i、D_i 和 $A_i(i = 0, 1, \cdots, s - n)$ 均为 $(s - n + 1) \times (s - n + 1)$ 维矩阵，即

$$
\boldsymbol{B}_i = \begin{bmatrix} \lambda_1 & & \mathbf{0} \\ & \ddots & \\ \mathbf{0} & & \lambda_1 \end{bmatrix} \quad (0 \leqslant i \leqslant s) \tag{7.6.29}
$$

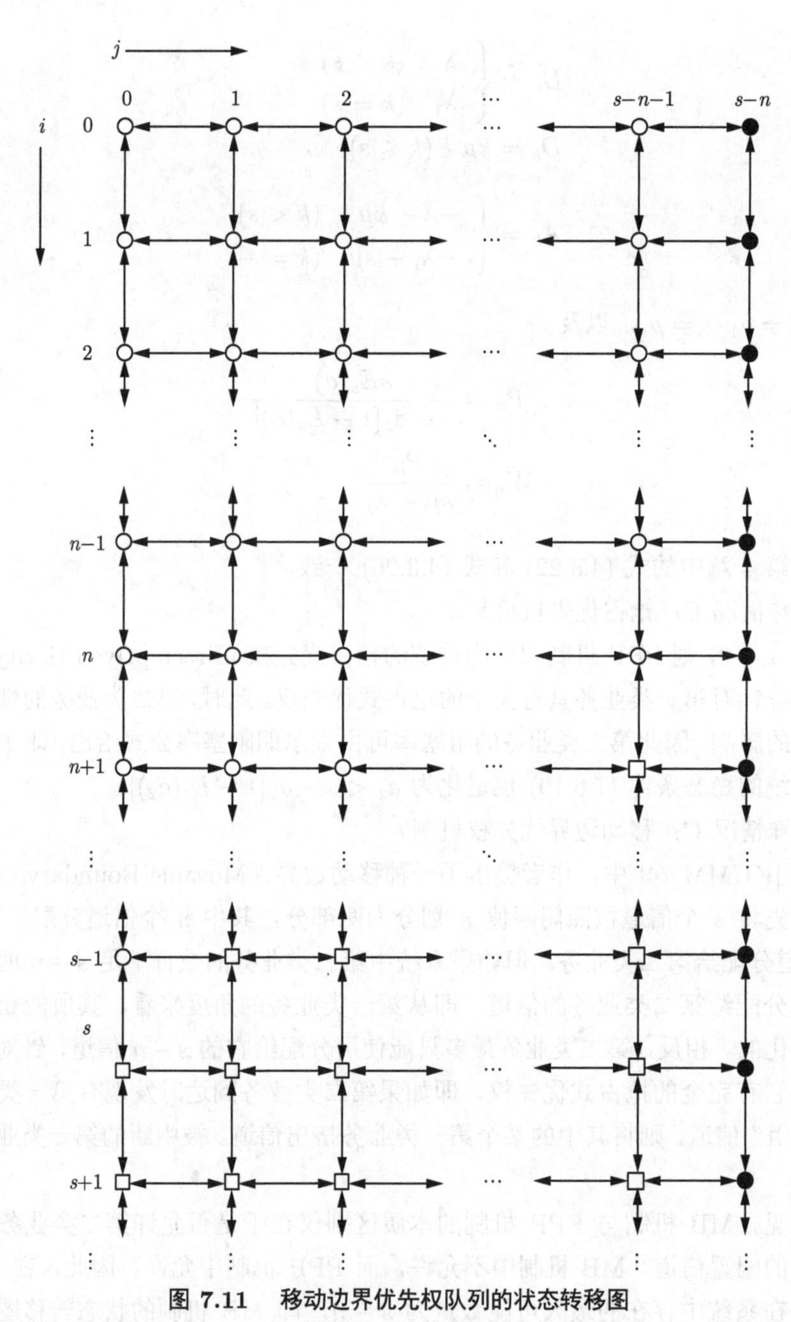

图 7.11 移动边界优先权队列的状态转移图

对于矩阵 $\boldsymbol{D}_i$，如果 $0 \leqslant i < n$，则有

$$\boldsymbol{D}_i = \begin{bmatrix} i\mu_1 & & \mathbf{0} \\ & \ddots & \\ \mathbf{0} & & i\mu_1 \end{bmatrix} \quad (0 \leqslant i \leqslant n) \tag{7.6.30}$$

如果 $n \leqslant i \leqslant s$，则有

$$\boldsymbol{D}_i = \begin{bmatrix} i\mu_1 & & & & & \boldsymbol{0} \\ & \ddots & & & & \\ & & i\mu_1 & & & \\ & & & (i-1)\mu_1 & & \\ & & & & \ddots & \\ \boldsymbol{0} & & & & & n\mu_1 \end{bmatrix} \quad (n \leqslant i \leqslant s) \tag{7.6.31}$$

对于矩阵 $\boldsymbol{A}_i$，如果 $0 \leqslant i < n$，则有

$$\boldsymbol{A}_i = \begin{bmatrix} a_i(0) & \lambda_2 & & & & \boldsymbol{0} \\ \mu_2 & a_i(1) & \lambda_2 & & & \\ & 2\mu_2 & a_i(2) & \lambda_2 & & \\ & & \ddots & \ddots & \ddots & \\ & & & (s-n-1)\mu_2 & a_i(s-n-1) & \lambda_2 \\ \boldsymbol{0} & & & & (s-n)\mu_2 & a_i(s-n) \end{bmatrix} \tag{7.6.32}$$

其中，

$$a_i(j) = \begin{cases} -\lambda_1 - \lambda_2 - i\mu_1 - j\mu_2 & (0 \leqslant j \leqslant s-i-1) \\ -\lambda_1 - i\mu_1 - j\mu_2 & (j = s-n) \end{cases}$$

如果 $n \leqslant i \leqslant s$，则有

$$\boldsymbol{A}_i = \begin{bmatrix} a_i(0) & \lambda_2 & & & & \boldsymbol{0} \\ \mu_2 & a_i(1) & \lambda_2 & & & \\ & 2\mu_2 & a_i(2) & \lambda_2 & & \\ & & \ddots & \ddots & \ddots & \\ & & & (s-n-1)\mu_2 & a_i(s-n-1) & \lambda_2 \\ \boldsymbol{0} & & & & (s-n)\mu_2 & a_i(s-n) \end{bmatrix} \tag{7.6.33}$$

其中，

$$a_i(j) = \begin{cases} -\lambda_1 - \lambda_2 - i\mu_1 - j\mu_2 & (0 \leqslant j \leqslant s-i-1) \\ -\lambda_1 - \lambda_2 - (s-j)\mu_1 - j\mu_2 & (s-i \leqslant j \leqslant s-n-1) \\ -\lambda_1 - n\mu_1 - j\mu_2 & (j = s-n) \end{cases}$$

通过简单计算可以验证，MB 机制下平稳状态存在的充分必要条件与 PPP 机制下的平稳状态存在的充分必要条件完全一致，由式 (7.6.23) 给出。

综上所述，PPP 机制是一个通用的抢占式优先权机制，它包含了传统的 NP、PP 和 MB 机制，它们之间的主要区别体现在率矩阵 $\boldsymbol{R}$ 的结构上。基于文献 [NEUT 81] 中的定

义，矩阵 $\boldsymbol{R}$ 的第 (u,v) 元素 $r_{uv} \geqslant 0$ 表示排队系统从状态 (i,u) 出发（其中 $i \geqslant s$）向右开始转移（即由第一类业务到达所激发的向 $(i+1,*)$ 的转移），直至第一次返回到第 i 层某个状态之前访问状态 $(i+1,v)$ 次数的期望。具体地，针对 $\mathrm{M}_1 \overleftarrow{+} \mathrm{M}_2/\mathrm{M}_1, \mathrm{M}_2/s/\infty, s(n)$（PPP）排队系统，$u$ 和 v 对应于第二类业务的用户数，其矩阵 $\boldsymbol{R}$ 的结构如图 7.12 所示。在 NP 机制下，由于第二类业务没有抢占优先权，因此在所有信道均被占用的前提下，第二类业务的到达并不会引起第二类业务用户数的增加，即 $v \leqslant u$，所以矩阵 $\boldsymbol{R}$ 为下三角矩阵。相反，在 PP 机制下，矩阵 $\boldsymbol{R}$ 则是一个全部元素均不为零的严格正矩阵，因为第二类业务永远都可以抢占第一类业务所占用的信道。与此相对应，MB 机制下的矩阵 $\boldsymbol{R}$ 则相当于 PPP 机制下矩阵 $\boldsymbol{R}$ 的一个子矩阵，即在 $j=s-n$ 处截断的矩阵 $\boldsymbol{R}$。

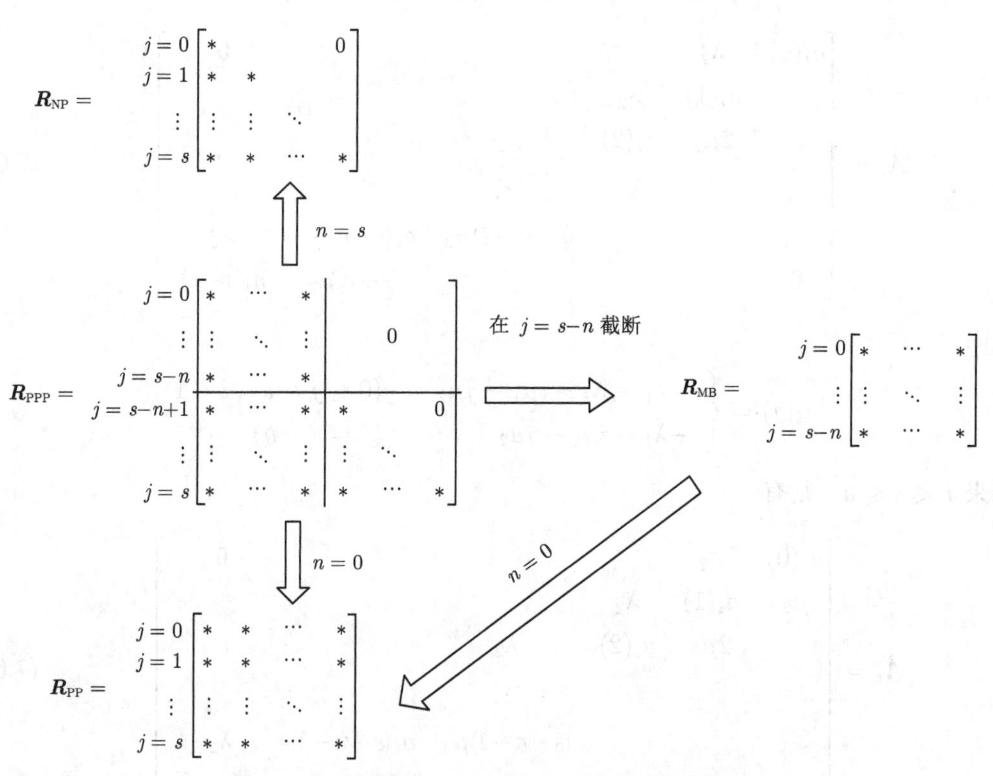

图 7.12　不同优先权机制下的 $\boldsymbol{R}$ 矩阵结构示意图

下面以分组交换网中语音和数据混合业务模型为例，比较以上几种优先权机制的性能。由于 NP、PP 和 MB 均为 PPP 机制的特例，仅针对 PPP 机制编写一个统一的计算程序即可。具体地，假设语音业务按照泊松过程到达，其到达率为 λ_2=0.06/s；所需服务时间为指数分布，其均值为 μ_2^{-1}=125s。数据分组业务的到达过程也假设为泊松过程，其到达率为 λ_1=60/s；数据分组的包长服从几何分布，其均值为 2000b；数据传输设备的传输速率为 16kb/s，由此可知包的平均传输时间为 μ_1^{-1}=125ms。可见，$a_1 = a_2$=7.5erl，$\gamma = \mu_2^{-1}/\mu_1^{-1} = 10^3$。

假设该分组交换网拥有 $s = 20$ 个独立的传输信道，并假设语音业务相对于数据业务具有部分抢占式优先权，则该排队系统可描述为 $\mathrm{M}_1 \overleftarrow{+} \mathrm{M}_2/\mathrm{M}_1, \mathrm{M}_2/s/\infty, s(n)$（PPP）排队系统。图 7.13 和图 7.14 分别给出了不同门限值 n 情况下 PPP 机制和 MB 机制的语音业务阻塞率和数据业务平均延时性能，其中 PPP 机制下 $n=0$ 和 $n=s$ 的两点分别对应于 PP 机制和 NP 机制下的性能（但应注意，MB 机制下 $n=s$ 时的性能并非 NP 机制的性能，尽管此时 $n=0$ 时的性能也对应于 PP 机制的性能）。比如说，如果两种业务对性能的要求分别为 $\overline{W}_q \leqslant 3\text{s}$ 和 $P_{\text{B}} \leqslant 10^{-2}$，则可知 PPP 机制和 MB 机制下 n 需要选择为 6，而 NP 机制和 PP 机制则无法同时满足两者的性能要求。如果第二类业务的阻塞率要求松弛到 $P_{\text{B}} \leqslant 10^{-1}$，则 MB 机制下 n 可以上升至 10，第一类业务的平均延时下降至 $\overline{W}_q \leqslant 20\text{ms}$；而 PPP 机制下 n 可以上升至 13，第一类业务的平均延时下降至 $\overline{W}_q \leqslant 100\text{ms}$。

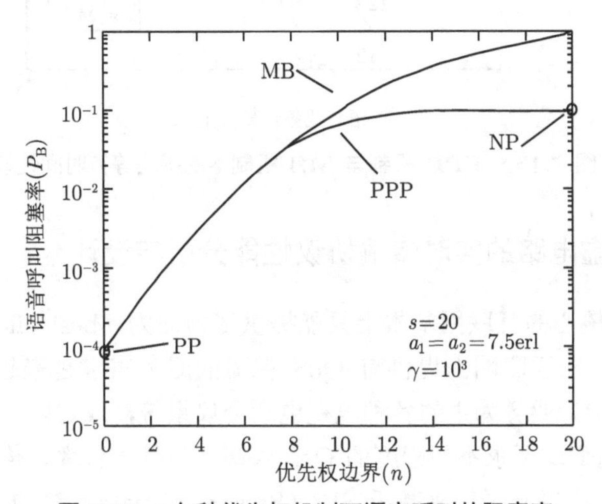

图 7.13　各种优先权机制下语音呼叫的阻塞率

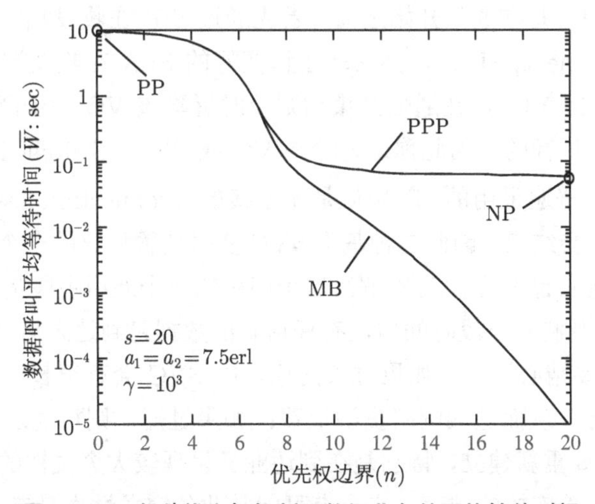

图 7.14　各种优先权机制下数据业务的平均等待时间

图 7.15 的结果则是在满足第二类业务阻塞率 $P_{\text{B}}=10^{-2}$ 前提下，比较 PPP 机制和 MB 机制下第一类业务平均等待时间的性能，可见 PPP 机制优于 MB 机制。

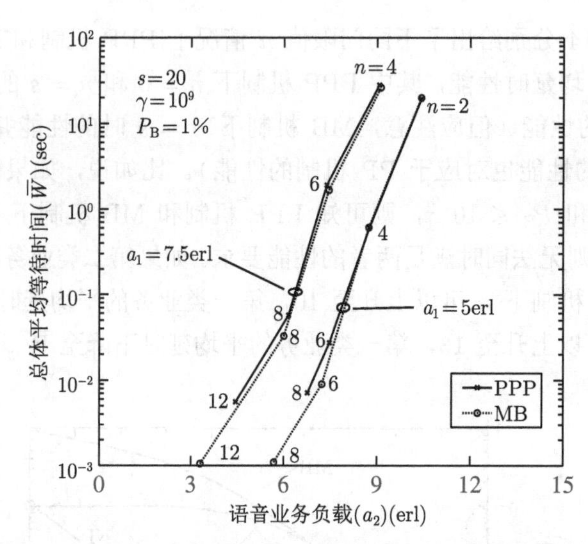

图 7.15 PPP 机制与 MB 机制下的平均等待时间性能

7.6.3 基于动态虚电路的实时传输协议性能分析与设计

以 TCP/IP 为核心的互联网基本上只能提供尽力而为（best effort）服务，但随着网络应用的不断扩展，在互联网上提供有 QoS 保障的服务需求越来越高。例如，以 VoIP（Voice/Video over IP）业务为主的各种电视电话会议系统，或是以互联网广播业务为主的各种流媒体服务，它们均要求不同程度的 QoS 保障，包括丢包率、传输延时以及延时抖动等。为此，在互联网中兴起了一种基于 SIP（Session Initiation Protocol）[JOHN04] 的实时通信协议（Real-time Transport Protocol，RTP）或是 SRTP（Secure Real-time Transport Protocol），其基本原理是在通信开始之前，首先通过 SIP 在收发端之间协商服务质量水平（Service Level Agreement, SLA），然后基于协商好的 SLA 在收发端之间建立相应的虚拟链路（Virtual Circuit, VC），在通信结束后则及时拆除该 VC。由于该 VC 的建立和拆除是根据业务需求动态进行的，因此称之为动态 VC 或 SVC（Switched VC）。

但由于互联网中普遍采用的 IP 协议是无连接的（connection-less），即网络层无法知道某个连接请求何时会结束，因此这种基于 SVC 实时传输协议的一个关键设计问题是：何时去拆除一个已经建立起来的 SVC？解决这个问题的一个通用手段是引入超时（time-out）机制，即在 SVC 中观测到一段时间内没有任何新的数据包到达之后则将该 SVC 拆除，显然该 time-out 值需要精心设计，如果过长的话，则 SVC 会有很长一段时间占用网络资源却没有传送任何信息，从而造成网络资源浪费；如果过短，则可能造成误拆除，即被拆除的 SVC 很有可能需要重新建立，特别是在到达业务呈现较大突发性的时候，因为一段时间的静默并不一定意味着连接的结束，完全有可能是业务突发性本身造成的。在实际网络中，无论是连接的建立、还是连接的拆除，均需要消耗一定的网络资源，并带来一定的延迟，因此如何优化设计该 time-out 值显得尤为重要[NIU 98a] [NIU 98b]。

为此，文献 [NIU 99] [NIU 03] 建立了一种考虑服务器启动（setup）和关断（close-down）

时间的单服务器休假（vacation）队列模型，其中缓存区（等待空间）大小为有限值 $K-1$。如图 7.16 所示，这里的服务器代表 SVC 链接，为了建立该链接，网络需要启动信令系统、寻找路由、预约网络资源等，因此会伴随一个启动延时（setup time）。当服务器探知到队列变空时，则启动 time-out 机制。如果在 time-out 期间有新的数据包到达，服务器立即回到服务状态；否则，服务器进入休假状态，即网络启动信令系统、删除路由、释放网络资源等，因此也会伴随一个延时，即休假时间（vacation time）。如果休假结束时发现有新的数据包在等待，则需要重新建立 SVC 链接；否则，服务器重新开始一期休假（即多重休假模式）或是进入空闲（idle）状态（即单重休假模式）。一般来讲，SVC 的建立延时（即服务器的启动时长）和拆除延时（即服务器的休假时长）由网络的规模、负载的大小等决定，是可以事先给定的，而 time-out 时长则是需要优化设计的，它对应于休假排队模型中的关断时长（close-down time）。

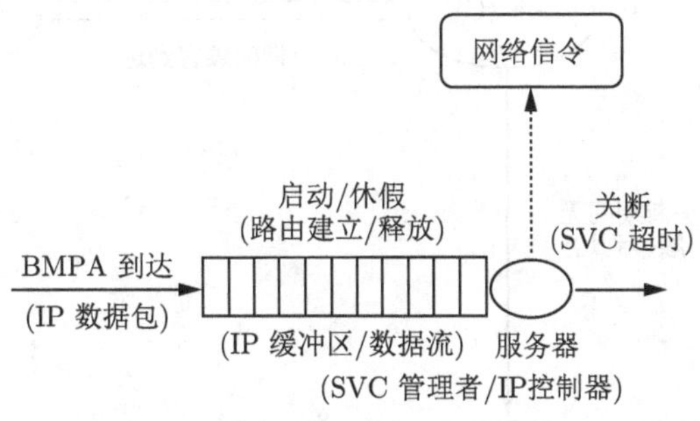

图 7.16　有启动和关断时间的 BMAP/G/1/K 休假排队模型

不失一般性，假设服务器的启动时长、关断时长、休假时长以及针对每个数据包的服务时间均服从一般概率分布，其累积概率分布函数分别为 $S(x)$、$C(x)$、$V(x)$、$B(x)$，对应的 LST 分别为 $\tilde{S}(\theta)$、$\tilde{C}(\theta)$、$\tilde{V}(\theta)$、$\tilde{B}(\theta)$，相应的均值分别为 m_S、m_C、m_V、m_B。图 7.17和图 7.18分别描述了在单重休假和多重休假模型中服务器各状态之间的转移。

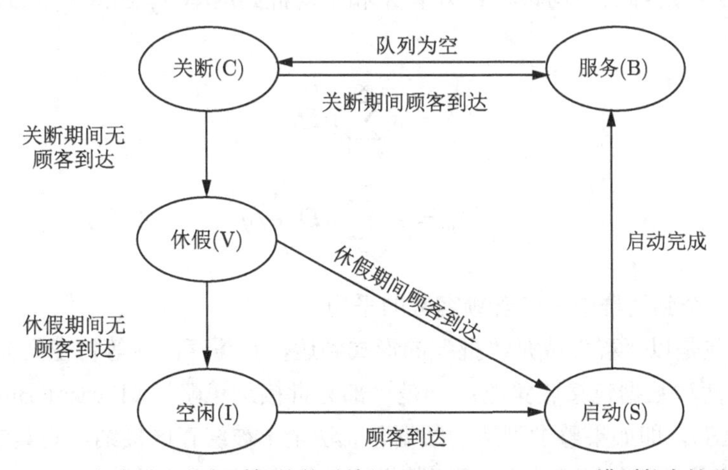

图 7.17　有启动和关断时间的单重休假 BMAP/G/1/K 模型状态转移图

数据包的到达过程假设为非常具有一般性的 BMAP（Batch Markovian Arrival Process）[LUCA 91]。如 7.2.2节所述，BMAP 被认为是截至目前为止最具有一般性的随机过程，它不仅能够表述任意概率分布的随机过程，如 IPP（间歇泊松过程）、MMPP（马尔可夫调制泊松过程）等，同时还能够表述群（group）或是批（batch）到达的随机过程。具体地，m 状态 BMAP 可用 $\{\boldsymbol{D}_n; n=0,1,2,\cdots\}$ 完全描述，其中 $\boldsymbol{D}_0$ 为一个 $m\times m$ 矩阵，对角元素为负数，非对角元素为非负，它描述了没有顾客到达时的状态转移率；$\boldsymbol{D}_n$ $(n\geqslant 1)$ 为一个 $m\times m$ 矩阵，所有的元素非负，它描述了发生大小为 n 的群到达时的状态转移率。如果定义一个二维数组 (k,j)，其中 k 表示系统中的顾客数，j 表示 BMAP 所处的相位，则 BMAP 定义了一个群到达过程，该过程从状态 (k,j) 到状态 $(k+n,l)$（即到达了一个大小为 n 的顾客群）的转移率为矩阵 $\boldsymbol{D}_n$ 的第 (j,l) 元素，其中 $1\leqslant\{j,l\}\leqslant m$。

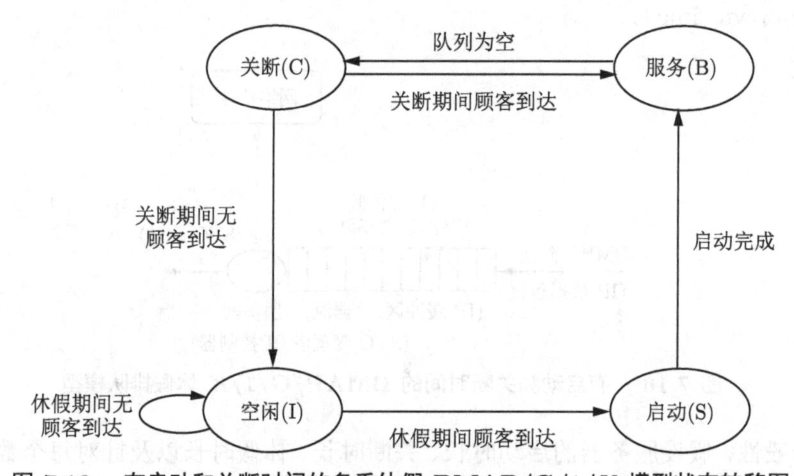

图 7.18　有启动和关断时间的多重休假 BMAP/G/1/K 模型状态转移图

令 $\boldsymbol{D}=\sum\limits_{n=0}^{\infty}\boldsymbol{D}_n$，$\boldsymbol{\pi}$ 为 $\boldsymbol{D}$ 的稳态概率向量，满足 $\boldsymbol{\pi D}=0$ 和 $\boldsymbol{\pi e}=1$，其中 $\boldsymbol{e}$ 是单位列向量，则 BMAP 过程的平均顾客到达率 λ 和平均群到达率 λ_{g} 由式 (7.6.34) 和式 (7.6.35) 给出：

$$\lambda=\boldsymbol{\pi}\sum_{n=1}^{\infty}n\boldsymbol{D}_n\boldsymbol{e} \tag{7.6.34}$$

$$\lambda_g=\boldsymbol{\pi}\sum_{n=1}^{\infty}n\boldsymbol{D}_n\boldsymbol{e}/g \tag{7.6.35}$$

其中，g 表示每个到达群中所包含顾客数的平均。

由于数据包是以“群”或是“批”的形式到达，且缓存区（等待空间）大小为有限值，因此需要考虑两种数据包接收策略：一是“部分批接纳策略”（Partial Batch Acceptance Strategy, PBAS），即如果整批到达的数据包无法全部被缓存区接纳，则其中部分数据包进入缓存区，其余的数据包被丢弃；二是“整批接纳策略”（Whole Batch Acceptance Strategy, WBAS），即如果整批到达的数据包无法全部被缓存区接纳，则整批数据包全部被丢弃。这两种策略在实际网络中均有应用，前者常用于整批的数据包可分开进行传输的情形，如互联网流量控制中的 PPD（Partial Packet Discarding）策略[ROMA 95]；而后者则常用于整批的数据包无法分开传输、必须整体进行传输的情形，如互联网流量控制中的 EPD（Early Packet Discarding）策略[ROMA 95]。

下面采用矩阵解析法和辅助变量法求解上述排队模型。为此，首先定义下列在任意时刻 t 的随机变量：

N_t——包括了正在服务顾客的系统总顾客数；

J_t——BMAP 过程所处的相位；

$\overline{B}_t$ —— 剩余服务时间；

$\overline{C}_t$ —— 剩余关断时间；

$\overline{V}_t$ —— 剩余休假时间；

$\overline{S}_t$ —— 剩余启动时间；

$$\xi_t = \begin{cases} 1, & \text{如果服务器处于服务状态} \\ 2, & \text{如果服务器处于关断状态} \\ 3, & \text{如果服务器处于休假状态} \\ 4, & \text{如果服务器处于启动状态} \\ 5, & \text{如果服务器处于空闲状态（只针对单重休假模型）} \end{cases}$$

接下来，针对服务器处于不同的状态分别定义它们的剩余时间与队列长度、BMAP 到达过程相位的联合概率密度向量如下：

$$\boldsymbol{\phi}_i^{(\mathrm{B})}(x) = (\phi_{i1}^{(\mathrm{B})}(x), \phi_{i2}^{(\mathrm{B})}(x), \cdots, \phi_{im}^{(\mathrm{B})}(x))$$

$$\boldsymbol{\phi}_i^{(\mathrm{C})}(x) = (\phi_{01}^{(\mathrm{C})}(x), \phi_{02}^{(\mathrm{C})}(x), \cdots, \phi_{0m}^{(\mathrm{C})}(x))$$

$$\boldsymbol{\phi}_i^{(\mathrm{V})}(x) = (\phi_{i1}^{(\mathrm{V})}(x), \phi_{i2}^{(\mathrm{V})}(x), \cdots, \phi_{im}^{(\mathrm{V})}(x))$$

$$\boldsymbol{\phi}_i^{(\mathrm{S})}(x) = (\phi_{i1}^{(\mathrm{S})}(x), \phi_{i2}^{(\mathrm{S})}(x), \cdots, \phi_{im}^{(\mathrm{S})}(x))$$

其中每一个元素表示如下：

$$\phi_{ij}^{(\mathrm{B})}(x)\mathrm{d}x \triangleq \lim_{t\to\infty} P\{N_t = i, J_t = j, x < \overline{B}_t \leqslant x + \mathrm{d}x, \xi_t = 1\}$$

$$\phi_{0j}^{(\mathrm{C})}(x)\mathrm{d}x \triangleq \lim_{t\to\infty} P\{N_t = 0, J_t = j, x < \overline{C}_t \leqslant x + \mathrm{d}x, \xi_t = 2\}$$

$$\phi_{ij}^{(\mathrm{V})}(x)\mathrm{d}x \triangleq \lim_{t\to\infty} P\{N_t = i, J_t = j, x < \overline{V}_t \leqslant x + \mathrm{d}x, \xi_t = 3\}$$

$$\phi_{ij}^{(\mathrm{S})}(x)\mathrm{d}x \triangleq \lim_{t\to\infty} P\{N_t = i, J_t = j, x < \overline{S}_t \leqslant x + \mathrm{d}x, \xi_t = 4\}$$

如果服务器正处于空闲状态，由于此时一旦有数据包到达服务器就会立即转入启动状态，所以无须定义相应的辅助变量。只需定义队列长度与 BMAP 到达过程相位的联合概率

向量即可，即

$$\phi_0^{(\mathrm{I})} = (\phi_{01}^{(\mathrm{I})}, \phi_{02}^{(\mathrm{I})}, \cdots, \phi_{0m}^{(\mathrm{I})})$$

其中，

$$\phi_{0j}^{(\mathrm{I})} \triangleq \lim_{t\to\infty} P\{N_t = 0, J_t = j, \xi_t = 5\}$$

接下来，用 $\tilde{\boldsymbol{\Phi}}_{ij}^{(\mathrm{B})}(\theta)$、$\tilde{\boldsymbol{\Phi}}_{ij}^{(\mathrm{C})}(\theta)$、$\tilde{\boldsymbol{\Phi}}_{ij}^{(\mathrm{V})}(\theta)$ 和 $\tilde{\boldsymbol{\Phi}}_{ij}^{(\mathrm{S})}(\theta)$ 分别表示 $\boldsymbol{\phi}_{ij}^{(\mathrm{B})}(x)$、$\boldsymbol{\phi}_{ij}^{(\mathrm{C})}(x)$、$\boldsymbol{\phi}_{ij}^{(\mathrm{V})}(x)$ 和 $\boldsymbol{\phi}_{ij}^{(\mathrm{S})}(x)$ 的拉普拉斯变换，并以向量形式表示为

$$\begin{aligned}
\tilde{\boldsymbol{\Phi}}_i^{(\mathrm{B})}(\theta) &= (\tilde{\boldsymbol{\Phi}}_{i1}^{(\mathrm{B})}(\theta), \tilde{\boldsymbol{\Phi}}_{i2}^{(\mathrm{B})}(\theta), \cdots, \tilde{\Phi}_{im}^{(\mathrm{B})}(\theta)) \\
\tilde{\boldsymbol{\Phi}}_0^{(\mathrm{C})}(\theta) &= (\tilde{\boldsymbol{\Phi}}_{01}^{(\mathrm{C})}(\theta), \tilde{\boldsymbol{\Phi}}_{02}^{(\mathrm{C})}(\theta), \cdots, \tilde{\Phi}_{0m}^{(\mathrm{C})}(\theta)) \\
\tilde{\boldsymbol{\Phi}}_i^{(\mathrm{V})}(\theta) &= (\tilde{\boldsymbol{\Phi}}_{i1}^{(\mathrm{V})}(\theta), \tilde{\boldsymbol{\Phi}}_{i2}^{(\mathrm{V})}(\theta), \cdots, \tilde{\Phi}_{im}^{(\mathrm{V})}(\theta)) \\
\tilde{\boldsymbol{\Phi}}_i^{(\mathrm{S})}(\theta) &= (\tilde{\boldsymbol{\Phi}}_{i1}^{(\mathrm{S})}(\theta), \tilde{\boldsymbol{\Phi}}_{i2}^{(\mathrm{S})}(\theta), \cdots, \tilde{\Phi}_{im}^{(\mathrm{S})}(\theta))
\end{aligned}$$

1. 两个普适定理

针对单重休假模型和多重休假模型进行性能分析之前，先给出两个针对单重休假和多重休假模型均成立的普适定理。

1）系统到达顾客数概率分布

考虑排队系统在时间间隔 $(t, t+x]$ 内到达的顾客数构成的点过程，即

$$p_{ij}(t; n, x) \triangleq P\{N_{t+x} = n, J_{t+x} = j | N_t = 0, J_t = i\}$$

令 $m \times m$ 矩阵 $\boldsymbol{B}_n$ ($\boldsymbol{C}_n$、$\boldsymbol{V}_n$、$\boldsymbol{S}_n$) 的第 (ν, j) 元素表示 BMAP 在一个服务（关断、休假、启动）时期开始时处于状态 ν 的条件下，在该状态结束时处于状态 j，同时在这个时期内有 n 个顾客到达的概率，即

$$\boldsymbol{B}_n \triangleq \int_0^\infty \lim_{t\to\infty} \boldsymbol{P}(t; n, x)\mathrm{d}B(x) \qquad (0 \leqslant n \leqslant K)$$

$$\boldsymbol{C}_n \triangleq \int_0^\infty \lim_{t\to\infty} \boldsymbol{P}(t; n, x)\mathrm{d}C(x) \qquad (0 \leqslant n \leqslant K)$$

$$\boldsymbol{V}_n \triangleq \int_0^\infty \lim_{t\to\infty} \boldsymbol{P}(t; n, x)\mathrm{d}V(x) \qquad (0 \leqslant n \leqslant K)$$

$$\boldsymbol{S}_n \triangleq \int_0^\infty \lim_{t\to\infty} \boldsymbol{P}(t; n, x)\mathrm{d}S(x) \qquad (0 \leqslant n \leqslant K)$$

其中，$\boldsymbol{P}(t; n, x) = \{p_{ij}(t; n, x); 1 \leqslant i, j \leqslant m\}$。

不失一般性，下面仅给出 $\boldsymbol{B}_n$ 的推导，矩阵 $\boldsymbol{C}_n$、$\boldsymbol{V}_n$、$\boldsymbol{S}_n$ 可以用完全相同的方法得到。

首先，考虑 PBAS 策略。在这种情况下，一个批到达中的顾客可以认为是一组独立的个体，它们以随机的顺序在缓存区中排队，直到整个缓存区被填满。无法进入缓存区的顾

客将被丢弃。因此 $\boldsymbol{P}(n,x)=\lim\limits_{t\to\infty}\boldsymbol{P}(t;n,x)$ 满足如下的 Chapman-Kolmogorov 方程：

$$\begin{cases}\boldsymbol{P}(0,0)=\boldsymbol{I}_m\\ \boldsymbol{P}'(n,x)=\sum\limits_{l=0}^{n}\boldsymbol{P}(l,x)\boldsymbol{D}_{n-l} \qquad (0\leqslant n\leqslant K-1)\\ \boldsymbol{P}'(K,x)=\sum\limits_{l=0}^{K}\boldsymbol{P}(l,x)\hat{\boldsymbol{D}}_{K-l}\end{cases} \tag{7.6.36}$$

这里，$\hat{\boldsymbol{D}}_i=\sum\limits_{n=i}^{\infty}\boldsymbol{D}_n$，$\boldsymbol{I}_m$ 表示 $m\times m$ 单位矩阵。

通过采用与文献 [LUCA 91] 类似的方法反复做归一化处理，可得

$$\boldsymbol{P}(n,x)=\sum_{l=n}^{\infty}\mathrm{e}^{-\theta x}\frac{(\theta x)^l}{l!}\boldsymbol{U}_n^{(l)} \quad (0\leqslant n\leqslant K) \tag{7.6.37}$$

其中，$\theta=\max\limits_i\{(-\boldsymbol{D}_0)_{ii}\}$，$\{U_n^{(l)}\}$ 由下式给出

$$\begin{cases}\boldsymbol{U}_0^{(0)}=\boldsymbol{I}_m\\ \boldsymbol{U}_n^{(0)}=\boldsymbol{0} \qquad (1\leqslant n\leqslant K)\\ \boldsymbol{U}_0^{(l+1)}=\boldsymbol{U}_0^{(l)}(\boldsymbol{I}_m+\theta^{-1}\boldsymbol{D}_0)\\ \boldsymbol{U}_n^{(l+1)}=\boldsymbol{U}_n^{(l)}(\boldsymbol{I}_m+\theta^{-1}\boldsymbol{D}_0)+\theta^{-1}\sum\limits_{i=0}^{n-1}\boldsymbol{U}_i^{(l)}\boldsymbol{D}_{n-i} \quad (1\leqslant n\leqslant K-1)\\ \boldsymbol{U}_K^{(l+1)}=\boldsymbol{U}_K^{(l)}(\boldsymbol{I}_m+\theta^{-1}\boldsymbol{D})+\theta^{-1}\sum\limits_{i=0}^{K-1}\boldsymbol{U}_i^{(l)}\hat{\boldsymbol{D}}_{K-i}\end{cases} \tag{7.6.38}$$

由 $\boldsymbol{B}_n$ 的定义可得

$$\boldsymbol{B}_n=\sum_{l=0}^{\infty}r_l^{(\boldsymbol{B})}\boldsymbol{U}_n^{(l)} \qquad (0\leqslant n\leqslant K) \tag{7.6.39}$$

其中，

$$r_l^{(B)}=\int_0^{\infty}\mathrm{e}^{-\theta x}\frac{(\theta x)^l}{l!}\mathrm{d}B(x) \tag{7.6.40}$$

于是得到如下的定理。

定理 7.15　如果 $B(x)$ 服从阶数为 ν，参数为 $(\boldsymbol{\alpha}_B,\boldsymbol{T}_B)$ 的相位型分布，在 PBAS 策略下有

$$\boldsymbol{B}_n=\boldsymbol{A}_n(\boldsymbol{I}_m\otimes T_B^{\mathrm{O}}) \tag{7.6.41}$$

其中，$T_B^{\mathrm{O}}=-\boldsymbol{T}_B\boldsymbol{e}$，以及

$$\boldsymbol{A}_0=-(\boldsymbol{I}_m\otimes\boldsymbol{\alpha}_B)(\boldsymbol{D}_0\otimes\boldsymbol{I}_\nu+\boldsymbol{I}_m\otimes\boldsymbol{T}_B)^{-1} \tag{7.6.42}$$

$$\boldsymbol{A}_n = -\sum_{i=0}^{n-1} \boldsymbol{A}_i(\boldsymbol{D}_{n-i} \otimes \boldsymbol{I}_\nu)(\boldsymbol{D}_0 \otimes \boldsymbol{I}_\nu + \boldsymbol{I}_m \otimes \boldsymbol{T}_\mathrm{B})^{-1} \quad (1 \leqslant n \leqslant K-1) \tag{7.6.43}$$

$$\boldsymbol{A}_K = -\sum_{i=0}^{K-1} \boldsymbol{A}_i(\hat{\boldsymbol{D}}_{n-i} \otimes \boldsymbol{I}_\nu)(\boldsymbol{D} \otimes \boldsymbol{I}_\nu + \boldsymbol{I}_m \otimes \boldsymbol{T}_\mathrm{B})^{-1} \tag{7.6.44}$$

实际上，这相当于将相位更新过程的记数过程的相应结果（见文献 [NEUT 81] 中的定理 2.5.1）扩展到了 BMAP 过程。例如，如果 $B(x)$ 服从指数分布，则有 $\boldsymbol{\alpha}_B = 1, \boldsymbol{T}_B = -m_B^{-1}$ 和 $\boldsymbol{T^\mathrm{O}}_B = m_B^{-1}$，于是可以得到

$$\boldsymbol{B}_0 = m_B^{-1}(m_B^{-1}\boldsymbol{I}_m - \boldsymbol{D}_0)^{-1} \tag{7.6.45}$$

$$\boldsymbol{B}_n = \sum_{i=0}^{n-1} \boldsymbol{B}_i\boldsymbol{D}_{n-i}(m_B^{-1}\boldsymbol{I}_m - \boldsymbol{D}_0)^{-1} \quad (1 \leqslant n \leqslant K-1) \tag{7.6.46}$$

$$\boldsymbol{B}_K = \sum_{i=0}^{K-1} \boldsymbol{B}_i\hat{\boldsymbol{D}}_{K-i}(m_B^{-1}\boldsymbol{I}_m - \boldsymbol{D})^{-1} \tag{7.6.47}$$

接下来，考虑 WBAS 策略。在这种情况下，除非群到达整体都可被同时接纳，否则群到达中的所有顾客都被拒绝。因此，$\boldsymbol{P}(n,x)$ 满足如下的 Chapman-Kolmogorov 方程：

$$\begin{cases} \boldsymbol{P}(0,0) = \boldsymbol{I}_m \\ \boldsymbol{P}'(n,x) = \boldsymbol{P}(n,x)(\boldsymbol{D}_0 + \hat{\boldsymbol{D}}_{K-n+1}) + \displaystyle\sum_{l=0}^{n-1} \boldsymbol{P}(l,x)\boldsymbol{D}_{n-l} \qquad (0 \leqslant n \leqslant K) \end{cases} \tag{7.6.48}$$

通过与 PBAS 情形类似的处理，可得

$$\begin{cases} \boldsymbol{U}_0^{(0)} = \boldsymbol{I}_m \\ \boldsymbol{U}_n^{(0)} = \boldsymbol{0} \qquad (1 \leqslant n \leqslant K) \\ \boldsymbol{U}_0^{(l+1)} = \boldsymbol{U}_0^{(l)}[\boldsymbol{I}_m + \theta^{-1}(\boldsymbol{D}_0 + \hat{\boldsymbol{D}}_{K-1})] \\ \boldsymbol{U}_n^{(l+1)} = \boldsymbol{U}_n^{(l)}[\boldsymbol{I}_m + \theta^{-1}(\boldsymbol{D}_0 + \hat{\boldsymbol{D}}_{K-n+1})] + \theta^{-1}\displaystyle\sum_{i=0}^{n-1} \boldsymbol{U}_i^{(l)}\boldsymbol{D}_{n-i} \quad (1 \leqslant n \leqslant K) \end{cases} \tag{7.6.49}$$

将式 (7.6.49) 代入式 (7.6.39) 可得到 $\boldsymbol{B}_n$。于是有如下定理。

定理 7.16 如果 $B(x)$ 服从阶数为 ν，参数为 $(\boldsymbol{\alpha}_\mathrm{B}, \boldsymbol{T}_\mathrm{B})$ 的相位型分布，则在 WBAS 策略下有

$$\boldsymbol{B}_n = \boldsymbol{A}_n(\boldsymbol{I}_m \otimes T_\mathrm{B}^\mathrm{O}) \tag{7.6.50}$$

其中，$T_\mathrm{B}^\mathrm{O} = -\boldsymbol{T}_\mathrm{B}\boldsymbol{e}$，以及

$$\boldsymbol{A}_0 = -(\boldsymbol{I}_m \otimes \boldsymbol{\alpha}_\mathrm{B})[(\boldsymbol{D}_0 + \hat{\boldsymbol{D}}_{K+1}) \otimes \boldsymbol{I}_\nu + \boldsymbol{I}_m \otimes \boldsymbol{T}_\mathrm{B}]^{-1} \tag{7.6.51}$$

$$\boldsymbol{A}_n=-\sum_{i=0}^{n-1}\boldsymbol{A}_i(\boldsymbol{D}_{n-i}\otimes\boldsymbol{I}_\nu)[(\boldsymbol{D}_0+\hat{\boldsymbol{D}}_{K-n+1})\otimes\boldsymbol{I}_\nu+\boldsymbol{I}_m\otimes\boldsymbol{T}_{\mathrm{B}}]^{-1}\ (1\leqslant n\leqslant K) \tag{7.6.52}$$

例如，如果 $B(x)$ 服从均值为 m_{B} 的指数分布，则由定理 7.15 可得

$$\boldsymbol{B}_0=m_{\mathrm{B}}^{-1}(m_{\mathrm{B}}^{-1}\boldsymbol{I}_m-\boldsymbol{D}_0-\hat{\boldsymbol{D}}_{K+1})^{-1} \tag{7.6.53}$$

$$\boldsymbol{B}_n=\sum_{i=0}^{n-1}\boldsymbol{B}_i\boldsymbol{D}_{n-i}(m_{\mathrm{B}}^{-1}\boldsymbol{I}_m-\boldsymbol{D}_0-\hat{\boldsymbol{D}}_{K-n+1})^{-1}\quad(1\leqslant n\leqslant K) \tag{7.6.54}$$

2）任意时刻和状态跳转时刻之间的概率相关性

令 $x=0$，则 $\sum\limits_{i=0}^{K}\boldsymbol{\phi}_i^{(\mathrm{V})}(0)\boldsymbol{e}$ 表示服务器结束休假而退出当前休假状态的速率。相应地，令 $\theta=0$，则 $\sum\limits_{i=0}^{K}\tilde{\boldsymbol{\Phi}}_i^{(\mathrm{V})}(0)\boldsymbol{e}$ 表示任意时刻处于休假状态顾客数的平均。由于，m_{V} 表示的是服务器在休假状态的平均滞留时间（针对单重休假模型。如果是多重休假模型，则表示其中一次休假的平均时长），因此，对服务器的休假过程应用 Little 定理，可以得到式 (7.6.55)。同样地，式 (7.6.56) 和式 (7.6.57) 可以通过相似的方法获得，即分别对服务器的启动和服务过程应用 Little 定理。很明显，由于 Little 定理的普适性，定理 7.17对于单重休假模型、多重休假模型、PBAS 以及 WBAS 策略均成立。

定理 7.17　任意时刻的稳态概率分布和状态跳转时刻概率密度之间的关系满足：

$$\sum_{i=0}^{K}\tilde{\boldsymbol{\Phi}}_i^{(\mathrm{V})}(0)\boldsymbol{e}=m_{\mathrm{V}}\sum_{i=0}^{K}\boldsymbol{\phi}_i^{(\mathrm{V})}(0)\boldsymbol{e} \tag{7.6.55}$$

$$\sum_{i=1}^{K}\tilde{\boldsymbol{\Phi}}_i^{(\mathrm{S})}(0)\boldsymbol{e}=m_{\mathrm{S}}\sum_{i=1}^{K}\boldsymbol{\phi}_i^{(\mathrm{S})}(0)\boldsymbol{e} \tag{7.6.56}$$

$$\sum_{i=1}^{K}\tilde{\boldsymbol{\Phi}}_i^{(\mathrm{B})}(0)\boldsymbol{e}=m_{\mathrm{B}}\sum_{i=1}^{K}\boldsymbol{\phi}_i^{(\mathrm{B})}(0)\boldsymbol{e} \tag{7.6.57}$$

2. 单重休假模型

1）PBAS 策略

（1）状态跳转时刻的概率密度。

首先考虑在关断、休假、启动、服务状态发生跳转前一瞬间的嵌入马尔可夫过程。通过观察连续两个跳转时刻之间的一步状态转移，可以得到定理 7.18。

定理 7.18　对于带有启动和关断时间的 BMAP/G/1/K 单重休假排队系统，在 PBAS 策略下，状态跳转时刻的概率密度可以通过如下的式子迭代求得

$$\boldsymbol{\phi}_0^{(\mathrm{C})}(0)=\boldsymbol{\phi}_1^{(\mathrm{B})}(0)\boldsymbol{C}_0 \tag{7.6.58}$$

$$\boldsymbol{\phi}_i^{(\mathrm{V})}(0)=\boldsymbol{\phi}_0^{(\mathrm{C})}(0)\boldsymbol{V}_i\qquad(0\leqslant i\leqslant K) \tag{7.6.59}$$

$$\boldsymbol{\phi}_i^{(\mathrm{S})}(0)=\sum_{n=1}^{i}\Big[\boldsymbol{\phi}_0^{(\mathrm{I})}\boldsymbol{D}_n+\boldsymbol{\phi}_n^{(\mathrm{V})}(0)\Big]\boldsymbol{S}_{i-n}\qquad(1\leqslant i\leqslant K-1)\tag{7.6.60}$$

$$\boldsymbol{\phi}_K^{(\mathrm{S})}(0)=\sum_{n=1}^{K}\Big[\boldsymbol{\phi}_0^{(\mathrm{I})}\boldsymbol{D}_n+\boldsymbol{\phi}_n^{(\mathrm{V})}(0)\Big]\hat{\boldsymbol{S}}_{K-n}+\boldsymbol{\phi}_0^{(I)}\hat{\boldsymbol{D}}_{K+1}\hat{\boldsymbol{S}}_0\tag{7.6.61}$$

$$\boldsymbol{\phi}_i^{(\mathrm{B})}(0)=\sum_{n=1}^{i}\Big[\tilde{\boldsymbol{\Phi}}_0^{(\mathrm{C})}(0)\boldsymbol{D}_n+\boldsymbol{\phi}_n^{(\mathrm{S})}(0)+\boldsymbol{\phi}_{n+1}^{(\mathrm{B})}(0)\Big]\boldsymbol{B}_{i-n}\qquad(1\leqslant i\leqslant K-1)\tag{7.6.62}$$

$$\boldsymbol{\phi}_K^{(\mathrm{B})}(0)=\sum_{n=1}^{K}\Big[\tilde{\boldsymbol{\Phi}}_0^{(\mathrm{C})}(0)\boldsymbol{D}_n+\boldsymbol{\phi}_n^{(\mathrm{S})}(0)\Big]\boldsymbol{B}_{i-n}+\sum_{n=1}^{K-1}\boldsymbol{\phi}_{n+1}^{(\mathrm{B})}(0)\hat{\boldsymbol{B}}_{K-n}\tag{7.6.63}$$

以及归一化方程

$$\boldsymbol{\phi}_0^{(\mathrm{I})}+\tilde{\boldsymbol{\Phi}}_0^{(\mathrm{C})}(0)+m_{\mathrm{V}}\sum_{i=0}^{K}\phi_i^{(\mathrm{V})}(0)+m_{\mathrm{S}}\sum_{i=1}^{K}\phi_i^{(\mathrm{S})}(0)+m_{\mathrm{B}}\sum_{i=1}^{K}\phi_i^{(\mathrm{B})}(0)=\boldsymbol{\pi}\tag{7.6.64}$$

其中，$\hat{\boldsymbol{S}}_n=\sum\limits_{i=n}^{K}\boldsymbol{S}_i,\hat{\boldsymbol{B}}_n=\sum\limits_{i=n}^{K}\mathrm{B}_i$，$\tilde{\boldsymbol{\Phi}}_0^{(\mathrm{C})}(0)=[\phi_1^{(\mathrm{B})}(0)-\phi_0^{(\mathrm{C})}(0)](-\boldsymbol{D}_0)^{-1}$，以及 $\phi_{K+1}^{(\mathrm{B})}(0)=\mathbf{0}$。

证明：参见文献 [NIU 03]。

基于上述定理，可以得到如下推论（参见图 7.19）。

推论 7.1 具有启动和关断时间的 BMAP/G/1/K 单重休假排队系统，在 PBAS 策略下，其状态跳转时刻的概率密度满足下列关系式：

$$\sum_{i=1}^{K}\boldsymbol{\phi}_i^{(\mathrm{S})}(0)\boldsymbol{e}=\sum_{i=0}^{K}\boldsymbol{\phi}_i^{(\mathrm{V})}(0)\boldsymbol{e}=\boldsymbol{\phi}_0^{(\mathrm{C})}(0)\boldsymbol{e}\tag{7.6.65}$$

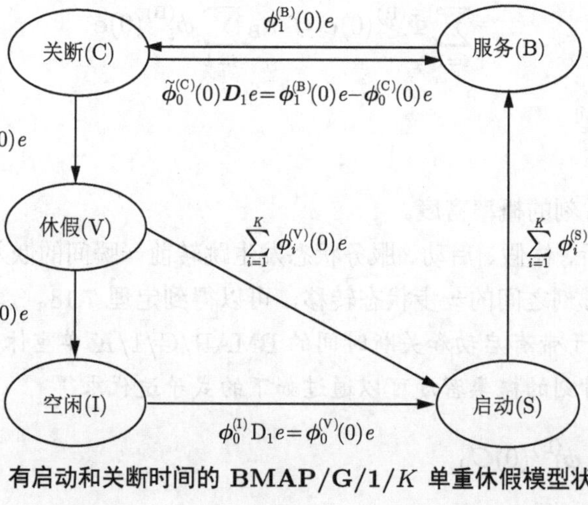

图 7.19 有启动和关断时间的 BMAP/G/1/K 单重休假模型状态转移图

（2）任意时刻的稳态概率。

如前所述，队列长度 N_t，BMAP 相位 J_t 和辅助变量 $\{\overline{B_t}|_{\xi_t=1}\cup\overline{C_t}|_{\xi_t=2}\cup\overline{V_t}|_{\xi_t=3}\cup\overline{S_t}|_{\xi_t=4}\}$ 组成的变量组具有马尔可夫性。不失一般性，考查在 $(t,t+\Delta t]$ 期间可能转移到状态 $\{N_t=0,J_t=j,x<\overline{C}_t\leqslant x+\mathrm{d}x|_{\xi_t=2}\}$ 的情形。通过推导可得

$$\phi_{0j}^{(\mathrm{C})}(t+\Delta t,x-\Delta t)=[1-(-\boldsymbol{D}_0(j,j)\Delta t)]\phi_{0j}^{(\mathrm{C})}(t,x)+\sum_{\substack{\nu=1\\ \nu\neq j}}^{m}\boldsymbol{D}_0(\nu,j)\Delta t\phi_{0\nu}^{(\mathrm{C})}(t,x)$$
$$+\phi_{1j}^{(\mathrm{B})}(t,0)\big(C(x)-C(x-\Delta t)\big)+o(\Delta t) \tag{7.6.66}$$

将式 (7.6.66) 写成矩阵形式，得

$$\boldsymbol{\phi}_0^{(\mathrm{C})}(t+\Delta t,x-\Delta t)=\boldsymbol{\phi}_0^{(\mathrm{C})}(t,x)(\boldsymbol{I}+\boldsymbol{D}_0\Delta t)+\boldsymbol{\phi}_1^{(\mathrm{B})}(t,0)\mathrm{d}C(x) \tag{7.6.67}$$

经过适当变换后，有

$$\frac{\boldsymbol{\phi}_0^{(\mathrm{C})}(t+\Delta t,x-\Delta t)-\boldsymbol{\phi}_0^{(\mathrm{C})}(t,x-\Delta t)}{\Delta t}-\frac{\boldsymbol{\phi}_0^{(\mathrm{C})}(t,x)-\boldsymbol{\phi}_0^{(\mathrm{C})}(t,x-\Delta t)}{\Delta x}$$
$$=\boldsymbol{\phi}_0^{(\mathrm{C})}(t,x)\boldsymbol{D}_0+\boldsymbol{\phi}_1^{(\mathrm{B})}(t,0)\frac{\mathrm{d}C(x)}{\mathrm{d}x} \tag{7.6.68}$$

令 $t\to\infty$，得

$$\frac{\mathrm{d}\boldsymbol{\phi}_0^{(\mathrm{C})}(x)}{\mathrm{d}x}=-\boldsymbol{\phi}_0^{(\mathrm{C})}(x)\boldsymbol{D}_0-\boldsymbol{\phi}_1^{(\mathrm{B})}(0)\frac{\mathrm{d}C(x)}{\mathrm{d}x} \tag{7.6.69}$$

由此可推导出关于 $\tilde{\boldsymbol{\Phi}}_0^{(\mathrm{C})}(\theta)$ 的方程

$$\tilde{\boldsymbol{\Phi}}_0^{(\mathrm{C})}(\theta)(s\boldsymbol{I}+\boldsymbol{D}_0)=\phi_0^{(\mathrm{C})}(0)-\phi_1^{(\mathrm{B})}(0)\tilde{\boldsymbol{C}}(\theta) \tag{7.6.70}$$

用类似的方法可以求解出 $\tilde{\boldsymbol{\Phi}}_i^{(\mathrm{V})}(\theta)$、$\tilde{\boldsymbol{\Phi}}_i^{(\mathrm{S})}(\theta)$ 和 $\tilde{\boldsymbol{\Phi}}_i^{(\mathrm{B})}(\theta)$，即

$$\tilde{\boldsymbol{\Phi}}_0^{(\mathrm{V})}(\theta)(\theta\boldsymbol{I}+\boldsymbol{D}_0)=\boldsymbol{\phi}_0^{(\mathrm{V})}(0)-\phi_0^{(\mathrm{C})}(0)\tilde{V}(\theta) \tag{7.6.71}$$

$$\tilde{\boldsymbol{\Phi}}_i^{(\mathrm{V})}(\theta)(\theta\boldsymbol{I}+\boldsymbol{D}_0)=\boldsymbol{\phi}_i^{(\mathrm{V})}(0)-\sum_{n=1}^{i}\tilde{\boldsymbol{\Phi}}_{i-n}^{(\mathrm{V})}(\theta)\boldsymbol{D}_n\quad(1\leqslant i\leqslant K-1) \tag{7.6.72}$$

$$\tilde{\boldsymbol{\Phi}}_K^{(\mathrm{V})}(\theta)(\theta\boldsymbol{I}+\boldsymbol{D})=\boldsymbol{\phi}_K^{(\mathrm{V})}(0)-\sum_{n=1}^{K}\tilde{\boldsymbol{\Phi}}_{K-n}^{(\mathrm{V})}(\theta)\hat{\boldsymbol{D}}_n \tag{7.6.73}$$

$$\tilde{\boldsymbol{\Phi}}_i^{(\mathrm{S})}(\theta)(\theta\boldsymbol{I}+\boldsymbol{D}_0)=\boldsymbol{\phi}_i^{(\mathrm{S})}(0)-\sum_{n=1}^{i-1}\tilde{\boldsymbol{\Phi}}_{i-n}^{(\mathrm{S})}(\theta)\boldsymbol{D}_n$$
$$-\left[\boldsymbol{\phi}_0^{(I)}\boldsymbol{D}_i+\boldsymbol{\phi}_i^{(\mathrm{V})}(0)\right]\tilde{\boldsymbol{S}}(\theta)\quad(1\leqslant i\leqslant K-1) \tag{7.6.74}$$

$$\tilde{\boldsymbol{\Phi}}_K^{(\mathrm{S})}(\theta)(\theta\boldsymbol{I}+\boldsymbol{D})=\boldsymbol{\phi}_K^{(\mathrm{S})}(0)-\sum_{n=1}^{K-1}\tilde{\boldsymbol{\Phi}}_{K-n}^{(\mathrm{S})}(\theta)\boldsymbol{D}_n$$

$$-\left[\boldsymbol{\phi}_0^{(I)}\hat{\boldsymbol{D}}_K+\boldsymbol{\phi}_K^{(\mathrm{V})}(0)\right]\tilde{S}(\theta) \tag{7.6.75}$$

$$\tilde{\boldsymbol{\Phi}}_i^{(\mathrm{B})}(\theta)(\theta\boldsymbol{I}+\boldsymbol{D}_0)=\boldsymbol{\phi}_i^{(\mathrm{B})}(0)-\sum_{n=1}^{i-1}\tilde{\boldsymbol{\Phi}}_{i-n}^{(\mathrm{B})}(\theta)\boldsymbol{D}_n-\Big[\tilde{\boldsymbol{\Phi}}_0^{(\mathrm{C})}(0)\boldsymbol{D}_i+\boldsymbol{\phi}_i^{(\mathrm{S})}(0)$$

$$+\boldsymbol{\phi}_{i+1}^{(\mathrm{B})}(0)\Big]\tilde{\boldsymbol{B}}(\theta)\quad(1\leqslant i\leqslant K-1) \tag{7.6.76}$$

$$\tilde{\boldsymbol{\Phi}}_K^{(\mathrm{B})}(\theta)(\theta\boldsymbol{I}+\boldsymbol{D})=\boldsymbol{\phi}_K^{(\mathrm{B})}(0)-\sum_{n=1}^{K-1}\tilde{\boldsymbol{\Phi}}_{K-n}^{(\mathrm{B})}(\theta)\hat{\boldsymbol{D}}_n$$

$$-\left[\tilde{\boldsymbol{\Phi}}_0^{(\mathrm{C})}(0)\hat{\boldsymbol{D}}_K+\boldsymbol{\phi}_K^{(\mathrm{S})}(0)\right]\tilde{\boldsymbol{B}}(\theta) \tag{7.6.77}$$

这里，$\boldsymbol{\phi}_0^{(\mathrm{I})}=\boldsymbol{\phi}_0^{(\mathrm{V})}(0)(-\boldsymbol{D}_0)^{-1}$ 是系统处于空闲状态的概率，因此，$\boldsymbol{\phi}_0^{(\mathrm{I})}\boldsymbol{D}_i$ 表示系统由于一个大小为 i 的群到达而从空闲状态转移到启动状态的转移率向量。类似地，$\tilde{\boldsymbol{\Phi}}_0^{(\mathrm{C})}(0)\boldsymbol{D}_i=\lim\limits_{t\to\infty}\int_0^\infty\boldsymbol{\phi}_0^{(\mathrm{C})}(t,x)\boldsymbol{D}_i\mathrm{d}x$ 表示系统由于一个大小为 i 的群到达而从关断状态转移到服务状态的转移速率向量。

当 $0\leqslant i\leqslant K-1$ 时，由于 $(-\theta\boldsymbol{I}_m-\boldsymbol{D}_0)^{-1}$ 在 $\theta\to0$ 时永远存在，因此通过对式 (7.6.72)~ 式 (7.6.76) 从 $i=1$ 至 $K-1$ 进行连续的代入可得到如下定理。

定理 7.19 对于启动和关断时间的 BMAP/G/1/K 单重休假排队系统，在 PBAS 策略下，下列关系式成立：

$$\tilde{\boldsymbol{\Phi}}_0^{(\mathrm{C})}(\theta)=\boldsymbol{\phi}_1^{(\mathrm{B})}(0)\tilde{C}(\theta)\boldsymbol{Q}_0(\theta)-\boldsymbol{\phi}_0^{(\mathrm{C})}(0)\boldsymbol{Q}_0(\theta) \tag{7.6.78}$$

$$\tilde{\boldsymbol{\Phi}}_i^{(\mathrm{V})}(\theta)=\boldsymbol{\phi}_0^{(\mathrm{C})}(0)\tilde{V}(\theta)\boldsymbol{Q}_i(\theta)-\sum_{n=0}^{i}\boldsymbol{\phi}_n^{(\mathrm{V})}(0)\boldsymbol{Q}_{i-n}(\theta)\quad(0\leqslant i\leqslant K-1) \tag{7.6.79}$$

$$\tilde{\boldsymbol{\Phi}}_i^{(\mathrm{S})}(\theta)=\sum_{n=1}^{i}[\boldsymbol{\phi}_0^{(\mathrm{I})}\boldsymbol{D}_n+\boldsymbol{\phi}_n^{(\mathrm{V})}(0)]\tilde{S}(\theta)\boldsymbol{Q}_{i-n}(\theta)$$

$$-\sum_{n=1}^{i}\boldsymbol{\phi}_n^{(\mathrm{S})}(0)\boldsymbol{Q}_{i-n}(\theta)\quad(1\leqslant i\leqslant K-1) \tag{7.6.80}$$

$$\tilde{\boldsymbol{\Phi}}_i^{(\mathrm{B})}(\theta)=\sum_{n=1}^{i}\Big[\tilde{\boldsymbol{\Phi}}_0^{(\mathrm{C})}(0)\boldsymbol{D}_n+\boldsymbol{\phi}_n^{(\mathrm{S})}(0)+\boldsymbol{\phi}_{n+1}^{(\mathrm{B})}(0)\Big]\tilde{B}(\theta)\boldsymbol{Q}_{i-n}(\theta)$$

$$-\sum_{n=1}^{i}\boldsymbol{\phi}_n^{(\mathrm{B})}(0)\boldsymbol{Q}_{i-n}(\theta)\quad(1\leqslant i\leqslant K-1) \tag{7.6.81}$$

其中，$\boldsymbol{Q}_i(\theta)$ 由下面的式子迭代定义：

$$\begin{cases}\boldsymbol{Q}_0(\theta)=(-\theta\boldsymbol{I}_m-\boldsymbol{D}_0)^{-1}\\ \boldsymbol{Q}_i(\theta)=\sum\limits_{n=1}^{i}\boldsymbol{Q}_{i-n}(\theta)\boldsymbol{D}_n(-\theta\boldsymbol{I}_m-\boldsymbol{D}_0)^{-1}\quad(1\leqslant i\leqslant K-1)\end{cases} \tag{7.6.82}$$

但当 $i=K$ 时，由于 $\theta\boldsymbol{I}_m+\boldsymbol{D}$ 针对任意非负 θ 均为奇异的，因此无法通过上述方法求解出 $\tilde{\boldsymbol{\Phi}}_K^{(\mathrm{V})}(\theta)$、$\tilde{\boldsymbol{\Phi}}_K^{(\mathrm{S})}(\theta)$ 和 $\tilde{\boldsymbol{\Phi}}_K^{(\mathrm{B})}(\theta)$。为此另辟蹊径，先针对式 (7.6.73)、式 (7.6.75) 和式 (7.6.77) 进行微分，然后置 $\theta=0$，并取行和，可得

$$\tilde{\boldsymbol{\Phi}}_K^{(\mathrm{V})}(0)\boldsymbol{e}=-\sum_{i=1}^{K}\frac{\mathrm{d}\tilde{\boldsymbol{\Phi}}_{K-i}^{(\mathrm{V})}(\theta)}{\mathrm{d}\theta}|_{\theta=0}\hat{\boldsymbol{D}}_i\boldsymbol{e} \tag{7.6.83}$$

$$\tilde{\boldsymbol{\Phi}}_K^{(\mathrm{S})}(0)\boldsymbol{e}=-\sum_{i=1}^{K-1}\frac{\mathrm{d}\tilde{\boldsymbol{\Phi}}_{K-i}^{(\mathrm{S})}(\theta)}{\mathrm{d}\theta}|_{\theta=0}\hat{\boldsymbol{D}}_i\boldsymbol{e}-\left[\boldsymbol{\phi}_0^{(I)}\hat{\boldsymbol{D}}_K\boldsymbol{e}+\phi_K^{(\mathrm{V})}(0)\boldsymbol{e}\right]\tilde{S}'(0) \tag{7.6.84}$$

$$\tilde{\boldsymbol{\Phi}}_K^{(\mathrm{B})}(0)\boldsymbol{e}=-\sum_{i=1}^{K-1}\frac{\mathrm{d}\tilde{\boldsymbol{\Phi}}_{K-i}^{(B)}(\theta)}{\mathrm{d}\theta}|_{\theta=0}\hat{\boldsymbol{D}}_i\boldsymbol{e}-\left[\boldsymbol{\phi}_K^{(S)}(0)\boldsymbol{e}+\tilde{\boldsymbol{\Phi}}_0^{(C)}(0)\hat{\boldsymbol{D}}_K\boldsymbol{e}\right]\tilde{B}'(0) \tag{7.6.85}$$

其中，

$$\frac{\mathrm{d}\tilde{\boldsymbol{\Phi}}_0^{(\mathrm{V})}(\theta)}{\mathrm{d}\theta}|_{\theta=0}=\left[\tilde{\boldsymbol{\Phi}}_0^{(\mathrm{V})}(0)+\boldsymbol{\phi}_0^{(\mathrm{C})}(0)\tilde{V}'(0)\right](-\boldsymbol{D}_0)^{-1} \tag{7.6.86}$$

$$\frac{\mathrm{d}\tilde{\boldsymbol{\Phi}}_i^{(\mathrm{V})}(\theta)}{\mathrm{d}\theta}|_{\theta=0}=\left[\tilde{\boldsymbol{\Phi}}_i^{(\mathrm{V})}(0)+\sum_{n=1}^{i}\frac{\mathrm{d}\tilde{\boldsymbol{\Phi}}_{i-n}^{(\mathrm{V})}(\theta)}{\mathrm{d}\theta}|_{\theta=0}\boldsymbol{D}_n\right](-\boldsymbol{D}_0)^{-1}\quad(1\leqslant i\leqslant K-1) \tag{7.6.87}$$

$$\begin{aligned}\frac{\mathrm{d}\tilde{\boldsymbol{\Phi}}_i^{(\mathrm{S})}(\theta)}{\mathrm{d}\theta}|_{\theta=0}=&\left[\tilde{\boldsymbol{\Phi}}_i^{(\mathrm{S})}(0)+\sum_{n=1}^{i-1}\frac{\mathrm{d}\tilde{\boldsymbol{\Phi}}_{i-n}^{(\mathrm{S})}(\theta)}{\mathrm{d}\theta}|_{\theta=0}\boldsymbol{D}_n\right.\\&\left.+\left(\boldsymbol{\phi}_0^{(\mathrm{I})}\boldsymbol{D}_i+\boldsymbol{\phi}_i^{(\mathrm{V})}(0)\right)\tilde{S}'(0)\right](-\boldsymbol{D}_0)^{-1}\qquad(1\leqslant i\leqslant K-1)\end{aligned} \tag{7.6.88}$$

$$\begin{aligned}\frac{\mathrm{d}\tilde{\boldsymbol{\Phi}}_i^{(B)}(\theta)}{\mathrm{d}\theta}|_{\theta=0}=&\left[\tilde{\boldsymbol{\Phi}}_i^{(\mathrm{B})}(0)+\sum_{n=1}^{i-1}\frac{\mathrm{d}\tilde{\boldsymbol{\Phi}}_{i-n}^{(\mathrm{B})}(\theta)}{\mathrm{d}\theta}|_{\theta=0}\boldsymbol{D}_n+\left(\tilde{\boldsymbol{\Phi}}_0^{(\mathrm{C})}(0)\boldsymbol{D}_i+\boldsymbol{\phi}_i^{(\mathrm{S})}(0)\right.\right.\\&\left.\left.+\boldsymbol{\phi}_{i+1}^{(\mathrm{B})}(0)\right)\tilde{B}'(0)\right](-\boldsymbol{D}_0)^{-1}\qquad(1\leqslant i\leqslant K-1)\end{aligned} \tag{7.6.89}$$

再针对式 (7.6.83)～ 式 (7.6.85) 进行连续代入，可得

$$\tilde{\boldsymbol{\Phi}}_K^{(\mathrm{V})}(0)\boldsymbol{e}=m_{\mathrm{V}}\boldsymbol{\phi}_0^{(\mathrm{C})}(0)\boldsymbol{e}-\sum_{i=0}^{K-1}\tilde{\boldsymbol{\Phi}}_i^{(\mathrm{V})}(0)\boldsymbol{e} \tag{7.6.90}$$

$$\tilde{\boldsymbol{\Phi}}_K^{(\mathrm{S})}(0)\boldsymbol{e}=m_{\mathrm{S}}\sum_{i=0}^{K}\boldsymbol{\phi}_i^{(\mathrm{V})}(0)\boldsymbol{e}-\sum_{i=1}^{K-1}\tilde{\boldsymbol{\Phi}}_i^{(\mathrm{S})}(0)\boldsymbol{e} \tag{7.6.91}$$

$$\tilde{\boldsymbol{\Phi}}_K^{(\mathrm{B})}(0)\boldsymbol{e}=m_{\mathrm{B}}\left[\sum_{i=1}^{K}\boldsymbol{\phi}_i^{(\mathrm{B})}(0)\boldsymbol{e}+\sum_{i=1}^{K}\boldsymbol{\phi}_i^{(\mathrm{S})}(0)\boldsymbol{e}-\boldsymbol{\phi}_0^{(\mathrm{C})}(0)\boldsymbol{e}\right]-\sum_{i=1}^{K-1}\tilde{\boldsymbol{\Phi}}_i^{(B)}(0)\boldsymbol{e} \tag{7.6.92}$$

进一步地利用推论 7.1，得到下面的推论。

推论 7.2　对于启动和关断时间的 BMAP/G/1/K 单重休假排队系统，在 PBAS 策

略下，任意时刻的稳态概率向量与状态跳转时刻的概率密度向量之间满足下列关系式：

$$\sum_{i=0}^{K}\tilde{\boldsymbol{\Phi}}_i^{(\mathrm{V})}(0)\boldsymbol{e}=m_{\mathrm{V}}\sum_{i=0}^{K}\phi_i^{(\mathrm{V})}(0)\boldsymbol{e} \tag{7.6.93}$$

$$\sum_{i=1}^{K}\tilde{\boldsymbol{\Phi}}_i^{(\mathrm{S})}(0)\boldsymbol{e}=m_{\mathrm{S}}\sum_{i=1}^{K}\phi_i^{(\mathrm{S})}(0)\boldsymbol{e} \tag{7.6.94}$$

$$\sum_{i=1}^{K}\tilde{\boldsymbol{\Phi}}_i^{(\mathrm{B})}(0)\boldsymbol{e}=m_{\mathrm{B}}\sum_{i=1}^{K}\phi_i^{(\mathrm{B})}(0)\boldsymbol{e} \tag{7.6.95}$$

实际上，式 (7.6.93)~ 式 (7.6.95) 可直接针对服务器的休假过程、启动过程和服务过程应用 Little 定理得到。以式 (7.6.93) 为例，$\sum\limits_{i=0}^{K}\boldsymbol{\phi}_i^{(\mathrm{V})}(0)\boldsymbol{e}$ 相当于服务器从休假状态退出的退去率，而 $\sum\limits_{i=0}^{K}\tilde{\boldsymbol{\Phi}}_i^{(\mathrm{V})}(0)\boldsymbol{e}$ 则相当于在休假状态的平均顾客数。

2）WBAS 策略

上述针对 PBAS 策略的分析方法基本上可以直接应用于 WBAS 策略，唯一的区别是，在 WBAS 策略下，如果一个群到达的规模超过了剩余的缓存空间，那么该群到达将整批被拒绝进入排队系统。下面省略分析的细节，直接给出 WBAS 策略下的结果。

定理 7.20 对于具有启动和关断时间的 BMAP/G/1/K 单重休假队列，在 WBAS 策略下，在状态跳转时刻的概率密度可以通过如下迭代公式求得：

$$\boldsymbol{\phi}_0^{(\mathrm{C})}(0)=\boldsymbol{\phi}_1^{(\mathrm{B})}(0)\boldsymbol{C}_0 \tag{7.6.96}$$

$$\boldsymbol{\phi}_i^{(\mathrm{V})}(0)=\boldsymbol{\phi}_0^{(\mathrm{C})}(0)\boldsymbol{V}_i\qquad(0\leqslant i\leqslant K) \tag{7.6.97}$$

$$\boldsymbol{\phi}_i^{(\mathrm{S})}(0)=\sum_{n=1}^{i}\Big[\boldsymbol{\phi}_0^{(\mathrm{I})}\boldsymbol{D}_n+\boldsymbol{\phi}_n^{(\mathrm{V})}(0)\Big]\boldsymbol{S}_{i-n}\qquad(1\leqslant i\leqslant K-1) \tag{7.6.98}$$

$$\boldsymbol{\phi}_K^{(\mathrm{S})}(0)=\sum_{n=1}^{K}\Big[\boldsymbol{\phi}_0^{(\mathrm{I})}\boldsymbol{D}_n+\boldsymbol{\phi}_n^{(\mathrm{V})}(0)\Big]\hat{\boldsymbol{S}}_{K-n}\qquad(1\leqslant i\leqslant K-1) \tag{7.6.99}$$

$$\boldsymbol{\phi}_i^{(\mathrm{B})}(0)=\sum_{n=1}^{i}\Big[\tilde{\boldsymbol{\Phi}}_0^{(\mathrm{C})}(0)\boldsymbol{D}_n+\boldsymbol{\phi}_n^{(\mathrm{S})}(0)+\boldsymbol{\phi}_{n+1}^{(\mathrm{B})}(0)\Big]\boldsymbol{B}_{i-n}\quad(1\leqslant i\leqslant K-1) \tag{7.6.100}$$

$$\boldsymbol{\phi}_K^{(\mathrm{B})}(0)=\sum_{n=1}^{K}\Big[\tilde{\boldsymbol{\Phi}}_0^{(\mathrm{C})}(0)\boldsymbol{D}_n+\boldsymbol{\phi}_n^{(\mathrm{S})}(0)+\boldsymbol{\phi}_{n+1}^{(\mathrm{B})}(0)\Big]\hat{\boldsymbol{B}}_{K-n} \tag{7.6.101}$$

以及归一化方程

$$\boldsymbol{\phi}_0^{(\mathrm{I})}+\tilde{\boldsymbol{\Phi}}_0^{(\mathrm{C})}(0)+m_{\mathrm{V}}\sum_{i=0}^{K}\phi_i^{(\mathrm{V})}(0)+m_{\mathrm{S}}\sum_{i=1}^{K}\boldsymbol{\phi}_i^{(\mathrm{S})}(0)+m_{\mathrm{B}}\sum_{i=1}^{K}\boldsymbol{\phi}_i^{(\mathrm{B})}(0)=\boldsymbol{\pi} \tag{7.6.102}$$

其中，$\boldsymbol{\phi}_0^{(\mathrm{I})}=\boldsymbol{\phi}_0^{(\mathrm{V})}(0)(-\boldsymbol{D}_0-\hat{\boldsymbol{D}}_{K+1})^{-1}$ 和 $\tilde{\boldsymbol{\Phi}}_0^{(\mathrm{C})}(0)=[\boldsymbol{\phi}_1^{(\mathrm{B})}(0)-\boldsymbol{\phi}_0^{(\mathrm{C})}(0)](-\boldsymbol{D}_0-\hat{\boldsymbol{D}}_{K+1})^{-1}$。

通过对 $\boldsymbol{\phi}_i^{(\mathrm{V})}(0)$ 和 $\boldsymbol{\phi}_i^{(\mathrm{S})}(0)$ 求和，可以得到与推论 7.1完全一致的结果，这从另外一个侧面验证了率守恒定理的通用性。

定理 7.21　对于带启动和关断时间的 BMAP/G/1/K 单重休假队列，在 WBAS 策略下，有

$$\tilde{\boldsymbol{\Phi}}_0^{(\mathrm{C})}(\theta)=\boldsymbol{\phi}_1^{(\mathrm{B})}(0)\tilde{C}(\theta)\boldsymbol{Q}_{00}(\theta)-\boldsymbol{\phi}_0^{(\mathrm{C})}(0)\boldsymbol{Q}_{00}(\theta) \tag{7.6.103}$$

$$\tilde{\boldsymbol{\Phi}}_i^{(\mathrm{V})}(\theta)=\boldsymbol{\phi}_0^{(\mathrm{C})}(0)\tilde{V}(\theta)\boldsymbol{Q}_{i0}(\theta)-\sum_{n=0}^{i}\boldsymbol{\phi}_n^{(\mathrm{V})}(0)\boldsymbol{Q}_{i-n,n}(\theta)\quad(0\leqslant i\leqslant K-1) \tag{7.6.104}$$

$$\begin{aligned}\tilde{\boldsymbol{\Phi}}_i^{(\mathrm{S})}(\theta)=&\sum_{n=1}^{i}\left[\boldsymbol{\phi}_0^{(\mathrm{I})}\boldsymbol{D}_n+\boldsymbol{\phi}_n^{(\mathrm{V})}(0)\right]\tilde{S}(\theta)\boldsymbol{Q}_{i-n,n}(\theta)\\&-\sum_{n=1}^{i}\boldsymbol{\phi}_n^{(\mathrm{S})}(0)\boldsymbol{Q}_{i-n,n}(\theta)\quad(1\leqslant i\leqslant K-1)\end{aligned} \tag{7.6.105}$$

$$\begin{aligned}\tilde{\boldsymbol{\Phi}}_i^{(\mathrm{B})}(\theta)=&\sum_{n=1}^{i}\left[\tilde{\boldsymbol{\Phi}}_0^{(\mathrm{C})}(0)\boldsymbol{D}_n+\boldsymbol{\phi}_n^{(\mathrm{S})}(0)+\boldsymbol{\phi}_{n+1}^{(\mathrm{B})}(0)\right]\tilde{B}(\theta)\boldsymbol{Q}_{i-n,n}(\theta)\\&-\sum_{n=1}^{i}\boldsymbol{\phi}_n^{(\mathrm{B})}(0)\boldsymbol{Q}_{i-n,n}(\theta)\quad(1\leqslant i\leqslant K-1)\end{aligned} \tag{7.6.106}$$

其中，$\boldsymbol{Q}_{ij}(\theta)$ 定义为

$$\begin{cases}\boldsymbol{Q}_{0j}(\theta)=(-s\boldsymbol{I}_m-\boldsymbol{D}_0-\hat{\boldsymbol{D}}_{K+1-j})^{-1}\\ \boldsymbol{Q}_{ij}(\theta)=\displaystyle\sum_{n=1}^{i}\boldsymbol{Q}_{i-n,j}(\theta)\boldsymbol{D}_n(-s\boldsymbol{I}_m-\boldsymbol{D}_0-\hat{\boldsymbol{D}}_{K+1-i-j})^{-1}\quad(1\leqslant j\leqslant K-1-i)\end{cases} \tag{7.6.107}$$

由于 $\boldsymbol{D}$ 是随机矩阵，且 $\boldsymbol{D}_n$ 对于任意 $n\geqslant 1$ 均为非负矩阵，因此，$s\boldsymbol{I}_m+\boldsymbol{D}_0+\hat{\boldsymbol{D}}_{K+1-i-j}=\theta\boldsymbol{I}_m+\boldsymbol{D}-\sum_{n=1}^{K-i-j}\boldsymbol{D}_n$ 对任意 $0\leqslant i+j\leqslant K-1$ 和 $\theta\to 0$ 均为亚随机矩阵。换言之，$(\theta\boldsymbol{I}+\boldsymbol{D}_0+\hat{\boldsymbol{D}}_{K+1-i-j})^{-1}$ 在 $0\leqslant i+j\leqslant K-1$ 和 $\theta\to 0$ 时永远存在。

3. 多重休假模型

与单重休假模型相比，多重休假模型的唯一区别是服务器永远不会进入空闲状态，即如果服务器结束休假时发现队列仍然为空，则它会再次进入休假状态，直至休假结束后发现队列中有顾客需要服务，则进入启动状态。因此，只需要对单重休假模型中与 $\boldsymbol{\phi}_i^{(\mathrm{V})}(0)$ 和 $\tilde{\boldsymbol{\Phi}}_i^{(\mathrm{V})}(\theta)$ 有关的公式进行相应修改，并将 $\boldsymbol{\phi}_0^{(\mathrm{I})}$ 设为 0 即可。除此之外，所有其他公式基本保持不变。为了方便阅读，下面只给出主要结果。

1）PBAS 策略

定理 7.22　对于具有启动和关断时间的 BMAP/G/1/K 多重休假排队系统，在 PBAS 策略下，在状态跳转时刻的概率密度可以通过如下的迭代公式求得：

$$\boldsymbol{\phi}_0^{(\mathrm{C})}(0)=\boldsymbol{\phi}_1^{(\mathrm{B})}(0)\boldsymbol{C}_0 \tag{7.6.108}$$

$$\boldsymbol{\phi}_0^{(\mathrm{V})}(0)=\boldsymbol{\phi}_0^{(\mathrm{C})}(0)\boldsymbol{V}_0(\boldsymbol{I}-\boldsymbol{V}_0)^{-1} \tag{7.6.109}$$

$$\boldsymbol{\phi}_i^{(\mathrm{V})}(0)=[\boldsymbol{\phi}_0^{(\mathrm{C})}(0)+\boldsymbol{\phi}_0^{(\mathrm{V})}(0)]\boldsymbol{V}_i\quad(1\leqslant i\leqslant K) \tag{7.6.110}$$

$$\boldsymbol{\phi}_i^{(\mathrm{S})}(0)=\sum_{n=1}^{i}\boldsymbol{\phi}_n^{(\mathrm{V})}(0)\boldsymbol{S}_{i-n}\quad(1\leqslant i\leqslant K-1) \tag{7.6.111}$$

$$\boldsymbol{\phi}_K^{(\mathrm{S})}(0)=\sum_{n=1}^{K}\boldsymbol{\phi}_n^{(\mathrm{V})}(0)\hat{\boldsymbol{S}}_{K-n} \tag{7.6.112}$$

$$\boldsymbol{\phi}_i^{(\mathrm{B})}(0)=\sum_{n=1}^{i}\Big[\tilde{\boldsymbol{\Phi}}_0^{(\mathrm{C})}(0)\boldsymbol{D}_n+\boldsymbol{\phi}_n^{(\mathrm{S})}(0)+\boldsymbol{\phi}_{n+1}^{(\mathrm{B})}(0)\Big]\boldsymbol{B}_{i-n}\quad(1\leqslant i\leqslant K-1) \tag{7.6.113}$$

$$\boldsymbol{\phi}_K^{(\mathrm{B})}(0)=\sum_{n=1}^{K}\Big[\tilde{\boldsymbol{\Phi}}_0^{(\mathrm{C})}(0)\boldsymbol{D}_n+\boldsymbol{\phi}_n^{(\mathrm{S})}(0)+\boldsymbol{\phi}_{n+1}^{(\mathrm{B})}(0)\Big]\hat{\boldsymbol{B}}_{K-n}+\tilde{\boldsymbol{\Phi}}_0^{(\mathrm{C})}(0)\hat{\boldsymbol{D}}_{K+1}\hat{\boldsymbol{B}}_0=0 \tag{7.6.114}$$

以及归一化方程

$$\tilde{\boldsymbol{\Phi}}_0^{(\mathrm{C})}(0)+m_V\sum_{i=0}^{K}\boldsymbol{\phi}_i^{(\mathrm{V})}(0)+m_S\sum_{i=1}^{K}\boldsymbol{\phi}_i^{(\mathrm{S})}(0)+m_B\sum_{i=1}^{K}\boldsymbol{\phi}_i^{(\mathrm{B})}(0)=\boldsymbol{\pi} \tag{7.6.115}$$

其中，$\tilde{\boldsymbol{\Phi}}_0^{(\mathrm{C})}(0)=[\boldsymbol{\phi}_1^{(\mathrm{B})}(0)-\boldsymbol{\phi}_0^{(\mathrm{C})}(0)](-\boldsymbol{D}_0)^{-1}$。

推论 7.3 对于具有启动和关断时间的 BMAP/G/1/K 多重休假排队系统，在 PBAS 策略下，在状态跳转时刻的概率密度满足：

$$\sum_{i=1}^{K}\boldsymbol{\phi}_i^{(\mathrm{S})}(0)\boldsymbol{e}=\sum_{i=1}^{K}\boldsymbol{\phi}_i^{(\mathrm{V})}(0)\boldsymbol{e}=\boldsymbol{\phi}_0^{(\mathrm{C})}(0)\boldsymbol{e} \tag{7.6.116}$$

式 (7.6.116) 的结果可从状态转移图 7.20中直接得出。值得注意的是，在多重休假模型中，如果服务器在结束休假时发现队列为空，仍然会停留在休假状态，因此 $\boldsymbol{\phi}_0^{(\mathrm{V})}(0)$ 未出现在式 (7.6.116) 中。

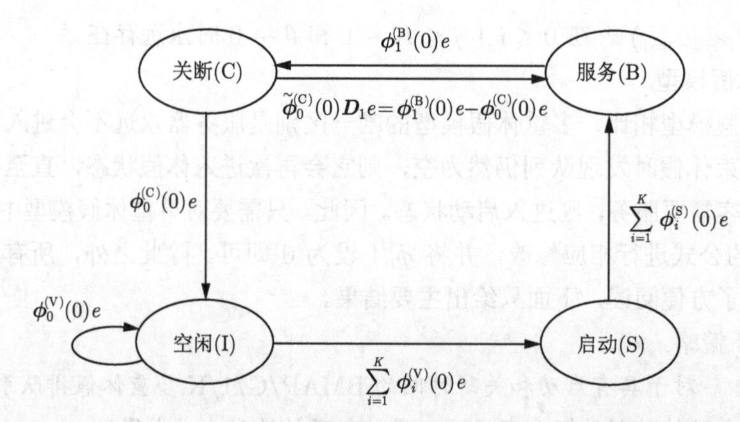

图 7.20 有启动和关断时间的多重休假 BMAP/G/1/K 模型状态转移图

定理 7.23　对于有开启和关断时间的 BMAP/G/1/K 多重休假排队模型，在 PBAS 策略下，有

$$\tilde{\boldsymbol{\Phi}}_0^{(\mathrm{C})}(\theta)=\boldsymbol{\phi}_1^{(\mathrm{B})}(0)\tilde{C}(\theta)\boldsymbol{Q}_0(\theta)-\boldsymbol{\phi}_0^{(\mathrm{C})}(0)\boldsymbol{Q}_0(\theta) \tag{7.6.117}$$

$$\tilde{\boldsymbol{\Phi}}_0^{(\mathrm{V})}(\theta)=\boldsymbol{\phi}_0^{(\mathrm{C})}(0)\tilde{V}(\theta)\boldsymbol{Q}_0(\theta) \tag{7.6.118}$$

$$\tilde{\boldsymbol{\Phi}}_i^{(\mathrm{V})}(\theta)=\boldsymbol{\phi}_0^{(\mathrm{C})}(0)\tilde{V}(\theta)\boldsymbol{Q}_i(\theta)-\sum_{n=1}^{i}\boldsymbol{\phi}_n^{(\mathrm{V})}(0)\boldsymbol{Q}_{i-n}(\theta)\quad(1\leqslant i\leqslant K-1) \tag{7.6.119}$$

$$\tilde{\boldsymbol{\Phi}}_i^{(\mathrm{S})}(\theta)=\sum_{n=1}^{i}\boldsymbol{\phi}_n^{(\mathrm{V})}(0)\tilde{S}(\theta)\boldsymbol{Q}_{i-n}(\theta)-\sum_{n=1}^{i}\boldsymbol{\phi}_n^{(\mathrm{S})}(0)\boldsymbol{Q}_{i-n}(\theta)\quad(1\leqslant i\leqslant K-1) \tag{7.6.120}$$

$$\begin{aligned}\tilde{\mathbf{\Phi}}_i^{(B)}(\theta)=&\sum_{n=1}^{i}\left[\tilde{\boldsymbol{\Phi}}_0^{(\mathrm{C})}(0)\boldsymbol{D}_n+\boldsymbol{\phi}_n^{(\mathrm{S})}(0)+\boldsymbol{\phi}_{n+1}^{(\mathrm{B})}(0)\right]\tilde{B}(\theta)\boldsymbol{Q}_{i-n}(\theta)\\&-\sum_{n=1}^{i}\boldsymbol{\phi}_n^{(\mathrm{B})}(0)\boldsymbol{Q}_{i-n}(\theta)\quad(1\leqslant i\leqslant K-1)\end{aligned} \tag{7.6.121}$$

其中，$\boldsymbol{Q}_i(\theta)$ 由式 (7.6.82) 给出。

2）WBAS 策略

定理 7.24　对于带启动和关断时间的 BMAP/G/1/K 多重休假排队系统，在 WBAS 策略下，状态跳越时刻的概率密度满足下面的迭代方程式：

$$\boldsymbol{\phi}_0^{(\mathrm{C})}(0)=\boldsymbol{\phi}_1^{(\mathrm{B})}(0)\boldsymbol{C}_0 \tag{7.6.122}$$

$$\boldsymbol{\phi}_0^{(\mathrm{V})}(0)=\boldsymbol{\phi}_0^{(\mathrm{C})}(0)\boldsymbol{V}_0(\boldsymbol{I}-\boldsymbol{V}_0)^{-1} \tag{7.6.123}$$

$$\boldsymbol{\phi}_i^{(\mathrm{V})}(0)=[\boldsymbol{\phi}_0^{(\mathrm{C})}(0)+\boldsymbol{\phi}_0^{(\mathrm{V})}(0)]\boldsymbol{V}_i\qquad(1\leqslant i\leqslant K) \tag{7.6.124}$$

$$\boldsymbol{\phi}_i^{(\mathrm{S})}(0)=\sum_{n=1}^{i}\boldsymbol{\phi}_n^{(\mathrm{V})}(0)\boldsymbol{S}_{i-n}\qquad(1\leqslant i\leqslant K-1) \tag{7.6.125}$$

$$\boldsymbol{\phi}_K^{(\mathrm{S})}(0)=\sum_{n=1}^{K}\boldsymbol{\phi}_n^{(\mathrm{V})}(0)\hat{\boldsymbol{S}}_{K-n} \tag{7.6.126}$$

$$\boldsymbol{\phi}_i^{(\mathrm{B})}(0)=\sum_{n=1}^{i}\left[\tilde{\boldsymbol{\Phi}}_0^{(\mathrm{C})}(0)\boldsymbol{D}_n+\boldsymbol{\phi}_n^{(\mathrm{S})}(0)+\boldsymbol{\phi}_{n+1}^{(\mathrm{B})}(0)\right]\boldsymbol{B}_{i-n}\quad(1\leqslant i\leqslant K-1) \tag{7.6.127}$$

$$\boldsymbol{\phi}_K^{(\mathrm{B})}(0)=\sum_{n=1}^{K}\left[\tilde{\boldsymbol{\Phi}}_0^{(\mathrm{C})}(0)\boldsymbol{D}_n+\boldsymbol{\phi}_n^{(\mathrm{S})}(0)+\boldsymbol{\phi}_{n+1}^{(\mathrm{B})}(0)\right]\hat{\boldsymbol{B}}_{K-n} \tag{7.6.128}$$

以及归一化方程

$$\tilde{\boldsymbol{\Phi}}_0^{(\mathrm{C})}(0)+m_{\mathrm{V}}\sum_{i=0}^{K}\boldsymbol{\phi}_i^{(\mathrm{V})}(0)+m_{\mathrm{S}}\sum_{i=1}^{K}\boldsymbol{\phi}_i^{(\mathrm{S})}(0)+m_{\mathrm{B}}\sum_{i=1}^{K}\boldsymbol{\phi}_i^{(\mathrm{B})}(0)=\boldsymbol{\pi} \tag{7.6.129}$$

其中，$\tilde{\boldsymbol{\Phi}}_0^{(\mathrm{C})}(0)=[\boldsymbol{\phi}_1^{(\mathrm{B})}(0)-\boldsymbol{\phi}_0^{(\mathrm{C})}(0)](-\boldsymbol{D}_0-\hat{\boldsymbol{D}}_{K+1})^{-1}$。

针对 $\boldsymbol{\phi}_i^{(\mathrm{V})}(0)$ 和 $\boldsymbol{\phi}_i^{(\mathrm{S})}(0)$，对所有 $i=1,2,\cdots,K$ 求和，可以确定推论 7.3中的结论对于 WBAS 策略仍然成立。

定理 7.25 对于带启动和关断时间的 BMAP/G/1/K 多重休假排队系统，在 WBAS 策略下，有：

$$\tilde{\boldsymbol{\Phi}}_0^{(\mathrm{C})}(\theta)=\boldsymbol{\phi}_1^{(\mathrm{B})}(0)\tilde{C}(\theta)\boldsymbol{Q}_{00}(\theta)-\boldsymbol{\phi}_0^{(\mathrm{C})}(0)\boldsymbol{Q}_{00}(\theta) \tag{7.6.130}$$

$$\tilde{\boldsymbol{\Phi}}_0^{(\mathrm{V})}(\theta)=\boldsymbol{\phi}_0^{(\mathrm{C})}(0)\tilde{V}(\theta)\boldsymbol{Q}_{00}(\theta) \tag{7.6.131}$$

$$\tilde{\boldsymbol{\Phi}}_i^{(\mathrm{V})}(\theta)=\boldsymbol{\phi}_0^{(\mathrm{C})}(0)\tilde{V}(\theta)\boldsymbol{Q}_{i0}(\theta)-\sum_{n=1}^{i}\boldsymbol{\phi}_n^{(\mathrm{V})}(0)\boldsymbol{Q}_{i-n,n}(\theta)\quad(1\leqslant i\leqslant K-1) \tag{7.6.132}$$

$$\tilde{\boldsymbol{\Phi}}_i^{(\mathrm{S})}(\theta)=\sum_{n=1}^{i}\boldsymbol{\phi}_n^{(\mathrm{V})}(0)\tilde{S}(\theta)\boldsymbol{Q}_{i-n,n}(\theta)-\sum_{n=1}^{i}\boldsymbol{\phi}_n^{(\mathrm{S})}(0)\boldsymbol{Q}_{i-n,n}(\theta) \\ (1\leqslant i\leqslant K-1) \tag{7.6.133}$$

$$\tilde{\boldsymbol{\Phi}}_i^{(\mathrm{B})}(\theta)=\sum_{n=1}^{i}\left[\tilde{\boldsymbol{\Phi}}_0^{(\mathrm{C})}(0)\boldsymbol{D}_n+\boldsymbol{\phi}_n^{(\mathrm{S})}(0)+\boldsymbol{\phi}_{n+1}^{(\mathrm{B})}(0)\right]\tilde{B}(\theta)\boldsymbol{Q}_{i-n,n}(\theta) \\ -\sum_{n=1}^{i}\boldsymbol{\phi}_n^{(\mathrm{B})}(0)\boldsymbol{Q}_{i-n,n}(\theta)\qquad(1\leqslant i\leqslant K-1) \tag{7.6.134}$$

其中，$\boldsymbol{Q}_{ij}(\theta)$ 由式 (7.6.107) 给出。

4. 性能分析

为了简便起见，本节只给出单重休假模型中的一些关键性能指标。多休假模型的相应结果只需应用前面给出的相应结果，并令 $\boldsymbol{\phi}_0^{(I)}=0$ 即可直接得出。

1）队列长度概率分布

令 p_{ij} 表示平稳状态下任意时刻队列中有 i 个顾客，且到达过程处于相位 j 的概率，同时定义 $\boldsymbol{p}_i=(p_{i1},p_{i2},\cdots,p_{im})$，则有

$$\boldsymbol{p}_0=\boldsymbol{\phi}_0^{(\mathrm{I})}+\tilde{\boldsymbol{\Phi}}_0^{(\mathrm{C})}(0)+\tilde{\boldsymbol{\Phi}}_0^{(\mathrm{V})}(0) \tag{7.6.135}$$

$$\boldsymbol{p}_i=\tilde{\boldsymbol{\Phi}}_i^{(\mathrm{V})}(0)+\tilde{\boldsymbol{\Phi}}_i^{(\mathrm{S})}(0)+\tilde{\boldsymbol{\Phi}}_i^{(\mathrm{B})}(0)\qquad(1\leqslant i\leqslant K) \tag{7.6.136}$$

再注意到

$$\sum_{n=1}^{i}\boldsymbol{\phi}_0^{(\mathrm{I})}\boldsymbol{D}_n\boldsymbol{Q}_{i-n}(0)=\boldsymbol{\phi}_0^{(\mathrm{V})}(0)\sum_{n=1}^{i}(-\boldsymbol{D}_0)^{-1}\boldsymbol{D}_n\boldsymbol{Q}_{i-n}(0) \tag{7.6.137}$$

$$=\boldsymbol{\phi}_0^{(\mathrm{V})}(0)\boldsymbol{Q}_i(0) \tag{7.6.138}$$

即可得到在 PBAS 策略下的队列长度概率分布为

$$\boldsymbol{p}_i = \sum_{n=0}^{i}[\boldsymbol{\phi}_{n+1}^{(\mathrm{B})}(0) - \boldsymbol{\phi}_n^{(\mathrm{B})}(0)]\boldsymbol{Q}_{i-n}(0) \quad (0 \leqslant i \leqslant K-1) \tag{7.6.139}$$

$$\boldsymbol{p}_K = \boldsymbol{\pi} - \sum_{i=1}^{K}\boldsymbol{\phi}_i^{(\mathrm{B})}(0)\boldsymbol{Q}_{K-i}(0) \tag{7.6.140}$$

其中，$\boldsymbol{\pi}$ 为矩阵 $\boldsymbol{D}$ 的稳态概率向量。

对于 WBAS 策略，用同样的方法可以得出类似的结论

$$\boldsymbol{p}_i = \sum_{n=0}^{i}[\boldsymbol{\phi}_{n+1}^{(\mathrm{B})}(0) - \boldsymbol{\phi}_n^{(\mathrm{B})}(0)]\boldsymbol{Q}_{i-n,n}(0) \quad (0 \leqslant i \leqslant K-1) \tag{7.6.141}$$

$$\boldsymbol{p}_K = \boldsymbol{\pi} - \sum_{i=0}^{K-1}\boldsymbol{p}_i \tag{7.6.142}$$

2）丢包概率

（1）群整体丢失的概率。

令 P_{B1} 表示某个群到达中的第一个顾客（也就是整个群）丢失的概率。在 PBAS 策略下，群到达的第一个顾客只有在缓存区完全被占用，即队列中已经有 K 个顾客的时候才会被拒绝。因此有

$$P_{\mathrm{B1}} = \boldsymbol{p}_K\hat{\boldsymbol{D}}_1\boldsymbol{e}/\lambda_g \tag{7.6.143}$$

相反，在 WBAS 策略下，当到达群中的顾客数超出缓存区剩余空间时，第一个顾客就会被拒绝，因此有

$$P_{\mathrm{B1}} = \sum_{i=0}^{K}\boldsymbol{p}_i\hat{\boldsymbol{D}}_{K+1-i}\boldsymbol{e}/\lambda_g \tag{7.6.144}$$

（2）群到达中任意一个顾客的丢失概率。

令 P_{B2} 表示某个群到达中任意一个顾客丢失的概率。由于 $\lambda(1-P_{\mathrm{B2}})$ 为被系统接纳的有效顾客到达率，因此它也是服务器的有效顾客到达率。同时，系统内平均顾客数为 $\sum\limits_{i=1}^{K}\tilde{\boldsymbol{\Phi}}_i^{(\mathrm{B})}(0)\boldsymbol{e}$，因此，对于服务器的服务过程（包括正在被服务的顾客）应用 Little 定理，可得

$$P_{\mathrm{B2}} = 1 - \frac{\sum\limits_{i=1}^{K}\tilde{\boldsymbol{\Phi}}_i^{(\mathrm{B})}(0)\boldsymbol{e}}{\lambda m_{\mathrm{B}}} = 1 - \frac{\sum\limits_{i=1}^{K}\boldsymbol{\phi}_i^{(\mathrm{B})}(0)\boldsymbol{e}}{\lambda} \tag{7.6.145}$$

基于 Little 定理的普适性，可知式 (7.6.145) 对于 PBAS 和 WBAS 策略均成立，唯一的不同是，在不同的策略下（PBAS 或 WBAS）$\boldsymbol{\phi}_i^{(\mathrm{B})}(0)$ 的取值不同。

3）链接启动频度

定义 SVC 链接的启动频度 γ_S 为单位时间内 SVC 链接启动的平均次数，它反映了 SVC 链接启动的处理开销。对 SVC 的启动过程应用 Little 定理，可得

$$\gamma_{\mathrm{S}}=\frac{\sum_{i=1}^{K}\tilde{\boldsymbol{\Phi}}_i^{(\mathrm{S})}(0)\boldsymbol{e}}{m_{\mathrm{S}}}=\sum_{i=1}^{K}\boldsymbol{\phi}_i^{(\mathrm{S})}(0)\boldsymbol{e} \tag{7.6.146}$$

同样，该结果对 PBAS 和 WBAS 两种情况都适用。

4）等待时间概率分布

为了求解群整体的等待时间和任意一个顾客的等待时间概率分布，首先考虑 PBAS 策略，并针对某个群到达之前的瞬间 $\{t_n^-: n=0,1,2,\cdots\}$ 定义队列长度、到达过程的相位以及剩余休假（启动、服务）时间的联合概率密度向量为

$$\boldsymbol{\psi}_i^{(\mathrm{B})}(x)=(\psi_{i1}^{(\mathrm{B})}(x),\psi_{i2}^{(\mathrm{B})}(x),\cdots,\psi_{im}^{(\mathrm{B})}(x))$$
$$\boldsymbol{\psi}_i^{(\mathrm{V})}(x)=(\psi_{i1}^{(\mathrm{V})}(x),\psi_{i2}^{(\mathrm{V})}(x),\cdots,\psi_{im}^{(\mathrm{V})}(x))$$
$$\boldsymbol{\psi}_i^{(\mathrm{S})}(x)=(\psi_{i1}^{(\mathrm{S})}(x),\psi_{i2}^{(\mathrm{S})}(x),\cdots,\psi_{im}^{(\mathrm{S})}(x))$$

针对关断状态和空闲状态，则需要定义其联合概率分布向量为

$$\boldsymbol{\psi}_0^{(\mathrm{C})}=(\psi_{01}^{(\mathrm{C})},\psi_{02}^{(\mathrm{C})},\cdots\psi_{0m}^{(\mathrm{C})})$$
$$\boldsymbol{\psi}_0^{(\mathrm{I})}=(\psi_{01}^{(\mathrm{I})},\psi_{02}^{(\mathrm{I})},\cdots\psi_{0m}^{(\mathrm{I})})$$

其中，

$$\psi_{ij}^{(\mathrm{B})}(x)\mathrm{d}x\triangleq\lim_{n\to\infty}P\left\{N(t_n)=i,J(t_n)=j,x<\overline{B}(t_n)\leqslant x+\mathrm{d}x,\xi(t_n)=1\right\}$$
$$\psi_{ij}^{(\mathrm{V})}(x)\mathrm{d}x\triangleq\lim_{n\to\infty}P\left\{N(t_n)=i,J(t_n)=j,x<\overline{V}(t_n)\leqslant x+\mathrm{d}x,\xi(t_n)=3\right\}$$
$$\psi_{ij}^{(\mathrm{S})}(x)\mathrm{d}x\triangleq\lim_{n\to\infty}P\left\{N(t_n)=i,J(t_n)=j,x<\overline{S}(t_n)\leqslant x+\mathrm{d}x,\xi(t_n)=4\right\}$$
$$\psi_{0j}^{(\mathrm{C})}\triangleq\lim_{n\to\infty}P\left\{N(t_n)=0,J(t_n)=j,\xi(t_n)=2\right\}$$
$$\psi_{0j}^{(\mathrm{I})}\triangleq\lim_{n\to\infty}P\left\{N(t_n)=0,J(t_n)=j,\xi(t_n)=5\right\}$$

针对到达过程的每一个相位使用 Bayes 定理，可得 $\boldsymbol{\psi}_i^{(\mathrm{V})}(x)$、$\boldsymbol{\psi}_i^{(\mathrm{S})}(x)$ 或 $\boldsymbol{\psi}_i^{(\mathrm{B})}(x)$ 的 LST 为

$$\tilde{\boldsymbol{\Psi}}_i^{(\mathrm{V})}(\theta)=\lambda^{-1}\tilde{\boldsymbol{\Phi}}_i^{(\mathrm{V})}(\theta)\hat{\boldsymbol{D}}_1\quad(1\leqslant i\leqslant K-1) \tag{7.6.147}$$

$$\tilde{\boldsymbol{\Psi}}_i^{(\mathrm{S})}(\theta)=\lambda^{-1}\tilde{\boldsymbol{\Phi}}_i^{(\mathrm{S})}(\theta)\hat{\boldsymbol{D}}_1\quad(1\leqslant i\leqslant K-1) \tag{7.6.148}$$

$$\tilde{\boldsymbol{\Psi}}_i^{(\mathrm{B})}(\theta)=\lambda^{-1}\tilde{\boldsymbol{\Phi}}_i^{(\mathrm{B})}(\theta)\hat{\boldsymbol{D}}_1\quad(1\leqslant i\leqslant K-1) \tag{7.6.149}$$

以及

$$\boldsymbol{\psi}_0^{(\mathrm{I})}=\lambda^{-1}\boldsymbol{\phi}_0^{(\mathrm{I})}\hat{\boldsymbol{D}}_1 \tag{7.6.150}$$

$$\boldsymbol{\psi}_0^{(\mathrm{C})}=\lambda^{-1}\tilde{\boldsymbol{\Phi}}_0^{(\mathrm{C})}(0)\hat{\boldsymbol{D}}_1 \tag{7.6.151}$$

在 WBAS 策略下，当群到达的规模大于剩余缓存空间时，该群中所有顾客都会被丢弃，所以有

$$\tilde{\boldsymbol{\Psi}}_i^{(\mathrm{V})}(\theta)=\lambda^{-1}\tilde{\boldsymbol{\Phi}}_i^{(\mathrm{V})}(\theta)\sum_{n=1}^{K-i}\boldsymbol{D}_n \quad (1\leqslant i\leqslant K-1) \tag{7.6.152}$$

$$\tilde{\boldsymbol{\Psi}}_i^{(\mathrm{S})}(\theta)=\lambda^{-1}\tilde{\boldsymbol{\Phi}}_i^{(\mathrm{S})}(\theta)\sum_{n=1}^{K-i}\boldsymbol{D}_n \quad (1\leqslant i\leqslant K-1) \tag{7.6.153}$$

$$\tilde{\boldsymbol{\Psi}}_i^{(\mathrm{B})}(\theta)=\lambda^{-1}\tilde{\boldsymbol{\Phi}}_i^{(\mathrm{B})}(\theta)\sum_{n=1}^{K-i}\boldsymbol{D}_n \quad (1\leqslant i\leqslant K-1) \tag{7.6.154}$$

以及

$$\boldsymbol{\psi}_0^{(\mathrm{I})}=\lambda^{-1}\boldsymbol{\phi}_0^{(\mathrm{I})}\sum_{n=1}^{K}\boldsymbol{D}_n \tag{7.6.155}$$

$$\boldsymbol{\psi}_0^{(\mathrm{C})}=\lambda^{-1}\tilde{\boldsymbol{\Phi}}_0^{(\mathrm{C})}(0)\sum_{n=1}^{K}\boldsymbol{D}_n \tag{7.6.156}$$

（1）群整体的等待时间概率分布。

令 $\boldsymbol{W}_{\mathrm{F}}(x)=(W_{\mathrm{F}1}(x)W_{\mathrm{F}2}(x)\cdots W_{\mathrm{F}m}(x))$，其中，$W_{\mathrm{F}j}(x)$ 表示群到达过程在到达时刻处于相位 j，且第一个顾客的等待时间不超过 x 的概率。注意，当群到达发生时，系统对第一个顾客可能有如下的处理：

① 如果系统处于关断状态，立即服务。

② 如果系统处于空闲状态，则等到启动状态结束后进行服务。

③ 如果系统处于休假状态，则必须等到休假状态结束，再经过启动过程，且队列前面的顾客均被服务完以后才能接受服务。

④ 如果系统处于启动状态，则必须等到启动状态结束，且队列前面的顾客均被服务完了以后才能接受服务。

⑤ 如果系统处于服务状态，则在前面所有的顾客被服务完以后即可接受服务。

因此，$\boldsymbol{W}_{\mathrm{F}}(x)$ 的 LST 向量 $\tilde{\boldsymbol{W}}_{\mathrm{F}}(\theta)$ 满足

$$\begin{aligned}(1-P_{\mathrm{B}1})\tilde{\boldsymbol{W}}_{\mathrm{F}}(\theta)=&\ \boldsymbol{\psi}_0^{(\mathrm{C})}+\boldsymbol{\psi}_0^{(\mathrm{I})}\tilde{S}(\theta)+\sum_{i=0}^{K-1}\tilde{\boldsymbol{\Psi}}_i^{(\mathrm{V})}(\theta)\tilde{S}(\theta)[\tilde{B}(\theta)]^i\\&+\sum_{i=1}^{K-1}\tilde{\boldsymbol{\Psi}}_i^{(\mathrm{S})}(\theta)[\tilde{B}(\theta)]^i+\sum_{i=1}^{K-1}\tilde{\boldsymbol{\Psi}}_i^{(\mathrm{B})}(\theta)[\tilde{B}(\theta)]^{i-1}\end{aligned} \tag{7.6.157}$$

同样地，该结果对于 PBAS 和 WBAS 情况都适用。

（2）群到达中任意一个顾客的等待时间概率分布。

最后，考虑群到达中任意一个顾客的等待时间概率分布。显然，该时间与目标顾客在缓存区中所排列的位置有关。假设当某个顾客群到达队列并能够被排队系统所接受的前提下，

顾客在缓存区中的排列顺序完全随机，因此有

$$P\{\text{BS}=n\}=\frac{n\boldsymbol{\pi}\boldsymbol{D}_n\boldsymbol{e}}{\lambda} \tag{7.6.158}$$

$$P\{\text{PS}=l|\text{BS}=n\}=\frac{1}{n}\quad(1\leqslant l\leqslant n) \tag{7.6.159}$$

其中，BS 代表群到达的规模，PS 代表目标顾客的位置，即 $\text{PS}=l$ 代表该顾客在这批顾客中第 l 个被服务。简单运算后得

$$P\{\text{BS}=n \text{ 且 } \text{PS}=l\}=\frac{\boldsymbol{\pi}\boldsymbol{D}_n\boldsymbol{e}}{\lambda} \tag{7.6.160}$$

$$P\{\text{PS}=l\}=\sum_{n=l}^{\infty}\frac{1}{n}\cdot\frac{n\boldsymbol{\pi}\boldsymbol{D}_n\boldsymbol{e}}{\bar{\lambda}}=\frac{\boldsymbol{\pi}\hat{\boldsymbol{D}}_l\boldsymbol{e}}{\lambda}\quad(1\leqslant l\leqslant n) \tag{7.6.161}$$

令 $\boldsymbol{W}_{\text{A}}(x)=[W_{\text{A}1}(x)W_{\text{A}2}(x)\cdots W_{\text{A}m}(x)]$，其中，$W_{\text{A}j}(x)$ 表示群到达过程在到达时刻处于相位 j，并且任意一个顾客的等待时间不大于 x 的概率，其 LST 为 $\tilde{\boldsymbol{W}}_{\text{A}}(\theta)$。在 WBAS 策略下，如果系统中已经有 i 个顾客，则只有群规模小于 $K-i$ 的群到达才能被接纳，因此有

$$\begin{aligned}(1-P_{\text{B2}})\tilde{\boldsymbol{W}}_{\text{A}}^{\text{WBAS}}(\theta)=&[\boldsymbol{\psi}_0^{(\text{C})}+\boldsymbol{\psi}_0^{(\text{I})}\tilde{S}(\theta)+\tilde{\boldsymbol{\Psi}}_0^{(\text{V})}(\theta)\tilde{S}(\theta)]\sum_{l=1}^{K}\boldsymbol{\pi}\hat{\boldsymbol{D}}_l\boldsymbol{e}[\tilde{B}(\theta)]^{l-1}\\&+\sum_{i=1}^{K-1}[\tilde{\boldsymbol{\Psi}}_i^{(\text{V})}(\theta)\tilde{S}(\theta)+\tilde{\boldsymbol{\Psi}}_i^{(\text{S})}(\theta)][\tilde{B}(\theta)]^{i}\sum_{l=1}^{K-i}\boldsymbol{\pi}\hat{\boldsymbol{D}}_l\boldsymbol{e}[\tilde{B}(\theta)]^{l-1}\\&+\sum_{i=1}^{K-1}\tilde{\boldsymbol{\Psi}}_i^{(\text{B})}(\theta)[\tilde{B}(\theta)]^{i-1}\sum_{l=1}^{K-i}\boldsymbol{\pi}\hat{\boldsymbol{D}}_l\boldsymbol{e}[\tilde{B}(\theta)]^{l-1}\end{aligned} \tag{7.6.162}$$

但在 PBAS 策略下，如果系统中已经有 i 个顾客、且群规模大于 $K-i$ 情况下，则只能有 $K-i$ 个顾客被接纳，因此有

$$\begin{aligned}(1-P_{\text{B2}})\tilde{\boldsymbol{W}}_{\text{A}}^{\text{PBAS}}(\theta)=&[\boldsymbol{\psi}_0^{(\text{C})}+\boldsymbol{\psi}_0^{(\text{I})}\tilde{S}(\theta)+\tilde{\boldsymbol{\Psi}}_0^{(\text{V})}(\theta)\tilde{S}(\theta)]\sum_{n=1}^{K}\sum_{l=1}^{n}\boldsymbol{\pi}\boldsymbol{D}_n\boldsymbol{e}[\tilde{B}(\theta)]^{l-1}\\&+\sum_{i=1}^{K-1}[\tilde{\boldsymbol{\Psi}}_i^{(\text{V})}(\theta)\tilde{S}(\theta)+\tilde{\boldsymbol{\Psi}}_i^{(\text{S})}(\theta)][\tilde{B}(\theta)]^{i}\sum_{n=1}^{K-i}\sum_{l=1}^{n}\boldsymbol{\pi}\boldsymbol{D}_n\boldsymbol{e}[\tilde{B}(\theta)]^{l-1}\\&+\sum_{i=1}^{K-1}\tilde{\boldsymbol{\Psi}}_i^{(\text{B})}(\theta)[\tilde{B}(\theta)]^{i-1}\sum_{n=1}^{K-i}\sum_{l=1}^{n}\boldsymbol{\pi}\boldsymbol{D}_n\boldsymbol{e}[\tilde{B}(\theta)]^{l-1}\end{aligned} \tag{7.6.163}$$

当然，如果只关心所有顾客的平均等待时间，则可以基于 Little 定理直接求得

$$\overline{W}_q=\frac{\sum\limits_{i=1}^{K}i\tilde{\boldsymbol{\Phi}}_i^{(\text{V})}(0)\boldsymbol{e}+\sum\limits_{i=1}^{K}i\tilde{\boldsymbol{\Phi}}_i^{(\text{S})}(0)\boldsymbol{e}+\sum\limits_{i=1}^{K}(i-1)\tilde{\boldsymbol{\Phi}}_i^{(\text{B})}(0)\boldsymbol{e}}{\lambda'} \tag{7.6.164}$$

其中，λ' 是实际有效的顾客到达率，由下式给出：

$$\lambda' = \sum_{i=1}^{K} \boldsymbol{\phi}_i^{(\mathrm{B})}(0)\boldsymbol{e} \tag{7.6.165}$$

显然，由于 Little 定理的普适性，该结果对于 PBAS 和 WBAS 都适用。

特别地，在 PBAS 策略下，式 (7.6.164) 可简化为

$$\overline{W}_q = \frac{K - \sum\limits_{i=1}^{K} \boldsymbol{\phi}_i^{(\mathrm{B})}(0) \sum\limits_{n=0}^{K-i} \boldsymbol{Q}_n(0)\boldsymbol{e} - m_{\mathrm{B}} \sum\limits_{i=1}^{K} \boldsymbol{\phi}_i^{(\mathrm{B})}(0)\boldsymbol{e}}{\lambda'} \tag{7.6.166}$$

5）服务器利用率

定义服务器利用率 R_{U} 为服务器服务顾客的时间相对于服务器被占用时间（启动、关断、休假或服务时间的任一种）的比率，因此有

$$R_{\mathrm{U}} = \frac{\sum\limits_{i=1}^{K} \tilde{\boldsymbol{\Phi}}_i^{(\mathrm{B})}(0)\,\boldsymbol{e}}{\tilde{\boldsymbol{\Phi}}_0^{(C)}(0)\,\boldsymbol{e} + \sum\limits_{i=0}^{K} \tilde{\boldsymbol{\Phi}}_i^{(V)}(0)\,\boldsymbol{e} + \sum\limits_{i=1}^{K} \tilde{\boldsymbol{\Phi}}_i^{(\mathrm{B})}(0)\,\boldsymbol{e}} \tag{7.6.167}$$

这是排队系统的重要性能指标，一般用于排队系统的最优设计。

5. 数值结果与讨论

为了简化数值分析，下面仅考虑单重休假的情形。假设启动时长和休假时长均服从指数分布，其均值分别为 $m_{\mathrm{S}} = 100\text{ms}$ 和 $m_{\mathrm{V}} = 20\text{ms}$；服务时长和休假时长则服从定长分布，其均值分别为 $m_{\mathrm{B}} = 1.1042\text{ms}$ 和 $m_{\mathrm{C}} = 100\text{ms}$。不失一般性，假设到达过程服从群到达间歇泊松过程（BIPP），业务负载为 $\rho = 0.5$，方差系数为 $C_a^2 = 5$。由此可求得 BIPP 的参数如下：

$$\boldsymbol{D}_0 = \begin{bmatrix} -\lambda - r_1 & r_1 \\ r_2 & -r_2 \end{bmatrix} \tag{7.6.168}$$

$$\hat{\boldsymbol{D}}_1 = \begin{bmatrix} \lambda & 0 \\ 0 & 0 \end{bmatrix} \tag{7.6.169}$$

$$\boldsymbol{D}_i = g_i \hat{\boldsymbol{D}}_1 \tag{7.6.170}$$

其中 $\lambda = 2\rho g^{-1} m_b^{-1}$。同时，假设 r_1 和 r_2 相等，即 $r_1 = r_2 = \dfrac{\lambda}{2(C_a^2 - 1)}$。

图 7.21 ~ 图 7.24给出了排队性能随着关断时长的变化。可见，关断时长越长，群到达的阻塞率越小，平均等待时间也越小，服务器启动速率也越小，但代价是服务器利用率下降。因此，最佳关断时长（对应于实际网络中的 time-out 门限值）设计在实际系统设计中非常重要。

从图 7.21 ~ 图 7.24还可以看出，平均群到达规模对系统性能有很大的影响，而接受群到达的策略（PBAS 或 WBAS）仅仅影响丢包性能。换句话说，群到达接受策略不影响平均等待时间、启动速率和服务器使用率。

为了进一步分析平均群到达规模对于系统性能的影响，在图 7.25 ~ 图 7.27 中将缓存区大小和平均群到达规模的比值 (K/g) 设为一个定值，比如 10，然后让平均群到达规模 g 在 1 ~ 10 之间变化（相当于让缓存区大小 K 在 10 ~ 100 之间变化），并计算丢包率和启动速率随着平均群到达大小的变化。同时，考虑两种群到达分布，即定长分布和几何分布，来分析不同群到达分布对于系统性能的影响。

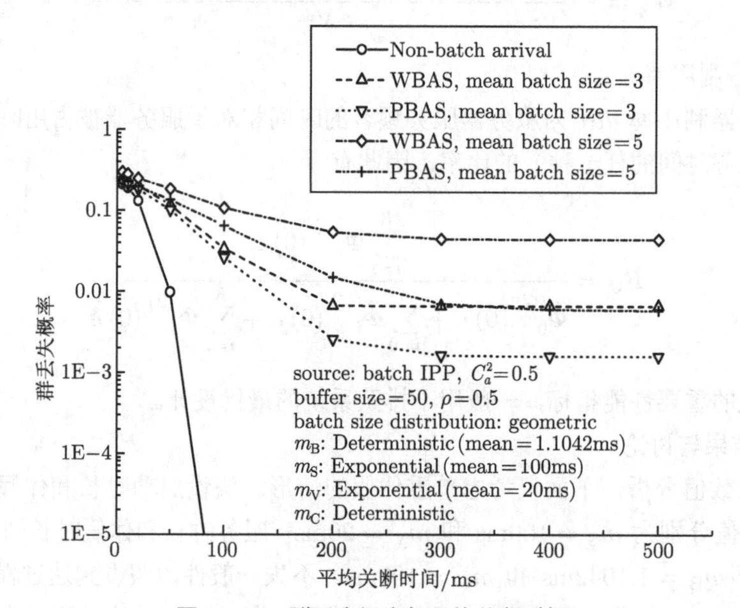

图 7.21　群丢失概率与平均关断时间

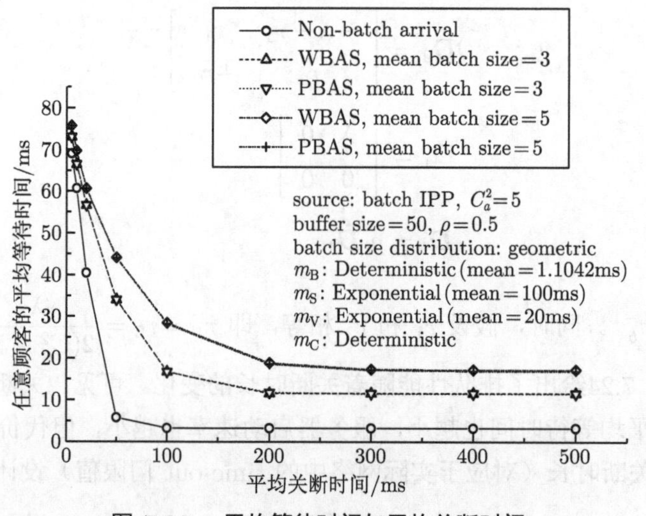

图 7.22　平均等待时间与平均关断时间

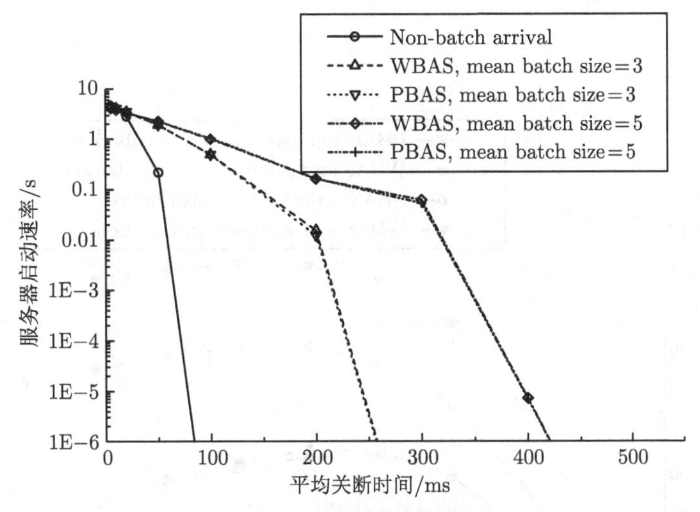

图 7.23 启动速率与平均关断时间

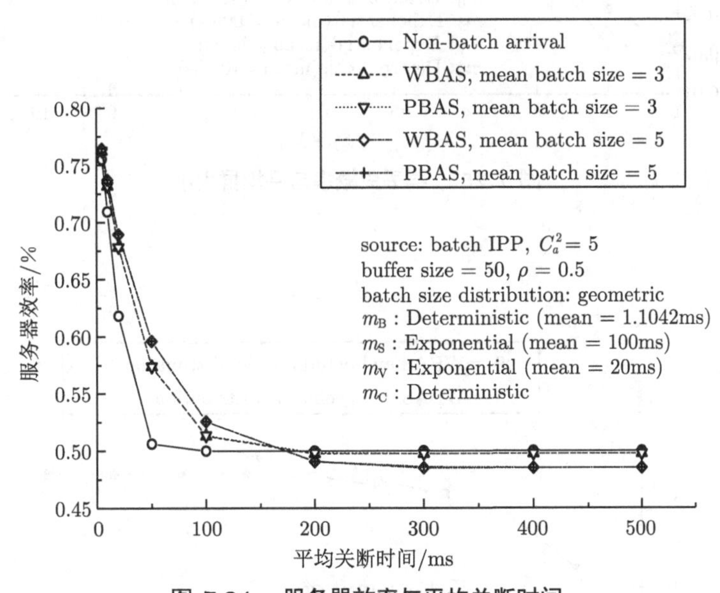

图 7.24 服务器效率与平均关断时间

从图 7.25～图 7.27可以看出，存在一个平均群到达规模的极值点，使得系统性能最差。具体地，不论是 PBAS，还是 WBAS 策略，在缓存区比较小时，丢包概率都会随着平均群到达规模的增加而迅速增加，最终达到一个固定的最大值（本例中 g=6）。在此之后，丢包率会随着平均群到达增加而缓慢减少。这主要是因为，当缓存区较小时，群到达规模的影响较大；而当缓存区容量增加时，群到达规模的影响就变小了。

另外，从上述图中还可以看出，平均群到达规模对于系统性能的影响比其分布的影响要加显著。这意味着，通常只需要知道群到达规模的一阶统计量就足以获得排队系统的主要性能，而无须精确知道群到达规模的分布。这可以大大简化实际通信系统设计的性能分析。

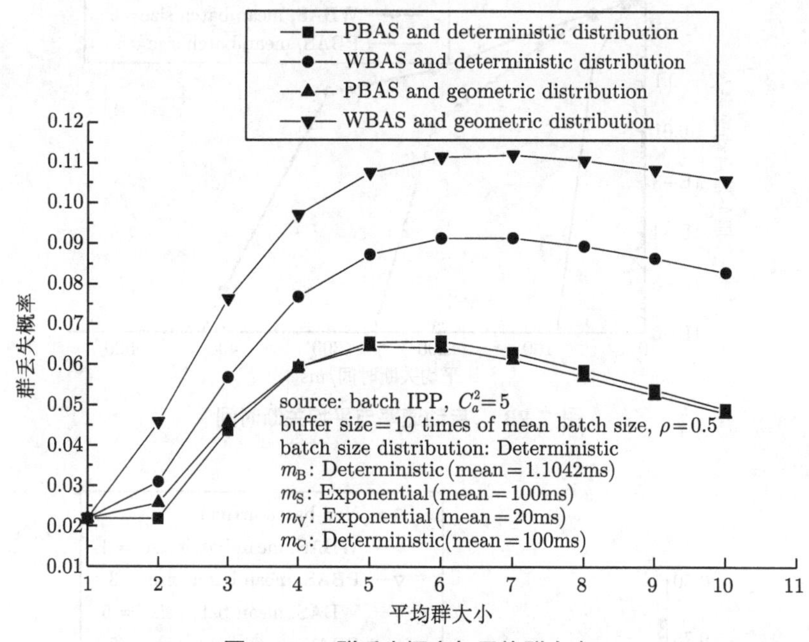

图 7.25 群丢失概率与平均群大小

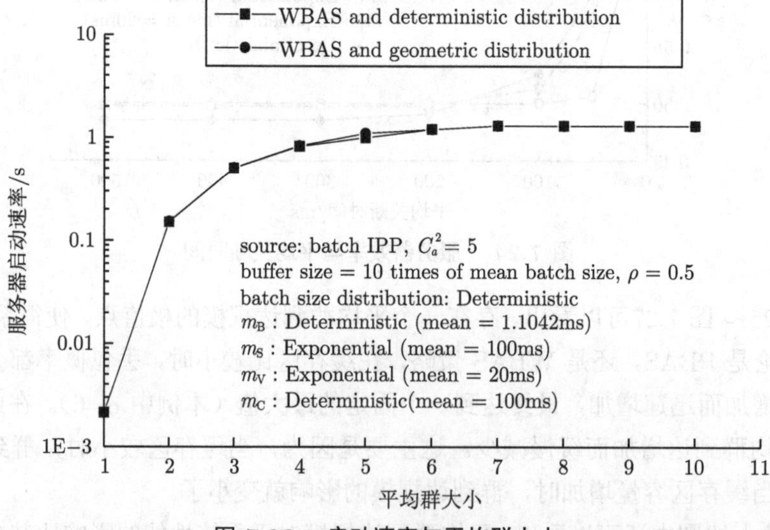

图 7.26 启动速率与平均群大小

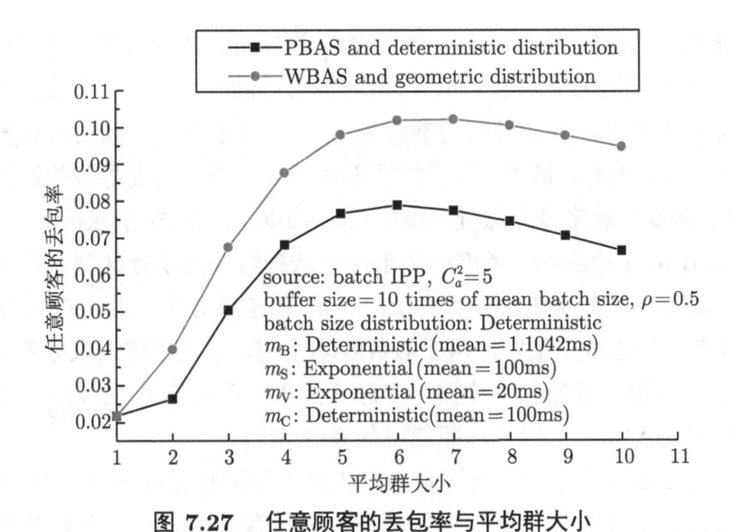

图 7.27　任意顾客的丢包率与平均群大小

小结

（1）准生灭过程（QBD）是多维生灭过程的矩阵描述，其状态概率具有矩阵几何解；

（2）M/PH/1, PH/M/s, PH/PH/1, PH-MRP/PH/1, MAP/PH/1 均可以用准生灭过程来描述；

（3）上述排队系统在状态的左迁移时刻构成嵌入马尔可夫链，其等待时间服从相位型概率分布；

（4）矩阵几何解可以推广到所有 GI/M/1 型排队系统。

习题

7.1 准生灭过程的矩阵几何解中的率矩阵 $\boldsymbol{R}$ 具有哪些特征？其 (i,j) 元素的物理意义是什么？

7.2 比较泊松过程（P）、间歇泊松过程（IPP）以及交互泊松过程（SPP）的 PH 标识，并指出它们之间的差异及本质区别。

7.3 考虑一个 64kbps 的窄带业务与 256kbps 的宽带业务混合在一起的多元电路交换机，其中继线上总共有 10 条 64kbps 的逻辑信道，即宽带业务每次需要同时占用 4 条逻辑信道，否则宽带业务将被拒绝。假设两种业务均按泊松过程的规律发生，且窄带业务的到达率 λ_1 是宽带业务到达率 λ_2 的 4 倍；两种业务所需服务时间均服从指数分布，且 $\mu_1=4\mu_2$。试利用矩阵解析法

（1）给出求解窄带业务与宽带业务阻塞率的求解过程；

（2）指出这种宽窄带业务混合系统存在的服务不均衡问题。

7.4 [**多台机械的维修规划**] 假设某云服务器有 K 台微处理器组成，每台微处理器发生故障的时间间隔服从参数为 γ^{-1} 的指数分布，且相互独立。微处理器维修师只有一位，维

修一台微处理器的时间服从参数为 α^{-1} 的指数分布。假设数据业务（task）按照参数为 λ 的泊松过程到达云服务器，K 台微处理器可同时为数据业务提供服务，且每台微处理器服务一个数据业务的时间为参数为 μ^{-1} 的指数分布。如果所有微处理器都被占用，数据业务将被丢弃。试求，为了保证因微处理器不可用而导致的数据业务丢失率低于 P_{B}，最少需要部署多少台微处理器？（请用矩阵几何解析法求解）

7.5 [**Clark's Tandem Queue**] 考虑一个由两个队列组成的串行队列，每个队列配备一个服务者，其服务时间分别服从参数为 μ_1 和 μ_2 的指数分布。顾客按照参数为 λ 的泊松过程到达队列，到达时如果发现两个服务者均空闲，则直接进入服务者 2 接受服务；如果服务者 2 被占用、服务者 1 空闲，则顾客进入服务者 1 接受服务；如果服务者 1 被占用，则顾客进入队列 1 等待，即使服务者 2 空闲。

假设队列 2 的等待空间为有限值 n，队列 1 的等待空间为 ∞。顾客在队列 1 接受完服务之后，如果服务者 2 处于空闲状态，则顾客直接离开，无须接受服务者 2 的服务；如果服务者 2 被占用，但队列 2 有空闲，则进入队列 2 等待；如果服务者 2 被占用，且队列 2 也全部被占满，则停留在服务者 1 中等待（此时服务者 1 无法给其他顾客提供服务）。一旦在服务者 2 中的顾客接受完服务，则所有在队列 2 中等待的顾客（包括可能在服务者 1 中停留的顾客）均将离开队列。此时，如果队列 1 中有两个或以上顾客等待，则第一个顾客进入服务者 2 接受服务，第 2 个顾客进入服务者 1 接受服务，即此时有两个顾客同时进入服务状态。试求：

（1）该级联队列平稳状态存在的充要条件；

（2）队列 1 及队列 2 的队列长度概率分布；

（3）如果 $\mu_1+\mu_2$ 恒定，如何选择最优的 μ_1 可使队列 1 发生服务阻塞（即虽然结束了服务者 1 的服务，但由于队列 2 被占满无法离开队列 1）的概率最小？

7.6 考虑一个如图 7.28所示的无线数据收发过程。在发送机端，当数据包到达时，若信道空闲则可接入信道传输；否则，加入缓存队列等待。考虑数据包的不同类型，假设有些数据包需要在传输之前进行预处理（所占比例为 p），其他数据包可直接传输。由于只有一个信道，每次只能对一个数据包进行处理和传输（即虚线框内最多只有一个数据包）。假设数据包在发射机中的处理时间及在信道中传输的时间相互独立，分别服从均值为 μ_1 和 μ_2 的指数分布。接收机收到数据包后，若有空闲的处理器，则立即进行数据处理；否则，进入缓存队列等待。假设接收机有两个相同的处理器，处理时间服从均值为 μ_3 的指数分布，发送机和接收机的缓存队列 FCFS，且队长无限制。试问：

（1）若发送机中数据包以参数为 λ 的泊松过程到达，用相位法分析发送机缓存中数据包数的概率分布（写出求解思路），求其均值及数据包在发送机中的平均等待时间。

（2）若需要传输的数据包为贪心源（greedy source）（可认为有无穷个数据包在缓存队列中等待传输），用相位法分析接收机缓存中数据包个数的概率密度分布（写出求解思路），求其均值及数据包在接收机中的平均等待时间。

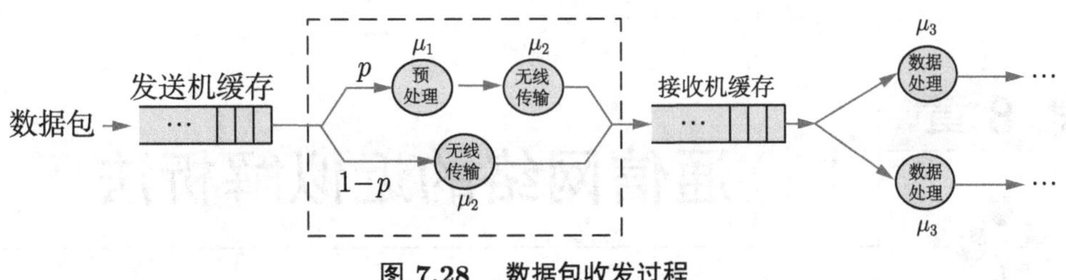

图 7.28　数据包收发过程

第 8 章

通信网络的近似解析法

从前述章节的分析过程中不难看出，随着通信网络的复杂化和多样化，其数学建模以及性能分析变得越来越复杂，有些模型（例如，M/G/s 和 G/G/s）可能永远也不会被精确地解析。即使是那些能够获得精确解的排队模型（例如，M/G/1），其结果也呈现为复杂的公式或解法，对理解其物理意义不利。实际上，人们最终关心的是实际系统的真实特性，过于复杂的模型并非必要。所谓的“精确”解析其实也只是指对理想化数学模型的精确解析，并不是对实际系统的精确解析（因为数学模型本身就是一种近似）。另外，在实际通信网络的性能分析以及优化设计中，轻负载状况下的性能通常并不重要（因为此时一般都能满足用户的服务质量要求），所要关心的大都是重负载状况下的特性，因为它是造成网络拥塞和服务质量无法得到保证的根源所在，也是网络设计者重点关注的对象。因此，本章中讨论重负载情况下的近似解析法，主要包括流体和扩散近似、大偏差理论、网络演算等。

8.1 流体和扩散近似

在重负载条件下，顾客到达发生的数量多，密度大，造成排队系统大部分时间处于“拥塞”状态，队列长度也较长。因此，根据大数定理，一般可以将离散的时间流（顾客的到达、退去以及队列长度等）近似地看成连续的时间流，这就是排队系统重负载近似的基本出发点所在。具体地讲，将顾客流近似为只有均值随时间变化而忽略其抖动以及高阶矩的变化的流体流，称之为流体近似（fluid approximation）；而同时考虑顾客流的均值与方差随时间的变化情况，即将顾客流近似为一个扩散（高斯）过程的近似称为扩散近似（diffusion approximation）。本节重点讨论这两种常用的近似解析法。

8.1.1 流体近似

所谓流体近似，实际上就是将离散的顾客流近似成一个连续的流体流，然后简单地用其平均值过程（平均值随时间的变化过程）来描述该流体流，而忽略顾客的到达以及退去过程中的抖动。具体地讲，如果定义

$$A(t) \triangleq (0,t) \text{ 内的到达顾客数}$$

$$D(t) \triangleq (0,t) \text{ 内的退去顾客数}$$

并用 $\overline{A}(t)$ 和 $\overline{D}(t)$ 来表示在某一固定时间段 $(0,t)$ 内到达顾客数和退去顾客数的均值，则流体近似就相当于用 $\overline{A}(t)$ 来近似 $A(t)$，用 $\overline{D}(t)$ 来近似 $D(t)$，也就是用

$$N_t = \overline{A}(t) - \overline{D}(t)$$

来近似排队系统在时刻 t 的队列长度（见图 8.1）。可见流体近似属于一阶近似，忽略了顾客到达过程和退去过程二阶及以上矩的影响。因此不难想象，流体近似属于危险近似。

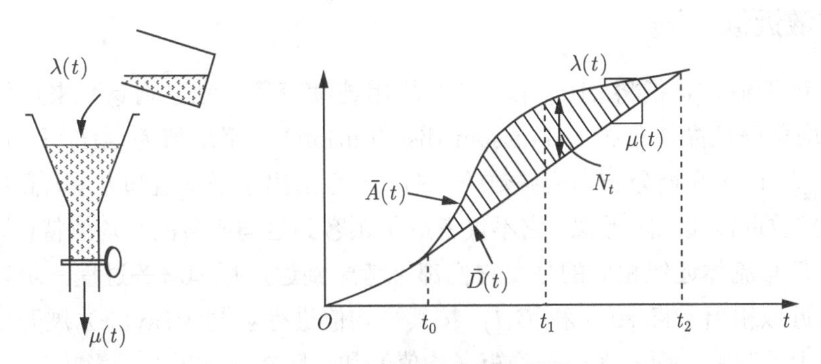

图 8.1　流体近似的基本原理

尽管流体近似属于危险近似，但由于它应用起来非常简单，且能反映重负载情况下的系统特性，所以在实际网络性能分析中得到了广泛的应用。另外，由于流体近似考虑了某一固定时间段内顾客到达和退去的统计特性，所以它不仅能够适用于正常条件下的排队分析，还能适合于排队系统的瞬态分析。

要使流体近似更为有效精确，应满足先决条件

$$P\left\{\lim_{t\to\infty}\frac{A(t)-\overline{A}(t)}{\overline{A}(t)}=0\right\}\to 1$$

$$P\left\{\lim_{t\to\infty}\frac{D(t)-\overline{D}(t)}{\overline{D}(t)}=0\right\}\to 1$$

即每一个顾客的个别行为对全局的影响非常小，以至于可以用其平均值来取代。这多发生在重负载（heavy traffic）情况下（例如，$\rho \geqslant 0.85$），此时排队系统的队列长度和等待时间均很大，因此每一个顾客的到达与退去时间的发生对队列长度的影响可以忽略不计。

若令

$$\lambda(t) \triangleq \frac{\mathrm{d}\overline{A}(t)}{\mathrm{d}t}$$

$$\mu(t) \triangleq \frac{\mathrm{d}\overline{D}(t)}{\mathrm{d}t}$$

一般情况下，$\lambda(t)$ 和 $\mu(t)$ 为连续变量，随时间 t 而变化。换言之，所谓流体近似，就是将 G/G/型排队系统近似为到达率和服务率随时间 t 变化的 D/D/型排队系统。

但是，如果 $\lambda(t)=\lambda$，$\mu(t)=\mu$，即顾客的到达率和服务率不随时间而变化时，由于为了保持排队系统的稳定，$\lambda<\mu$ 的条件必须得到满足，因此会出现 $N_t<0$ 的不合理结果，这显然是不可容忍的。出现这种现象主要是因为流体近似仅考虑了顾客到达与服务过程的平均值特性，忽略了所有的高阶矩。而从排队论最基本的概念出发，排队现象主要来源于顾客到达和服务的随机特性，上述不合理结果的出现正是由于流体近似忽略了这种随机特性而产生的。为了避免此问题，可进一步考虑采用二阶近似，即扩散近似。

8.1.2 扩散近似

所谓扩散近似，是指将 $A(t)$ 和 $D(t)$ 均用连续变量（独立增量）来近似，其在时间段 $[0,t]$ 的增量服从高斯分布（Gaussian distribution），平均值为 $\overline{A}(t)$ 和 $\overline{D}(t)$，方差为 $\sigma^2_{A(t)}$ 和 $\sigma^2_{D(t)}$。由于高斯分布为两参数的分布，一旦给出了平均值和方差，高斯分布即可定型。可见，扩散近似属二阶近似，它不仅考虑了顾客到达与服务的平均值特性，还考虑了它们的抖动。但与流体近似相似的是，它们都不考虑到达过程和服务过程三阶以上的矩，换言之，扩散近似相当于将 $A(t)$ 和 $D(t)$ 按其平均值进行泰勒（Taylor）展开后，忽略其所有三阶矩以上的影响，而只考虑一阶矩（均值）和二阶矩（方差）的影响。

定义

$$X_n \triangleq \text{顾客 } C_n \text{ 与 } C_{n-1}\text{退去间隔}$$

$$Y_n \triangleq X_1+X_2+\ldots+X_n\text{，即顾客 } C_n \text{ 的退去时刻}$$

可知，在重负载情况下，$\{X_n: n=1,2,\cdots\}$ 基本上等同于顾客的服务时间。假设 $\{X_n: n=1,2,\cdots\}$ 独立同分布，其均值为 μ^{-1}，方差为 σ_s^2，则有

$$P\{D(t)\geqslant n\}=P\{Y_n\leqslant t\} \tag{8.1.1}$$

$$\overline{Y_n}=n\mu^{-1}$$

$$\sigma^2_{Y_n}=n\sigma_s^2$$

应用中心极限定理，可知

$$\lim_{n\to\infty}P\left\{\frac{Y_n-n\mu^{-1}}{\sigma_s\sqrt{n}}\leqslant x\right\}=\varPhi(x)\triangleq\frac{1}{\sqrt{2\pi}}\int_{-\infty}^{x}\mathrm{e}^{\frac{-y^2}{2}}\mathrm{d}y \tag{8.1.2}$$

即，Y_n 将趋于一个均值为 $n\mu^{-1}$、方差为 $n\sigma_s^2$ 的高斯分布。由于 Y_n 的均值随 n 而线性增加，而其标准差 σ_{Y_n} 则按 $\sqrt{n}$ 增加，故 $\dfrac{\sigma_{Y_n}}{\overline{Y_n}}$ 将按 $\sqrt{n}$ 下降。所以当 $n\to\infty$ 时，偏离平均值的影响将变得不那么重要。

因为

$$\frac{Y_n-n\mu^{-1}}{\sigma_s\sqrt{n}}\leqslant x\Leftrightarrow Y_n\leqslant x\sigma_s\sqrt{n}+n\mu^{-1}$$

令 $t = x\sigma_s\sqrt{n} + n\mu^{-1}$，又因为当 $n \to \infty$ 时，$t \approx n\mu^{-1}$，则

$$n = (t - x\sigma_s\sqrt{n})\mu \approx t\mu - x\sigma_s\mu\sqrt{t\mu}$$

所以

$$D(t) \geqslant n \Leftrightarrow \frac{D(t) - (t\mu)}{(\sigma_s\mu)\sqrt{t\mu}} \geqslant -x$$

由于式 (8.1.1) 和式 (8.1.2)，且根据 $1 - \varPhi(-x) = \varPhi(x)$，于是

$$P\left\{\frac{D(t) - (t\mu)}{(\sigma_s\mu)\sqrt{t\mu}} \leqslant x\right\} \approx \varPhi(x)$$

说明退去过程 $D(t)$ 近似服从高斯分布，其均值为 $t\mu$，标准差为 $\sigma_s\mu\sqrt{t\mu}$，即

$$D(t) \sim N\left(t\mu, \sigma_s^2 t\mu^3\right) \quad (t \to \infty)$$

同样地，定义

$$\tau_n \triangleq \text{顾客 } C_n \text{ 的到达时刻}$$

$$a_n \triangleq \tau_n - \tau_{n-1}$$

假设 $\{a_n\}$ 独立且同分布，其均值为 λ^{-1}，方差为 σ_a^2，并令

$$\tau_n = a_1 + a_2 + \ldots + a_n$$

则

$$P\{A(t) \geqslant n\} = P\{\tau_n \leqslant t\}$$

当 $t \to \infty$ 或 $n \to \infty$ 时，很明显 τ_n 将是许多独立同分布变量的和。因此根据中心极限定理并通过类似的推导可知，τ_n 趋于一个均值为 $n\lambda^{-1}$、方差为 $n\sigma_a^2$ 的高斯分布。可见，$A(t)$ 亦趋近于高斯分布，即

$$A(t) \sim N\left(t\lambda, \sigma_a^2 t\lambda^3\right) \quad (t \to \infty)$$

遗憾的是，一般情况下 $A(t)$ 与 $D(t)$ 相互并不独立，因为两者均为 t 的增函数，且需要满足 $D(t) \leqslant A(t)$。但在重负载情况下，服务器极少空闲，即 $P\{N_t > 0\} \approx 1$，此时退去间隔可近似为顾客的服务时间，与顾客的到达过程是相互独立的。因此，$A(t)$ 和 $D(t)$ 可近似看成相互独立，$N_t = A(t) - D(t)$ 也可近似为高斯分布，其均值和方差分别为

$$\overline{N_t} = (\lambda - \mu)t \tag{8.1.3}$$

$$\sigma_{N_t}^2 = \left(\sigma_a^2\lambda^3 + \sigma_s^2\mu^3\right)t = (\lambda C_a^2 + \mu C_s^2)t \tag{8.1.4}$$

其中，

$$C_a^2 = \frac{\sigma_a^2}{(1/\lambda)^2}, \quad C_s^2 = \frac{\sigma_s^2}{(1/\mu)^2}$$

分别为到达间隔和离于间隔的方差系数。

但无论负载有多重，$\rho < 1$ (即 $\mu > \lambda$) 永远成立。因此，与流体近似类似，扩散近似所预测的平均队列长度将为负值，这显然是不可接受的。当然，与流体近似不同的是，出现这种现象并不是因为忽略了顾客到达与服务现象的随机特性，而是由于 $P\{N_t > 0\} \approx 1$ 的假设不尽合理。众所周知，正是由于到达过程或/和服务时间存在随机性，如果 $\rho \to 1$，则 G/G/1 队列的队列长度 $\lim\limits_{t\to\infty} N_t \to \infty$。因此，$\rho$ 必须小于 1，即队列为空的概率 $p_0 = 1 - \rho$ 一定大于 0。

为了解决上述问题，需要选取适当的队列长度等于 0 时的边界条件。考虑一个单一服务者排队系统。$(t, t+T)$ 区间内队列长度 N_t 的变化为

$$N_{t+T} - N_t = [A(t+T) - A(t)] - [D(t+T) - D(t)]$$

或记为

$$\Delta N_t = \Delta A(t) - \Delta D(t)$$

假设到达间隔和服务时间均为独立同分布的随机过程，且其均值和方差分别为 $(\lambda^{-1}, \sigma_a^2)$ 和 (μ^{-1}, σ_s^2)。则当 T 较大，即 $(t, t+T)$ 内有足够多的事件（到达和退去）发生，且 $N(t)$ 在此区间内不为 0 时，根据中心极限定理，可知 $\Delta N(t)$ 将趋近于高斯分布。且根据式 (8.1.3) 和式 (8.1.4)，其平均值和方差分别为

$$E[\Delta N_t] = (\lambda - \mu)T = mT$$

$$\mathrm{Var}[\Delta N_t] = (\lambda C_a^2 + \mu C_b^2)T = \alpha T$$

其中，

$$m = \lambda - \mu, \qquad \alpha = \lambda C_a^2 + \mu C_s^2 \tag{8.1.5}$$

这里，α 相当于方差变化率或称之为瞬时方差（instantaneous variance）。

由此，将 N_t 近似为一个连续时间连续状态马尔可夫过程（continuous-time continuous-state Markov process）X_t，定义其概率密度为 $f(x,t)$，满足 $f(x,t)\mathrm{d}x = P\{x \leqslant X_t \leqslant x+\mathrm{d}x\}$，针对 $s \geqslant t$，其转移概率密度定义为

$$f(y,s|x,t)\mathrm{d}y \triangleq \begin{cases} P\{y < X(s) \leqslant y + \mathrm{d}y | X_t = x\} & (0 \leqslant t < s) \\ \delta(y-x)\mathrm{d}y & (s = t) \end{cases}$$

则 $f(y,s|x,t)$ 应满足下列 Chapman-Kolmogov（C-K）方程式

$$f(y,s|x,t)y = \int_a^b f(y,s|z,u) f(z,u|x,t)\mathrm{d}z \quad (\forall u \in [s,t])$$

$$\int_a^b f(y,s|x,t)\mathrm{d}y = 1$$

其中，$[a,b]$ 为 X_t 的取值范围。将 $f(y,s|z,u)$ 在 $z=x$（初始状态处）进行 Taylor 展开，有

$$f(y,s|z,u)=f(y,s|x,u)+(z-x)\frac{\partial}{\partial x}f(y,s|x,u)+\frac{(z-x)^2}{2}\frac{\partial^2 f(y,s|x,u)}{\partial x^2}+\dots$$

将此式展开代入 C-K 方程式，忽略三次及以上的展开项并令 $u=t+h$，对每项进行积分得

$$\lim_{h\to 0}\frac{f(y,s|x,t)-f(y,s|x,t+h)}{h}=m(x,t)\frac{\partial f(y,s|x,t+h)}{\partial x}+\frac{\sigma^2(x,t)}{2}\frac{\partial^2 f(y,s|x,t+h)}{\partial x^2}$$

其中，

$$m(x,t)=\lim_{h\to 0}\frac{1}{h}\int_a^b(z-x)f(z,t+h|x,t)\mathrm{d}z$$

$$\sigma^2(x,t)=\lim_{h\to 0}\frac{1}{h}\int_a^b(z-x)^2f(z,t+h|x,t)\mathrm{d}z$$

分别为 X_t 在时刻 t 的漂移速度（drift）和扩散速度（diffusion）。整理后得

$$-\frac{\partial f(y,s|x,t)}{\partial t}=m(x,t)\frac{\partial f(y,s|x,t)}{\partial x}+\frac{\sigma^2(x,t)}{2}\frac{\partial^2 f(y,s|x,t)}{\partial x^2}$$

这就是著名的 Kolmogorov 后向微分方程式。

类似的道理可以求出 Fokker-Planck 前向微分方程式，又称扩散方程（diffusion equation），即

$$\frac{\partial f(y,s|x,t)}{\partial s}=-\frac{\partial[m(y,s)f(y,s|x,t)]}{\partial y}+\frac{1}{2}\frac{\partial^2[\sigma^2(y,s)f(y,s|x,t)]}{\partial y^2} \tag{8.1.6}$$

为简化上述微分方程式解的形式，首先假设漂移速度 $m(x,t)$ 和扩散速度 $\sigma^2(x,t)$ 与 x，t 无关，即 $m(x,t)=m$ 以及 $\sigma^2(x,t)=\sigma^2$ 均为常数，这在队列的服务率和到达率均为常数时满足这一条件，此时根据式 (8.1.5)，$m=\lambda-\mu$，$\sigma^2=\lambda C_a^2+\mu C_s^2$。于是扩散方程的解满足如下的平稳特性

$$f(y,s|x,t)=f(y-x,s-t|0,0)$$

则式 (8.1.6) 转化为

$$\frac{\partial f(y,s)}{\partial s}=-m\frac{\partial f(y,s)}{\partial y}+\frac{\sigma^2}{2}\frac{\partial^2 f(y,s)}{\partial y^2}$$

上述方程的解为

$$f(x,t)=\begin{cases}\dfrac{1}{\sqrt{2\pi\alpha t}}\mathrm{e}^{-\frac{(x-mt)^2}{2\alpha t}} & (t\geqslant 0)\\ 0 & (x>1)\end{cases}$$

则 $f(x,t)$ 服从高斯分布，均值为 mt，方差为 αt。为了处理队长可能为负的情况，下面令 X_t 的值域界限 $a=0,b=+\infty$，并分别针对两个 $X_t=0$ 的边界条件进行分析。

（1）反射界（reflecting barrier）。

假设 $f[0,s]=0$ 以及 $\dfrac{\partial f[0,s]}{\partial s}=0$，即队列长度等于零的概率为零，这在实际系统中相当于队列的负载非常重 $(\rho \to 1)$，以至于队列长度一旦到达零点则立即被反射回到某个正的值，因此称其为反射界情形。

可以得到队列长度稳态分布的一个重负载近似解

$$f(x)=\gamma \mathrm{e}^{-\gamma x} \quad (x \geqslant 0) \tag{8.1.7}$$

其中，$\gamma=-2m/\alpha=2(\mu-\lambda)/(\lambda C_a^2+\mu C_b^2)$，并注意到 $m=\lambda-\mu<0$。可见，队列长度大于 x 的概率为 $\mathrm{e}^{-2(\mu-\lambda)x/(\lambda C_a^2+\mu C_s^2)}$，按指数规律下降。

为求解队列长度的稳态概率，需要将上述连续变量离散化，由此可得队列长度为 i 的概率为

$$p_i=\int_i^{i+1} f(x)\mathrm{d}x=(\mathrm{e}^{-\gamma})^i(1-\mathrm{e}^{-\gamma}) \quad (i=0,1,\cdots) \tag{8.1.8}$$

这一结果与 M/M/1 队列长度的稳态概率分布在形式上非常相似，即如果假设 $\hat{\rho}=\mathrm{e}^{-\gamma}$，则有 $p_i=(1-\hat{\rho})\hat{\rho}^i$ 服从几何分布。

然而，由于针对任意 G/G/1 排队系统有 $p_0=1-\rho$，因此可将式 (8.1.8) 做如下修正

$$p_0=1-\rho, \qquad p_i=\rho(1-\hat{\rho})\hat{\rho}^{i-1} \quad (i \geqslant 1) \tag{8.1.9}$$

由此可求得平均队列长度

$$\overline{N}=\frac{\rho}{1-\hat{\rho}}$$

这些近似解在 $\rho \to 1$ 或是到达间隔与服务时间的方差系数趋于 1 时更加精确。

（2）吸收界（absorbing barrier）。

当然，在实际系统中，$\rho \to 1$ 只是一种很极端的情形。因此在一般情况下，考虑吸收界 (absorbing barrier) 情况，即 $f(x,t)$ 在 $x=0$ 状态并不直接发生反射，而是停留一段随机时长。由于在泊松到达的排队系统中，队列在进入空闲状态之后平均要等待 λ^{-1} 的时长才能等到下一个顾客到达，此时扩散方程为

$$\frac{\partial f(x,t)}{\partial t}=-m\frac{\partial f(x,t)}{\partial x}+\frac{\alpha}{2}\frac{\partial^2 f(x,t)}{\partial x^2}+\lambda R_t \delta(x-1)$$

其中 R_t 为时刻 t 队列变空的概率。显然，对 G/G/1 队列而言，有 $\lim_{t\to\infty} R_t=1-\rho$，因此得

$$f(x)=\begin{cases} \rho(1-\mathrm{e}^{-\gamma x}) & (0 \leqslant x \leqslant 1) \\ \rho(\mathrm{e}^{\gamma}-1)\mathrm{e}^{-\gamma x} & (x>1) \end{cases} \tag{8.1.10}$$

采用同式 (8.1.9) 类似的离散化方法[①]，得

$$p_i = \int_{i-1}^{i} f(x)\mathrm{d}x = \begin{cases} 1-\rho & (i=0) \\ \dfrac{\rho}{\gamma}(\gamma + \mathrm{e}^{-\gamma} - 1) & (i=1) \\ \dfrac{\rho}{\gamma}\mathrm{e}^{-i\gamma}(\mathrm{e}^{\gamma} - 1)^2 & (i = 2, 3, \cdots) \end{cases}$$

由此可求得平均队列长度为

$$\overline{N} = \rho\left(1 + \frac{1}{\gamma}\right) = \rho\left[1 + \frac{\rho C_a^2 + C_s^2}{2(1-\rho)}\right]$$

该结果与 M/G/1 平均队列长度的 P-K 公式非常相似。为了使得当 $C_a^2 = 1$ 时上述结果与 M/G/1 队列的 P-K 公式完全一致，可将上式修正为

$$\overline{N} = \rho\left[1 + \frac{\rho(C_a^2 + C_s^2)}{2(1-\rho)}\right] \tag{8.1.11}$$

这实际上相当于保持 $m = \lambda - \mu$ 不变，但将 $\alpha = \lambda C_a^2 + \mu C_s^2$ 修正为 $\alpha' = \lambda C_a^2 + \mu\rho C_b^2 = \lambda(C_a^2 + C_s^2)$，即顾客退去间隔的方差系数以概率 ρ 等于服务时间的方差系数。这是符合实际情况的，因为只有在队列不为空时顾客的退去间隔才等于服务时间。

进一步应用 Little 定理，可知平均滞留时间为

$$\overline{W} = \frac{\rho h(C_a^2 + C_s^2)}{2(1-\rho)} \tag{8.1.12}$$

式 (8.1.11) 和式 (8.1.12) 被称为 Kingman 公式，已被广泛应用于实际网络的性能分析。

可见，选取不同的边界条件，所求得的近似解也会有所不同。一般而言，吸收界的近似结果会好于反射界的近似结果，因为它反映了 $p_0 = 1 - \rho > 0$ 的实际情况。而吸收界的近似结果看上去更加简洁，可以几何分布的形式来近似队列长度的概率分布。同时，选取不同的离散化方法，也会导致不同的近似结果。例如，如果直接对式 (8.1.10) 做积分，可得

$$\overline{N} = \int_0^{\infty} xf(x)\mathrm{d}x = \rho\left(\frac{1}{2} + \frac{1}{\gamma}\right) = \rho\left[\frac{1}{2} + \frac{\rho C_a^2 + C_s^2}{2(1-\rho)}\right]$$

如果采用更简单的离散化方法，$p_i = f(i)$，$i = 1, 2, \cdots$，则有

$$p_0 = 1 - \rho, \qquad p_i = \rho(1-\hat{\rho})\hat{\rho}^{i-1} \quad (i \geqslant 1)$$

该结果与反射界的结果式 (8.1.9) 一致。

① 可以证明，两者是等价的。

8.2 大偏差理论

对于重负载队列，通常我们关心队列的阻塞概率，这可以用相应的无限缓冲区队列的尾分布，或互补累积分布函数（Complementary Cumulative Distribution Function, CCDF）来安全近似。在 8.1 节的例子中，该 CCDF 可以用一个负指数函数（如式 (8.1.17)）加以近似，然而这样的近似是否具有一般性？本节将介绍大偏差理论（Large deviation theory）的基本概念和原理，用来近似队列长度的 CCDF，特别是刻画其指数形式，并由此引出等效带宽的概念，这对于建立队列统计特性和刻画服务质量非常有用。

8.2.1 大偏差原理

考虑一个随机变量的序列 $\{X_i\}$，它们相互独立且服从和随机变量 X 一样的分布，其均值非负，且有界：$0 \leqslant \overline{X} < \infty$。令

$$S_n = X_1 + X_2 + \cdots + X_n \tag{8.2.1}$$

则由强大数定理，当 $n \to \infty$ 时，下式成立：

$$P\left\{\frac{S_n}{n} > \overline{X}\right\} \to 0$$

为了进一步探究上式的收敛速度，即上述概率与 n 的关系，首先做一个直观的解释。考虑某个整数 k 可以整除 n，若对任意的 $j = 0, 1, \ldots, (n/k) - 1$，均满足：

$$X_{jk+1} + X_{jk+2} + \cdots + X_{(j+1)k} > k\overline{X}$$

则显然有 $S_n > n\overline{X}$。于是

$$\begin{aligned} P\left\{\frac{S_n}{n} > \overline{X}\right\} &\geqslant \prod_{j=0}^{(n/k)-1} P\left\{X_{jk+1} + +X_{jk+2} + \cdots + X_{(j+1)k} > k\overline{X}\right\} \\ &= \left(P\left\{X_1 + X_2 + \cdots + X_k > k\overline{X}\right\}\right)^{(n/k)} \end{aligned}$$

其中第二个等式源于 $\{X_i\}$ 之间的独立同分布特性。同时，根据马尔可夫不等式（Markov inequality），对于任意正的实数 θ 可得：

$$\begin{aligned} P\left\{\frac{S_n}{n} > \overline{X}\right\} &\leqslant E\left[\mathrm{e}^{\theta S_n}\right]\mathrm{e}^{-\theta n\overline{X}} \\ &= \left(E\left[\mathrm{e}^{\theta X_1}\right]\mathrm{e}^{-\theta\overline{X}}\right)^n \end{aligned} \tag{8.2.2}$$

这又被称为 Chernoff 界。因此由以上两个不等式可以猜测 $P\left\{S_n/n > \overline{X}\right\}$ 就是依指数规律收敛的。事实上，大偏差理论将这一猜想进行了严格化。

定义 8.1 对于一个随机变量 X，定义

$$\Lambda(\theta) = \log E[\mathrm{e}^{\theta X}]$$

为其对数矩母函数（logarithmic moment generation function）。进一步定义

$$\Lambda^*(x) = \sup_{\theta \in \mathbb{R}}\{\theta x - \Lambda(\theta)\}$$

为矩母函数 $\Lambda(\theta)$ 的 Fenchel-Legendre 变换。

基于以上定义，有如下定理成立。

定理 8.1 对于任何可测集 $B \subset \mathbb{R}$，以下关系成立：

$$-\inf_{x \in B^\circ} \Lambda^*(x) \leqslant \liminf_{n \to \infty} \frac{1}{n} \log P\left\{\frac{S_n}{n} \in B\right\} \tag{8.2.3}$$

$$\leqslant \limsup_{n \to \infty} \frac{1}{n} \log P\left\{\frac{S_n}{n} \in B\right\} \leqslant -\inf_{x \in \overline{B}} \Lambda^*(x) \tag{8.2.4}$$

这里，B° 是 B 的内部（interior），$\overline{B}$ 是其闭包（closure）。

事实上，该定理包括了一个下界，即式 (8.2.3)，和一个上界，即 (8.2.4)，当这两个界均是紧的时候，即将定理中的 $\inf \Lambda^*(x)$ 记为 $I(\cdot)$，则称序列 $\{S_n/n\}$ 满足以 $I(\cdot)$ 为速率函数（rate function）的大偏差原理（large deviation principle）。该定理通常被称为 Cramér 定理。

Cramér 定理的上界较为容易理解，举例如下：对于任意的 $x > \overline{X} \geqslant 0$ 和 $\theta > 0$，与式 (8.2.2) 类似，使用 Chernoff 界可得：

$$\frac{1}{n} \log P\left\{\frac{S_n}{n} \geqslant x\right\} \leqslant -(\theta x - \Lambda(\theta))$$

因为上式对任意 $\theta \geqslant 0$ 均成立。容易验证 $\Lambda(\theta)$ 为 θ 的凸函数，且在 $\theta = 0$ 处的取值 $\Lambda(0) = 0$，导数 $\Lambda'(0) = \overline{X}$，因此当 $x > \overline{X}$ 时，$\Lambda^*(x) = \sup_{\theta \in \mathbb{R}}\{\theta x - \Lambda(\theta)\}$ 在 $\theta \geqslant 0$ 时取到，故而

$$\frac{1}{n} \log P\left\{\frac{S_n}{n} \geqslant x\right\} \leqslant -\sup_{\theta \geqslant 0}\{\theta x - \Lambda(\theta)\} = -\Lambda^*(x)$$

更严格的形式由 Cramér 定理给出，此时 $\overline{B} = \{y \in \mathbb{R} | y \geqslant x, x \geqslant \overline{X}\}$，即：

$$\limsup_{n \to \infty} \frac{1}{n} \log P\left\{\frac{S_n}{n} \geqslant x\right\} \leqslant -\inf_{y \geqslant x} \Lambda^*(y) = -\Lambda^*(x)$$

其中，最后一个等式是由于 $\Lambda^*(x)$ 是一个非负的凸函数，且其最小值为 0，在 $x = \overline{X}$ 时取到，即 $\Lambda^*(x)$ 在 $x \geqslant \overline{X}$ 的情况下是单调增的。

同时可以证明：

$$\liminf_{n \to \infty} \frac{1}{n} \log P\left\{\frac{S_n}{n} \geqslant x\right\} \geqslant -\inf_{y > x} \Lambda^*(y) = -\lim_{y \to x} \Lambda^*(y) \tag{8.2.5}$$

上式表明，当 n 足够大时，上下界是紧的，即当 $n \to \infty$ 时，

$$\frac{1}{n}\log P\left\{\frac{S_n}{n} \geqslant x\right\} \to -\Lambda^*(x)$$

这一近似在大偏差分析中非常重要。关于 Cramér 定理的证明以及 $\Lambda^*(x)$ 的更多性质，感兴趣的读者可以参考文献 [GANE 04]。

在式 (8.2.1) 中，假定 X_i 是独立同分布的，因此 X 的对数矩母函数满足

$$\Lambda(\theta) = \log E\left[\mathrm{e}^{\theta X}\right] = \frac{1}{n}\log E\left[\mathrm{e}^{\theta S_n}\right]$$

事实上，即便 X_i 并非独立同分布，只要以下极限存在

$$\Lambda(\theta) = \lim_{n\to\infty}\frac{1}{n}\log E\left[\mathrm{e}^{\theta S_n}\right]$$

则 Cramér 定理依然成立，这又被称为 Gärtner-Ellis 定理。

8.2.2 离散时间单队列分析

本节将大偏差原理应用到一个单队列的性能分析。考虑一个离散时间队列，在时隙 t ($t \in \mathbb{Z}^+ \cup \{0\}$) 内到达的顾客数记为 A_t，该时隙内服务者的服务能力为 S_t，时隙末尾的队列长度为 N_t。队列长度的演化规律为

$$N_t = \max\{N_{t-1} + A_t - S_t, 0\} \tag{8.2.6}$$

由以上演化规律，通过迭代归纳，容易证明时隙 t 的队列长度 N_t 满足

$$N_t = \sup_{t\geqslant T\geqslant 0}\{A(t-T,t) - S(t-T,t)\} \tag{8.2.7}$$

其中，$A(t-T,t) = A_{t+1-T} + \cdots + A_t$，代表直至时隙 t 为止，连续 T 个时隙到达的顾客数之和，同时定义 $A(t,t) = 0$。关于累积服务能力 $S(t-T,t)$ 的定义类似。以上关系就是著名的 Lindley 公式，在本章的后续部分将经常用到。

为了简明起见，首先假定 S_t 为一个常数 C，即服务器具有恒定的服务能力，则有

$$N_t = \sup_{T\geqslant 0}\{A(t-T,t) - CT\} \tag{8.2.8}$$

进一步假定 A_t 服从独立同分布，记为随机变量 A，期望为 $\overline{A}$，对数矩母函数为 $\Lambda(\theta)$，其 Fenchel-Legendre 变换记为 $\Lambda^*(x)$。关注稳态情况下任意时隙 t 的队长，为简化表述，记

$$A_{[T]} = \lim_{t\to\infty} A(t-T,t) \tag{8.2.9}$$

即表示为任意连续 T 个时隙到达的顾客数之和（仍是一个随机变量）。

对于队列长度的尾分布，有以下定理成立。

定理 8.2　假设 $\overline{A} < C$，队列长度 N_t 满足

$$\lim_{q\to\infty}\frac{1}{q}\log P\left\{N_t \geqslant q\right\} = -I$$

其中 CCDF 的衰减速率（decay rate）记为

$$I = \inf_{x>0} x\Lambda^*(C + 1/x)$$

该定理表明，当 q 足够大时，队列长度 N_t 超过 q 的概率 $P\{Q > q\} \to \mathrm{e}^{-Iq}$。事实上，由 Gärtner-Ellis 定理，即使 A_t 不是独立同分布，只要

$$\Lambda(\theta) = \lim_{T\to\infty}\frac{1}{T}\log E\left[\mathrm{e}^{\theta A_{[T]}}\right] \tag{8.2.10}$$

这一极限存在，该定理依然成立。

同时，如果有 J 类顾客（不同类的顾客到达率不同，但服务率相同），每类顾客来自 n_j 个独立的源，则每个时隙到达的顾客数满足

$$A_t = \sum_{j=1}^{J}\sum_{i=1}^{n_j} A_{t,ij}$$

其中，$A_{t,ij}$ 相互独立，且对于任意给定的 j，$A_{t,ij}$ 独立同分布，对应的随机变量记为 $A_{t,j}$。若定义

$$\Lambda_j(\theta) = \log E[\mathrm{e}^{\theta A_{t,j}}]$$

则

$$\Lambda(\theta) = \log E[\mathrm{e}^{A_t}] = \log E[\mathrm{e}^{\sum_{j=1}^{J}\sum_{i=1}^{n_j} A_{t,ij}}] = \sum_{j=1}^{J} n_j \Lambda_j(\theta) \tag{8.2.11}$$

这说明 $\Lambda(\theta)$ 具有独立可加性，代入定理 8.2，依然成立。

定理 8.2 的证明，需要三个引理，分别介绍如下。

引理 8.1　假设 $\overline{A} < C$，则对任意 $q > 0$，队列长度 N_t 满足：

$$\limsup_{q\to\infty}\frac{1}{q}\log P\left\{N_t \geqslant q\right\} \leqslant -\sup\{\theta > 0 : \Lambda(\theta) < \theta C\}$$

证明：首先，由式 (8.2.8) 可得

$$\begin{aligned} P\left\{N_t \geqslant q\right\} &= P\left\{\sup_{T\geqslant 1}\{A_{[T]} - CT\} \geqslant q\right\} \\ &\leqslant \sum_{T\geqslant 1} P\left\{A_{[T]} - CT \geqslant q\right\} \end{aligned}$$

$$\leqslant \mathrm{e}^{-\theta q} \sum_{T \geqslant 1} \mathrm{e}^{T(\Lambda(\theta) - C\theta)}$$

最后一步根据 Chernoff 界以及式 (8.2.10) 得到，对于任意正实数 θ 均成立。由 $\Lambda(\theta)$ 的性质可知（即 $\Lambda(0) = 0$，且 $\Lambda'(0) = \overline{A}$），当 $\overline{A} < C$，存在 $\theta > 0$，使得 $\Lambda(\theta) < \theta C$ 时，针对这些 θ 而言，进一步可得该上界是有限的，即

$$P\{N_t \geqslant q\} \leqslant \mathrm{e}^{-\theta q} \frac{\mathrm{e}^{\Lambda(\theta) - C\theta}}{1 - \mathrm{e}^{\Lambda(\theta) - C\theta}}$$

因此有

$$\limsup_{q \to \infty} \frac{1}{q} \log P\{N_t \geqslant q\} \leqslant -\theta$$

对所有满足 $\Lambda(\theta) < \theta C$ 的 θ 均成立，则

$$\limsup_{q \to \infty} \frac{1}{q} \log P\{N_t \geqslant q\} \leqslant -\sup\{\theta > 0 : \Lambda(\theta) < \theta C\}$$

由此引理得证。 ■

引理 8.2 假设 $\overline{A} < C$，则对任意 $q > 0$，队列长度 N_t 满足：

$$\liminf_{q \to \infty} \frac{1}{q} \log P\{N_t \geqslant q\} \geqslant -\inf_{x > 0} x\Lambda^*(C + 1/x)$$

证明：对于任意正实数 x，由式 (8.2.8) 可得

$$P\{N_t \geqslant q\} = P\left\{\bigcup_{T \geqslant 1} \{A_{[T]} - CT \geqslant q\}\right\} \geqslant P\{A_{[\lceil qx \rceil]} - C\lceil qx \rceil \geqslant q\}$$

其中，$\lceil\cdot\rceil$ 是向上取整符号。于是

$$\begin{aligned}
\liminf_{q \to \infty} \frac{1}{q} P\{N_t \geqslant q\} &\geqslant \liminf_{q \to \infty} \frac{1}{q} P\{A_{[\lceil qx \rceil]} - C\lceil qx \rceil \geqslant q\} \\
&\geqslant \liminf_{q \to \infty} \frac{x}{\lceil qx \rceil} P\left\{A_{[\lceil qx \rceil]} - C\lceil qx \rceil \geqslant \frac{\lceil qx \rceil}{x}\right\}
\end{aligned}$$

这是由于 $q \leqslant \lceil qx \rceil / x$。令 $n = \lceil qx \rceil$，则

$$\begin{aligned}
\liminf_{q \to \infty} \frac{1}{q} P\{N_t \geqslant q\} &\geqslant x \liminf_{n \to \infty} \frac{1}{n} P\left\{A_{[n]} - Cn \geqslant \frac{n}{x}\right\} \\
&= x \liminf_{n \to \infty} \frac{1}{n} P\left\{\frac{A_{[n]}}{n} \geqslant C + \frac{1}{x}\right\} \\
&\geqslant -x\Lambda^*(C + 1/x)
\end{aligned}$$

上式最后一步是由于 Cramér 定理导出的式 (8.2.5)。且由于该式对任意 $x>0$ 成立，则有

$$\liminf_{q\to\infty}\frac{1}{q}\log P\{N_t\geqslant q\}\geqslant-\inf_{x>0}x\Lambda^*(C+1/x)$$

由此引理得证。 ■

引理 8.3 假设 $\overline{A}<C$，则：

$$\inf_{x>0}x\Lambda^*(C+1/x)=\inf_{x>0}\sup_{\theta\geqslant 0}\{\theta(Cx+1)-x\Lambda(\theta)\} \tag{8.2.12}$$

$$=\sup\{\theta>0:\Lambda(\theta)<\theta C\} \tag{8.2.13}$$

证明：首先，由于 $\overline{A}<C$ 且 $x>0$，因此 $\overline{A}<C+1/x$，则由 $\Lambda(\theta)$ 的性质

$$\begin{aligned}x\Lambda^*(C+1/x)&=x\sup_{\theta\in\mathbb{R}}\{\theta(C+1/x)-\Lambda(\theta)\}\\&=\sup_{\theta\geqslant 0}\{\theta(Cx+1)-x\Lambda(\theta)\}\end{aligned}$$

这说明式 (8.2.12) 成立。为了证明该引理中第二个等号部分，首先证明式 (8.2.12)$\geqslant$ 式 (8.2.13)。对于满足 $\Lambda(\theta)<\theta C$ 的 $\theta>0$，由于 $x>0$

$$\theta(Cx+1)-x\Lambda(\theta)=\theta-x(\theta C-\Lambda(\theta))\geqslant\theta$$

于是

$$\begin{aligned}\sup_{\theta\geqslant 0}\theta(Cx+1)-x\Lambda(\theta)&\geqslant\sup_{\theta>0:\Lambda(\theta)<\theta C}\{\theta(Cx+1)-x\Lambda(\theta)\}\\&\geqslant\sup_{\theta>0:\Lambda(\theta)<\theta C}\theta\end{aligned} \tag{8.2.14}$$

注意到式 (8.2.14) 与 x 无关，因此式 (8.2.12)$\geqslant$ 式 (8.2.13) 总是成立。

进一步地，证明式 (8.2.12)$\leqslant$ 式 (8.2.13)。令 $\theta^*=\sup\{\theta>0:\Lambda(\theta)<\theta C\}$，假设 $\theta^*<\infty$，否则该不等式显然成立。由 $\Lambda(\theta)$ 的性质可知其为凸函数且连续可微。由于 $\overline{A}<C$，且 $\Lambda'(0)=\overline{A}$，可知

$$\Lambda(\theta^*)=\theta^*C$$

且 $\Lambda'(\theta^*)>C$，如图 8.2 所示。同样因为 $\Lambda(\theta)$ 为凸函数

$$\Lambda(\theta)\geqslant\theta^*C+\Lambda'(\theta^*)(\theta-\theta^*)$$

因此

$$\inf_{x>0}\sup_{\theta\geqslant 0}\theta(Cx+1)-x\Lambda(\theta)$$

$$
\begin{aligned}
&\leqslant \inf_{x>0} \sup_{\theta \geqslant 0} \{\theta(Cx+1) - x(\theta^* C + \Lambda'(\theta^*)(\theta - \theta^*))\} \\
&= \inf_{x>0} \sup_{\theta \geqslant 0} \{\theta(1 - x(\Lambda'(\theta^*) - C)) + \theta^* x(\Lambda'(\theta^*) - C)\} \\
&= \inf_{x>0} \begin{cases} \infty & (x(\Lambda'(\theta^*) - C) < 1) \\ \theta^* x(\Lambda'(\theta^*) - C) & (x(\Lambda'(\theta^*) - C) \geqslant 1) \end{cases} \\
&= \theta^*
\end{aligned}
$$

由此引理得证。 ■

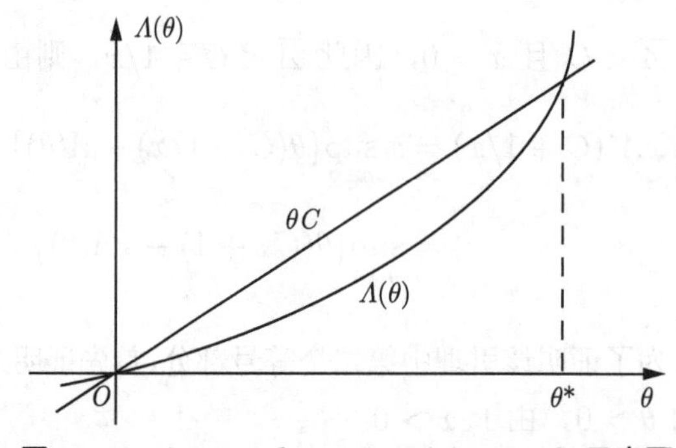

图 8.2 $\theta^* = \sup\{\theta > 0 : \Lambda(\theta) < \theta C\}$ 示意图

由以上三个引理，可知定理 8.2 成立。

下面针对一个队列模型来给出定理 8.2 的应用举例。

例题 8.1 考虑一个离散时间队列，任意时隙的服务能力为常数 $C = 1$，任意时隙到达的顾客数 A_t 独立同分布，满足

$$
A_t = \begin{cases} 2 & (\text{with probability } p) \\ 0 & (\text{with probability } 1-p) \end{cases}
$$

其中，$p < 0.5$。容易求得该队列的稳态分布，对于任意 $q \in \mathbb{N}$，队列长度 N_t 满足

$$
P\{N_t \geqslant q\} = \left(\frac{p}{1-p}\right)^q
$$

由此可见，

$$
\frac{1}{q} \log P\{N_t \geqslant q\} = -\log\left(\frac{1-p}{p}\right) \tag{8.2.15}
$$

同样可以利用定理 8.2 得到这一指数形式的结论。首先，易知 A_t 的对数矩母函数为

$$
\Lambda(\theta) = \log E\left[\mathrm{e}^{\theta A_t}\right] = \log\left(1 - p + p\mathrm{e}^{2\theta}\right)
$$

于是，根据引理 8.3，定理 8.2 中的指数项

$$\begin{aligned} I &= \sup\{\theta > 0 : \log\left(1 - p + p\mathrm{e}^{2\theta}\right) < \theta C\} \\ &= \{\theta : 1 - p + p\mathrm{e}^{2\theta} = \mathrm{e}^{\theta}\} \\ &= \log\left(\frac{1 + \sqrt{1 - 4p(1-p)}}{2p}\right) \\ &= \log\left(\frac{1-p}{p}\right) \end{aligned}$$

这与式 (8.2.15) 是一致的。

本节前述分析都是针对恒定的服务速率，如果服务过程 S_t 也存在随机性且与 A_t 独立，则可以用类似方法加以分析。此时，只要构建一个等效的具有恒定服务速率 $C = 0$ 的队列，并将 $A_t - S_t$ 视为每个时隙到达的“顾客数”(可以是负数)，定义 A_t 的对数矩母函数为 $\Lambda_A(\theta)$，S_t 的对数矩母函数为 $\Lambda_S(\theta)$，$A_t - S_t$ 的对数矩母函数记为 $\Lambda(\theta)$。容易验证

$$\Lambda(\theta) = \Lambda_A(\theta) + \Lambda_S(-\theta) \tag{8.2.16}$$

设 S_t 的均值为 $\overline{C}$，队列稳定需满足 $\overline{A} - \overline{C} < 0$。根据对数矩母函数 $\Lambda(\theta)$ 的性质可知

$$\Lambda'(0) = \Lambda'_A(0) - \Lambda'_S(0) = \overline{A} - \overline{C} < 0$$

同时，分别记 A_t、S_t 和 $A_t - S_t$ 的 Fenchel-Legendre 变换为 $\Lambda^*_A(x)$、$\Lambda^*_S(x)$ 和 $\Lambda^*(x)$，可以求得

$$\Lambda^*(x) = \inf_y\{\Lambda^*_A(x) + \Lambda^*_S(y - x)\} \tag{8.2.17}$$

因此根据定理 8.2，对任意 $q > 0$，队列长度 N_t 满足

$$\lim_{q\to\infty} \frac{1}{q} \log P\{N_t \geqslant q\} = -I$$

其中,

$$I = \inf_{x>0} x\Lambda^*(C + 1/x)$$

进一步地，根据引理 8.3，且注意该等效队列的 $C = 0$

$$I = \sup\{\theta > 0 : \Lambda(\theta) < \theta C\} = \{\theta > 0 : \Lambda_A(\theta) + \Lambda_S(-\theta) = 0\} \tag{8.2.18}$$

下面，将上述结论应用于一个 M/M/1 队列。

例题 8.2 假设 A_t 符合均值为 λ 的泊松分布，S_t 符合均值为 μ 的泊松分布，且 $\mu > \lambda$，则该队列长度 CCDF 的指数系数 $I = \theta^*$ 满足

$$\Lambda_A(\theta^*) + \Lambda_S(-\theta^*) = 0$$

同时，容易求得泊松分布的对数矩母函数为 $\Lambda_A(\theta)=\lambda(\mathrm{e}^{\theta}-1)$，$\Lambda_S(\theta)=\mu(\mathrm{e}^{\theta}-1)$，则 θ^* 需满足

$$\lambda(\mathrm{e}^{\theta^*}-1)=\mu(1-\mathrm{e}^{-\theta^*})$$

求得

$$I=\theta^*=\log\frac{\mu}{\lambda}$$

因此，当 q 足够大时，

$$\lim_{q\to\infty}P\{N\geqslant q\}=\left(\frac{\lambda}{\mu}\right)^q$$

我们知道，M/M/1 队列的稳态队长分布的尾分布正好为上式。当然，本节采用的模型是离散时间的，因此在 $q\to\infty$ 大队列条件下，可以认为是对连续时间 M/M/1 队列的良好近似。

8.2.3 连续时间单队列分析

本节到目前为止所讨论的都是离散时间队列系统，大偏差理论能否应用于连续时间队列系统？下面给出一个简单的例子加以简要说明。首先考虑等待时间，记第 n 个顾客的等待时间为 W_n，则 W_n 的演进规律为

$$W_{n+1}=\max\{W_n+V_n-U_n,0\}$$

其中，V_n 为第 n 个顾客的服务时间，U_n 为第 n 个顾客和第 $n+1$ 个顾客的到达间隔。此式与式 (8.2.6) 在形式上是一致的，因此可以照搬本节对于离散时间队列长度的分析，得到等待时间尾分布的大偏差性质。记 $E[V_n]=\mu^{-1}$，$E[U_n]=\lambda^{-1}$。假设 V_n 和 U_n 的对数矩母函数存在，分别记为 $\lambda_V(\theta)$ 和 $\lambda_U(\theta)$。当到达过程与服务过程相互独立，容易验证 V_n-U_n 的矩母函数为

$$\Lambda(\theta)=\Lambda_V(\theta)+\Lambda_U(-\theta)$$

于是根据定理 8.2、引理 8.3 和式 (8.2.18)，可知以下定理成立。

定理 8.3 考虑一个到达和服务过程独立的连续时间队列，假设到达率 λ 小于服务率 μ，则等待时间 W_q 满足

$$\lim_{w\to\infty}\frac{1}{w}\log P\{W_q\geqslant w\}=-I$$

其中，CCDF 的衰减速率为

$$I=\sup\{\theta>0:\Lambda_V(\theta)+\Lambda_U(-\theta)<0\}$$

这实际上等同于找到一个正实数 θ^*，使得 $\Lambda_V(\theta)+\Lambda_U(-\theta)=0$。考虑一个 M/M/1 队列，则到达间隔和服务时间分别是均值为 λ^{-1} 和 μ^{-1} 的指数分布，则 $\Lambda_V(\theta)=-\log(1-\theta/\mu)$，同时 $\Lambda_U(\theta)=-\log(1-\theta/\lambda)$，于是

$$\Lambda_{\mathrm{M/M/1}}(\theta)=\Lambda_V(\theta)+\Lambda_U(-\theta)=-\log(1-\theta/\mu)(1+\theta/\lambda)$$

同理可得 $\Lambda_{\mathrm{M/D/1}}(\theta)=\theta/\mu-\log(1+\theta/\lambda)$，$\Lambda_{\mathrm{D/M/1}}(\theta)=-\log(1-\theta/\mu)-\theta/\lambda$。对于 M/M/1 队列，可得 $I=\theta^*=\mu-\lambda$。由第 4 章的讨论可知，M/M/1 队列的等待时间服从一个移位

的指数分布，即 $P\{W_q \leqslant w\} = 1 - \rho e^{-(\mu-\lambda)w}$，其中 $\rho = \lambda/\mu$。可见等待时间 CCDF 的指数项 $e^{-(\mu-\lambda)w}$ 符合本节的分析结果。同时这里也体现了大偏差理论的一个局限：虽然可以很好地刻画 CCDF 的指数项，但无法准确刻画指数项之外的系数，即这里的 ρ。

基于等待时间的分析结果，可以得到关于队列长度 N_t 的结果，即如下定理。

定理 8.4　考虑一个到达和服务过程独立的连续时间 G/GI/1 队列，假设到达率 λ 小于服务率 μ，队列长度 N_t 满足

$$\lim_{q\to\infty} \frac{1}{q} \log P\{N_t \geqslant q\} = -I$$

其中，

$$I = \log E[e^{\theta_W V}] = \Lambda_V(\theta_W)$$

这里 V 表征服务时间，$\Lambda_V(\theta)$ 是服务时间的对数矩母函数，而正实数 θ_W 满足 $\Lambda_V(\theta_W) + \Lambda_U(-\theta_W) = 0$，是等待时间 W 的 CCDF 的衰减速率。

该定理的证明可以参考文献 [WITT 94]。以 M/M/1 队列为例并应用定理 8.4，前面已知 $\Lambda_V(\theta) = -\log(1-\theta/\mu)$ 与 $\theta_W = \mu - \lambda$，于是

$$\lim_{q\to\infty} \frac{1}{q} \log P\{N \geqslant q\} = -\log \frac{\mu}{\lambda}$$

这与 M/M/1 队列的尾分布是相符的。

下面简要比较一下大偏差理论与流体扩散近似所得结果。细心的读者可能会发现，如果将式 (8.1.7) 应用于 M/M/1 队列，因为到达间隔和服务时间都是指数分布，因此两者的方差系数 $C_a^2 = 1$ 且 $C_b^2 = 1$，则该式中的指数衰减速率为 $2(1-\rho)/(\rho+1)$。这乍看起来与 $\log(\mu/\lambda)$ 并不一样，但是考虑到这些近似方法都适用于 $\rho \to 1$ 的重负载条件，所以

$$\log \frac{1}{\rho} \approx \frac{1-\rho}{\rho} = \frac{2(1-\rho)}{2\rho} \approx \frac{2(1-\rho)}{\rho+1}$$

因此可以认为流体扩散对 M/M/1 的近似也可接受。那么对于更一般的队列又如何呢？首先，给出一个随机变量矩母函数的泰勒展开近似。特别的，对于随机变量 X 的矩母函数 $\Lambda(\theta)$，当 $\theta \to 0$ 时，

$$\Lambda(\theta) = \log E[e^{\theta X}] = \theta m_X + \frac{\theta^2 \sigma_X^2}{2} + o(\theta^2)$$

其中，m_X 是 X 的均值，σ_X^2 是 X 的方差。则根据定理 8.4，需要首先求解 $\Lambda_V(\theta_W) + \Lambda_U(-\theta_W) = 0$，其中 U 和 V 分别代表到达间隔和服务时间，则根据上式中对矩母函数的近似可得

$$\theta_W = \frac{2(m_U - m_V)}{\sigma_U^2 + \sigma_V^2} = -\frac{2m_X}{\sigma_X^2}$$

其中，m_U 和 σ_U^2 分别是 U 的均值和方差，m_V 和 σ_V^2 分别是 V 的均值和方差。第二个等式中，令 $X = V - U$。事实上，如果对等待时间进行流体近似，则可以得到与式 (8.1.7) 形式相同的结果，只是针对等待时间需要对应的 m_X 和 σ_X^2。

进一步地，针对队列长度 N_t，根据定理 8.4，可得

$$I = \log E[\mathrm{e}^{\theta_W V}] \approx \theta_W m_V = \frac{2(m_U - m_V)m_V}{\sigma_U^2 + \sigma_V^2} = \frac{2(1-\rho)}{\dfrac{1}{\rho}C_a^2 + \rho C_b^2}$$

其中，令 $\rho = m_V/m_U$，$C_a^2 = \sigma_U^2/m_U^2$，$C_b^2 = \sigma_V^2/m_V^2$，这与式 (8.1.7) 中的指数衰减速率并不完全相同，但是在 $\rho \to 1$ 的重负载条件下，两者近似相等。简言之，流体近似和大偏差理论对于等待时间 CCDF 的近似较为吻合，而对于队列长度的 CCDF，则需要在重负载条件下才有相似的估计结果。

8.2.4 等效带宽

考虑一个恒定服务速率 C 的队列。由定理 8.2 可知，当 q 足够大时，

$$P\{N_{\mathrm{t}} \geqslant q\} \approx \mathrm{e}^{-Iq}$$

其中，

$$I = \inf_{x>0} x\Lambda^*(C + 1/x)$$

试问，如果希望队列长度 CCDF 的指数下降速率至少为 θ_0，即 $I \geqslant \theta_0$，则恒定的服务率 C 至少为多少？由引理 8.3 和图 8.2 可知，$I = \sup\{\theta > 0 : \Lambda(\theta) < \theta C\}$ 随着 C 的增大而增大，因此 $C \geqslant \dfrac{\Lambda(\theta_0)}{\theta_0}$。受此启发，人们定义

$$\alpha(\theta) = \frac{\Lambda(\theta)}{\theta}$$

为等效带宽（effective bandwidth）[KELL 91] [CHAN 95]，即为了满足队列长度尾分布的指数下降率 θ 所需的最小恒定服务率。这里的 θ 是一种服务质量的表征，即 θ 越大，队列长度尾分布下降得越快，可近似认为队列具有更稳定的性能，或对于缓冲区有限的队列而言近似具有更小的阻塞概率，即服务质量更好。

从表面上看，这是对队列服务能力的描述，而事实上，等效带宽反映了到达过程随机性的影响。注意，定理 8.2 成立的条件是定长服务过程，等效带宽就是用定长服务速率作为一个统一的标尺，描述了不同到达过程在给定服务质量需求 θ 下所需的定长服务速率。

如果到达过程没有任何随机性，则 A 为一个常数，可知 $\Lambda(\theta) = \log E\left[\mathrm{e}^{\theta A}\right] = \theta A$。因此等效带宽 $\alpha(\theta) = A$，即无论服务质量要求 θ 取值如何，只要服务率 $C = A$ 即可。这符合我们的直观。进一步地，因为 $\Lambda'(0) = \overline{A}$ 且 $\Lambda(\theta)$ 是凸函数，容易证明

$$\lim_{\theta \to 0} \alpha(\theta) = \overline{A}$$

且 $\alpha(\theta)$ 随着 θ 单调增加。这表明队列的稳定条件是服务率大于到达率 $\overline{A}$，且服务质量要求越严格，等效带宽越大。

如果有 J 类顾客（不同类的顾客到达率不同，但服务率相同），每类顾客来自 n_j 个独立的源，式 (8.2.11) 已经指出 $\Lambda(\theta)$ 函数的独立可加性，因此等效带宽也具有相同的性质。若令 $\alpha_j = \theta^{-1}\Lambda_j(\theta)$，则

$$\alpha(\theta) = \sum_{j=1}^{J} n_j \alpha_j(\theta)$$

为混合信源的等效带宽。

如果不同时隙中顾客的到达存在相关性，则 Gärtner-Ellis 定理依然成立，等效带宽更一般的定义是

$$\alpha(\theta) = \lim_{T\to\infty} \frac{1}{\theta T} \log E\left[\mathrm{e}^{\theta A_{[T]}}\right]$$

其中，$A_{[T]}$ 的定义由式 (8.2.9) 给出。

例题 8.3 假设每个时隙的顾客到达是一个 M 状态马尔可夫链，即 $A_t \in \{a_i\}_{i=1}^{M}$，定义转移概率矩阵为 $\boldsymbol{P} = \{p_{ij}\}$，其中 $p_{ij} = P\{A_{t+1} = a_j | A_t = a_i\}$。若该马尔可夫过程是非周期、不可约的，则该到达过程的等效带宽为

$$\alpha(\theta) = \frac{1}{\theta} \log\left(\mathrm{sp}\{\boldsymbol{\Phi}(\theta)\boldsymbol{P}\}\right) \tag{8.2.19}$$

其中，$\boldsymbol{\Phi}(\theta) = \mathrm{diag}\{\mathrm{e}^{\theta a_1}, \mathrm{e}^{\theta a_2}, \dots, \mathrm{e}^{\theta a_M}\}$，而 $\mathrm{sp}\{\cdot\}$ 是一个矩阵的谱半径（spectrum radius），即该矩阵特征值的最大值。

证明：如前述关于 $A_{[T]}$ 的定义，且不失一般性，记 $A_{[T]} = A_{1:T}$，则

$$E\left[\mathrm{e}^{\theta A_{[T]}} | A_1 = a_i\right] = \mathrm{e}^{\theta a_i} \sum_{j=1}^{M} E\left[\mathrm{e}^{\theta A_{[T-1]}} | A_1 = a_j\right] p_{ij} \tag{8.2.20}$$

记向量 $\boldsymbol{\psi}$ 为

$$\boldsymbol{\psi}(\theta, T) = \left(E\left[\mathrm{e}^{\theta A_{[T]}} | A_1 = a_1\right], E\left[\mathrm{e}^{\theta A_{[T]}} | A_1 = a_2\right], \cdots, E\left[\mathrm{e}^{\theta A_{[T]}} | A_1 = a_M\right]\right)$$

则 $\boldsymbol{\psi}(\theta, T)^{\mathrm{T}}$ 为其转置列向量。于是可以将式 (8.2.20) 写成如下的矩阵形式

$$\boldsymbol{\psi}(\theta, T)^{\mathrm{T}} = \boldsymbol{\Phi}(\theta)\boldsymbol{P}\boldsymbol{\psi}(\theta, T-1)^{\mathrm{T}}$$

同时，易知初始条件 $\boldsymbol{\psi}(\theta, 1)^{\mathrm{T}} = \boldsymbol{\Phi}(\theta)\mathbf{1}^{\mathrm{T}}$，其中，$\mathbf{1}^{\mathrm{T}}$ 为全 1 列向量。记 $\boldsymbol{\pi} = (\pi_1, \pi_2, \dots, \pi_M)$ 为该马尔可夫链的稳态概率，因此

$$E\left[\mathrm{e}^{\theta A_{[T]}}\right] = \boldsymbol{\pi}\boldsymbol{\psi}(\theta, T)^{\mathrm{T}} = \boldsymbol{\pi}(\boldsymbol{\Phi}(\theta)\boldsymbol{P})^{T-1}\boldsymbol{\Phi}(\theta)\mathbf{1}^{\mathrm{T}} \tag{8.2.21}$$

记 $\mathrm{sp}\{\boldsymbol{\Phi}(\theta)\boldsymbol{P}\}$ 是 $\boldsymbol{\Phi}(\theta)\boldsymbol{P}$ 的谱半径，因此对任意 $\epsilon > 0$ 存在一个常数 $\sigma_\epsilon(\theta)$，使得矩阵 $(\boldsymbol{\Phi}(\theta)\boldsymbol{P})^T$ 中每一个元素都存在上界 $\sigma_\epsilon(\theta)(\mathrm{sp}\{\boldsymbol{\Phi}(\theta)\boldsymbol{P}\} + \epsilon)^{\mathrm{T}}$，因此结合式 (8.2.21) 可得

$$\alpha(\theta) \leqslant \frac{1}{\theta} \log\left(\mathrm{sp}\{\boldsymbol{\Phi}(\theta)\boldsymbol{P}\}\right)$$

又因为该马尔可夫过程是非周期、不可约的，且 $\boldsymbol{\Phi}(\theta)$ 矩阵中的元素都是正数，所以 $\boldsymbol{\Phi}(\theta)\boldsymbol{P}$ 是本原矩阵。进一步根据 Perron-Frobenius 定理，可知

$$\lim_{T\to\infty}(\boldsymbol{\Phi}(\theta)\boldsymbol{P}/\mathrm{sp}\{\boldsymbol{\Phi}(\theta)\boldsymbol{P}\})^{\mathrm{T}}=\boldsymbol{L}(\theta)>0 \tag{8.2.22}$$

其中，$\boldsymbol{L}(\theta)$ 为某常数矩阵，综上可得式 (8.2.19)。■

考虑等效带宽的对偶问题，假设恒定到达和时变服务，即每个时隙到达的顾客数为常数 A，每个时隙能服务的顾客数为一个随机变量 S_t，均值为 $\overline{S}$。根据式 (8.2.18)，队列长度 CCDF 的衰减速率

$$I=\{\theta>0:\Lambda_A(\theta)+\Lambda_S(-\theta)=0\}=\{\theta>0:A\theta+\Lambda_S(-\theta)=0\}$$

进一步地，如果希望队列长度的尾分布的指数下降速率至少为 θ_0，即 $I\geqslant\theta_0$，则恒定的到达率 A 至多为多少？由矩母函数的性质可知，$\Lambda_S(-\theta)$ 是凸函数且在 $\theta=0$ 的取值为 0，导数为负。可以看出，I 随着 A 的增大而减小，因此 $A\leqslant-\dfrac{\Lambda_S(-\theta_0)}{\theta_0}$。由此得到了等效带宽的一个对偶量

$$\beta(\theta)=-\frac{\Lambda_S(-\theta)}{\theta} \tag{8.2.23}$$

称之为等效容量（effective capacity）[WU 03]，用于描述服务过程的随机性对队列性能的影响，特别适合于无线系统的分析。

当到达过程和服务过程都存在随机性，并且已知到达过程的等效带宽 $\alpha(\theta)$ 和服务过程的等效容量 $\beta(\theta)$，同样可以利用式 (8.2.18)，得到队列长度 CCDF 的衰减速率

$$I=\{\theta>0:\alpha(\theta)=\beta(\theta)\} \tag{8.2.24}$$

其直观表述如图 8.3 所示。

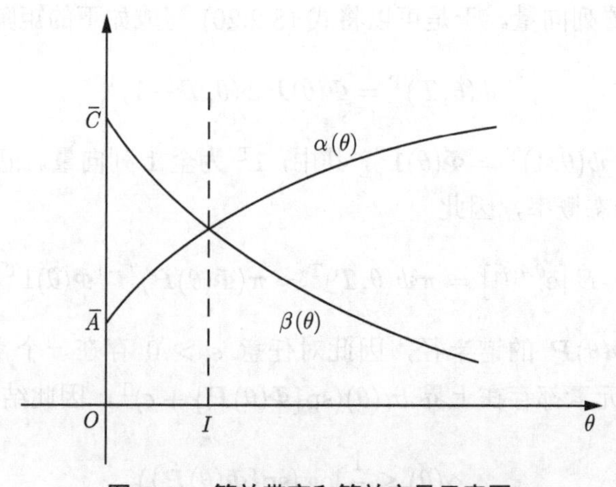

图 8.3 等效带宽和等效容量示意图

8.3 网络演算

8.1 节和 8.2 节介绍了流体近似和大偏差理论，用于分析单队列的重负载近似。但是这两种方法通常会遇到两个困难：一是难以分析队列网络的性能，如级联队列等；二是虽然可以近似刻画重负载条件下队长和延时（滞留时间和等待时间）CCDF 的衰减指数，但无论在重负载条件还是一般负载条件下，均难以给出 CCDF 的界，因此无法描述队列系统保证服务质量的能力。本节将简要介绍一个近年来发展起来的理论框架，即网络演算（network calculus），可有效解决前述方法的弊端。该理论框架也利用矩母函数描述到达和服务过程，与大偏差理论有着紧密的联系，读者可对照启发。

8.3.1 "最小加"代数

网络演算理论主要建立在所谓"最小加"代数（min-plus algebra）的基础之上。在我们所熟知的代数结构（例如 $(\mathbb{R},+,\times)$）中，定义了加法和乘法两种运算，除了对这两种运算封闭之外，还满足一系列性质，例如结合律、交换律和分配率，从而成为一个交换域。为了使得网络性能分析中的许多非线性操作（例如最小运算）可以用线性理论来分析，人们构造了最小加代数结构 $(\mathbb{R}\cup\{+\infty\},\wedge,+)$，有时也称为极小代数。在 $(\mathbb{R}\cup\{+\infty\},\wedge,+)$ 中，最小运算 $a\wedge b=\min\{a,b\}$ 担当"加法"的角色，而 $+$ 运算则担当"乘法"的角色。此外，在最小加代数中，零元 $\bar{\epsilon}=+\infty$，单位元 $e=0$。代数结构 $(\mathbb{R}\cup\{+\infty\},\wedge,+)$ 是一个半环(semi ring)，其中的"加法"$(\wedge)$、"乘法"$(+)$、零元、单位元满足我们常识中的结合律、交换律、分配率等，此处不再详述。更为严格的数学描述可以参考文献 [BOUD 01] 和 [JIAN 08]。

在网络演算中，经常用到一类函数，称为广义增函数（wide-sense increasing function），其定义如下。

定义 8.2 定义广义增函数集合 $\mathcal{F}$，对于任意的函数 $f\in\mathcal{F}$，当 $s\leqslant t$ 时，必有 $f(s)\leqslant f(t)$，同时规定当 $t<0$ 时，$f(t)=0$。

在函数集合 $\mathcal{F}$ 中，定义零元 $\bar{\epsilon}(t)=+\infty$，$\forall t\geqslant 0$；单位元 $\delta_0(t)$，当 $t=0$ 时取值为 0，否则为 $+\infty$。

在经典的代数结构 $(\mathbb{R},+,\times)$ 中，定积分为：$\int_0^t f(\tau)\mathrm{d}\tau$。与之对应，最小加代数 $(\mathbb{R}\cup\{+\infty\},\wedge,+)$ 中，因为加法操作是 $\wedge$，所以定积分为

$$\inf_{\tau\leqslant t} f(\tau)$$

上式中，针对连续时间系统则 $\tau\in\mathbb{R}$，若考虑离散时间系统则 $\tau\in\mathbb{Z}$，两者均适用。在传统的线性系统中，卷积的定义为 $(f\circledast g)(t)=\int_0^t f(\tau)g(t-\tau)\mathrm{d}\tau$，而针对最小加代数，将引入网络演算中非常重要的运算，即函数间的最小加卷积（min-plus convolution）。

定义 8.3 设两个函数 $f,g\in\mathcal{F}$，则 f,g 的最小加卷积定义为

$$(f\circledast g)(t)=\inf_{0\leqslant\tau\leqslant t}[f(\tau)+g(t-\tau)]$$

如果 $t<0$，则 $(f\circledast g)(t)=0$。

最小加卷积具有如下性质。

闭合性：$\forall f,g\in\mathcal{F}$，$f\circledast g\in\mathcal{F}$；

结合律：$\forall f,g,h\in\mathcal{F}$，$(f\circledast g)\circledast h=f\circledast(g\circledast h)$；

交换律：$\forall f,g\in\mathcal{F}$，$f\circledast g=g\circledast f$；

对 $\wedge$ 的分配律：$\forall f,g,h\in\mathcal{F}$，$(f\wedge g)\circledast h=(f\circledast h)\wedge(g\circledast h)$；

零元：$\forall f\in\mathcal{F}$，$f\wedge\overline{\epsilon}=f$；

零元吸收性：$\forall f\in\mathcal{F}$，$f\circledast\overline{\epsilon}=\overline{\epsilon}\circledast f=\overline{\epsilon}$；

单位元：$\forall f\in\mathcal{F}$，$f\circledast\delta_0=\delta_0\circledast f=f$；

加常量：$\forall f,g\in\mathcal{F},K\in\mathbb{R}^+$，$(f+K)\circledast g=f\circledast g+K$；

单调性：$\forall f,g,f',g'\in\mathcal{F}$，如果 $f\leqslant g$ 且 $f'\leqslant g'$，则 $f\circledast f'\leqslant g\circledast g'$。

以上性质的证明请读者自行尝试。同时，在定义 8.2 中介绍了冲击函数 $\delta_0(t)$，将其进一步拓展为 $\delta_T(t)$，满足：当 $t\leqslant T$ 时 $\delta_T(t)=0$，否则为 $+\infty$。对于任意函数 $x(t)\in\mathcal{F}$，

$$(x\circledast\delta_T)(t)=\begin{cases}x(t-T) & (t\geqslant T)\\ x(0) & (t<T)\end{cases}$$

即函数 $x(t)$ 与冲击函数 $\delta_T(t)$ 的卷积相当于在时间上平移 T，这与经典代数结构中卷积和冲击函数的性质是类似的。

最小加卷积的引入，可以把一个队列建模为一个线性系统（顾客的到达和退去分别是这个线性系统的输入和输出），从而可以大量采用线性系统的分析方法来分析通信网络，后面会具体介绍。此外，与最小加卷积相对应，还有一个概念是最小加反卷积（min-plus deconvolution）。

定义 8.4 设两个函数 $f,g\in\mathcal{F}$，则 f,g 的最小加反卷积定义为

$$(f\oslash g)(t)=\sup_{\tau\geqslant 0}[f(t+\tau)-g(\tau)]$$

注意，最小加反卷积是不满足交换律的。最小加反卷积通常被用于描述队列退去过程的上界，特别是在级联队列的分析中较为有用。

下面介绍两个概念，虽然它们不属于最小加代数，但作为后续内容的数学准备，有必要加以介绍。

定义 8.5 最大垂直距离和最大水平距离 考虑两个函数 $\alpha(t)$ 和 $\beta(t)$。它们的最大垂直距离 $v(\alpha,\beta)$ 定义为

$$v(\alpha,\beta)=\sup_{t\geqslant 0}\{\alpha(t)-\beta(t)\}=(\alpha\oslash\beta)(0)$$

它们的最大水平距离 $h(\alpha,\beta)$ 定义为

$$h(\alpha,\beta)=\sup_{t\geqslant 0}\{\inf\{\tau\geqslant 0:\alpha(t)\leqslant\beta(t+\tau)\}\} \tag{8.3.1}$$

注意，以上定义中 α 和 β 不满足交换律。

8.3.2 确定性网络演算

网络演算最初被提出的时候主要针对确定性网络，即队列的到达和服务都是确定性过程。首先介绍网络演算中采用的队列模型。与 8.1 节一致，用 $A(t)$ 表示 0 到 t 时刻累积到达队列的顾客数或者数据包数，用 $D(t)$ 表示 0 到 t 时刻累积退去的顾客数或者数据包数。类似地，$S(t)$ 表示 0 到 t 时刻队列服务能力的累积。因此 $A(t),D(t),S(t)\in\mathcal{F}$ 都是广义增函数。同时记 $A(\tau,t)=A(t)-A(\tau)$，$D(\tau,t)=D(t)-D(\tau)$，$S(\tau,t)=S(t)-S(\tau)$。在确定性网络演算中，$A(t)$ 和 $S(t)$ 都是关于 t 的确定函数，而在 8.3.3 节介绍的随机网络演算中，$A(t)$ 和 $S(t)$ 则是随机过程。

注意以上定义可以适用于连续时间和离散时间系统。对于连续时间系统，在分组交换网络中，数据包可在某个时刻到达，意味着 $A(t)$ 和 $D(t)$ 存在阶跃，通常会约定 $A(t)$ 和 $D(t)$ 为左连续或者右连续。对于离散时间系统，$t\in\mathbb{Z}^+\cup\{0\}$，$A(t)=\sum\limits_{i=0}^{t}A_i$，其中 A_i 为时隙 i 到达的顾客数，不失一般性，假设 $A(0)=A_0=0$。记 $A(\tau,t)=\sum\limits_{i=\tau+1}^{t}A_i$。类似地，$D(t)=\sum\limits_{i=1}^{t}D_i$，$D(\tau,t)=\sum\limits_{i=\tau+1}^{t}D_i$，其中 D_i 为时隙 i 队列退去的顾客数；$S(t)=\sum\limits_{i=1}^{t}S_i$，$S(\tau,t)=\sum\limits_{i=\tau+1}^{t}S_i$，其中 S_i 为时隙 i 队列的服务能力。

进一步地，可知 t 时刻或时隙的队列长度为

$$N_t=A(t)-D(t)$$

此外，t 时刻到达队列的顾客或数据在队列中经历的滞留时间为

$$W(t)=\inf_{\tau\geqslant 0}\{\tau:A(t)\leqslant D(t+\tau)\} \tag{8.3.2}$$

下面介绍确定性网络演算中的两个基本概念，即到达曲线（arrival curve）和服务曲线（service curve）。

定义 8.6 到达曲线 设广义增函数 $\alpha\in\mathcal{F}$，如果 $\forall 0\leqslant\tau\leqslant t$，有

$$A(\tau,t)\leqslant\alpha(t-\tau)$$

则称到达流 $A(t)$ 是被 $\alpha(t)$ 限制的，$\alpha(t)$ 是 $A(t)$ 的到达曲线。

一种常见的到达曲线为 $\alpha(t)=at+\sigma$，即在任何时间段 τ 内，到达均小于 $a\tau$。这里的 σ 为突发参数，表示在任意短时间间隔内突发流量的上限，因此 σ 被称为突发容忍度（burst tolerance)。这一形式的达到曲线通常也被称为漏桶流量整形器(leaky bucket shaper)或令环漏桶(token leaky bucket),其中 a 为令环生成速率,σ 是漏桶体积。对于一个到达流来说,其到达曲线并不是唯一的。例如,假设 $\alpha(t)$ 是其到达曲线,则对于任意的 $k \geqslant 1$,$k \cdot \alpha(t)$ 也是该流的一个到达曲线。

定义 8.7 服务曲线 设一个队列的到达累积和离去累积分别为 $A(t)$ 和 $D(t)$,则 β 称之为服务曲线,当且仅当:

(1) $\beta \in \mathcal{F}$,即为广义增量函数且 $\beta(0) = 0$;

(2) 对 $\forall t \geqslant 0$,$D(t) \geqslant (A \circledast \beta)(t)$。

服务曲线描述了队列服务能力的一个下界,它同样不是唯一的。例如,假设 $\beta(t)$ 是该队列的一个服务曲线,由最小加卷积的单调性可知,对于任意 $\beta'(t) \leqslant \beta(t)$ 也是服务曲线。为了直观理解最小加卷积的物理意义及服务曲线的概念,下面举两个例子。

(1) 由 Lindley 公式 (8.2.7) 与式 (8.2.8) 可知

$$A(t) - D(t) = N_t = \sup_{0 \leqslant \tau \leqslant t} [A(\tau, t) - S(\tau, t)]$$

则有

$$D(t) = \inf_{0 \leqslant \tau \leqslant t} [A(\tau) + S(\tau, t)]$$

而如果服务能力的累积 $S(\tau, t)$ 只与 $t - \tau$ 有关,即 $S(\tau, t)$ 可以写成 $S(t - \tau)$,则

$$D(t) = (A \circledast S)(t)$$

也就是说,此时队列的退去累积是到达累积和服务累积的最小加卷积,该队列系统成为一个最小加代数意义下的线性时不变系统(请注意成立的条件是服务能力的累积只是时间差的函数,如恒定速率服务)。此外,由最小加卷积的单调性可知,对于任意满足 $\beta(t) \leqslant S(t)$ 的 $\beta(t) \in \mathcal{F}$ 也是服务曲线。

(2) 假设队列提供有界的滞留时间,即 $W(t) \leqslant T$,则根据滞留时间的定义式 (8.3.2),对于 $\forall t \geqslant 0$,

$$D(t + T) \geqslant A(t)$$

总是成立。于是

$$D(t) \geqslant A(t - T) = (A \circledast \delta_T)(t)$$

即 $\delta_T(t)$ 是该队列的一条服务曲线。

由以上两个例子可见,到达流的累积函数 $A(t)$ 和服务曲线 $\beta(t)$ 的卷积,提供了退去累积 $D(t)$ 的一个下界,如果把队列的退去看成是系统的输出,这与传统线性时不变系统中输出是输入和系统冲击响应的卷积非常相似。

到达曲线和服务曲线的理论意义在于,可以被用于分析队列的性能界。以下两个定理分别描述了如何利用它们得到队列的滞留时间界和队列长度界。

定理 8.5　设某个队列的输入流 $A(t)$ 存在到达曲线 $\alpha(t)$，且该队列提供了服务曲线 $\beta(t)$，则该队列在 t 时刻到达的数据包/顾客所经历的延时 $W(t)$ 存在上界

$$W(t) \leqslant h(\alpha, \beta)$$

该上界即为 $\alpha(t)$ 和 $\beta(t)$ 的最大水平距离。

证明：考虑某个时刻 $t \geqslant 0$，则根据滞留时间 $W(t)$ 的定义，对于任意 $\tau < W(t)$，有 $A(t) > D(t+\tau)$。由服务曲线的定义，一定存在 $t_0 \geqslant 0$，使得

$$A(t) > D(t+\tau) \geqslant A(t+\tau-t_0) + \beta(t_0)$$

因为 $A \in \mathcal{F}$，必然有 $t+\tau-t_0 < t$。进一步由到达曲线的定义

$$\alpha(t_0-\tau) \geqslant A(t) - A(t+\tau-t_0) > \beta(t_0)$$

由最大水平距离的定义 8.5，因为 $\alpha(t_0-\tau) > \beta(t_0)$，于是 $\tau < h(\alpha, \beta)$。这对于所有的 $\tau < W(t)$ 均成立，所以 $W(t) \leqslant h(\alpha, \beta)$。■

定理 8.6　设某个队列的输入流 $A(t)$ 存在到达曲线 $\alpha(t)$，且该队列提供了服务曲线 $\beta(t)$，则该队列的队列长度 N_t 存在上界

$$N_t \leqslant v(\alpha, \beta)$$

该上界即为 $\alpha(t)$ 和 $\beta(t)$ 的最大垂直距离。

证明：由服务曲线的定义可知

$$N_t = A(t) - D(t) \leqslant A(t) - \inf_{0 \leqslant \tau \leqslant t} \{A(t-\tau) + \beta(\tau)\}$$

进一步由到达曲线的定义可知上式的最右边

$$\sup_{0 \leqslant \tau \leqslant t} \{A(t) - A(t-\tau) - \beta(\tau)\} \leqslant \sup_{0 \leqslant \tau \leqslant t} \{\alpha(\tau) - \beta(\tau)\} \leqslant v(\alpha, \beta)$$

于是定理得证。■

由上述定理可见，到达曲线和服务曲线框定了队列长度 N_t 的范围，并且给出了上界，因此可以作为队列分析的保守近似。此外，队列的输出特性可由以下上界描述。

定理 8.7　设某个队列的输入流 $A(t)$ 存在到达曲线 $\alpha(t)$，且该队列提供了服务曲线 $\beta(t)$，则对于任意的 $t, \tau \geqslant 0$，该队列的退去累积 $D(t)$ 存在上界

$$D(\tau, \tau+t) \leqslant (\alpha \oslash \beta)(t)$$

该上界即为 $\alpha(t)$ 和 $\beta(t)$ 的最小加反卷积。

证明：由服务曲线的定义可知，对于 $\forall \tau, t \geqslant 0$，总存在一个 $\tau_0 \leqslant \tau$，使得 $D(\tau) \geqslant A(\tau-\tau_0) + \beta(\tau_0)$，因此进一步由到达曲线的定义

$$\begin{aligned} D(\tau+t) - D(\tau) &\leqslant D(\tau+t) - A(\tau-\tau_0) - \beta(\tau_0) \\ &\leqslant A(\tau+t) - A(\tau-\tau_0) - \beta(\tau_0) \end{aligned}$$

$$\leqslant \alpha(t+\tau_0)-\beta(\tau_0)$$
$$\leqslant (\alpha \oslash \beta)(t)$$

于是该定理得证。 ■

网络演算理论的一个重要用途是分析级联网络的端到端性能。如果将一个级联队列系统看成一个整体，很显然第一个队列的到达曲线就是整个系统的到达曲线，而整个系统的等效服务曲线则由如下定理给出。

定理 8.8 设某个级联队列系统包括 H 个队列，分别记为 $S^{(i)}$，$i=1,2,\cdots,H$，且其中队列 $S^{(i)}$ 提供服务曲线 $\beta^{(i)}(t)$，则整个系统具有一条等效服务曲线 β，满足

$$\beta=\beta^{(1)} \circledast \beta^{(2)} \circledast \cdots \circledast \beta^{(H)}$$

证明：考虑两个队列组成的级联队列，则更多队列组成的级联队列可以递推证明。注意第一个队列的退去累积就是第二个队列的到达累积，即 $A^{(2)}(t)=D^{(1)}(t)$，则第二个队列的退去累积，也就是整个级联系统的退去累积满足

$$\begin{aligned}D^{(2)}(t) &\geqslant (A^{(2)} \circledast \beta^{(2)})(t)\\ &= (D^{(1)} \circledast \beta^{(2)})(t)\\ &\geqslant ((A^{(1)} \circledast \beta^{(1)}) \circledast \beta^{(2)})(t)\\ &= (A^{(1)} \circledast (\beta^{(1)} \circledast \beta^{(2)}))(t)\end{aligned}$$

可见 $\beta^{(1)} \circledast \beta^{(2)}$ 是该级联队列的一条等效服务曲线。 ■

下面通过两个例子来展示如何运用确定性网络演算计算队列的性能界。

例题 8.4 考虑一个队列提供服务曲线 $\beta(t)=r\cdot(t-T)^+$，其输入流由一个令环漏桶整流，因此其到达曲线为 $\alpha(t)=a\cdot t+\sigma$。如果 $a\leqslant r$，则滞留时间界可写为

$$W(t)\leqslant h(\alpha,\beta)=T+\frac{\sigma}{r}$$

其队列长度的界可写为

$$N_t\leqslant v(\alpha,\beta)=\sigma+aT$$

以上两个式子可以从图 8.4 中直观得到。此外，根据定理 8.7，队列的输出满足

$$D(t)\leqslant(\alpha\oslash\beta)(t)=a(t+T)+\sigma$$

例题 8.5 考虑一个级联队列包括 H 个队列，其中每个队列都提供相同的服务曲线 $\beta^{(i)}(t)=r\cdot(t-T)^+$，$i=1,2,\cdots,H$，假设第一个队列输入流的到达曲线为 $\alpha(t)=a\cdot t+\sigma$，则由定理 8.8可知，该级联队列系统的一条等效服务曲线为

$$\beta=\beta^{(1)} \circledast \beta^{(2)} \circledast \cdots \circledast \beta^{(H)}=r\cdot(t-H\cdot T)^+$$

因此，端到端滞留时间界为

$$W(t)\leqslant\frac{\sigma}{r}+HT$$

可见，端到端滞留时间界和网络级数 H 呈线性关系，这是符合直觉的。

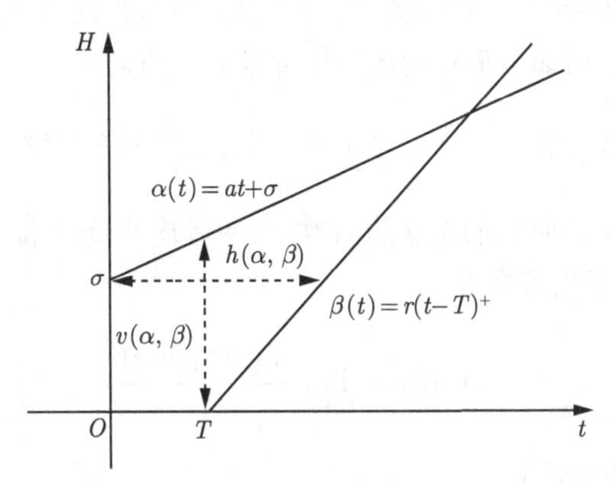

图 8.4 单队列的确定性网络演算示意图

事实上，网络演算可以分析任意拓扑的通信网络性能，这就需要刻画多个输入流在一个节点汇聚情况下的服务能力分配，见如下定理。

定理 8.9 剩余服务能力 设某个队列系统服务两个输入流的到达累积记为 $A_1(t)$ 和 $A_2(t)$。假设该队列系统针对这两个输入流的汇聚流提供一条服务曲线 $\beta(t)$，并且设 $\alpha(t)$ 是 $A_2(t)$ 的一条到达曲线，则对任意 $t\geqslant 0$，输入流 $A_1(t)$ 的退去累积 $D_1(t)$ 满足

$$D_1(t)\geqslant A_1\circledast(\beta-\alpha_2)^+(t)$$

且如果 $(\beta-\alpha_2)^+\in\mathcal{F}$，则其为输入流 A_1 的一条服务曲线。

对于多个到达流的汇聚，也可以等效为一条到达曲线，见如下定理。

定理 8.10 输入流汇聚 设 n 个输入流 $A_i(t),i=1,\ldots,n$ 的汇聚，每个输入流 $A_i(t)$ 有一条到达曲线 $\alpha_i(t)$，则聚合输入流 $A(t)=\sum\limits_{i=1}^{n}A_i(t)$ 有一条达到曲线

$$\alpha(t)=\sum_{i=1}^{n}\alpha_i(t)$$

8.3.3 随机网络演算

确定性网络演算通常只能给出最坏情况的分析，而通常业务到达和服务都是随机过程，使用确定性网络演算经常会得到过于保守的分析结果。同时，实际系统可以容忍一定程度的丢包，若希望分析给定丢包率的约束下的队列性能，则确定性网络演算就无能为力了。为此，随机网络演算应运而生。

1. 随机到达曲线

首先，对于到达累积 $A(t)$，考虑其为一个平稳随机过程，即 $\forall t\geqslant\tau\geqslant 0,P\left\{A(\tau,t)\leqslant x\right\}=P\left\{A(t-\tau)\leqslant x\right\}$，则其矩母函数

$$M_A(\theta,t-\tau)=E\left[\mathrm{e}^{\theta A(\tau,t)}\right]$$

只是时间差 $t-\tau$ 的函数。与确定性随机演算类似，需要找到一个函数 $\alpha(t)$，来约束到达随机过程。最直接的一种手段就是约束其矩母函数。以线性约束函数（即令环漏桶）$\alpha(t)=a(\theta)t+\sigma(\theta)$ 为例，可以用如下形式构造对矩母函数的约束

$$M_A(\theta,t-\tau)=E\left[\mathrm{e}^{\theta A(\tau,t)}\right]\leqslant \mathrm{e}^{\theta(a(\theta)(t-\tau)+\sigma(\theta))} \tag{8.3.3}$$

这里 $a(\theta)$ 和 $\sigma(\theta)$ 是为了表明它们是 θ 的函数，且两者均非负。同时注意到，对应式 (8.2.10)，其对数矩母函数可由以下极限求得

$$\Lambda_A(\theta)=\lim_{t\to\infty}\frac{\log M_A(\theta,t)}{t}$$

于是在式 (8.3.3) 的约束下，有

$$\Lambda_A(\theta)\leqslant\theta a(\theta)$$

则满足以上不等式的最小的 $a(\theta)=\dfrac{\Lambda_A(\theta)}{\theta}$ 就是到达过程的以 θ 为参数的等效带宽。特别地，对于泊松到达，这一等效带宽为 $\lambda(\mathrm{e}^{\theta}-1)/\theta$。

然而在随机网络演算中，更常用的约束是概率意义下的。学者们已经提出了多种概率意义下的达到曲线描述，最直观的是以业务量为中心的随机到达曲线（traffic-amount-centric stochastic arrival curve）[JIAN 08] [FIDL 15]，定义如下。

定义 8.8 t.a.c. 随机到达曲线 设广义增函数 $\alpha\in\mathcal{F}$，如果 $\forall t\geqslant\tau\geqslant 0$，有

$$P\left\{A(\tau,t)-\alpha(t-\tau)>x\right\}\leqslant f(x) \tag{8.3.4}$$

则称到达累积过程 $A(t)$ 有以业务量为中心的 t.a.c. 随机到达曲线 $\alpha(t)$，且对应的上限函数（bounding function）为 $f(x)$，$f(x)$ 关于 x 是减函数，记为 $f\in F^c$。

从以上定义可以看出，随机到达曲线的描述需要指明上限函数，因此通常用一个二元组表示 $<f,\alpha>$。下面举例给出两种 t.a.c. 随机到达曲线。

（1）很显然，确定性到达曲线是一种特殊的 t.a.c. 随机到达曲线，且上限函数 $f(x)=0$。

（2）如果上限函数具有指数形式，即 $f(x)=\mathrm{e}^{-\theta x}$，则此类到达曲线 $\alpha(t)$ 也称为指数限制交发（Exponentially Bounded Burstness，EBB）。对式（8.3.4）运用 Chernoff 界可得

$$\begin{aligned}P\left\{A(\tau,t)-\alpha(t-\tau)>x\right\}&\leqslant \mathrm{e}^{-\theta x}E\left[\mathrm{e}^{\theta(A(\tau,t)-\alpha(t-\tau))}\right]\\&\leqslant \mathrm{e}^{-\theta x}\mathrm{e}^{\theta(a(\theta)(t-\tau)+\sigma(\theta)-\alpha(t-\tau))}\end{aligned} \tag{8.3.5}$$

这说明，对于任意 $t\geqslant 0$，只要 $\alpha(t)\geqslant a(\theta)t$，则它是 $A(t)$ 的一条 t.a.c. EBB 随机到达曲线，其中 $\alpha(\theta)$ 为式 (8.3.3) 中的矩母函数约束。显然 $a(\theta)t+\sigma(\theta)$ 本身也满足这一条件，对应的上限函数为 $\mathrm{e}^{-\theta x}$。

然而 t.a.c. 随机到达曲线的定义式 (8.3.4) 仅仅意味着对任意的时间点 $\tau\in[0,t]$ 加以限制，因此并不能像确定性到达曲线那样直接用于分析队列性能，例如最大队列长度等。事实

上，在一个队列的随机演化过程中，人们更关心某个样本路径（sample path）的限制情况，因此进一步提出了样本路径随机到达曲线，如定义 8.9 所示。同时可以考虑一个虚拟队列，其服务能力的累积由曲线 $\alpha(t)$ 描述，于是由 Lindley 公式 (8.2.7)，

$$N_t = \sup_{0\leqslant\tau\leqslant t}\{A(\tau,t)-\alpha(t-\tau)\}$$

得到该虚拟队列的队长，基于此，也可称为以虚拟积压为中心（virtual-backing-centric, v.b.c.）的随机到达曲线。

定义 8.9 v.b.c. 随机到达曲线 设广义增函数 $\alpha\in\mathcal{F}$，如果 $\forall t\geqslant\tau\geqslant 0$ 和 $x=0$，有

$$P\left\{\sup_{0\leqslant\tau\leqslant t}\{A(\tau,t)-\alpha(t-\tau)\}>x\right\}\leqslant f(x) \tag{8.3.6}$$

则称到达随机过程 $A(t)$ 有以虚拟积压为中心的（v.b.c.）随机到达曲线 $\alpha(t)$，且对应的上限函数（bounding function）为 $f(x)\in\mathcal{F}^c$。

对于式 (8.3.6)，若考虑离散时间系统，可对其应用联合界 (union bound)

$$P\left\{\sup_{0\leqslant\tau\leqslant t}\{A(\tau,t)-\alpha(t-\tau)\}>x\right\}\leqslant\sum_{\tau=0}^{t}P\{A(\tau,t)-\alpha(t-\tau)>x\}$$

如考虑式 (8.3.5) 的 EBB 曲线，且令 $\alpha(t)=(a(\theta)+\delta)t$，其中 $a(\theta)$ 满足式 (8.3.3) 中的矩母函数约束，可进一步求得上界为

$$\begin{aligned}\sum_{\tau=0}^{t}P\{A(\tau,t)-\alpha(t-\tau)>x\}&\leqslant\sum_{\tau=0}^{t}\mathrm{e}^{-\theta x}\mathrm{e}^{\theta(a(\theta)(t-\tau)+\sigma(\theta)-\alpha(t-\tau))}\\&=\mathrm{e}^{\sigma(\theta)}\mathrm{e}^{-\theta x}\sum_{\tau=0}^{t}\mathrm{e}^{-\theta\delta(t-\tau)}\\&\leqslant\frac{\mathrm{e}^{\sigma(\theta)}}{1-\mathrm{e}^{-\theta\delta}}\mathrm{e}^{-\theta x}\end{aligned} \tag{8.3.7}$$

这说明，对于任意 $t\geqslant 0$，只要 $\alpha(t)>a(\theta)t$ (注意此处必须是严格大于)，则它同样是 $A(t)$ 的一条 v.b.c. EBB 随机到达曲线，其中 $a(\theta)$ 为式 (8.3.3) 中的矩母函数约束。更多的随机到达曲线及其特性和应用可以参考文献 [JIAN 08]。

2. 随机服务能力累积

对于服务能力累积 $S(t)$，考虑其为一个稳态随机过程，则其以 $-\theta$ 为参数的矩母函数

$$M_S(-\theta,t-\tau)=E\left[\mathrm{e}^{-\theta S(\tau,t)}\right]$$

只是时间差 $t-\tau$ 的函数。以线性约束函数 $c(\theta)t-\sigma(\theta)$ 为例，即对 $\forall t\geqslant\tau\geqslant 0$，可以用如下形式构造对矩母函数的约束

$$M_S(-\theta,t-\tau)=E\left[\mathrm{e}^{-\theta S(\tau,t)}\right]\leqslant\mathrm{e}^{-\theta(c(\theta)(t-\tau)-\sigma(\theta))} \tag{8.3.8}$$

这里 $c(\theta)$ 和 $\sigma(\theta)$ 是为了表明它们是 θ 的函数，且两者均非负。在以上约束下，

$$\varLambda_S(-\theta)=\lim_{t\to\infty}\frac{\log M_S(-\theta,t)}{t}\leqslant-\theta c(\theta)$$

其中 $\Lambda_S(\theta)$ 是服务累积 $S(t)$ 的对数矩母函数。则满足以上不等式的最大的 $c(\theta) = -\dfrac{\Lambda_S(-\theta)}{\theta}$ 就是到达过程的等效容量。与到达累积类似，关于服务累积的概率意义下的约束成为统计服务包络 (statistical service envelope)，类似地有如下概念[FIDL 15]。

定义 8.10 一般性统计服务包络 设广义增函数 $s \in \mathcal{F}$，如果 $\forall t \geqslant \tau \geqslant 0$ 和 $x \geqslant 0$，有

$$P\{S(\tau,t) - s(t-\tau) < -x\} \leqslant \epsilon(x) \tag{8.3.9}$$

则称服务累积过程 $S(t)$ 有一般性统计服务包络 $s(t)$，且对应的上限函数 (bounding function) 为 $\epsilon(x) \in \mathcal{F}^c$。

同时，如果 $g(x)$ 具有指数形式，即 $g(x) = \xi \mathrm{e}^{-\theta x}$，则称为指数限制波动 (exponential bounded fluctuation, EBF)[FIDL 15]，EBF 可以理解为 EBB 的一个对偶概念。对式 (8.3.9) 运用 Chernoff 界可得

$$\begin{aligned} P\{S(\tau,t) - s(t-\tau) < -x\} &\leqslant \mathrm{e}^{-\theta x} E\left[\mathrm{e}^{\theta(s(t-\tau)-S(\tau,t))}\right] \\ &\leqslant \mathrm{e}^{-\theta x}\mathrm{e}^{\theta(s(t-\tau)-c(\theta)(t-\tau)+\sigma(\theta))} \end{aligned}$$

这说明，对于任意 $t \geqslant 0$，只要 $s(t) \leqslant c(\theta)t$，则它是 $S(t)$ 的一条 EBF 累积服务曲线。

如果更关心在一个队列的演化过程中，任意样本路径的限制情况，类似于定义 8.9，一种更强的统计服务包络定义如下。

定义 8.11 统计服务包络 设广义增函数 $s \in \mathcal{F}$，如果 $\forall t \geqslant \tau \geqslant 0$ 和 $x \geqslant 0$，有

$$P\left\{\inf_{t \geqslant \tau \geqslant 0}\{S(\tau,t) - s(t-\tau)\} < -x\right\} \leqslant \epsilon(x) \tag{8.3.10}$$

则称服务累积过程 $S(t)$ 有统计服务包络 $s(t)$，且对应的上限函数 (bounding function) 为 $\epsilon(x) \in \mathcal{F}^c$。

与随机到达曲线类似，统计服务包络通常也用一个二元组表示 $<\epsilon, s>$。

下面举例说明服务过程的矩母函数约束与统计服务包络的关系。考虑离散时间系统，对式 (8.3.10) 应用联合界，并令 $s(t) = (c(\theta) - \delta)t$，其中 $c(\theta)$ 满足式 (8.3.8) 对矩母函数的约束，通过与式 (8.3.7) 类似的推导可得

$$P\left\{\inf_{t \geqslant \tau \geqslant 0}\{S(\tau,t) - s(t-\tau)\} < -x\right\} \leqslant \frac{\mathrm{e}^{\theta\sigma(\theta)}}{1 - \mathrm{e}^{-\theta\delta}}\mathrm{e}^{-\theta x}$$

由此可见，为了满足任意样本路径的 EBF 概率约束，统计服务包络需要严格满足 $s(t) < c(\theta)t$。

3. 随机服务曲线

回顾在确定性服务曲线的定义中，对 $\forall t \geqslant 0$，总有 $D(t) \geqslant (A \circledast \beta)(t)$，但是在随机队列系统中，这一约束并不总能满足，为了在概率意义下描述该约束，类似于定义 8.8，引入了随机服务曲线的概念，其一种定义如下。

定义 8.12 一般性随机服务曲线 设一个队列的到达累积过程和退去累积过程分别为 $A(t)$ 和 $D(t)$，设广义增函数 $\beta \in \mathcal{F}$，如果 $\forall t \geqslant 0$ 和 $x \geqslant 0$，有

$$P\{(A \circledast \beta)(t) - D(t) > x\} \leqslant g(x)$$

则称该队列系统有一般性随机服务曲线 $\beta(t)$，且对应的上限函数为 $g(x) \in \mathcal{F}^c$。

从以上定义可以看出，随机到达曲线的描述需要指明上限函数，因此通常用一个二元组表示 $< g, \beta >$。显然，队列系统的一条确定性服务曲线 β 同样也是一条一般性随机到达曲线 $< 0, \beta >$。

如果更关心在一个队列的演化过程中，任意样本路径的限制情况，类似于定义 8.9，一种更强的随机服务曲线定义如下。

定义 8.13 随机服务曲线 设一个队列的到达累积过程和退去累积过程分别为 $A(t)$ 和 $D(t)$，设广义增函数 $\beta \in \mathcal{F}$，如果 $\forall t \geqslant 0$ 和 $x \geqslant 0$，有

$$P\left\{\sup_{0 \leqslant \tau \leqslant t}\{(A \circledast \beta)(t) - D(t)\} > x\right\} \leqslant g(x)$$

则称该队列系统有随机服务曲线 $\beta(t)$，且对应的上限函数为 $g(x) \in \mathcal{F}^c$。

更多的随机服务曲线及其特性和应用可以参考文献 [JIAN 08]。

4. 随机网络演算的基本性质

用随机网络演算可以分析队长的概率分布。回顾确定性网络演算，假设某队列提供恒定的服务速率 C，则根据 Lindley 公式 (8.2.7) 可知，

$$N_t = \sup_{0 \leqslant \tau \leqslant t}\{A(\tau, t) - C(t - \tau)\}$$

于是比较 v.b.c. 随机到达曲线的定义，队长尾分布的上界可表述为

$$P\{N_t > x\} \leqslant f(x)$$

如果考虑离散时间系统，则令 $\delta = C - a(\theta)$，其中 $a(\theta)$ 为到达过程的等效带宽，根据式 (8.3.7)，可得

$$P\{N_t > x\} \leqslant \frac{\mathrm{e}^{\sigma(\theta)}}{1 - \mathrm{e}^{-\theta\delta}}\mathrm{e}^{-\theta x}$$

其中，$\sigma(\theta)$ 满足式 (8.3.3) 中的矩母函数约束。那么，对于服务存在随机性的一般情况，有如下定理成立。

定理 8.11 队长分布 设某队列的到达累积 $A(t)$ 具有一条 v.b.c. 随机到达曲线 $\alpha \in \mathcal{F}$ 以及上限函数 $f \in \mathcal{F}^c$，记为 $A \sim < f, \alpha >$，且系统针对该到达具有一条随机服务曲线 $\beta \in \mathcal{F}$ 以及上限函数 $g \in \mathcal{F}^c$，记为 $S \sim < g, \beta >$，则对于 $\forall t \geqslant 0$ 和 $x \geqslant 0$，队长 N_t 满足

$$P\{N_t > x\} \leqslant f \circledast g(x - \alpha \oslash \beta(0))$$

证明：由队长的定义可知

$$
\begin{aligned}
N_t &= A(t) - D(t) \\
&= [A(t) - A \circledast \beta(t)] + [A \circledast \beta(t) - D(t)] \\
&= \sup_{0 \leqslant \tau \leqslant t} \{A(t) - A(s) - \beta(t-\tau) + \alpha(t-\tau) - \alpha(t-\tau)\} + [A \circledast \beta(t) - D(t)] \\
&\leqslant \sup_{0 \leqslant \tau \leqslant t} \{A(\tau, t) - \alpha(t-\tau)\} + \sup_{0 \leqslant \tau \leqslant t} \{\alpha(\tau) - \beta(\tau)\} + [A \circledast \beta(t) - D(t)] \\
&\leqslant \sup_{0 \leqslant \tau \leqslant t} \{A(\tau, t) - \alpha(t-\tau)\} + \sup_{t \geqslant 0} \{\alpha(t) - \beta(t)\} + [A \circledast \beta(t) - D(t)] \\
&= \sup_{0 \leqslant \tau \leqslant t} \{A(\tau, t) - \alpha(t-\tau)\} + \alpha \oslash \beta(0) + [A \circledast \beta(t) - D(t)]
\end{aligned}
$$

因此，由随机到达曲线和随机服务曲线的定义可知

$$
\begin{aligned}
P\{N_t > x\} &\leqslant P\left\{\sup_{0 \leqslant \tau \leqslant t} \{A(\tau, t) - \alpha(t-\tau)\} + [A \circledast \beta(t) - D(t)] > x - \alpha \oslash \beta(0)\right\} \\
&\leqslant \inf_{0 \leqslant y \leqslant x - \alpha \oslash \beta(0)} \{f(y) + g(x - \alpha \oslash \beta(0) - y)\} \\
&= f \circledast g(x - \alpha \oslash \beta(0))
\end{aligned}
$$

注意这里我们假设 $\lim\limits_{t \to \infty} [\alpha(t) - \beta(t)]/t \leqslant 0$，即队列是稳定的。由此得证。■

因为随机到达曲线比一般性随机到达曲线更强，定理 8.11 对一般性随机到达曲线也适用。

用随机网络演算分析滞留时间，有如下定理。

定理 8.12 滞留时间分布 设某队列的到达累积 $A(t)$ 具有一条 v.b.c. 随机到达曲线 $\alpha \in \mathcal{F}$ 以及上限函数 $f \in \mathcal{F}^c$，记为 $A \sim < f, \alpha >$，且系统针对该到达具有一条随机服务曲线 $\beta \in \mathcal{F}$ 以及上限函数 $g \in \mathcal{F}^c$，记为 $S \sim < g, \beta >$，则对于 $\forall t \geqslant 0$ 和 $x \geqslant 0$，则该队列在 t 时刻到达的数据包/顾客所经历的滞留时间 $W(t)$ 满足

$$
P\{W(t) > h(\alpha + x, \beta)\} \leqslant f \circledast g(x)
$$

其中 $h(\alpha, \beta)$ 是式 (8.3.1) 定义的两个函数之间的最大水平距离。

证明：由式 (8.3.2) 中对滞留时间的定义可以看出，事件 $\{W(t) > y\}$ 意味着 $\{A(t) > D(t+y)\}$，于是

$$
P\{W(t) > y\} < P\{A(t) > D(t+y)\}
$$

进一步，与定理 8.11 的证明类似，有

$$
A(t) - D(t+y)
$$

$$= \sup_{0\leqslant\tau\leqslant t+y}\{A(\tau,t)-\alpha(t-\tau)+\alpha(t-\tau)-\beta(t+y-\tau)\}+A\circledast\beta(t+y)-D(t+y)$$

$$\leqslant \sup_{0\leqslant\tau\leqslant t}\{A(\tau,t)-\alpha(t-\tau)\}+\sup_{0\leqslant\tau\leqslant t+y}\{\alpha(t-\tau)-\beta(t+y-\tau)\}+A\circledast\beta(t+y)-D(t+y)$$

进一步在上式中令 $y=h(\alpha+x,\beta)$，且根据最大水平距离的定义，令 $u=t-\tau$，必有 $\alpha(u)+x\leqslant\beta(u+h(\alpha+x,\beta))$，于是

$$A(t)-D(t+y)\leqslant\sup_{0\leqslant\tau\leqslant t}\{A(\tau,t)-\alpha(t-\tau)\}+A\circledast\beta(t+y)-D(t+y)-x$$

最终

$$P\{W(t)>h(\alpha+x,\beta)\}\leqslant P\{A(t)-D(t+h(\alpha+x,\beta))>0\}\leqslant f\circledast g(x)$$

于是该定理得证。 ■

网络演算的一大优势是可以分析级联队列的性能，那么首先需要知道一个队列退去累积过程 $D(t)$ 的性质，由如下定理给出。

定理 8.13 退去累积　设某队列的到达累积 $A(t)$ 具有一条 v.b.c. 随机到达曲线 $\alpha\in\mathcal{F}$ 以及上限函数 $f\in\mathcal{F}^c$，记为 $A\sim<f,\alpha>$，且系统针对该到达流具有一条随机服务曲线 $\beta\in\mathcal{F}$ 以及上限函数 $g\in\mathcal{F}^c$，记为 $S\sim<g,\beta>$，则对于 $\forall t\geqslant 0$ 和 $x\geqslant 0$，则该队列退去累积过程 $D(t)$ 若作为下一级队列的到达累积，则具有一条 v.b.c. 随机到达曲线 $\alpha\oslash\beta$ 以及上限函数 $f\circledast g$，记为 $D\sim<f\circledast g,\alpha\oslash\beta>$。

证明：对于 $\forall t\geqslant\tau\geqslant 0$ 以及任意函数 $\alpha,\beta\in\mathcal{F}$，有

$$\begin{aligned}D(\tau,t)&\leqslant A(t)-A\circledast\beta(\tau)+[A\circledast\beta(\tau)-D(\tau)]\\&=\sup_{0\leqslant u\leqslant\tau}\{A(u,t)-\beta(\tau-u)-\alpha(t-u)+\alpha(t-u)\}+[A\circledast\beta(\tau)-D(\tau)]\\&\leqslant\sup_{0\leqslant u\leqslant t}\{A(u,t)-\alpha(t-u)\}+\sup_{0\leqslant v\leqslant\tau}\{\alpha(t-\tau+v)-\beta(v)\}+[A\circledast\beta(\tau)-D(\tau)]\\&\leqslant\sup_{0\leqslant u\leqslant t}\{A(u,t)-\alpha(t-u)\}+\alpha\oslash\beta(t-\tau)+[A\circledast\beta(\tau)-D(\tau)]\end{aligned}$$

因此

$$D(\tau,t)-\alpha\oslash\beta(t-\tau)\leqslant\sup_{0\leqslant u\leqslant t}\{A(u,t)-\alpha(t-u)\}+[A\circledast\beta(\tau)-D(\tau)]$$

进一步可知

$$\sup_{0\leqslant\tau\leqslant t}\{D(\tau,t)-\alpha\oslash\beta(t-\tau)\}\leqslant\sup_{0\leqslant u\leqslant t}\{A(u,t)-\alpha(t-u)\}+\sup_{0\leqslant\tau\leqslant t}\{A\circledast\beta(\tau)-D(\tau)\}\tag{8.3.11}$$

于是由 v.b.c. 随机到达曲线和随机服务曲线的定义可得

$$P\left\{\sup_{0\leqslant\tau\leqslant t}\{D(\tau,t)-\alpha\oslash\beta(t-\tau)\}>x\right\}$$

$$\leqslant P\left\{\sup_{0\leqslant u\leqslant t}\{A(u,t)-\alpha(t-u)\}+\sup_{0\leqslant\tau\leqslant t}\{A\circledast\beta(\tau)-D(\tau)\}>x\right\}$$

$$\leqslant \inf_{0\leqslant y\leqslant x}\left\{P\left\{\sup_{0\leqslant u\leqslant t}\{A(u,t)-\alpha(t-u)\}>y\right\}+P\left\{\sup_{0\leqslant\tau\leqslant t}\{A\circledast\beta(\tau)-D(\tau)\}>x-y\right\}\right\}$$

$$\leqslant \inf_{0\leqslant y\leqslant x}\{f(y)+g(x-y)\}=f\circledast g(x)$$

最终该定理得证。 ■

根据式 (8.3.11)，如果将 v.b.c. 随机到达曲线替换成 t.a.c. 随机到达曲线，且把随机服务曲线换成一般性服务曲线，上述定理依然成立。

基于前述结果，可以求得级联队列的等效服务曲线，由如下定理给出。

定理 8.14 级联队列 设一个数据流经过一个由 H 个队列级联组成的系统，若每个队列的服务累积过程 $S^{(i)}$，$i=1,2,\cdots,H$，为其输入提供了一条随机服务曲线 $\beta^{(i)}\in\mathcal{F}$ 以及上限函数 $g^{(i)}\in\mathcal{F}^c$，记为 $S^{(i)}\sim<g^{(i)},\beta^{(i)}>$，则整个系统为该数据流提供了一条等效服务累积过程 $S\sim<g,\beta>$，其中 $\beta(t)=\beta^{(1)}\circledast\beta^{(2)}\circledast\cdots\circledast\beta^{(H)}(t)$，$g(x)=g^{(1)}\circledast g^{(2)}\circledast\cdots\circledast g^{(H)}(t)$。

证明：只需证明 $H=2$ 的情况，更多队列的情况可递推证明。对于两个级联队列，第二个队列的到达累积就是第一个队列的退去累积，即 $A^{(2)}(t)=D^{(1)}(t)$，且整个系统的到达累积就是第一个队列的到达累积，即 $A(t)=A^{(1)}(t)$，整个系统的退去累积就是第二个队列的退去累积，即 $D(t)=D^{(2)}(t)$。于是

$$\sup_{0\leqslant\tau\leqslant t}\{A\circledast\beta^{(1)}\circledast\beta^{(2)}(\tau)-D(\tau)\}=\sup_{0\leqslant\tau\leqslant t}\{(A^{(1)}\circledast\beta^{(1)})\circledast\beta^{(2)}(\tau)-D^{(2)}(\tau)\}$$

此时，考虑 $\forall\tau\in[0,t]$，有

$$\begin{aligned}&(A^{(1)}\circledast\beta^{(1)})\circledast\beta^{(2)}(\tau)-D^{(2)}(\tau)\\&=\inf_{0\leqslant u\leqslant\tau}\{A^{(1)}\circledast\beta^{(1)}(u)+\beta^{(2)}(\tau-u)-D^{(1)}(u)+A^{(2)}(u)\}-D^{(2)}(\tau)\\&\leqslant\sup_{0\leqslant u\leqslant t}\{A^{(1)}\circledast\beta^{(1)}(u)-D^{(1)}(u)\}+\inf_{0\leqslant u\leqslant\tau}\{\beta^{(2)}(\tau-u)+A^{(2)}(u)\}-D^{(2)}(\tau)\\&=\sup_{0\leqslant u\leqslant t}\{A^{(1)}\circledast\beta^{(1)}(u)-D^{(1)}(u)\}+\beta^{(2)}\circledast A^{(2)}(\tau)-D^{(2)}(\tau)\end{aligned}$$

因此

$$\begin{aligned}&\sup_{0\leqslant\tau\leqslant t}\{A\circledast\beta^{(1)}\circledast\beta^{(2)}(\tau)-D(\tau)\}\\&\leqslant\sup_{0\leqslant\tau\leqslant t}\{A^{(1)}\circledast\beta^{(1)}(\tau)-D^{(1)}(\tau)\}+\sup_{0\leqslant\tau\leqslant t}\{A^{(2)}(\tau)\circledast\beta^{(2)}-D^{(2)}(\tau)\}\end{aligned}$$

最终该定理得证。 ■

该定理与定理 8.8 是类似的，体现了最小加卷积在分析队列网络中明确的物理意义。利用最小加卷积还可以描述到达流汇聚情况下的服务能力分配和叠加特性，易证明如下两个定理。

定理8.15 剩余服务能力　设某个队列系统两个输入流的到达累积过程分别记为 $A_1(t)$ 和 $A_2(t)$。假设该队列系统针对它们的汇聚流提供一条随机服务曲线 $\beta(t)$ (也可以是一般性随机服务曲线) 以及对应的上限函数 $g \in \mathcal{F}^c$，并且设 $\alpha(t)$ 是 $A_2(t)$ 的一条 (v.b.c 或 t.a.c) 随机到达曲线，对应的上限函数为 $f_2 \in \mathcal{F}^c$，记为 $A_2 \sim < f_2, \alpha_2 >$。如果 $\beta - \alpha_2 \in \mathcal{F}^c$，该系统对输入流 $A_1(t)$ 提供了一条一般性随机服务曲线 $\beta - \alpha_2$，则对应的上限函数为 $f_2 \circledast g(x)$，即针对第一个流的等效服务过程 $S_1 \sim < f_2 \circledast g(x), \beta - \alpha_2 >$。

定理 8.16 输入流汇聚　考虑 M 个数据流的叠加 (聚和)$A(t)$，每个流的到达累积过程为 $A_i(t)$，$i = 1, 2, \cdots, M$，分别具有一条 (v.b.c 或 t.a.c) 随机到达曲线 $\alpha_i \in \mathcal{F}$ 以及上限函数 $f_i \in \mathcal{F}^c$，记为 $A_i \sim < f_i, \alpha_i >$，则叠加的流 $A(t)$ 具有一条 (v.b.c 或 t.a.c) 随机到达曲线 $\alpha \in \mathcal{F}$ 以及上限函数 $f \in \mathcal{F}^c$，记为 $A \sim < f, \alpha >$，且 $\alpha(t) = \sum_{i=1}^{M} \alpha_i(t)$ 及 $f(x) = f_1 \circledast f_2 \circledast \cdots \circledast f_M(x)$。

注意，在定理 8.15 中，最后针对 A_1 得到的是一般性随机服务曲线，而为了得到随机服务曲线，需要引入更多的概念，感兴趣的读者可以参考文献 [JIAN 08]。除此之外，基于本节第 2 部分关于统计服务包络的定义，可以得到对应的级联对列、剩余服务能力和输入流汇聚的性质，具体可以参考文献 [JIAN 08] [FIDL 15]。

在确定性网络演算中，通过例题 8.4 和例题 8.5 可以窥见级联队列性能的分析方法。下面的一道例题说明如何使用随机网络演算分析级联队列的性能界。

例题 8.6　考虑一个级联队列包括 H 个队列，一个流 F 从头至尾通过这个级联队列系统。假设每个队列提供恒定服务速率 C。假设流 F 有一条 v.b.c. 随机到达曲线 $< f, r \cdot t >$，其 EBB 上限函数 $f(x) = a\mathrm{e}^{-bx}$。假设 $r < C$，使得该级联队列是稳定的。

首先，可知每个队列对该流提供了一条随机服务曲线 $\beta^{(i)} \in \mathcal{F}$ 以及上限函数 $g^{(i)} \in \mathcal{F}^c$，记为 $S^{(i)} \sim < g^{(i)}, \beta^{(i)} >$，并且

$$\beta^{(i)} = Ct, \quad g^{(i)} = f(x)$$

于是，根据定理 8.14，可知该级联队列的等效随机服务曲线 $S \sim < \beta, g >$，且

$$\beta(t) = \beta^{(1)} \circledast \beta^{(2)} \circledast \cdots \circledast \beta^{(H)}(t) = Ct$$

$$g(x) = g^{(1)} \circledast g^{(2)} \circledast \cdots \circledast g^{(H)}(t) = \underbrace{f \circledast f \circledast \cdots \circledast f(t)}_{H}$$

根据定理 8.12，端到端滞留时间满足

$$P\{W(t) > h(rt + x, \beta)\} \leqslant \underbrace{f \circledast f \circledast f \circledast \cdots \circledast f(t)}_{H+1} \tag{8.3.12}$$

进一步可以求得

$$P\left\{W(t) > \frac{x}{C}\right\} \leqslant (H+1)a\mathrm{e}^{-\frac{bx}{H+1}} \tag{8.3.13}$$

若将以上结果写成 $P\{W(t)>d\}\leqslant\epsilon$ 的形式，令滞留时间限 $d=\dfrac{x}{C}$，则在保持概率限制 ϵ 不变的前提下

$$d=\frac{H+1}{Cb}\log\frac{(H+1)a}{\epsilon}$$

由此可见，与例题 8.5 相比，在队列服务存在随机性的条件下，无论滞留时间限多大，都有被打破的概率，另外滞留时间限随着级联队列的规模 H 的变化规律从线性恶化为了 $O(H\log H)$。在以上例子的基础上，进一步考虑每个网络节点都有其他流进入和离开的场景，如例题 8.7 所示。

例题 8.7 考虑一个级联队列包括 H 个队列，一个流 F 从头至尾通过这个级联队列系统，每个队列还同时服务一个到达并在本队列输出端离去的交叉流。假设每个队列提供恒定服务速率 C。假设所有流 (包括 F 和每个队列的交叉流) 都有一条 v.b.c. 随机到达曲线 $<f,r\cdot t>$，其 EBB 上限函数 $f(x)=a\mathrm{e}^{-bx}$。假设 $r<C$，使得该级联队列是稳定的。

首先，由定理 8.15，可知每个队列对流 F 提供了一条 (剩余) 随机服务曲线 $\beta^{(i)}\in\mathcal{F}$ 以及上限函数 $g^{(i)}\in\mathcal{F}^c$，记为 $S^{(i)}\sim<g^{(i)},\beta^{(i)}>$，并且

$$\beta^{(i)}=(C-r)t,\quad g^{(i)}=f(x)$$

沿用前述例子类似的推导过程，为了保证 $P\{W(t)>d\}\leqslant\epsilon$ 的形式，则滞留时间限需满足

$$d=\frac{H+1}{(C-r)b}\log\frac{(H+1)a}{\epsilon}$$

由上式可见，交叉流的出现使得保证队列滞留时间变得更为困难，这是符合预期的。

小结

通信网络的近似计算方法，大多是针对重负载条件，试图求得队列长度或者滞留时间（等待时间）的概率分布界，其数学思想均源于大数定理。这些近似理论正在不断发展中，本章分别介绍了以下三种典型近似计算方法的基本概念：

（1）将队列系统的到达和退去以及队列长度等近似为连续的流，若只考虑均值随时间变化而忽略高阶矩，则称之为流体近似；若同时考虑均值与方差随时间的变化，则称之为扩散近似，并以队列长度不为负的边界条件求解微分方程。

（2）大偏差理论利用了大数定理在 $n\to\infty$ 过程中的指数收敛特性，引入对数矩母函数的 Fenchel-Legendre 变换定量描述了该指数收敛速率。由此分析了队列长度和等待时间的 CCDF 衰减速率，导出了等效带宽和等效容量的概念。

（3）网络演算基于最小加代数理论，引入最小加卷积算子，给出了到达曲线和服务曲线的概念，可将队列系统的到达和退去描述成一个线性系统的输入和输出。进一步考虑到达过程和服务过程的随机性，给出了随机到达曲线和随机服务曲线的概念，由此得到队列长度和等待时间 CCDF 的理论上界，并可用于分析级联队列甚至是任意拓扑队列网络的性

能。需要说明的是，确定性网络演算理论发展得相对比较成熟，而随机网络演算尚处于研究过程中，新的理论正在不断出现，本章只是给出了随机网络演算的一种基本描述，供读者参考。

习题

8.1 扩散近似是将排队系统近似成一个什么样的随机过程？其扩散系数与哪些参数有关？其近似精度主要取决于哪些因素？

8.2 试推导 Lindley 公式 (8.2.7)。

8.3 试推导式 (8.2.16)。

8.4 试推导式 (8.2.17)。

8.5 试证明定理 8.3。

8.6 试推导式 (8.2.22)。

8.7 试推导式 (8.2.24)。

8.8 试证明定理 8.15。

8.9 试证明定理 8.16。

8.10 试从式 (8.3.12) 推导得到 (8.3.13)。

8.11 考虑一个队列系统，具有恒定服务率 C，数据包到达为泊松过程，到达率为 λ，包长为负指数分布，其均值为 μ。

（1）推导得到该到达流的一条 v.b.c. 随机到达曲线。

（2）推导得到该队列系统对该流提供的一条随机服务曲线。

（3）利用所推导的随机到达曲线和随机服务曲线计算得到概率滞留时间界，并将此结果与 M/M/1 队列的精确解进行比较。

参考文献

[ABE 93] Abe, S. and Niu, Z. S., "Approximating a Bursty Source by a Series of Renewal Processes: The Basic Ideas", *IEICE Tech. Rep.*, SSE93, 1993 (in Japanese).

[ADDI 95] Addie, R. G., Zukerman, M., and Neame, T., "Performance of a single server queue with self-similar input", *ICC'95*, Seattle, USA, vol.1, pp.461-465, 1995.

[AKIM 83] Akimaru, H. and Takahashi, H., "An Approximate Formula for Individual Call Losses in Overflow Systems", *IEEE Trans. Commun.*, 31, No.6, 1983.

[AKIM 85] Akimaru, H. and Cooper, R. B., *Teletraffic engineering*, Ohmusha, 1985 (in Japanese).

[AKIM 88] Akimaru, H., Kuribayashi, H. and Inoue, H., "Approximate Evaluation for Mixed delay and loss systems with renewal and Poisson inputs", *IEEE Trans. Commun.*, 36, No.7, 1988.

[AKIM 89] Akimaru, H. and Niu, Z. S., "Topics on Multiclass Traffic Models in Communications and Computer Systems", *TIMS XXIX*, TD06, Osaka, Japan, July 23-26, 1989.

[AKIM 94] Akimaru, H., Okuda, T., Nagai, K., "A simplified performance evaluation for bursty multiclass traffic in ATM systems", em IEEE Trans. Commun., vol.42 , no.5, 1994.

[AKIM 99] Akimaru, H. and Kawashima, K., *Teletraffic: Theory ans Applications*, 2nd ed., Springer-Verlag, 1999.

[ANAN 95] Anantharam, V., "On the sojourn time of sessions at an ATM buffer with long-range depepdent input traffic", *34th IEEE Conference on Decision and Control*, New Orleans, vol.1, pp.859-864, 1995.

[ANDE 95] Andersen, A.T., Jensen, A., Nielsen, B.F., "Modelling and performance study of packet-traffic with self-similar characteristics over several time-scales with Markovian arrival processes", *12th Nordic Teletraffic Seminar NTS12*, pp.269-83, 1995.

[ARAI 89] Arai, H., Kawarasaki, M., and Nogami, S., "An Analysis of Call Admission Control in the ATM Network", *Trans. IEICE*, J72-B-I, No.11, 1989 (in Japanese).

[ARMB 95] Armbruester, H., "The Flexibility of ATM: Supporting Future Multimedia and Mobile Communications", *IEEE Personal Communications Magazine*, June 1995.

[BACC 94] Baccelli, F., Bremaud, P., *Elements of Queueing Theory: Palm Martingale Calculus and Stochastic Recurrences"*, Springer, 1994.

[BAE 91] Bae, J. J. and Suda, T., "Survey of Traffic Control Schemes and Protocols in ATM Networks", *Proc. IEEE*, Vol.79, No.2, pp.170-189, 1991.

[BAIO 92] Baiocchi, A., et al., "Loss performance analysis of an ATM multiplexer loaded with high-speed on-off sources", *IEEE J. Select. Area Commun.*, vol.9, no.3, pp.388-393, 1992.

[BALA 73] Balachandran, K. R., "Control policies for a single server system", *Management Science*, vol.19, pp.1013-1018, 1973.

[BALA 75] Balachandran, K. R. and Tijms, H., "On the D-policy for the M/G/1 queue", *Management Science*, vol.21, pp.1073-1078, 1975.

[BCMP 75] Baskett, F., Chandy, K. M., Muntz, R. R., Palacios, F. G., "Open, closed and mixed networks of queues with different classes of customers", *Journal of the ACM*, vol.22, no.2, pp.248–260, 1975.

[BELL 60] Bellman, R., *Introduction to Matrix Analysis*, McGraw-Hill Book Co., 1960.

[BERA 94] Beran, J., Sherman, R., Taqqu, M. S., and Willinger, W., "Variable Bit Rate Video Traffic and Long Range Dependence", *IEEE/ACM Trans. Commun.*, 1993

[BERT 92] Bertsekas, D., Gallager, R., Data Networks, 2nd ed., Prentice Hall, 1992

[BEUE 89] Beuerman, S. L. and Coyle, E. J., "State Space Expansions and Limiting Behavior of Quasi-Birth-Death Processes", *Adv. Appl. Prob.*, 21, pp.284-314, 1989.

[BHAT 76] Bhat, U.N., and Fischer, M.J., "Multichannel queueing systems with heterogeneous class of arrivals", *Naval Res. Logist. Quart.*, 23, No.2, 1976.

[BIAL 80] Bially, T., Gold, B. and Seneff, S., "A Technique for Adaptive Voice Flow Control in Integrated Packet Networks", *IEEE Trans. Commun.*, 28, No.3, 1980.

[BLON 89] Blondia, C., "The N/G/1 finite capacity queue", *Stoch. Models*, vol.5, no.2, 1989.

[BLON 91] Blondia, C., "Finite capacity vacation models with non-renewal input", *J. Appl. Prob.*, vol.28, pp.174–197, 1991.

[BOUD 01] Le Boudec, J.Y. and Thiran, P., *Network calculus: a theory of deterministic queuing systems for the internet (Vol. 2050)*. Springer Science & Business Media, 2001.

[BOXM 88] Boxma, O. J. and Syski, R. (ed.), "Queueing Theory and Its Applications" *Liber Amicorum for J. W. Cohen, CWI Monograph 7*, North-Holland, 1988.

[BOXM 98] Boxma, O. J., and Cohen, J. W., "The M/G/1 queue with heavy-tailed service time distribution." *IEEE Journal onSelected Areas in Communications*, vol.16, no.5, pp.749-763, 1998.

[BROS 63] Brosh, I., Noar, P., "On optimal disciplines in priority queue", *Bull. Inst. Intl. Statist.*, vol.40, pp.593-609, 1963.

[BRUM 72] Brumelle, S. L., "A Generalization of $L = \lambda W$ to moments of queue lengths and waiting times" *Oper. Res.*, vol.20, pp.1127-1136, 1972.

[BURK 56] Burke, P. J., "The Output of a Queuing System", *Operations Research*, Vol.4, No.6, pp.699-704, 1956

[CASA 08] Casale, G., "A note on stable flow-equivalent aggregation in closed networks", *Queueing Systems*, vol.60, no.3/4, pp.193–202, 2008.

[CHAO 98] Chao, X., Miyazawa, M., Serfozo, R., and Takada, H., "Markov Network Processes with Product Form Stationary Distributions" , *Queueing Systems*, Vol.28, pp.377-403, 1998.

[CHAN 75] Chandy, K. M., Herzog, U., Woo, L., "Parametric Analysis of Queuing Networks", *IBM Journal of Research and Development*, vol.19, 1975.

[CHAN 95] Chang, C.-S. and Thomas, J. A., "Effective bandwidth in high-speed digital networks," *IEEE J. Select. Areas Commun.*, vol. 13, pp. 1091-1100, Aug. 1995.

[CHEN 01] Chen, H., Yao, D. D., "Kelly Networks: Fundamentals of Queueing Networks", *Stochastic Modelling and Applied Probability*, Vol.46, pp.69-96, 2001.

[CCIT 90] "*CCITT Recommendation G.727 — 5-, 4-, 3-, 2-Bits/Sample Embedded ADPCM*", July 1990.

[CINL 75] Cinlar, E., *Introduction to Stochastic Processes*, Prentile-Hall, Inc., 1975.

[COBH 54] Cobham, A., "Priority Assignment in Waiting Line Problems", *Operations Research*, vol.2, no.1, pp.70-76, 1954

[COHE 56] Cohen, J. W., "Certain delay problems for a full availability trunk group loaded by two traffic sources", *Commun. News*, 16, No.3, pp.105–115, 1956.

[COOP 81] Cooper, R. B., *Introduction to Queueing Theory*, (second Ed. Amsterdam), The Netherlands: North Holland, 1981.

[COOP 98] Cooper, R. B., Niu, S.-C., Srinivasan, M.M., "Some Reflections on the Renewal-Theory Paradox in Queueing Theory", *Journal of Applied Mathematics and Stochastic Analysis*, vol.11, no.3, pp.355-368, 1998.

[COX 55] Cox, D. R., "A Use of Complex Probabilities in the Theory of Stochastic Processes", *Proc. Camb. Phil. Soc.*, 51, pp.313–319, 1955.

[COX 65] Cox, D. R., Miller, H. D., *The Theory of Stochastic Processes*, Chapman and Hall, 1965.

[COX 66] Cox, D. R., Lewis, P. A. W., *The Statistical Analysis of Series of Events*, Chapman and Hall, 1966.

[COX 80] Cox, D. R., Isham, V., *Point Processes*, Chapman and Hall, 1980.

[COX 81] Cox, D. R., "Long-range dependence: A Review", *Statistics: An Appraisal*, H. A. David and H. T. David, eds. Ames, IA: The Iowa State University Press, pp.55-74, 1984.

[CROV 96] Crovella, M. E. and Bestavros, A., "Self-Similarity in World Wide Web Traffic: Evidence and Possible Causes", *Performance Evaluations Review*, vol.24, No.1, pp.160-169, 1996.

[DOSH 86] Doshi, B.T., "Queueing systems with vacations: a survey", *Queueing Systems*, vol.1, pp.29-66, 1986.

[DOOR 88] van Doorn, E. A. and Regterschot, G. J. K., "Conditional PASTA", *Operations Research Letters*, Vol.71, No.5, pp.229-232, 1988.

[DRAV 89] Dravida, S. and Sriram, K., "End-to-End Performance Models for Variable Bit Rate Voice over Tandem Links in Packet Networks", *IEEE J. Select. Area Commun.*, 7, No.5, 1989.

[DUFF 92] Duffy, D. E., McIntosh, A. A., Rosenstein M. and Willinger, W., "Statistical Analysis of CCSN/SS7 Traffic Data from Working CCS Subnetworks", *IEEE J. Select. Areas Commun.*, 1994.

[ELLI 63] Elliott, E. O., "Estimates of error rates for codes on burst-noise channels", *Bell System Technical Journal*, vol.42, no.5, pp.1977-1997, 1963.

[ENG 95] Eng, K. Y., Karol, M. J., Veeraraghavan, M., Ayanoglu, E., Woodworth, C. B., Pancha, P. and Valenzuela, R. A., "BAHAMA: A Broadband Ad-Hoc Wireless ATM Local-Area Network", *ICC'95* , pp.1216-1223, 1995.

[ERLA 09] Erlang, A. K., "The Theory of Probabilities and Telephone Conversations", *Nyt. Tidsskr. Mat. Ser. B*, 20, p.33-39, 1909.

[ERLA 17] Erlang, A. K., "Solution of Some Problems in the Theory of Probabilities of Significance in Automatic Telephone Exchanges", *POEEJ*, 10, p.189, 1917.

[ERRA 94a] Erramilli, A., Singh, R. P. and Pruthi, P., "Chaotic Maps as Models of Packet Traffic", *14th International Teletraffic Congress (ITC14)*, Elsevier Science B. V., pp.329-338, 1994.

[ERRA 94b] Erramilli, A., Gordon, J. and Willinger, W., "Applications of Fractals in Engineering for Realistic Traffic", *14th International Teletraffic Congress (ITC14)*, Elsevier Science B. V., pp.35-44, 1994.

[ERRA 94c] Erramilli, A. and Wang, J. L., "Monitoring Packet Traffic Levels", *GLOBECOM94*, San Francisco, pp.274-280, 1994.

[EVAN 67] Evans, R. V., "Geometric Distribution in Some Two-dimensional Queueing Systems", *Opns.Res.*, 15, pp.830–846, 1967.

[FAN 96] Fan, Z. and Mars, P., "Accurate approximation of cell loss probability for self-similar traffic in ATM networks", *Electronics Letters*, vol.32, no.19, pp.1749-1751, 1996.

[FELD 07] Feldman Z., Mandelbaum A., Massey W. A., and Whitt W., "Staffing of time-varying queues to achieve time-stable performance", Management Science 54, No.2, pp.324-338, 2007

[FELL 57] Feller, W., *An Introduction to Probability Theory and its Application*, vol.I, 2nd ed., John Wiley, 1957.

[FERN 95] Fernandes, L., "Developing a System Concept and Technologies for Mobile Broadband Communications", *IEEE Personal Communications Magazine*, June 1995.

[FIDL 15] Fidler, M. and Rizk, A., "A guide to the stochastic network calculus", *IEEE Communications Surveys & Tutorials*, 17(1), pp.92-105, 2015.

[FISC 76] Fischer, M. J. and Harries, T. C., "A Model for Evaluating the Performance of an Integrated Circuit- and Packet-Switched Multiplexer Structure", *IEEE Trans. Commun.*, 24, No.2, 1976.

[FISC 77] Fischer, M. J., "A Queueing Analysis of an Integrated Telecommunications System with Priorities", *INFOR*, 15, No.3, 1977.

[FISC 91] Fischer, W. and Meier-Hellstern, K. S., "The MMPP Cookbook", preprint, 1991.

[FORY 95] Forys, L. J., Erramilli, A. and Wang, J. L., "New Traffic Analysis and Engineering Methods for Emerging Technologies", Globecom'95, pp.848-854, 1995.

[FREN 70] Frenkiel, R., "A high-capacity mobile radio telephone system model using a coordinated small-zone approach" , IEEE Trans. Vehi. Tech., May 1970.

[FREY 97] Frey, A. and Takahashi, Y., "An $M^{[X]}/GI/1/N$ queue with close-down and vacation time", *J. Applied Mathematics and Stochastic Analysis*, vol.12, pp.63-83, 1999.

[FUJI 79] Fujiki, M., Yoshida, M., "Combined Loss and Delay Systems with Trunk Reservation", *E. C. L. Tech. Jour. of NTT*, 28, No.8, 1979 (in Japanese).

[FUJI 80] Fujiki, M. and Gambe, E., *Teletraffic Theory*, Maruzen, 1980 (in Japanese).

[GANE 04] Ganesh, A.J., O' Connell, N., Wischik, D., *Big queues.* Springer Science & Business Media, 2004.

[GAVE 59] Gaver, D. P., "Imbedded Markov chain analysis of a waiting line process in continuous time", *Ann. Math. Statist.,*, vol.30, pp.698-720, 1959.

[GARR 94] Garrett, M. and Willinger, W., "Analysis, Modeling and Generation of Self-Similar VBR Video Traffic", *SIGCOMM'94*, 1994.

[GELE 80] Gelenbe, E., Mitrani, I., *Analysis and Synthesis of Computer Systems*, Acedemic Press, 1980.

[GELE 91] Gelenbe, E., "Product-form queueing networks with negative and positive customers", *Journal of Applied Probability*, vol.28, no.3, pp.656–663,1991.

[GELE 93] Gelenbe, E., "G-Networks with Triggered Customer Movement", *Journal of Applied Probability*, vol.30, no.3, pp.742–748,1993.

[GELE 98] Gelenbe, E., Pujolle, G., *Introduction to Queueing Networks*, John-Wiley & Sons, 1998.

[GELE 16] Gelenbe, E., CERAN, E. T., "Energy Packet Networks with Energy Harvesting", *IEEE Access*, March 2016.

[GHAN 89] Ghanbari, M., "Two-layer Coding of Video Signals for VBR Networks", *IEEE J. Select. Area Commun.*, 7, No.5, 1989.

[GILB 91] Gilbert, H., Aboul-Magd, O. and Phung, V., "Developing a Cohesive Traffic Management Strategy for ATM Networks", *IEEE Communications Magazine*, 30, No.10, 1991.

[BILB 60] Gilbert, E. N. (1960), "Capacity of a burst-noise channel", *Bell System Technical Journal*, vol.39, no.5, pp.1253-1265, 1960.

[GORD 67] Gordon, W. J., Newell, G. F., "Closed Queuing Systems with Exponential Servers", *Operations Research*, vol.15, No.2, 1967.

[GORD 95] Gordon, J., "Pareto process as a model of self-similar packet traffic", *GLOBECOM'95*, Singapore, pp.2232-2236, 1995.

[GORD 96] Gordon, J., "Long range correlation in multiplexed Pareto traffic", *International IFIP-IEEE Conference on Broadband Communications*, Montreal, pp.28-39, 1996.

[GRAS 90] Grassmann, W. K., "Computational Methods in Probability Theory", appeared in *Handbooks in Operations Research and Management Science: Stochastic Models (Vol.2)*, Chapter 5, 1990.

[GROS 96] Grossglauser, M. and Bolot, J.-C., "On the relevance of long-range dependence in network traffic", *ACM SIGCOMM'96*, Stanford, USA, 1996.

[GUER 90] Guerin, R. and Lien, L. Y., "Overflow Analysis for Finite Waiting Room Systems", *IEEE Trans. Commun.*, 38, No.9, 1990.

[GUSE 91] Gusella, R., "Characterizing the Variability of Arrival Processes with Indexes of Dispersion", *IEEE J. Select. Area Commun.*, 9, No.2, 1991.

[HAND 89] Handle, R., "Evaluation of ISDN towards Broadband ISDN", *IEEE Network Magazine*, 3, Jan.1989.

[HALF 72] Halfin, S. and Segal, M., "A Priority Queueing Model from a Mixture of Two Types of Customers", *SIAM J. Appl. Math.*, 23, No.3, 1972.

[HARR 92] Harrison, P. G., Patel, N. M., "Performance Modelling of Communication Networks and Computer Architectures", Addison-Wesley, 1992.

[HEFF 80] Heffes, H., "A Class of Data Traffic Processes—Covariance Function Characterizations and Related QUeueing Results", *The Bell System Technical Journal*, 59, No.6, 1980.

[HEFF 86] Heffes, H. and Lucantoni, D. M., "A Markov Modulated Characterization of Packetized Voice and Data Traffic and Related Statistical Multiplexer Performance", *IEEE J. Select. Area Commun.*, 4, No.6, 1986.

[HELL 62] Helly, W., "Two doctrines for the handling of two priority traffic by a group of *N* servers", *Oper. Res.*, 10, No.2, pp.268-269, 1962.

[HEYM 77] Heyman, D. P., "T-policy for the M/G/1 queue", *Management Science*, vol.23, pp.775-778, 1977.

[HONI 84] Honig, M. L., "Analysis of a TDMA Network with Voice and Data Traffic", *AT&T Bell Lab. Tech. J.*, 63, No.8, 1984.

[HOOR 83] von Hoorn, M. H., Seelen, L. P., "The SPP/G/1 Queue: A single Server Queue with a Switched Poisson Process as Input Process", *OR Spektrum*, Springer-Verlag, 1983.

[HUAN 95a] Huang, C., Devetsikitis, M., Lambadaris, I., and Kaye, A. R., "Modeling and Simulation of Self-Similar Variable Bit Rate Compressed Video: A Unified Approach", *ACM SIGCOMM'95*, 1995.

[HUAN 95b] Huang, C., Devetsikitis, M., Lambadaris, I., and Kaye, A. R., "Fast Simulation for Self-Similar Traffic in ATM Networks", *IEEE ICC'95*, 1995.

[HUAN 96] Huang, C., Devetsikitis, M., Lambadaris, I., and Kaye, A. R., "Self-Similar Traffic and Its Implications for ATM Network Design", *5th Intl. Conf. Commun. Tech. (ICCT)*, Beijing, China, 1996.

[HUAN 13] Huang, L., Lee, T., "Generalized Pollaczek-Khinchin Formula for Markov Channels", *IEEE Trans. Commun.*, vol.61, no.8, pp.3530-3540, 2013.

[HUI 90] Hui, J. Y., *Switching and Teletraffic Theory for Integrated Broadband Networks*, Kluwer Academic Pub., 1990.

[HYDE 95] Hyden, E., Trotter, J., Krzyzanowski, P., Srivastava, M., and Agrawal, P., "SWAN: An Indoor Wireless ATM Network", *4th International Conference on Universal Personal Communications (ICUPC)*, Tokyo, Japan, Nov.6-10, pp.853-857, 1995.

[INAM 90] Inamori, H., *Traffic Design Method for Channel Sharing Systems in Multi-media Communication Networks*, Ph.D. Dissertation, Toyohashi University of Technology, 1990 (in Japanese).

[IVER 99] Iversen, V. B., *Teletraffic Engineering Handbook*, ITU-D, Geneve, 2002

[JABB 95] Jabbari, B., "Mobility and Teletraffic Issues in Wireless Personal Communications", *4th International Conference on Universal Personal Communications (ICUPC)*, Tokyo, Japan, Nov.6-10, pp.273-277, 1995.

[JACK 57] Jackson, J. R., "Networks of Waiting Lines", *Operations Research*, vol.5, No.4, pp.518-521, 1957.

[JACK 63] Jackson, J. R., "Jobshop-like Queueing Systems", *Management Science*, Vol.10, No.1, pp.131-142, 1963.

[JAIN 90a] Jain, R., "Congestion Control in Computer Networks: Issues and Trends", *IEEE Network Magazine*, May 1990.

[JAIN 90b] Jain, R., "Myths about Congestion Control in High-Speed Networks", *7th ITC Specialist Seminar*, New Jersey, Oct. 1990.

[JENQ 84] Jenq, Y. C., "Approximations for Packetized Voice Traffic in Statistical Multiplexer", *Proc. IEEE INFORCOM*, 1984.

[JIAN 08] Jiang, Y. and Liu, Y., *Stochastic network calculus.* London: Springer, 2008.

[JOHN04] Johnston, A. B. *SIP: Understanding the Session Initiation Protocol* (2nd ed.), Artech House, 2004.

[KAMI 94] Kamiyama, N., et al., "A Virtual STM Transmission Method Based on ATM Network", *IEICE Trans. Commun.*, Vol.J77-B-I, No.5, pp.353-365, 1994 (in Japanese).

[KARA 88] Karanam, V. R., Sriram, K. and Bowker, D. O., "Performance Evaluation of Variable-bit-rate Voice in Packet-Switched Networks", *AT&T Technical Journal*, Sep./Oct., 1988.

[KARO 95] Karol, M. J., Veeraraghavan, M. and Eng, K. Y.: "Mobility-Management and Media-Access Issues in the BAHAMA Wireless ATM LAN", *4th International Conference on Universal Personal Communications (ICUPC)*, Tokyo, Japan, Nov.6-10, pp.758-762, 1995.

[KARO 95] Karol, M. J., Liu, Z. and Eng, K. Y., "Distributed-Queueing Request Update Multiple Access (DQRUMA) for Wireless Packet (ATM) Networks", *ICC'95*, pp.1224-1231, June 1995.

[KAWA 82] Kawashima, K., "Efficient Numerical Solutions for a Unified Trunk Reservation System with Two Classes", *E. C. L. Tech. Jour. of NTT*, 31, No.10, 1982 (in Japanese).

[KAWA 89] Kawashima, K. and Saito, H., "Traffic Issues in ATM Networks", *6th ITC Specialist Seminar*, Adelaide, 1989.

[KAWA 00] Kawashima, Machihara, Takahashi, Saito. 通信流理论基础与多媒体通信网 [M]. 岳五一, 吕廷杰, 译. 北京: 清华大学出版社, 2000.

[KELL 75] Kelly, F. P. (1975), "Networks of Queues with Customers of Different Types", *Journal of Applied Probability*, vol.12, no.3, pp.542--554, 1975.

[KELL 76] Kelly, F. P., "Networks of Queues", *Advances in Applied Probability*, Vol.8, No.2, pp. 416-432, 1976.

[KELL 79] Kelly, F. P., *Reversibility and Stochastic Networks*, Wiley & Son, 1979.

[KELL 91] Kelly, F.P., "Effective bandwidths at multi-class queues," *Queueing systems*, 9(1), pp.5-15, 1991.

[KING 61] Kingman, J. F. C., Atiyah, M. F., "The single server queue in heavy traffic", *Mathematical Proceedings of the Cambridge Philosophical Society*, vol.57, no.4, pp.902-904, 1961.

[KING 62] Kingman, J. F. C., "On Queues in Heavy Traffic". *Journal of the Royal Statistical Society, Series B (Methodological)*, vol.24, no.2, pp.383-392, 1962.

[KISH 89] Kishino, F., Manabe, K., Hayashi, Y. and Yasuda, H., "Variable Bit Rate Coding of Video Signals for ATM Networks", *IEEE J. Select. Area Commun.*, 7, No.5, 1989.

[KLEI 67] Kleinrock, L., Finkelstein, R. P., "Time Dependent Priority Queues", *Oper. Res.*, vol.15, pp.104-116, 1967.

[KLEI 75] Kleinrock, L., *Queueing Systems. Vol.1: Theory*, John Wiley & Sons, New York, 1975.

[KLEI 76] Kleinrock, L., *Queueing Systems. Vol.2: Computer Applications*, John Wiley & Sons, New York, 1976.

[KOBA 12] Kobayashi, H., Mark, B. L., Turin, W., *Probability, Random Processes, and Statistical Analysis*, Cambridge, 2012.

[KRAI 85] Kraimeche, B., Schwartz, M., "Analysis of Traffic Access Control Strategies in Integrated Service Networks" *IEEE Trans. Commun.*, 33, No.10, 1985.

[KUBO 92] Kubota, F. and Okada, K.: "A New Multiple Access Scheme for Radio Access Systems: VCMA", *Journal of the Communications Research Laboratory*, Vol.39, No.2, pp.403-419, 1992.

[KUCZ 73] Kuczura, A., "The interrupted Poisson process as an overflow process", *Bell Syst. Tech. Jour.*, 52, No.3, 1973.

[KUIE 90] Kuieger, U. R., "Modeling and Analysis of Communication Systems Based on Computational Models for Markov Chains", *IEEE J. Select. Area. Commun.*, 8, No.9, 1990.

[KUMM 74] Kummerle, K., "Multiplexer Performance for Integrated Line and Packet-Switched Traffic", *Proc. 2nd Intern. Conf. on Comp. Commun.*, Stockholm, Sweden, 1974.

[KWON 84] Kwong, R. H., Leon-Garcia, A., "Performance Analysis of an Integrated Hybrid-Switched Multiplex Structures", *Performance Evaluation*, 4, pp.81-91, 1984.

[LAU 95a] Lau, W. C., Erramilli, A., Wang, J. L. and Willinger, W., "Self-Similar Traffic Generation: the random midpoint displacement algorithm and its properties", *ICC'95*, Seatle, USA, vol.1, pp.466-472, 1995.

[LAU 95b] Lau, W. C., Erramilli, A., Wang, J. L. and Willinger, W., "Self-Similar Traffic Parameter Estimation: A Semi-Parametric Periodogram-Based Algorithm", *IEEE GlobeCOM'95*, pp.2225-2230, 1995.

[LEE 14] Lee, D., Zhou, S., Niu, Z., Zhou, X., and Zhang, H., "Spatial Modeling of Traffic Density in Cellular Networks" , *IEEE Wireless Commun. Mag.*, Vol.21 No.1, pp.80-88, Feb. 2014

[LELA 91] Leland, W. E. and Wilson, D. V., "High time-resolution measurement and analysis of LAN traffic: Implications for LAN interconnection", *IEEE INFOCOM'91*, Bal Harbour, FL, pp.1360-1366, 1991.

[LELA 94a] Leland, W. E., Taqqu, M. S., Willinger, W. and Wilson, D. V., "On the Self-Similar Nature of Ethernet Traffic (Extended Version)", *IEEE/ACM Transactions on Networking*, Vol.2, No.1, 1994.

[LELA 94b] Leland, W. E., Willinger, W., Taqqu, M. S. and Wilson, D. V., "Statistical Analysis and Stochastic Modeling of Self-Similar Datatraffic", *14th International Teletraffic Congress (ITC14)*, Elsevier Science B. V., pp.319-328, 1994.

[LELA 94c] Leland, W. E., Taqqu, M. S., Willinger, W. and Wilson, D. V., "Self-Similarity in High Speed Packet Traffic: Analysis and Modeling of Ethernet Traffic Measurements", *Statistical Science*, 1994.

[LEUN 94] Leung, K. K., Massey, W. A. and Whitt, W.: "Traffic Models for Wireless Communication Networks", *IEEE J. Select. Areas Commun.*, Vol.12, No.8, pp.1353-1364, Oct. 1994.

[LI 92] Li, J. and Niu, S.-C., "The waiting-time distribution for the GI/G/1 queue under the D-policy", *Prob. in the Eng. and Info. Sciences*, vol.6, pp.287-308, 1992.

[LI 89a] Li. S. Q., "Study of Information Loss in Packet Voice Systems", *IEEE Trans. Commun.*, 37, No.11, 1989.

[LI 89b] Li. S. Q., "Overload Control in a Finite Message Storage Buffer", *IEEE Trans. Commun.*, 37, No.12, 1989.

[LIKO 96] Likhanov, N., Tsybakov, B. and Georganas, N. D., "Analysis of an ATM Buffer with Self-Similar (Fractal) Input Traffic", *IEEE INFOCOM'95*, Boston, USA, vol.3, pp.985-992, 1995.

[LIN 91] Lin. A. Y. -M. and Silvester, J. A., "Priority Queueing Strateries and Buffer Allocation Protocols for Traffic Control at an ATM Integrated Broadband Switching System", *IEEE J. Select. Area. Commun.*, 9, No.9, 1991.

[LINC 01] 林闯. 计算机网络和计算机系统的性能评价. 清华大学出版社, 北京. 2001

[LITT 61] Little, J. D. C., "A Proof for the Queuing Formula: L = λW", *Operations Research*, Vol.9, No.3, pp.383-387, 1961.

[LUCA 82] Lucantoni, D. M., "A GI/M/c Queue with a Different Service Rate for Customers who need not Wait：An Algorithmic Solution", *Cahiers du C.E.R.O.*, 24, pp.5-20, 1982.

[LUCA 85] Lucantoni, D. M. and Rawaswami, V., "Efficient Algorithms for Solving the Non-linear Matrix Equations Arising in Phase-type Queues", *Stochastic Models*, 1, pp.29-51, 1985.

[LUCA 90a] Lucantoni, D. M. and Parekh, S. P., "Selective Cell Discarding Mechanisms for a B-ISDN Congestion Control Archtecture", *7th ITC Specialist Seminar*, New Jersey, Oct. 1990.

[LUCA 90b] Lucantoni, D. M., Meier-Hellstern, K. S., and Neuts, M. F., "A single-Server Queue with Server Vacations and a Class of Non-Renewal Arrival Processes", *Adv. Appl. Prob.*, 22, pp.676-705, 1990.

[LUCA 91] Lucantoni, D. M., "New Results on the Single Server Queue with A batch Markovian Arrival Process", *Stochastic Models*, 7, pp.1-46, 1991.

[LUCL 93] 陆传赉. 排队论. 北京: 北京邮电学院出版社, 1993.

[LUFS 84] 陆凤山. 排队论及其应用. 长沙: 湖南科学技术出版社, 1984.

[MACH 87] Machihara, F., *The First Passage Times for the Queueing Models and their Applications*, Ph.D. Dissertation, Tokyo Institute of Technology, 1987.

[MACH 88a] Machihara, F., "Completion Time of Service Unit Interrupted by PH-Markov Renewal Customers and its Applications", *12th Intern. Teletraff. Congr.*, Torino, 5.4B.5, 1988.

[MACH 88b] Machihara, F., "On the Overflow Processes from $PH_1 + PH_2/M/s/K$ Queue with two Independent PH-Renewal Inputs" *Performance Evaluation*, 8, Npp.243-253, 1988.

[MACH 89] Machihara, F., "A Generalized interrupted Poisson process", *Trans. IEICE*, 72B-I, No.3, 1989 (in Japanese).

[MACH 91] Machihara, F., "Modeling for Mobile Networks and its Application to Personal Communication Systems", *internal material*, NTT Japan, 1991 (in Japanese).

[MACM 95] McMillan, D., "Delay Analysis of a Cellular Mobile Priority Queueing System", *IEEE/ACM Trans. Networking*, Vol.3, No.3, pp.310-319, 1995.

[MAND 65] Mandelbrot, B., "Self-similar error clusters in communications systems and the concept of conditional stationary", *IEEE Trans. Comm. Tech.*, vol.13, pp.71-91, 1965.

[MAGL 88] Maglaris, B. et al., "Performance Models of Statistical Multiplexing in Packet Video Communications", *IEEE Trans. Commun.*, 36, No.7, pp.834-844, 1988.

[MATS 87] Matsuo N., Yuito M. and Tokunaga Y., "Packet Interleaving for Reducing Speech Quality Degradation in Packet Voice Communications", *GLOBECOM'87*, 45.4, 1987.

[MAXW 70] Maxwell, W. L., "On the Generality of the Equation $L = \lambda W$," *Opns. Res.*, vol.18, no.1, pp.172-173, 1970.

[MEDH 82] Medhi, J., *Stochastic processes*, John Wiley and Sons, 1982.

[MEIE 87] Meier-Hellstern, K. S., "A Fitting Algorithm for Markov Modulated Poisson Processes Having Two Arrival Rates", *Europe J. Oper. Res.*, 29, pp.370-377, 1987.

[MEIE 88] Meier-Hellstern, K. S., "Parcel Overflows in Queues with Multiple Inputs", *12th Intern. Teletraff. Congr.*, Torino, 5.1B.3, 1988.

[MEIE 89] Meier-Hellstern, K. S., "The Analysis of a Queue Arising in Overflow Models", *IEEE Trans. Commun.*, 37, pp.367-372, 1989.

[MEIE 91] Meier-Hellstern, K. S., Wirth, P., Yan, Y. L. and Hoeflin, D., "Traffic Models for ISDN Data Users: Office Automation Application", *113th International Teletraffic Congress (ITC)*, Copenhagen, 1991.

[MENG 89] 孟玉珂. 排队论基础及应用. 上海: 同济大学出版社, 1989.

[MINO 93] Minoli, D., "Broadband Network Analysis and Design", Arche-House, 1993.

[MINZ 89] Minzer, S. E., "Broadband ISDN and Asynchronous Transfer Mode (ATM)", *IEEE Commun. Magazine*, Sep. 1989.

[MIYA 85] Miyazawa, M., "The intensity conservation law for queues with randomly changed service rate", *J. Appl. Prob.*, vol.22, pp.408–418, 1985.

[MIYA 06] Miyazawa, M., *Mathematical Modeling for Queues and its Applications*, Makino Shoten, 2006 (in Japanese).

[MOR 96] Mor Harchol-Balter. "The Effect of Heavy-Tailed Job Size Distributions on Computer System Design." Proceedings of the ASA-IMS Conference on Applications of Heavy Tailed Distributions in Economics, Engineering and Statistics, Washington, DC, June 1999

[MORS 55] Morse, P. M., "Stochastic Properties of Waiting Lines", *Journal of the Operations Research Society of America*, vol.3, no.3, pp.255-261, 1955.

[MORS 58] Morse, P. M., *Queues, inventories, and maintenance: the analysis of operational system with variable demand and supply*, Wiley, 1958.

[MURA 90] Murata, M., Oie, Y., Suda, T. and Miyahara, H., "Analysis of a Discrete-Time Single-Server Queue with Bursty Inputs for Traffic Control in ATM Networks", *IEEE J. Select. Area Commun.*, 8, No.3, April 1990.

[NAKA 90] Nakada, H. and Sato, K., "Variable Rate Speech Coding for Asynchronous Transfer Mode", *IEEE Trans. Commun.*, 38, No.3, 1990.

[NAKA 95] Nakamura, H., Onuki, M. and Nakajima, A.: "Using ATM to Carry Very Low Bit-Rate Mobile Voice Signals", *4th International Conference on Universal Personal Communications (ICUPC)*, Tokyo, Japan, Nov.6-10, pp.863-867, 1995.

[NATV 75] B. Natvig, "On a Queuing Model Where Potential Customers Are Discouraged by Queue Length", Scandinavian Journal of Statistics, Vol. 2, No. 1, pp. 34-42, 1975.

[NEUT 75] Neuts, M. F., "Probability Distribution of Phase Type", in *Liber Amicorum Professor Emeritus H. Florin*, pp.173-206, Dept. of Math., University of Louvain, Belgium, 1975.

[NEUT 76] Neuts, M. F., "Renewal Process of Phase Type", *Naval. Res. Log. Quart.*, 25, pp.445-454, 1976.

[NEUT 78] Neuts, M. F., "Markov Chains with Applications in Queueing Theory, Which have a Matrix-Geometric Invariant Probability Vector", *Adv. Appl. Prob.*, 10, pp.185-212, 1978.

[NEUT 79] Neuts, M. F., "A Versatile Markovian Point Process", *J. Appl. Prob.*, 16, pp.764-779, 1979.

[NEUT 80] Neuts, M. F., "The probabilistic Significance of the Rate Matrix in Matrix-Geometric Invariant Vectors", *J. Appl. Prob.*, 17, pp.291-296, 1980.

[NEUT 81] Neuts, M. F., *Matrix-Geometric Solution in Stochastic Models: An Algorithmic Approach*, Baltimore, MD: The John Hopkins University Press, 1981.

[NEUT 84] Neuts, M. F., "Matrix-Analytic Methods in Queueing Theory", *European J. Oper. Res.*, 15, pp.2-12, 1984.

[NEUT 89a] Neuts, M. F., *Structured Stochastic Matrices of M/G/1 Type and Their Applications*, Marcel Dekker, New York, 1989.

[NEUT 89b] Neuts, M. F., Sumita, U. and Takahashi, Y., "Renewal Characterization of Markov Modulated Poisson Process", *J. Appl. Math. Simul.*, 2, pp.53,70, 1989.

[NEUT 91a] Neuts, M. F., "Modelling Data Traffic Streams", *13th Intern. Teletraff. Cong.*, Copenhagen, pp.1-6, 1991.

[NEUT 91b] Neuts, M. F., "Algorithmic Prob.: a Survey and a Forecast", *Procedings of the APORS'91*, Beijing, China, 1991.

[NEWE 66] Newell, G. F., "The M/G/∞ Queue". *SIAM Journal on Applied Mathematics*, Vol.14, No.1, pp.86-89, 1966.

[NIU 90] Niu, Z. S., Akimaru, H. and Katayama, M., "Analysis on Overflow Traffic from Mixed Delay and Nondelay Systems", *Trans. IEICE*, E73, No.9, 1990.

[NIU 91a] Niu, Z. S., Akimaru, H., Machihara, F. and Ide, I., "Performance Evaluation of Packet Voice Multiplexer with Selectively Packet Discarding Control", *Trans. IEICE*, 74B-I, No.4, 1991 (in Japanese).

[NIU 91b] Niu, Z. S., Akimaru, H.: "Studies on Mixed Delay and Nondelay Systems in ATM Networks", *13th Intern. Teletraff. Cong.*, Copenhagen, pp.515-520, 1991.

[NIU 91c] Niu, Z. S., Akimaru, H. and Kawai, T., "On Effectiveness of Mixed Delay and Nondelay Systems", *IEICE 1991 Spring National Convention Record*, B.454, 1991 (in Japanese).

[NIU 91d] Niu, Z. S., Kawai, T. and Akimaru, H., "Analysis of PH-MRP $\widetilde{+}$ $M/M_2, M_1/s(0,\infty)$ Mixed Loss and Delay System with Partial Preemptive Priority", *IEICE Technical Report*, SSE91-90, 1991 (in Japanese).

[NIU 91e] Niu, Z. S., Kokubugata, T. and Akimaru, H., "Performance Evaluation of a Cell Transmission Scheme with Priority Control", *IEICE Technical Report*, SSE91-89, 1991 (in Japanese).

[NIU 91f] Niu, Z. S. and Akimaru, H., "Analysis of Statistical Multiplexer with Selective Cell Discarding Control in ATM Systems", *IEICE Trans. Commun.*, vol.74E, No.12, pp.469-479, 1991.

[NIU 92] Niu, Z. S., *Studies on Mixed Loss and delay Systems in Telecommunications Networks*, PhD Thesis, Toyohashi University of Technology, 1992.

[NIU 94] Niu, Z. S., Akimaru, H. and Kokubugata, T., "A Priority Buffer Management Scheme for ATM and its Performance Evaluation", *4th International Conference on Communication Technology*, Shanghai, China, 1994.

[NIU 96] Niu, Z. S., "Combined Connection-level and Cell-level Priority control for ATM and its Performance Evaluation", *internal material*, Tsinghua University, 1996.

[NIU 98a] Niu, Z. S., Takahashi, Y. and Endo, N., "Performance evaluation of SVC-based IP-over-ATM networks", *IEICE Trans. Commun.*, vol. E81-B, no.5, 1998.

[NIU 98b] Niu, Z. S. and Takahashi, Y., "An extended queueing model for SVC-based IP-over-ATM networks and its analysis", *IEEE GLOBECOM'98*, pp.1950–1955, 1998.

[Niu 98c] Niu, Z. S. and Kubota, F., "An Adaptive MAC Scheme for Wireless ATM and its Performance Evaluation" , *Chinese J. of Electronics*, vol.7, no.4, pp.341-348, 1998.

[NIU 99] Niu, Z. S. and Takahashi, Y., "A finite-capacity queue with exhaustive vacation/close-down/setup times and Markovian arrival processes", *Queueing Systems*, vol.31, pp.1–23, 1999.

[NIU 03] Niu, Z. S., Shu, T., Takahashi, Y., "A Vacation Queue with Setup and Close-down Times and Batch Markovian Arrival Processes" , *Performance Evaluation*, vol. 54, pp.225-248, 2003.

[NIU 05] NIU, Z. S., LIU, J., LIU, S., HUANG, D., "Performance Analysis of Voice Message Service in TDMA/CDMA Cellular Systems" , *19th International Teletraffic Congress-ITC19*, Beijing, China, pp.1165-1174, 2005.

[OBRA 05] O'Brien, G. G., "The Solution of Some Queueing Problems", *Journal of the Society for Industrial and Applied Mathematics*, vol.2, no.3, pp. 133-142, 1954.

[ODA 86] Oda, T. and Watanabe, Y., "Moment Formulas of Overflow Traffic from a Markovian Service System", *Trans. IEICE*, J69-B, No.12, 1986 (in Japanese).

[ODA 88] Oda, T. and Watanabe, Y., "Moment Formulas on Correlation of Multiple Overflow Parcels from a Markovian Service System and their Applications", *Trans. IEICE*, J71-B, No.3, 1988 (in Japanese).

[ODA 91] Oda, T., "Moment Analysis for Traffic Associated with Markovian Queueing SYstems", *IEEE Trans. Commun.*, 39, No.5, 1991.

[OHNI 88] Ohnishi, H., Okada, T. and Noguchi, K., "Flow Control Schemes and Delay/Loss Trade-off in ATM Networks", *IEEE J. Select. Area Commun.*, 6, No.9, Dec. 1988.

[OKUD 90] Okuda, T., Akimaru, H., Sakai, M., "A simplified performance evaluation for packetized voice systems", *IEICE Trans. Commun.*, vol.E73, no.6, pp.936-941, 1990.

[PACK 95] Park, C. D., "Network Traffic Management for New Technologies: Myths and Facts", Globecom'95, pp.112-115, 1995.

[PARU 96] Parulekar, M. and Makowski, A. M., "Tail probabilities for a multiplexer with self-similar traffic", *IEEE INFOCOM'96*, San Francisco, vol.3, pp.1452-1459, 1996.

[PAXS 94] Paxson, V. and Floyd, S., "Wide area traffic: The failure of Poisson modeling", *SIGCOMM'94*, 1994.

[PAXS 96] Paxson, V., "Fast Approximation of Self-Similar Network Traffic",

[PETR 89] Petr, D. W., Dasilva, L. A. and Frost, V. S., "Priority Discarding of Speech in Integrated Packet Networks", *IEEE J. Select. Area Commun.*, 7, No.5, pp.644-656, June 1989.

[PRAT 70] Pratt, C. W., "A group of servers dealing with queueing and non-queueing customers", *6th Intl. Teletraffic Cong.*, Munich, pp.335/1-8, 1970.

[RAWA 80] Rawaswami, W., "The N/G/1 Queue and its Detailed Analysis", *Adv. Appl. Prob.*, 12, pp.222-261, 1980.

[RAMA 91] Ramamurthy, G., and Sengupta, B., "Delay Analysis of a Packet Voice Multiplexer by the $\sum D_i/D/1$ Queue", *IEEE Trans. Commun.*, 39, No.7, 1991.

[RAPA 02] Rappaport, T. S., *Wireless Communications: Principles and Practice* (2nd edition), Prentice Hall, 2002.

[RAYC 94] Raychaudhuri D. and Wilson, N. D.: "ATM-Based Transport Architecture for Multiservices Wireless Personal Communication Networks", *IEEE J. Select. Areas Commun.*, Vol.12, No.8, pp.1401-1414, Oct. 1994.

[ROBE 96] Robert, S.; Le Boudec, J.-Y., "Can self-similar traffic be modeled by Markovian processes?", *1996 International Zurich Seminar on Digital Communications, IZS '96*, pp.119-30, 1996.

[ROBE 01] Robert, J., "Traffic Theory and the Internet", *IEEE Communication Magazine*, Jan. 2001.

[ROMA 95] Romanow, A. and Floyd, S., "Dynamics of TCP traffic over ATM networks", *IEEE J. Select. Areas Commun.*, vol.13, no.4, pp.633–641, May 1995.

[ROSS 99] Ross, Sheldon M., *Stochastic processes (2nd ed.)*, Jonh-Wiley and Sons, 1999.

[ROSS 87] Rossiter, M. H., "A Switched Poisson Model for Data Traffic", *A.T.R.*,, 21, No.1, 1987.

[SAIT 90] Saito, H., "Optimal Queueing Discipline for Real-time Traffic at ATM Switching Nodes", *IEEE Trans. Commun.*, 38, No.12, 1990.

[SAKA 98] Sakai, Y., Takahashi, Y. and Hasegawa, T., "A composite queue with vacation/setup/close-down times for SVCC in IP over ATM networks", *J. Oper. Res. Soc. Japan*, vol.41, no.1.

[SAKA 93] Sakasegawa, H., Miyazawa, M., Yamazaki, G., "Evaluating the overflow probability using the infinite queue", *Management Science*, vol.39, pp.1238–1245, 1993.

[SAND 89] Sandhu, D. and Posner, M. J. M.,"A Priority M/G/1 Queue with Application to Voice/Data Communication", *Europe J. Oper. Res.*, 40, pp.99-108, 1989.

[SCHW 87] Schwartz, M., *Telecommunication Networks: Protocols, Modeling and Analysis*, Addison-Wesley, pp.686-715, 1987.

[SCHW 95] Schwartz, M., "Network Management and Control Issues in Multimedia Wireless Networks", *IEEE Personal Communications Magazine*, June 1995.

[SEN 89] Sen, P., Maglaris, B., Rikli, N., and Anastassion, D., "Models for Packet Switching of Variable Bit Rate Video Sources", *IEEE J. Select. Area Commun.*, 7, No.5, 1989.

[SENG 89] Sengupta, B., "Markov Processes whose Steady State Distribution is Matrix-Exponential with an Application to the GI/PH/1 Queue", *Adv. Appl. Prob.*, 21, pp.159-180, 1989.

[SERR 88] Serres, Y. De and Mason, L. G., "Multiserver Queue with Narrow- and Wide-Band Customers and Wide-Band Restricted Access", *Trans. Commun.*, 36, No.6, 1988.

[SEVC 81] Sevcik, K. C. and Mitrani, I., "The Distribution of Queuing Network States at Input and Output Instants", *Journal of the ACM*, vol.28, No.2, 1981.

[SHIM 95] Shimogawa, S., Nojo, S., Betchaku, T., "Self-Similar Phenomena in an ATM Video Cell Flow", *Symposium on Information Network and its Performance Evaluation*, 1995.

[SLIM 95] Slimane, S. B. and Le-Ngoc, T., "A doubly stochastic Poisson model for self-similar traffic", *ICC'95*, Seattle, USA, vol.1, pp.456-460, 1995.

[SMIT 81] Smith, D. R. and Whitt, W., "Resource Sharing for Efficiency in Traffic Systems", *The Bell System Technical Journal*, 60, No.1, 1981.

[SRIR 83] Sriram, K., Varshney, P. K. and Shanthikumar, J. G., "Discrete-Time Analysis of Integrated Voice/Data Multiplexers with and without Speech Activity Detectors", *IEEE J. Select. Area. Commun.*, No.6, pp.1124-1132, 1983.

[SRIR 86] Sriram, K. and Whitt, W., "Characterizing Superposition Arrival Processes in Packet Multiplexer for Voice and Data Traffic", *IEEE J. Select. Area Commun.*, 4, No.6, 1986.

[SRIR 89] Sriram, K. and Lucantoni, D. M., "Traffic Smoothing Effects of Bit Dropping in a Packet Voice Multiplexer", *IEEE Trans. Commun.*, 37, No.7, 1989.

[SRIR 91] Sriram, K., McKinney, R. S. and Sherif, M. H., "Voice Packetization and Compression in Broadband ATM Networks", *IEEE J. Select. Area Commun.*, April 1991.

[SUBR 95] Subramanian, S. N. and Le-Ngoc, T., "Traffic modeling in a multimedia environment", *1995 Canadian Conference on Electrical and Computer Engineering*, vol.2, pp.838-841, 1995.

[SURE 90] Suresh, S., Whitt, W., "The heavy-traffic bottleneck phenomenon in open queueing networks", *Operations Research Letters*, Vol.9, No.6, pp.355-362, 1990.

[SUZU 89] Suzuki, J. and Taka, M., "Missing Packet Recovery Techniques for Low-bit-rate Coded Speech", *IEEE J. Select. Area Commun.*, 7, No.5, June 1989.

[TAKA 62] Takacs, L., *Introduction to the Theory of Queues*, Oxford University Press, New York 1962.

[TAKA 86] Takagi, H., *Analysis of Polling Systems*, MIT Press, Cambridge, 1986.

[TAKA 91] Takagi, H., *Queueing Analysis: A Foundation of Performance Evaluation*, Vol.1-3, North-Holland, 1991.

[TAKA 85] Takahashi, Y., Katayama, T., "Multi-Server System with Batch Arrivals of Queueing and non-queueing Customers", *IEICE Trans.*, E68, No.10, 1985.

[TAKA 87] Takahashi, Y., "Queueing analysis methods for mixed loss and delay systems: exact and diffusion approximation results", *IEICE Trans.*, E70, No.12, pp.1195-1202, 1987.

[TAKA 90] Takahashi, Y., *Batch Input Queueing Models with Multi-class Customers and their Applications to Communication Systems*, Ph.D. Dissertation, Tokyo Institute of Technology, 1990.

[TAKI 94] Takine, T., Sengupta, B, and Hasegawa, T.: "An Analysis of a Discrete-Time Queue for Broadband ISDN with priorities among Traffic Classes", *IEEE Trans. Commun.*, Vol.42, No.2/3/4, pp.1837-1845, 1994.

[TAKI 95] Takine, T., Suda, T., and Hasegawa, T: "Cell Loss and Output Process Analysis of a Finite-Buffer Discrete-Time ATM Queueing System with Correlated Arrivals", *IEEE Trans. Commun.*, Vol.43, No.2/3/4, pp.1022-1037, 1995.

[TIAN 01] 田乃硕. 休假随机服务系统. 北京: 北京大学出版社, 2001.

[TIJM 92] Tijms, H. C., "Heuristics for finite-buffer queues", *Prob. in Engineering and Information Science*, vol.6, pp.277-285, 1992.

[TSUC 93] Tsuchiya, T. and Takahashi, Y.: "On Discrete-time Single-Server Queues with Markov Modulated Batch Bernoulli Input and Finite Capacity", *Journal of the Operations Research Society of Japan*, Vol.36, No.1, March 1993.

[UMEH 95] Umehira, M., Hashimoto, A., and Matsue, H.: "An ATM Wireless Access System for Tetherless Multimedia Services", *4th International Conference on Universal Personal Communications (ICUPC)*, Tokyo, Japan, Nov.6-10, pp.858-862, 1995.

[WALL 69] Wallace, V., *The Solution of Quasi Birth and Death Processes Arising from Multiple Access Computer Systems*, Ph.D. Dissertation, University of Michigan, Tech. Rept. No. 07742-6-T, 1969.

[WALR 88] Walrand, Jean, *An introduction to queueing networks*, Prentice Hall, 1988.

[WANG 95] Wang, L. and McCrosky, C., "Self-similarity of aggregated network traffic models", *3rd Workshop on Performance Modeling and Evaluation of ATM Networks*, pp.860, 1995.

[WANG 15] Wang, S., Zhang, X., Zhang, J., Feng, J., Wang, W., Xin, K., "An approach for spatial-temporal traffic modeling in mobile cellular networks", *27th International Teletraffic Congress (ITC27)*, 2015.

[WEIN 80] Weinstein, C. J., Malpass, M. I. and Fischer, M. J., "Data Traffic Performance of an Integrated Circuit- and Packet-Switched Multiplexer Structure", *IEEE Trans. Commun.*, 28, No.6, 1980.

[WHIT 09] Whitt, W., "Approximations for the GI/G/m Queue", *Production and Operations Management*, vol.2, no.2, pp.114-161, 2009.

[WITT 94] Glynn, P.W. and Whitt, W., "Logarithmic asymptotics for steady-state tail probabilities in a single-server queue", *Journal of Applied Probability*, 31(A), pp.131-156, 1994

[WILK 56] Wilkinson, R. I., "Theories for Toll Traffic Engineering in the U.S.A.", *The Bell System Technical Journal*, 35, No.2, 1956.

[WILL 84] Williams, G. F., Leon-Garcia, A., "Performance Analysis of Integrated Voice and Data Hybrid-Switched Links", *IEEE Trans. Commun.*, 32, No.6, 1984.

[WOLF 82] Wolff, R. W., "Poisson Arrivals See Time Averages", *Oper. Res.*, 30, pp.223-231, 1982.

[WOLF 89] Wolff, R. W., *Stochastic Modelling and the Theory of Queues*, Prentice Hall, 1989.

[WU 03] Wu, D. and Negi, R., "Effective capacity: a wireless link model for support of quality of service". *IEEE Transactions on wireless communications*, 2(4), pp.630-643, 2003.

[XIE 95] Xie, H., Narasimhan, P., Yuan, R. and Raychaudhuri, D.: "Data Link Control Protocols for Wireless ATM Access Channels", *4th International Conference on Universal Personal Communications (ICUPC)*, Tokyo, Japan, Nov.6-10, pp.753-757, 1995.

[XING 95] Xing, A. and McCrosky, C., "Switch performance with self-similar traffic", *3rd Workshop on Performance Modeling and Evaluation of ATM Networks*, Ilkley, UK, pp.22/1-9, 1995.

[YAMA 89] Yamada, H., "Modeling of Arrival Process of Packetized Video and Related Statistical Multiplexer Performance", *IEICE Technical Report*, IN-89-72, 1989 (in Japanese).

[YAMA 90a] Yamada, H. and Machihara, F., "Analysis and its Application of Phase-type Markov Renewal Process to Queueing Model", *Trans. IEICE*, 73B-I, No.3, 1990 (in Japanese).

[YAMA 90b] Yamada, H., Komine, T. and Sumita S., "Characteristics of Statistical Multiplexing with Heterogeneous Inputs", *IEICE Technical Report*, SSE90-49, 1990 (in Japanese).

[YANG 90] Yang, O. W. and Mark, J. W., "Performance Analysis of Integrated Services On a Single Server System", *Performance Evaluation*, 11, pp.79-92, 1990.

[YANG 91] Yang, O. W. and Mark, J. W., "Queueing Analysis of an Integrated Services TDM System Using a Matrix-Analytic Method", *IEEE J. Select. Area Commun.*, 9, No.1, 1991.

[YIN 90a] Yin, N., Li, S. Q. and Stern, T. E., "Congestion Control for Packet Voice by Selective Packet Discarding", *IEEE Trans. Commun.*, 38, No.5, 1990.

[YIN 90b] Yin, N. and Hluchyj, M. G., "Implication of Dropping Packets from the Front of a Queue", *7th ITC Specialist Seminar*, New Jersey, Oct. 1990.

[ZHAN 89] Zhang, J. and Coyle, J., "Transient Analysis of Quasi-Birth-Death Processes", *Commun. Statist. - Stochastic Models*, 5, No.3, 1989.

[ZHAN 98] 张连芳, 薛飞, 舒炎泰. 高速网络的自相似业务模型及其性能评价. 计算机研究与发展, vol. 35, no. 6, pp.548-552, 1998.

[ZHAN 13] 张贤达. 矩阵分析与应用. 2 版: 北京: 清华大学出版社, 2013.

[ZHOU 91] 周炯磐. 通信网理论基础. 北京: 人民邮电出版社, 1991.

[ZHOU 15] Zhou, S., Lee, D., Leng, B., Zhou, X., Zhang, H., and Niu, Z., "Spatial Modeling of Base Station Patterns and Traffic Density in Cellular Networks," *IEEE Access*, Vol.3, pp.998-1010, Jul. 2015